中国石油和化学工业优秀教材
普通高等教育"十二五"规划教材

# 分析化学

刘金龙　主编

化学工业出版社
·北京·

本书是根据教育部高等学校农林基础教学指导委员会修订的“普通高等农林院校非化学专业教学基本要求和化学教学基本内容”的指导精神，结合山西省高等教育教学改革项目“高等农林院校化学课程体系、教学内容改革与实践”的研究成果而编写的。本书列入化工教育协会的普通高等教育“十二五”规划教材。

全书共分十五章，第一章为绪论，介绍了分析化学的任务和作用、分类、发展趋势；第二章至第十五章介绍了定量分析误差和分析数据的处理、滴定分析法概论、酸碱滴定法、配位滴定法、氧化还原滴定法、沉淀滴定法、分析化学中的常用分离方法、电势分析法、吸光光度分析法、原子吸收分光光度法、气相色谱分析法和高效液相色谱法、现代仪器分析简介以及样品分析的一般过程等内容。

本书从目前各非化学专业人才培养方案的基础化学教学实际出发，立足于分析化学的基础知识点，优化经典内容，加强基础，适当扩充知识面、增加适量新内容，注重基本原理、基本知识和基本技能，注重联系当前农业、资源、环境、材料、生物技术、生命科学等实际问题。内容充实、体系完整、重点突出，概念清晰准确。为了便于教学和自学，各章均附有本章小结和足量的与内容密切相关的思考题和习题。

本书适用于与化学关系密切的，如生命科学类、动植物检验类、资源与环境保护类、食品安全、制药工程等专业所开设的较高层次基础化学课程使用，也可作为相关科技人员的参考用书。

**图书在版编目（CIP）数据**

分析化学/刘金龙主编．—北京：化学工业出版社，2012.6（2018.7重印）
中国石油和化学工业优秀教材
普通高等教育“十二五”规划教材
ISBN 978-7-122-13877-4

Ⅰ．分…　Ⅱ．刘…　Ⅲ．分析化学-高等学校-教材　Ⅳ．O65

中国版本图书馆CIP数据核字(2012)第057361号

责任编辑：刘俊之　　文字编辑：杨欣欣
责任校对：边　涛　　装帧设计：刘丽华

出版发行：化学工业出版社（北京市东城区青年湖南街13号　邮政编码100011）
印　　装：大厂聚鑫印刷有限责任公司
787mm×1092mm　1/16　印张17¼　字数445千字　2018年7月北京第1版第5次印刷

购书咨询：010-64518888(传真：010-64519686)　售后服务：010-64518899
网　　址：http://www.cip.com.cn
凡购买本书，如有缺损质量问题，本社销售中心负责调换。

定　　价：33.00元

# 编写委员会


**主　　编**　刘金龙

**副 主 编**　段云青　武　鑫　荆小院　张天宝

**编写人员**　（按姓氏汉语拼音排序）

程原生　段云青　范丽华　冀　华　荆小院

刘红霞　刘金龙　温　琳　武　鑫　薛霖莉

张　丽　张天宝

**主　　审**　张金桐

# 前　言

分析化学是高等农林院校各相关专业的一门十分重要的化学基础课程。为适应高等学校本科教学质量与教学改革工程的需要，全面提高教学质量，根据教育部高等学校农林基础教学指导委员会修订的“普通高等农林院校非化学专业教学基本要求和化学教学基本内容”的指导精神，结合山西省高等教育教学改革项目“高等农林院校化学课程体系、教学内容改革与实践”的研究成果，围绕人才培养模式转变，汲取了近年来国内外分析化学教材的许多优点，并融合多年来的教学体会，我们组织编写了这本教材，并列入化工教育协会的普通高等教育“十二五”规划教材。

目前高等农林院校在教育体制改革的推动下，优化专业结构，打破了学科专业设置单一的固有模式，出现了多元化、多层次的局面。因此，为适应各专业培养目标的需求，我们调整了基础化学的教学计划和教学大纲，针对不同专业特点，设置不同层次的教学内容，本书就是这方面探索的结果之一。从目前各非化学专业人才培养方案的基础化学教学实际出发，立足于分析化学的基础知识点，优化经典内容，加强基础，适当扩充知识面、增加适量新内容，尽力使本教材具有较高的科学性、先进性、系统性、实用性，力求做到适合新世纪对本科生人才化学素质、知识结构和创新能力的要求。因此，在编写内容上注重基本原理、基本知识和基本技能，注重联系当前农业、资源、环境、材料、生物技术、生命科学等实际问题，强化应用，有利于培养学生的分析问题、解决问题能力和严谨的科学态度，注重分析化学知识的覆盖面以及与后续课程的衔接，有利于学生从整体上把握分析科学的全貌和后续课程的学习。

本书特别适用于与化学关系密切的，如生命科学类、动植物检验类、资源与环境保护类、食品安全、制药工程等专业所开设的较高层次化学课程使用，也可作为其他高等院校非化学专业本科生的参考书。

本书在编写过程中，查阅了大量的相关资料，吸取了近年来国内外出版的同类教材的优点，在内容的选择和编排上具有以下特点：

1. 教材内容和结构安排合理，充分考虑到农、林、水产各高校的现状与实际。既有本门课程自身的独立性、系统性和科学性，又照顾到与各有关化学课程及其他专业课程的联系与衔接。

2. 立足于本课程的基本要求，根据农林院校学生的特点，结合分析化学学科的发展，增加新的科技信息和扩大学生的知识面。本书在涵盖化学分析与仪器分析基本内容的基础上，加强了仪器分析的内容。将原子吸收分光光度法、气相色谱分析法和高效液相色谱法均各设一章，在内容上进行了补充和修改。

3. 为配合设计性实验和综合性实验的需要，在酸碱滴定法中增加了酸碱溶液中各种型体的分布、极稀强酸强碱水溶液以及两性物质和混合酸碱物质的处理等内容。根据农业生产和生物学科研究的实际需要，将“分析化学中的常用分离方法”和“样品分析的一般过程”各专设一章，重点介绍农业和生物样品的采集、分离及提纯。

4. 对于一些使用频率极高的物理量或参数的符号，例如，有关平衡浓度和平衡常数的表示方法，我们参照国内理、工、医以及师范类等大学的权威教材，仍沿用人们习惯的方法，例如，平衡浓度使用方括号 [ ] 表示，平衡常数使用简洁明了的经验平衡常数 $K$ 等.

极大地方便了师生在教学中的应用。

5. 各章后均设置“本章小结”和足量的与教材内容密切相关的思考题与习题，使学生学习时目标明确，便于学生预习和复习。书末附录部分摘选了化学手册中一些常用的内容，便于学生使用，使得教材除了满足正常教学所用外，扩大了其使用价值。

6. 全书计量单位均采用 SI 单位制。

本书由山西农业大学刘金龙担任主编。参加本书编写的有山西农业大学刘金龙（第一章）、温琳（第二章）、段云青（第三章、第四章）、武鑫（第五章、第六章）、山西农业大学信息学院薛霖莉（第七章）、山西农业大学张天宝（第八章、第九章）、刘红霞（第十章）、程原生（第十一章）、荆小院（第十二章）、范丽华（第十三章）、张丽（第十四章）、冀华（第十五章）。全书由主编修改统稿完成，由段云青、温琳、张天宝、荆小院校对。山西农业大学张金桐教授主审并提出了许多宝贵意见。在本书的编写和出版过程中得到了山西农业大学各级领导、山西农业大学教务处以及化学工业出版社的大力支持，在此特致谢意。

本书旨在为高等农林院校提供一本适用于教与学的分析化学教材，但限于编者水平，书中一定还会有不当之处，我们恳切希望使用本书的同行专家和读者提出批评和指正。

编　者

2012 年 1 月

# 目　录


**第一章　绪论** …… 1

第一节　分析化学的任务和作用 …… 1

第二节　分析方法的分类 …… 2

一、定性分析、定量分析和结构分析 …… 2

二、无机分析和有机分析 …… 2

三、常量、半微量、微量、超微量分析 …… 2

四、化学分析和仪器分析 …… 2

五、例行分析、仲裁分析和快速分析 …… 3

第三节　分析化学的发展趋势 …… 4

一、分析理论与其他学科相互渗透 …… 4

二、分析技术的发展趋势 …… 4

本章小结 …… 5

思考题与习题 …… 5

**第二章　定量分析误差和分析数据的处理** …… 6

第一节　定量分析误差的种类和来源 …… 6

一、系统误差 …… 6

二、随机误差 …… 7

第二节　准确度与精密度 …… 7

一、准确度与误差 …… 7

二、精密度与偏差 …… 8

三、准确度与精密度的关系 …… 10

第三节　随机误差的正态分布 …… 10

一、频率分布 …… 10

二、正态分布 …… 11

三、随机误差的区间概率 …… 12

第四节　有限测定数据的统计处理 …… 13

一、置信度与 $\mu$ 的置信区间 …… 13

二、可疑测定值的取舍 …… 15

三、显著性检验 …… 17

第五节　提高分析结果准确度的方法 …… 19

一、选择适当的分析方法 …… 19

二、减小测量的相对误差 …… 20

三、检验和消除系统误差 …… 20

四、减小随机误差 …… 21

第六节　有效数字及其运算规则 …… 21

一、有效数字的意义和位数 …… 21

二、数字修约规则 …… 22

三、有效数字的运算规则 …… 22

本章小结 …… 23
思考题与习题 …… 23
第三章　滴定分析法概论 …… 25
第一节　滴定分析法的分类及滴定方式 …… 25
一、滴定分析法的分类 …… 25
二、滴定分析法对化学反应的要求 …… 26
三、滴定方式 …… 26
第二节　滴定分析的标准溶液 …… 27
一、标准溶液浓度的表示方法 …… 27
二、化学试剂的规格与基准物质 …… 28
三、标准溶液的配制 …… 30
第三节　滴定分析的有关计算 …… 31
一、滴定分析计算的理论依据 …… 31
二、滴定分析计算示例 …… 31
本章小结 …… 36
思考题与习题 …… 36
第四章　酸碱滴定法 …… 38
第一节　酸碱反应及其平衡常数 …… 38
一、酸碱反应及其实质 …… 38
二、酸碱反应的平衡常数以及共轭酸碱对 $K_a$ 与 $K_b$ 的关系 …… 39
第二节　酸碱溶液中各型体的分布系数与分布曲线 …… 41
一、一元弱酸（碱）溶液中各型体的分布系数与分布曲线 …… 41
二、多元酸（碱）溶液中各型体的分布系数与分布曲线 …… 42
第三节　酸碱溶液 pH 的计算 …… 44
一、质子等衡式（质子条件式） …… 44
二、酸碱溶液 pH 的计算 …… 46
第四节　酸碱指示剂 …… 54
一、酸碱指示剂的作用原理 …… 54
二、影响酸碱指示剂变色范围的因素 …… 56
三、混合酸碱指示剂 …… 57
第五节　酸碱滴定原理及指示剂选择 …… 58
一、强碱与强酸的滴定 …… 58
二、强碱（酸）滴定一元弱酸（碱） …… 61
三、多元酸（碱）的滴定 …… 64
四、酸碱滴定中 $CO_2$ 的影响 …… 68
第六节　酸碱滴定法的应用 …… 70
一、酸（碱）标准溶液的配制及标定 …… 70
二、酸碱滴定法应用实例 …… 70
本章小结 …… 73
思考题与习题 …… 73
第五章　配位滴定法 …… 75
第一节　概述 …… 75
第二节　EDTA 及其配合物 …… 76
一、乙二胺四乙酸（EDTA）的结构与性质 …… 76
二、EDTA 在水溶液中各存在型体的分布系数 …… 76

三、EDTA与金属离子形成螯合物的特点 …… 77
第三节 EDTA与金属离子的配位平衡 …… 78
一、配合物的稳定常数 …… 78
二、溶液中各级配合物浓度的计算 …… 79
第四节 影响配位平衡的主要因素 …… 79
一、酸效应及酸效应系数 …… 80
二、配位效应及配位效应系数 …… 80
三、配合物的条件稳定常数 …… 81
第五节 配位滴定原理 …… 82
一、配位滴定曲线 …… 82
二、影响配位滴定突跃范围的主要因素 …… 83
三、准确滴定金属离子的判据 …… 84
四、配位滴定中适宜pH范围 …… 84
第六节 金属指示剂 …… 86
一、金属指示剂的作用原理 …… 86
二、金属指示剂应具备的条件 …… 86
三、金属指示剂的选择 …… 86
四、金属指示剂的封闭、僵化和氧化变质现象 …… 87
五、常用的金属指示剂 …… 88
第七节 提高配位滴定选择性的方法 …… 89
一、控制溶液酸度 …… 89
二、利用掩蔽和解蔽作用 …… 90
三、采用其他配位剂 …… 90
四、分离干扰离子 …… 91
第八节 配位滴定法的应用 …… 91
一、EDTA标准溶液的配制、标定 …… 91
二、各种配位滴定方式 …… 91
三、配位滴定法应用实例 …… 92
本章小结 …… 93
思考题与习题 …… 94
**第六章 氧化还原滴定法** …… 95
第一节 氧化还原反应的特点 …… 95
一、标准电极电势和条件电极电势 …… 95
二、氧化还原反应进行的方向 …… 96
三、氧化还原反应进行的程度 …… 98
四、氧化还原反应速率 …… 100
第二节 氧化还原滴定原理 …… 101
一、氧化还原滴定曲线 …… 101
二、化学计量点时溶液电势的计算 …… 103
三、影响氧化还原滴定突跃范围的因素 …… 104
第三节 氧化还原滴定的指示剂 …… 104
一、自身指示剂 …… 105
二、特殊指示剂 …… 105
三、氧化还原指示剂 …… 105
第四节 常见氧化还原滴定法及其应用 …… 107

一、高锰酸钾法 …… 107
二、重铬酸钾法 …… 109
三、碘量法 …… 110
本章小结 …… 112
思考题与习题 …… 113
**第七章 沉淀滴定法** …… 114
第一节 沉淀滴定法基本原理 …… 114
第二节 银量法 …… 116
一、莫尔法 …… 116
二、佛尔哈德法 …… 117
三、法扬司法 …… 118
第三节 沉淀滴定法的应用 …… 119
一、标准溶液的配制与标定 …… 119
二、应用示例 …… 120
本章小结 …… 120
思考题与习题 …… 120
**第八章 分析化学中的常用分离方法** …… 122
第一节 沉淀分离法 …… 122
一、无机沉淀剂分离 …… 122
二、有机沉淀剂分离 …… 123
三、共沉淀分离 …… 124
第二节 液-液萃取分离法 …… 125
一、萃取分离法的基本原理 …… 125
二、萃取体系的分类和萃取条件的选择 …… 127
三、萃取分离技术 …… 128
四、溶剂萃取在分析化学中的应用 …… 129
第三节 离子交换分离法 …… 129
一、离子交换剂的种类和性质 …… 129
二、离子交换树脂的亲和力 …… 132
三、离子交换分离操作技术 …… 132
四、离子交换分离法的应用 …… 134
第四节 常规色谱法 …… 135
一、柱色谱法 …… 135
二、纸色谱法 …… 136
三、薄层色谱法 …… 138
本章小结 …… 139
思考题与习题 …… 139
**第九章 电势分析法** …… 141
第一节 电势分析法基本原理 …… 141
一、直接电势法 …… 141
二、电势滴定法 …… 142
三、电池电动势的测量 …… 142
第二节 参比电极和指示电极 …… 142
一、参比电极 …… 142
二、指示电极 …… 144

第三节　直接电势法及应用 …… 149
一、溶液 pH 值的测定 …… 149
二、离子活度（浓度）的测定 …… 151
三、直接电势法的应用 …… 152
第四节　电势滴定法 …… 153
一、电势滴定法的原理 …… 153
二、电势滴定终点的确定 …… 153
三、电势滴定法的应用 …… 155
本章小结 …… 156
思考题与习题 …… 156
**第十章　吸光光度分析法** …… 157
第一节　吸光光度法的基础知识 …… 157
一、光的基本性质 …… 157
二、光的互补作用与溶液的颜色 …… 158
三、光的吸收曲线 …… 158
第二节　光的吸收定律 …… 158
一、朗伯-比耳定律 …… 158
二、朗伯-比耳定律的推导 …… 159
三、吸光度与透光度 …… 159
四、吸光系数、摩尔吸光系数及桑德尔灵敏度 …… 160
第三节　显色反应及影响因素 …… 161
一、吸光光度法对显色反应的要求 …… 161
二、影响显色反应的主要因素 …… 161
三、显色剂 …… 163
第四节　吸光光度分析法及仪器 …… 164
一、吸光光度分析的类型 …… 164
二、吸光光度分析的定量分析方法 …… 165
三、分光光度计的构造 …… 165
四、分光光度计的类型 …… 167
第五节　吸光光度法测量误差及测量条件的选择 …… 168
一、吸光光度法的测量误差 …… 168
二、测量条件的选择 …… 171
第六节　吸光光度法的应用 …… 171
一、示差吸光光度法 …… 171
二、多组分的分析 …… 172
三、配合物组成的测定 …… 173
本章小结 …… 174
思考题与习题 …… 174
**第十一章　原子吸收分光光度法** …… 176
第一节　基本原理 …… 176
一、共振发射线与吸收线 …… 176
二、基态原子与激发态原子的关系 …… 176
三、原子吸收线的宽度 …… 177
四、原子吸收的测量 …… 177
五、灵敏度和检出限 …… 178

第二节 原子吸收分光光度计 …… 179
一、光源 …… 179
二、原子化器 …… 180
三、分光系统 …… 182
四、检测系统 …… 182
五、读数装置 …… 182
六、原子吸收分光光度计的类型 …… 182
第三节 仪器测量条件的选择 …… 183
一、分析线的选择 …… 183
二、灯电流的选择 …… 183
三、原子化条件的选择 …… 184
四、燃烧器高度的选择 …… 184
五、进样量 …… 184
六、单色器狭缝宽度与光谱通带的选择 …… 184
第四节 定量分析方法 …… 185
一、标准工作曲线法 …… 185
二、标准加入法 …… 185
第五节 干扰及消除方法 …… 186
一、光谱干扰 …… 186
二、化学干扰、物理干扰及电离干扰 …… 186
第六节 原子吸收分光光度法的应用 …… 187
一、测定生物样品中的化学元素 …… 187
二、有机物分析 …… 187
本章小结 …… 188
思考题与习题 …… 188
**第十二章 气相色谱分析法** …… 189
第一节 色谱法概述 …… 189
一、色谱法原理介绍 …… 189
二、色谱法的分类 …… 189
第二节 气相色谱法的特点及基本原理 …… 190
一、气相色谱法的特点 …… 190
二、气相色谱法的基本原理 …… 190
第三节 气相色谱的实验技术 …… 192
一、色谱系统 …… 192
二、实验技术要点 …… 193
三、程序升温和衍生物制备 …… 196
第四节 气相色谱法的应用 …… 197
一、定性分析 …… 197
二、定量分析 …… 198
三、气相色谱分析误差产生的原因 …… 200
第五节 气相色谱法的新进展 …… 200
一、顶空气相色谱 …… 200
二、气相色谱-质谱联用技术 …… 201
三、气相色谱-红外光谱联用技术 …… 203
本章小结 …… 205

思考题与习题 …… 205
**第十三章　高效液相色谱法** …… 206
第一节　高效液相色谱法的技术参数 …… 206
一、速率理论 …… 206
二、柱外效应 …… 207
三、分离度 …… 207
四、系统适应性实验 …… 208
第二节　高效液相色谱法的色谱系统 …… 208
一、高压泵 …… 208
二、梯度洗脱装置 …… 209
三、进样器 …… 209
四、色谱柱 …… 209
五、检测器 …… 210
六、数据处理系统和结果处理 …… 211
第三节　高效液相色谱法的分离方式 …… 211
一、吸附色谱法 …… 211
二、分配色谱法 …… 212
三、离子色谱法 …… 213
四、尺寸排阻色谱法 …… 213
五、亲和色谱法 …… 214
第四节　样品预处理与色谱柱的保护 …… 214
一、样品预处理 …… 214
二、色谱柱的保护 …… 215
第五节　液相色谱分析技术的新进展 …… 215
一、液相色谱-质谱联用技术概述 …… 215
二、超临界流体色谱法概述 …… 216
三、高效毛细管液相色谱法概述 …… 217
本章小结 …… 219
思考题与习题 …… 219
**第十四章　现代仪器分析简介** …… 220
第一节　光分析法导论 …… 220
一、电磁波的辐射能特性 …… 220
二、光分析法的分类 …… 221
第二节　原子发射光谱法 …… 222
一、基本原理 …… 223
二、原子发射光谱仪 …… 224
三、应用 …… 226
第三节　原子荧光光谱法 …… 227
一、基本原理 …… 227
二、原子荧光光谱仪 …… 228
三、应用 …… 228
第四节　分子荧光和磷光分析法 …… 228
一、荧光和磷光的产生 …… 228
二、荧光和磷光强度的影响因素 …… 229
三、荧光/磷光分析仪器 …… 229

四、荧光/磷光分析法应用 …… 230
第五节　红外分光光度法 …… 230
一、分子的红外吸收 …… 230
二、红外光谱解析程序 …… 232
第六节　核磁共振波谱法 …… 233
一、基本原理 …… 234
二、$^{1}$HNMR 谱的解析 …… 234
三、$^{13}$CNMR 谱的特点与解析 …… 235
第七节　流动注射分析 …… 236
本章小结 …… 236
思考题与习题 …… 236
**第十五章　样品分析的一般过程** …… 237
第一节　试样采集和制备 …… 237
一、试样的采集 …… 237
二、试样的制备 …… 239
第二节　试样的分解与处理 …… 241
一、无机试样的分解处理 …… 241
二、有机试样的分解处理 …… 243
三、试样分解处理方法的选择 …… 244
四、干扰组分的处理 …… 245
第三节　测定方法的选择 …… 245
一、测定的具体要求 …… 245
二、被测组分的性质 …… 245
三、被测组分的含量 …… 245
四、共存组分的影响 …… 246
五、实验室条件 …… 246
第四节　分析结果的计算和数据评价 …… 246
一、分析结果的计算及表示方法 …… 246
二、分析结果的报告与评价 …… 247
本章小结 …… 247
思考题与习题 …… 247
**附录** …… 248
附录一　相对原子质量表（2001 年国际原子量） …… 248
附录二　化合物的相对分子质量表 …… 249
附录三　弱酸在水中的离解常数（25℃） …… 250
附录四　弱碱在水中的离解常数（25℃） …… 252
附录五　常用浓酸浓碱的密度和浓度 …… 253
附录六　几种常用缓冲溶液的配制 …… 253
附录七　常用标准缓冲溶液不同温度下的 pH 值 …… 253
附录八　金属离子与 EDTA 配合物的 $\lg K_f$（25℃） …… 254
附录九　标准电极电势表（25℃） …… 255
附录十　部分氧化还原电对的条件电极电势（25℃） …… 256
附录十一　难溶化合物的溶度积常数（25℃） …… 257
**参考文献** …… 259

# 第一章　绪　　论

分析化学（analytical chemistry）是研究物质化学组成和结构的分析方法、分析原理及分析技术的一门科学，是化学学科重要的二级学科。随着其理论、方法以及技术的发展，分析化学现在已成为一门与数学、物理学、生物学以及计算科学相结合的综合性学科。也可以说，分析化学是研究关于获取物质系统化学信息的方法和理论的科学。

## 第一节　分析化学的任务和作用

分析化学的研究对象是物质的化学组成和结构，它所要回答的问题是物质中有哪些化学组分，各化学组分的相对含量有多少，这些组分在物质中是以什么形式存在的。也就是说，分析化学的主要任务是获取物质化学组成、含量以及结构等方面的信息。分析化学可根据这三个方面的任务分为定性分析、定量分析和结构分析三个部分。

定性分析的任务是鉴定物质含有哪些组分，这些组分可以是元素、离子、基团、官能团或化合物等；定量分析的任务是测定物质中各组分的相对含量；结构分析的任务是确定物质的化学结构、晶体结构和空间分布等。分析化学的这三部分既相互联系又互有区别。如果对物质不进行定性分析，不清楚物质的组成，则无法进行定量分析。而定量分析方法或分析方案的选定，则离不开对物质组成的了解。为进一步获得物质的全面信息，甚至需要通过结构分析来确定化学结构、晶体结构和空间分布。因此，应先做定性分析，再进行定量分析。对于已经知道化学组分的试样，则可以直接选择合适的分析方法测定其组分含量。

分析化学作为化学学科的一个重要分支，应用非常广泛。只要涉及化学现象的任何科研领域，都需要分析化学提供各种化学信息来解决有关问题。例如，化学学科的发展过程中的一些化学基本定律的发现，相对原子质量的测定以及各类化学平衡常数的测定等很多内容，都与分析化学密切相关。

分析化学是一门工具学科。在工农业生产和科学研究中，由于分析化学所建立的各种分析方法，可以帮助人们扩大或加深对自然界的认知，因而它几乎与工业、农业、商业等所有行业都有着密切的联系，不论是在生产实践中还是在科学研究中都有着非常重要的实用意义。在工业生产方面，例如资源勘探、原料选择、生产控制、产品检验、三废处理和利用、环境的检测和保护等都要靠分析化学提供的信息进行判断；在农业生产方面，例如土壤肥力测定、灌溉用水水质化验、植株营养诊断、农牧产品品质鉴定、农药残留分析以及土壤改良、新品种的选育、食品和饲料添加剂分析、复合肥料、生物农药和农业生态等问题都广泛地需要用到分析化学提供的化学信息；在科学研究方面，分析化学已渗透到许多与化学有关的学科领域，如材料科学、资源环境、生物学、医药学、农林科学、环境科学以及生命科学等等。可以说，任何研究课题，都要以分析化学为研究手段，或者通过分析化学获得信息，去分析问题，解决问题。因此分析化学有着工农业生产的“眼睛”、科学研究的“参谋”之称，也就成为应用最为广泛的学科之一。当然，工农业生产的发展和科学技术现代化的进程都与分析化学发展水平有着密切的相关性，使得分析化学发展水平已经成为衡量科技与经济发展水平的标志之一。另一方面，各个领域中的新问题和新成果也促进了分析化学本身的发展。

由于分析化学是指导生产实践、从事科学研究不可缺少的工具和手段，因此它是高等农林院校中应用化学、生物科学、生物检验和检疫、食品工程以及资源环境和环境科学等多专业的重要基础课程之一。这些专业的相关课程学习都要涉及分析化学的理论知识和操作技术。通过对分析化学的学习，不仅可以帮助同学们掌握分析化学的方法及有关理论，而且还可以培养严谨、认真和实事求是的科学作风；不仅能够掌握分析化学的基本操作，而且能够提高分析问题和解决问题的能力；不仅能够锻炼创新能力，也能为后续课程的学习乃至今后从事科学研究和生产工作打下良好的基础。

分析化学是一门实践性很强的学科，在全部课程学习中实验教学占了很大的比例。学习者除需掌握各种基本原理和操作技能外，还应着力培养观察、思考、推理、辨别、表达等能力。因此，学习分析化学必须在理论联系实践的基础上加强基本操作的训练，养成科学的工作态度和良好的工作习惯。既要注重基本理论和原理的学习，更要加强基本操作技能的培养训练。

## 第二节　分析方法的分类

分析化学所研究的内容十分丰富，所采用的方法手段也是多种多样。根据分析任务、分析对象、分析原理和具体要求的不同，可以将分析方法分为许多种类。

### 一、定性分析、定量分析和结构分析

分析化学按分析任务的不同可以分为定性分析、定量分析和结构分析。

### 二、无机分析和有机分析

分析化学按分析对象的不同可以分为无机分析和有机分析。前者分析对象是无机物，后者分析对象是有机物。无机物所含元素多种多样，因而无机分析一般要求分析鉴定试样由哪些元素、离子、原子团或化合物组成，进而测定各组分的相对含量，有时也要求确定某些组分的存在形式等。有机物的组成元素虽为数不多，但结构复杂，化合物种类繁多，因而有机分析不仅要求鉴定组成元素和测定相对含量，而且更重要的是要进行官能团分析和结构分析。虽然两者所依据的分析原理差不多，但分析对象不同，因此在分析要求和手段上各有不同的特点。此外，随着相关学科领域的交叉渗透，结合不同的分析对象，相继出现了诸如环境分析、生物分析、药物分析等更为专业的分析方法。

### 三、常量、半微量、微量、超微量分析

分析化学按分析时所需试样量的多少可以分为常量分析、半微量分析、微量分析和超微量分析，如表 1-1 所示。

**表 1-1　各种分析方法的试样用量**

| 分析方法 | 试样用量 | 试液体积 |
|---|---|---|
| 常量分析 | ＞0.1g | ＞10mL |
| 半微量分析 | 0.01g～0.1g | 1～10mL |
| 微量分析 | 0.1mg～0.01g | 0.01～1mL |
| 超微量分析 | ＜0.1mg | ＜0.01mL |

这种分类方法是人为的划分，相互之间没有严格的界限。应该指出的是常量、半微量、微量分析并不表示被测组分的相对含量。有时也可以根据被测组分相对含量的多少，将分析方法粗略地分为常量组分分析（＞1%）、微量组分分析（0.01%～1%）和痕量组分分析（＜0.01%）。这是两种完全不同的分类，注意不要混淆。

### 四、化学分析和仪器分析

分析化学中的分析方法按照所依据的性质和原理的不同，分为化学分析法和仪器分析法。这是最常用的分类方法，其实就是分析化学学科中各个分支的分类依据。

#### 1. 化学分析

以物质化学反应为基础的分析方法称为化学分析法。例如利用组分在化学反应中生成沉淀、

气体或有色物质而进行的组分分离和鉴定，即定性分析；根据化学反应中试剂和试样的用量来测定物质组成中各组分的相对含量，即定量分析。就定量分析而言，化学分析法主要有滴定分析法（也叫容量分析法）、重量分析法和气体分析法。这些化学分析方法历史悠久，是分析化学的基础，所以又称为经典化学分析法。经典化学分析的测定结果可靠，准确度好，所用仪器设备简单，应用范围比较广泛，是例行测试的主要手段之一。化学分析多适用于常量组分的测定。

**2. 仪器分析**

仪器分析法是以物质的某种物理性质或物理化学性质为基础，并用特殊仪器进行测量的分析方法，故又称为物理化学分析法。仪器分析法大多具有灵敏度高、选择性好、试样用量少、简便快速、自动化程度高等特点，且有较高的准确度，适于测定微量或痕量组分，也能适合生产过程中的控制分析，其应用十分广泛。因此，仪器分析是分析化学的发展方向。

按照仪器分析所依据的原理不同，仪器分析法又可以分为光化学分析、电化学分析、色谱分析、质谱分析等多种分析方法。

(1) 光化学分析　光化学分析法是基于物质对光（电磁波）的选择性吸收或发射而建立的一类分析方法。光化学分析法又包括吸光光度分析和发射光谱分析两大类。其中吸光光度分析主要包括可见分光光度法、紫外分光光度法、红外分光光度法以及原子吸收分光光度法等；发射光谱分析主要包括火焰光度计、原子发射光谱法、荧光光度法以及电感耦合等离子火焰炬光谱法等。

(2) 电化学分析　电化学分析法是基于物质在溶液中的电化学性质及其变化而建立起来的分析方法。电化学分析法具有仪器简单、灵敏度和准确度高、分析速度快、易与计算机联用，可实现自动化或连续分析等优点。电化学分析法根据测量的电参量不同又可分为电势分析法、电解分析法、电导分析法、库仑分析法等。

(3) 色谱分析　色谱分析法是一种物理或物理化学的分离分析方法。在有机化学、生物化学等领域有着非常广泛的应用。色谱法是基于物质的吸附和溶解性能的差别，通过反复分配使不同组分达到分离和分析的。由于色谱法同时具有分离和分析能力，因而适用于混合组分的分析。主要有气相色谱、液相色谱等分析方法。

(4) 质谱分析　质谱分析是待测物在离子源中被电离成带电离子，经质量分析器按离子的质荷比的大小进行分离，并以谱图形式记录下来，根据记录的质谱图确定待测物的组成和结构的分析方法。

仪器分析法除了上述几大类，还包括有核磁共振波谱法、放射化学分析、流动注射分析法、生物传感器以及各种联用技术等，种类很多。

随着近代科学技术的迅速发展，各种新的仪器分析方法还在不断出现。各种分析方法各有其利弊。仪器分析法固然优点很多，但有的仪器价格高，使用条件苛刻，维护修理比较困难，有时需要专门操作人员才能使用。另外，在进行仪器分析前，需要对样品进行预处理，例如组分的富集、杂质的分离、方法的校准、标准的确定等，仍需要化学分析的支持。因此，化学分析是仪器分析的基础，仪器分析离不开化学分析，二者相辅相成，共同构成分析科学。作为一门基础课，还要从化学分析学起。

## 五、例行分析、仲裁分析和快速分析

在实际应用中，根据分析要求的不同或方法本身的性质，分析方法可分为例行分析、仲裁分析和快速分析。

例行分析又叫常规分析，是指一般化验室和日常生产所进行的分析。仲裁分析又叫裁判分析，是指不同单位对某一样品的分析结果有争议时，要求有关权威部门或单位用指定的方法进行准确的分析，以判断原分析结果是否正确或评价准确度的高低。快速分析主要用于控制生产，如田间植株的营养诊断、炉前的水质分析等。

以上各分类分析方法之间并没有什么绝对的界限，仅为人为划分。其实在实际工作中，经常需要几种分析方法相互配合，才能完成某样品的各项分析任务。分析时，通常要根据试样的特点、被测组分的含量、基体成分的复杂程度以及对分析结果准确度的要求等来选择合适的方法。

## 第三节　分析化学的发展趋势

现代科学技术和生产的飞速发展和需要，给分析化学提出了越来越高的要求；同时由于各门学科向分析化学渗透，也向分析化学提供了新的理论和方法，使分析化学的理论、方法以及技术不断丰富和发展。

分析化学的萌芽和起源可以追溯到古代炼金术，有着悠久的历史。就近代分析化学而言，一般认为分析化学经历了三次巨大的变革。第一次变革是在20世纪初，随着物理化学的溶液平衡理论（酸碱平衡、氧化还原平衡、配位平衡、沉淀平衡）的建立，并且被引入到分析化学，从而使分析化学由一种检测技术发展成为一门具有系统理论的科学，确立了作为化学分支学科的地位。第二次变革是在第二次世界大战后至20世纪60年代，由于物理学和电子学、半导体以及原子能技术的发展，促进了分析化学中仪器分析方法和分离技术的产生和发展，于是仪器分析成为分析化学的重要内容，改变了以化学分析为主的局面，使经典分析化学发展成为现代分析化学。第三次变革是20世纪70年代末至今，随着现代科学技术的飞速发展，分析化学的内容和任务不断地扩大和复杂；同时生命科学、环境科学、材料科学等的发展对分析化学的要求和期望也在不断地增加和提高；再者由于学科之间的相互交叉与促进，特别是与生物学、信息学、计算机技术等学科的交叉与渗透，使得分析化学的新理论、新技术、新方法、新仪器不断产生和发展，已经成为人们获取物质全面信息，进一步认识自然、改造自然的重要科学工具，标志着分析化学已经发展到具有综合性和交叉性特征的分析科学阶段。

从分析化学的发展过程可以看出，分析化学的任务不再局限于测定物质的组分和含量，而是要求能够提供物质更多、更全面的信息：包括从常量到微量及微粒分析；从组成到形态分析；从总体到微区、表面、逐层分析；从宏观组分到微观结构分析；从静态到快速反应追踪分析；从破坏试样到无损分析；从离线到在线分析等全方面多层次的物质信息。这必然要求分析化学的分析手段越来越灵敏、准确、快速、简便和自动化。其主要的发展趋势如下所述。

### 一、分析理论与其他学科相互渗透

化学、物理、数学、计算机科学与网络、生命科学等各学科的相互渗透与融合，使得分析化学理论更加完善，逐渐使分析化学成为一门以一切可以利用的物质属性，对一切可以测定的化学组分及其形态、结构、反应历程进行测量和表征的综合性学科。

### 二、分析技术的发展趋势

在分析技术上趋于向高选择性、高灵敏（大分子、原子水平）、快速、简便、经济及分析仪器的自动化、数字化、计算机化发展，并向智能化、仿生化纵深发展。

**1. 复杂物质体系的分离与分析方法的选择性**

复杂物质体系的分离和测定一直是人们所面临的艰巨任务。由液相色谱、气相色谱、超临界萃取和毛细管电泳等所组成的色谱学及其技术，是现代分离分析的主要组成部分，而且获得了很快的发展，已经成为当今分析化学发展的热点之一。在提高分析方法选择性方面，各种选择性试剂、萃取剂、吸附剂、表面活性剂、传感器的活性基质以及各种选择性检测技术等，都是当前分析化学研究工作的重要内容。

**2. 更高的灵敏度和准确度**

为了提高分析方法的灵敏度和准确度，在分析化学中引入了许多新技术。例如，激光技术的引入，促进了激光共振电离光谱、拉曼光谱、激光诱导荧光光谱、激光光热光谱和激光质谱等技术的发展，大大提高了分析方法的灵敏度。激光质谱法对化合物的检测限为$10^{-12}\sim10^{-15}$g，而且能分析生物大分子和高聚物。电子探针分析所用的试液体积可低至$10^{-12}$mL，对于高含量组分的测量误差已达到0.01%以下。又如，多元配位化合物和各种增效试剂的研究和应用，使得吸收光谱、荧光光谱、电化学以及色谱等分析方法的灵敏度和准确性得到大幅度的提高。

**3. 微型化和微环境分析**

微型化和微环境分析是分析科学由宏观到微观的延伸。人们对生物功能的了解以及电子学、光学等的发展，促进了分析化学深入微观世界的进程。目前进行微环境分析的重要手段有电子探针X射线微量分析、激光微探针质谱等技术。此外各种分离理论、仪器联用技术、超微电极和光化学以及电化学等的应用为揭示化学或生物反应机理，研究新体系等提供了有效的手段。

**4. 生物活性物质的表征与测定**

进入21世纪以来，生命科学以及生物工程方面的科学研究已经成为人们研究的热点。一方面这些研究的进展向分析化学提出了新的任务；另一方面模拟仿生过程，又为分析化学本身的研究提供了新思路和新途径。分析化学的各种分析方法，例如核磁共振、质谱、色谱、荧光光谱、化学发光、免疫分析以及各种化学或生物传感器、生物电化学分析等，不仅在生命体或有机组织的水平上，而且在细胞、分子水平上对生物大分子以及活性物质的表征与测定，乃至揭示生物本质方面都起到了十分重要的作用。

**5. 形态、状态的分析**

环境科学中，同一元素的不同价态或分子中的不同存在形态对环境的影响可能存在极大的差异，因而对样品中的元素的存在形态以及价态的分析测定也必定是分析化学的发展趋势。

**6. 无损性分析**

样品无损性分析是分析方法的又一发展趋势。当今许多仪器分析方法都已经发展为非破坏性检测。无损性分析对于生产流程控制、自动分析以及生命过程等的分析是非常重要的。

**7. 功能联用性**

仪器分析的功能联用也是分析化学的发展趋势，主要体现在不同分析方法经过联用之后，能够充分发挥各种方法的优势，使分析方法的功能更为强大。例如将具有高效分离能力的气相色谱仪和具有很强鉴别能力的质谱仪联用，就可以迅速分析复杂试样。目前，除了气质联用外，还出现了液相色谱仪与红外光谱仪联用等。

**8. 自动化和智能化**

电子学、集成电路和计算机的发展，使分析化学进入了自动化和智能化阶段，也是分析化学的一个重要的发展趋势。计算机在分析数据处理、实验条件优化、数字模拟、结构解析、理论研究以及生物环境监测与控制中都起着非常重要的作用。

随着现代科学与技术的发展，分析化学必将得到更加迅速的发展，广泛应用于各个行业领域。

## 本章小结

本章主要介绍分析化学的任务和作用。通过各种分析方法的分类的介绍，概括出分析化学学科的主要内容以及学科特点。简要介绍了分析化学的发展简况和未来的发展趋势。分析化学是一门实践性很强的学科，因此，学习分析化学必须在理论联系实践的基础上加强基本操作的训练，养成科学的工作态度和良好的工作习惯。

## 思考题与习题

1. 什么是分析化学？它的主要任务是什么？
2. 分析方法是如何分类的？
3. 简述化学分析与仪器分析的关系。

# 第二章　定量分析误差和分析数据的处理

定量分析的目的是准确测定试样中物质的含量，因此要求分析结果准确可靠。不准确的测定结果将会导致生产上的重大损失和科学研究的错误结论等。因此，在定量分析中如何判断分析结果的准确性和可靠性，显得尤为重要。

在定量分析的过程中，由于受到所采用的分析方法、仪器和试剂、工作环境和分析者自身等主客观因素的制约，即使由技术熟练并富有经验的人员，采用当前最完善的分析方法和精密的仪器进行测定，所得的结果与待测组分的真实含量也不可能完全相符，它们之间的差值就称为误差。而且同一分析者在相同的条件下，对同一试样细致地进行多次测定（称平行测定），其结果也不会彼此等同。

事实表明，在分析过程中误差是客观存在且不可避免的，它可能出现在测定过程的每一步骤中，从而影响着分析结果的准确性。因此，分析工作者不仅要对试样进行测定，还需根据实际要求，对分析结果的可靠性和精确程度作出合理的评价和正确的表示。同时还应查明产生误差的原因及其规律性，采取有效措施，不断提高分析测定的准确程度。通过本章的学习，要求牢固地建立量的概念，并始终贯穿于定量分析理论与实验的学习中。

## 第一节　定量分析误差的种类和来源

在定量分析过程中，产生误差的原因很多。通常根据误差产生的原因及其性质的差异，可以将误差分为系统误差和随机误差两大类。

### 一、系统误差

系统误差是定量分析误差的主要来源，对测定结果的准确度有较大影响。它是由分析过程中某些确定的、经常性的因素引起的，因此对测定值的影响比较恒定。系统误差具有“重现性”、“单向性”和“可测性”等特点。在相同的条件下，平行测定时会重复出现；使测定结果系统性地偏高或偏低，其数值大小也有一定的规律；如果能找出产生误差的原因，并设法测出其大小，那么系统误差可以通过校正的方法予以减小或消除，因此也称之为可测误差。定量分析过程中能够产生系统误差的原因可概括为以下几个方面。

#### 1. 方法误差

方法误差来源于分析方法本身不够完善或有缺陷。例如，反应未能定量完成，干扰组分的影响，在滴定分析中滴定终点与化学计量点不相符合，在重量分析中沉淀的溶解损失、共沉淀和后沉淀的影响等，都可能导致测定结果系统性地偏高或偏低。

#### 2. 仪器与试剂误差

由于仪器不够精确或未经校正，从而引起仪器误差。例如，砝码因磨损或锈蚀造成真实质量与名义质量不符；滴定分析器皿或仪表的刻度不准而又未经校正；由于实验容器被侵蚀而引入了外来组分等。另外，试剂不纯和蒸馏水中的微量杂质可能带来试剂误差。

#### 3. 操作误差

分析者实际操作与正确操作规程有所出入而引起的误差称为操作误差。例如，试样分解不完全或反应条件控制不当，或者使用了缺乏代表性的试样等。

与方法误差和仪器试剂误差有所不同，有些操作误差是由于分析者的主观因素造成的。例如，在判断滴定终点的颜色时，有人习惯性偏深，有人则偏浅；在读取滴定剂的体积时，有人习惯性偏高，有人则偏低等。一些操作者有着“先入为主”的成见，特别对于那些终点不太明显的体系，他们不是注意溶液颜色的变化，而是根据前次的结果来判定终点，从而产生操作误差。

操作误差的大小可能因人而异，但对于同一操作者则往往是恒定的。

### 二、随机误差

在对某试样中的同一组分采用相同的分析方法进行多次测定时，即使消除了系统误差的影响，所得的分析结果仍然是参差不齐的，说明除了系统误差必然还存在着另一类误差。这类误差与系统误差不同，是由一些不确定的随机因素引起的，称为随机误差。例如，测定时周围环境的温度、湿度、气压和外电路电压的微小变化；尘埃的影响；测量仪器自身的不稳定性；分析者处理各份试样时的微小差别以及读数的不确定性等。这些因素很难被人们觉察或控制，也是无法避免的。随机误差就是这些偶然因素综合作用的结果，它不但造成测定结果的波动，也使得测定值与真实值发生偏离。

随机误差的特点是其大小和正负都难以预测，且不可被校正，故随机误差又称为偶然误差或不可测误差。对于有限次数的测定，分析结果的随机误差似乎没有明显的特征，但若相当多次重复测定后，则发现随机误差的出现服从统计规律（见本章第三节内容）。

虽然系统误差与随机误差的性质不同，但在分析过程中二者同时存在，有时也难以区分。例如，在重量分析法中，由于称量时试样吸湿而产生系统误差，但吸潮的程度又有偶然性；滴定管的刻度误差属系统误差，但在一般的分析工作中常因其误差较小而不予校正，将其作为随机误差处理。

除上述两类误差之外，分析过程中还存在着因操作者操作不当而引起的过失或错误。例如试样损失、试剂加错、数据记录或者计算错误等，有时甚至找不到确切的原因。过失是造成分析结果产生较大误差的重要因素，实质上是一种错误，并不具备系统误差或随机误差的性质。因此，分析者应加强责任感，培养严谨细致的工作作风，严格按照操作规程进行操作，尽量避免过失或错误。

## 第二节　准确度与精密度

在实际工作中，分析结果的可靠性常用准确度和精密度来评价。

### 一、准确度与误差

真值是试样中某组分客观存在的真实含量，测定值 $x$ 与真值 $T$ 相接近的程度称为准确度。测定值与真值越接近，误差越小，测定结果的准确度越高。因此误差的大小是衡量准确度高低的尺度。测量结果大于真值，误差为正值；小于真值，误差为负值。这种表示测量结果和真值之间绝对数值上差异的误差，称为绝对误差，即：

$$E_a = x - T \tag{2-1}$$

绝对误差占真值的百分数，称为相对误差，即：

$$E_r = \frac{E_a}{T} \times 100\% \tag{2-2}$$

需要说明的是，真值是客观存在的，但任何真值都不可能被绝对准确地测定。随着分析测试技术的发展，测定结果越来越趋近于真值，但它毕竟不等于真值。实际工作中，通常将标准试样的含量作为真值看待。标准试验的标准值是由许多资深的分析工作者，采用原理不同的方法，经过多次测定并对数据进行统计处理后得出的结果，应该非常接近于真值。它反映了当前的分析工作中的较高水平，因而可以作为真值的代表，但也是相对的真值。

准确度的高低体现了分析过程中，系统误差和随机误差对测定结果综合影响的大小，它决定了测定值的正确性。

## 二、精密度与偏差

精密度是指在相同条件下，对同一试样进行多次重复测定时各测定值之间的符合程度。它反映了测定值的再现性。由于在实际工作中真值常常是未知的，因此精密度就成为人们衡量测定结果的重要因素。精密度的高低取决于随机误差的大小，通常用偏差来量度。所谓偏差是指单个测定值与测定平均值之间的符合程度。如果测定数据彼此接近，则偏差小，测定的精密度高；相反，如数据分散，则偏差大，精密度低，说明随机误差的影响较大。由于平均值反映了测定数据的集中趋势，因此各测定值与平均值之差也体现了精密度的高低。以下介绍各种精密度的表示方法。

### 1. 绝对偏差、平均偏差和相对平均偏差

绝对偏差即各单次测定值与平均值之差：

$$d_i = x_i - \bar{x}\ (i=1,2,\cdots,n) \tag{2-3}$$

平均偏差

$$\bar{d} = \frac{|d_1| + |d_2| + \cdots + |d_n|}{n} = \frac{1}{n}\sum |d_i| \tag{2-4}$$

相对平均偏差

$$\bar{d}_r = \frac{\bar{d}}{\bar{x}} \times 100\% \tag{2-5}$$

平均偏差和相对平均偏差由于取了绝对值因而都是正值。

若进行无限次测量，则总体平均偏差 $\delta$ 和总体相对平均偏差 $\delta_r$ 分别为：

$$\delta = \frac{1}{n}\sum_{i=1}^{n}|x_i - \mu| \tag{2-6}$$

$$\delta_r = \frac{\delta}{\mu} \tag{2-7}$$

式中，$\mu$ 为测定次数无限增多时所得的总体平均值。

### 2. 标准偏差和相对标准偏差

由于在一系列测定值中，偏差小的值总是占多数，这样按总测定次数来计算平均偏差时会使所得的结果偏小，大偏差值将得不到充分的反映。因此在数理统计中，一般不采用平均偏差而广泛采用标准偏差（简称标准差）来衡量数据的精密度。

在定量分析中，将一定条件下无限多次测定数据的全体称为总体，而随机从总体中抽出的一组测定值称为样本，样本所含测定值的数目称为样本的大小或容量。例如，欲对某一批煤中硫的含量进行测定，首先按照有关部门的规定进行取样、粉碎和缩分，最后制成一定质量的分析试样，这就是供分析用的总体。如果从中称取 10 份煤样进行测定，得到 10 个测定值，它们就是该总体的一个随机样本，样本容量为 10。

若样本容量为 $n$，平行测定数据为 $x_1$，$x_2$，…，$x_n$，则此样本平均值为：

$$\bar{x} = \frac{1}{n}\sum x_i \tag{2-8}$$

$$\lim_{n\to\infty}\bar{x} = \mu \tag{2-9}$$

数理统计分析证明，消除了系统误差后得到的总体平均值 $\mu$（实际上 $n>20$ 次）可以认为是真值。

当测定次数趋于无限时，总体标准偏差 $\sigma$ 表示了各测定值 $x_i$ 对总体平均值 $\mu$ 的偏离程度，其计算式为：

$$\sigma=\sqrt{\frac{\sum(x_i-\mu)^2}{n}} \tag{2-10}$$

在计算标准偏差时，由于将各测定值与 $\mu$ 的偏差进行了平方，即强调了大偏差数据的作用，因此它较平均偏差能更正确、更灵敏地反映测定值的精密度。$\sigma^2$ 称为方差。

在一般的分析工作中，由于只做有限次测定（ $n<20$ 次），总体平均值是不知道的，故只有采用样本标准偏差来衡量该组数据的精密度，从而表示各测定值对样本平均值的偏离程度。样本的标准偏差用 $s$ 表示：

$$s=\sqrt{\frac{\sum(x_i-\bar{x})^2}{n-1}}=\sqrt{\frac{\sum d_i^2}{n-1}} \tag{2-11}$$

样本的相对标准偏差（变异系数）为：

$$s_r=\frac{s}{\bar{x}}\times100\% \tag{2-12}$$

**【例 2-1】** 对某样品进行 5 次平行测定，结果分别为 37.30%、37.50%、37.30%、37.20%、37.40%。计算平均值、平均偏差、相对平均偏差、标准偏差和相对标准偏差。

**解**

$$\bar{x}=\frac{1}{5}(37.40+37.20+37.30+37.50+37.30)\%=37.34\%$$

$$\bar{d}=\frac{1}{n}\sum|d_i|=\frac{1}{5}(0.06+0.14+0.04+0.16+0.04)\%=0.088\%$$

$$s=\sqrt{\frac{\sum d_i^2}{n-1}}=\sqrt{\frac{(0.06\%)^2+(0.14\%)^2+2\times(0.04\%)^2+(0.16\%)^2}{5-1}}=0.11\%$$

$$s_r=\frac{s}{\bar{x}}\times100\%=\frac{0.11}{37.34}\times100\%=0.29\%$$

**【例 2-2】** 测定某铜合金中铜的质量分数（%），两组测定值分别为：

10.3，9.8，9.6，10.2，10.1，10.4，10.0，9.7，10.2，9.7

10.0，10.1，9.3*，10.2，9.9，9.8，10.5*，9.8，10.3，9.9

请比较两组测定值的精密度。

**解** 经计算两组数据的平均偏差为 $\bar{d}_1=\bar{d}_2=0.24\%$，标准偏差为 $s_1=0.28\%$，$s_2=0.33\%$，可见 $s_1<s_2$，表明第一组数据的精密度较第二组的高。

在例 2-2 中，如果用平均偏差表示两组数据的精密度，则它们的精密度一样。但标准偏差计算结果能比较出它们的精密度好坏。用平均偏差已不能正确地反映出这两组测定值精密度的差异。所以平均偏差表示精密度不如标准偏差好。

**3. 平均值的标准偏差**

从同一总体中随机抽出容量相同的数个样本，由此可以得到一系列样本的平均值 $\bar{x}_1$，$\bar{x}_2$，…，$\bar{x}_n$。这些样本平均值也不一定完全相同，平均值的标准偏差 $\sigma_{\bar{x}}$ 可以衡量它们之间的精密度。平均值的标准偏差与单次测定值的标准偏差 $\sigma$ 的关系为：

$$\sigma_{\bar{x}}=\frac{\sigma}{\sqrt{n}}(n\to\infty) \tag{2-13}$$

对于有限次数的测定则为：

$$s_{\bar{x}}=\frac{s}{\sqrt{n}} \tag{2-14}$$

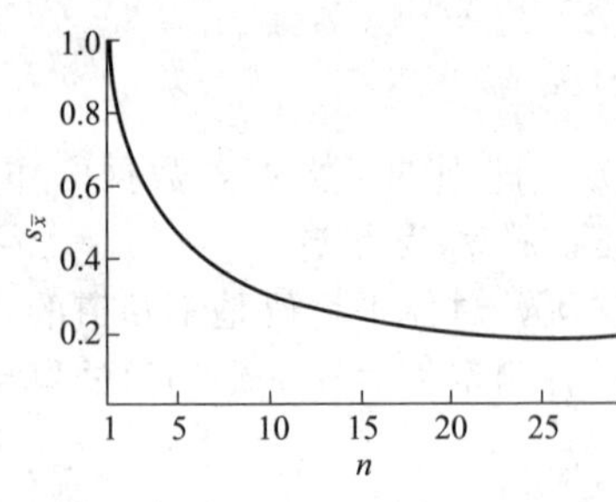

图 2-1 $s_{\bar{x}}$ 与测定次数 $n$ 的关系

可以看出，平均值的标准偏差与测定次数的平方根成反比。若以测定次数为横坐标，以平均值的相对标准偏差为纵坐标，可得如图 2-1 所示的二者的关系曲线。可以看出，开始 $s_{\bar{x}}$ 随着测定次数 $n$ 的增加而迅速减小；当 $n>5$，减小的趋势变慢；当 $n>10$，减小的趋势已不明显。因此增加测定次数可以减小随机误差的影响，提高测定的精密度。

4. **极差**

除了偏差之外，还可以用极差 $R$ 来表示样本平行测定值的精密度。极差又称全距，是测定数据中的最大值与最小值之差，其值愈大表明测定值愈分散。由于没有充分利用所有的数据，故其评价精密度好坏的精确性较差。但极差的数值在一定程度上能够反映随机误差的大小。

5. **相差和相对相差**

对于只进行两次平行测定的分析结果，精密度通常用相差 $D$ 和相对相差 $D_r$ 表示：

$$D=x_1-x_2 \tag{2-15}$$

$$D_r=\frac{|x_1-x_2|}{\bar{x}}\times100\% \tag{2-16}$$

### 三、准确度与精密度的关系

由上所述，系统误差影响测定的准确度，而随机误差对精密度和准确度均有影响，因此对测定结果的评价，要同时衡量其准确度和精密度。例如甲、乙、丙、丁四人同时测定某铜合金中铜的质量分数（$T=10.00\%$），每人各测定 6 次，测定结果如图 2-2 所示。其中乙的测定值同时具有较高的精密度和准确度，因而是比较可靠的。甲测定的精密度虽较高，但其平均值与真值相差较大，说明有系统误差存在，测定的准确度低。丙的测定结果精密度很差，表明随机误差的影响很大，虽然平均值接近真值，但这是因为正负误差几乎互相抵消的偶然结果，因而是不可靠的。至于丁的测定，精密度低，其准确度低是必然的。

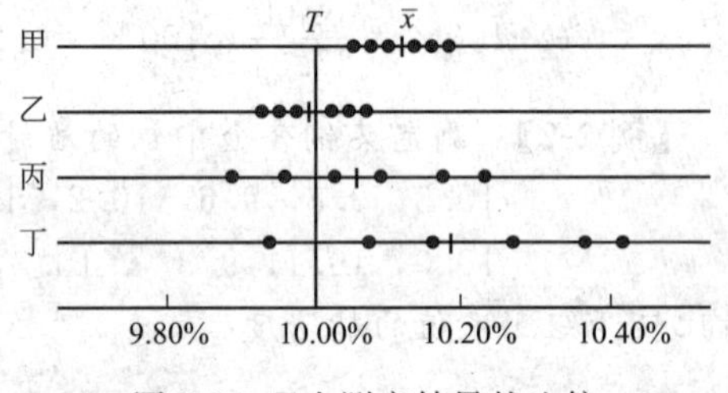

图 2-2 四人测定结果的比较

由此可见，精密度高表明测定条件稳定，这是保证准确度高的先决条件。精密度低的测定结果是不可靠的，因而准确度差。但是高精密度的测定值中也可能包含有系统误差的影响，只有在消除了系统误差的前提下，精密度高其准确度必然也高。

## 第三节 随机误差的正态分布

定量分析中的随机误差基本符合正态分布规律。

### 一、频率分布

例如，在相同的条件下对某试样中镍的质量分数（%）进行了 90 次重复测定，经检验消除了系统误差后，得到如下测定值：

| | | | | | | | | | |
|---|---|---|---|---|---|---|---|---|---|
| 1.60 | 1.67 | 1.67 | 1.64 | 1.58 | 1.64 | 1.67 | 1.62 | 1.57 | 1.60 |
| 1.59 | 1.64 | *1.74 | 1.65 | 1.64 | 1.61 | 1.65 | 1.69 | 1.64 | 1.63 |
| 1.65 | 1.70 | 1.63 | 1.62 | 1.70 | 1.65 | 1.68 | 1.66 | 1.69 | 1.70 |
| 1.70 | 1.63 | 1.67 | 1.70 | 1.70 | 1.63 | 1.57 | 1.59 | 1.62 | 1.60 |
| 1.53 | 1.56 | 1.58 | 1.60 | 1.58 | 1.59 | 1.61 | 1.62 | 1.55 | 1.52 |
| *1.49 | 1.56 | 1.57 | 1.61 | 1.61 | 1.61 | 1.50 | 1.53 | 1.53 | 1.59 |
| 1.66 | 1.63 | 1.54 | 1.66 | 1.64 | 1.64 | 1.64 | 1.62 | 1.62 | 1.65 |
| 1.60 | 1.63 | 1.62 | 1.61 | 1.65 | 1.61 | 1.64 | 1.63 | 1.54 | 1.61 |
| 1.60 | 1.64 | 1.65 | 1.59 | 1.58 | 1.59 | 1.60 | 1.67 | 1.68 | 1.69 |

可以看出，这些数据参差不齐，有高有低，它们之间的差别显然是由随机误差引起的。下面按照统计方法对它们进行分析，探讨这些数据的分布规律。

首先视样本容量的大小将所有的数据分成若干组，容量大时分为10～20组，容量小时（$n<50$）分为5～7组，故将本例数据分为9组。再将全部数据由小至大排列成序，找出其中的最大值和最小值，算出极差$R$。此例中$R=1.74\%-1.49\%=0.25\%$。由极差除以组数算出组距，此例组距为$0.25/9=0.03\%$。

统计测定值落在每组内的个数（称为频数），再计算出数据出现在各组内的频率（即相对频数：频数与样本容量之比）。将各组值的范围、频数和频率值列入表2-1中，据此绘出如图2-3所示的频率分布图。

**表2-1　镍质量分数测定值的分组**

| 分　组/% | 频　数 | 频率(相对频数) | 分　组/% | 频　数 | 频率(相对频数) |
|---|---|---|---|---|---|
| 1.485～1.515 | 2 | 0.022 | 1.635～1.665 | 20 | 0.222 |
| 1.515～1.545 | 6 | 0.067 | 1.665～1.695 | 10 | 0.111 |
| 1.545～1.575 | 6 | 0.067 | 1.695～1.725 | 6 | 0.067 |
| 1.575～1.605 | 17 | 0.189 | 1.725～1.755 | 1 | 0.011 |
| 1.605～1.635 | 22 | 0.244 | Σ | 90 | 1.000 |

由表2-1的数据和图2-3可以看出，例中测定值的分布并非杂乱无章，而是呈现出某种规律性。在全部测定数据中，平均值1.62%所在的组（第5组）具有最大的频率值，处于它两侧的数据组，其频率值仅次之。说明测定值出现在平均值附近的频率相当高，具有明显的集中趋势；而与平均值相差越大的数据出现的频率越小，例如小于1.52%和大于1.72%的数据仅有3个。类似峰状的图形显示了测定数据既有分散性而又具有集中趋势的分布特性。

## 二、正态分布

当测定次数无限增加，组距减至微分量，即测定值连续变化时，图2-3中直方图的形状将逐渐趋于一条峰状的连续曲线，即正态分布曲线。反映了定量分析中来自同一总体的大量测定数据的分布规律。

正态分布又称高斯分布，它的数学表达式即正态分布概率密度函数式（又称高斯方程）为：

$$y=f(x)=\frac{1}{\sigma\sqrt{2\pi}}e^{-\frac{(x-\mu)^2}{2a^2}} \quad (2\text{-}17)$$

式中，$y$表明测定次数趋于无限时，测定值$x_i$出现的概率密度。若以$x$值为横坐标，$y$值为纵坐标，就得到测定值的正

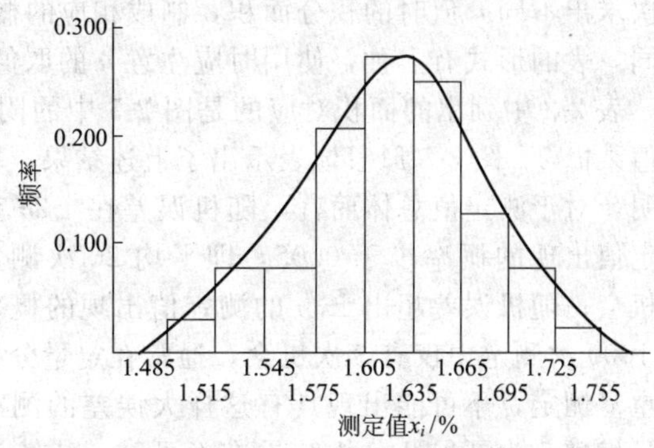


图2-3　频率分布直方图

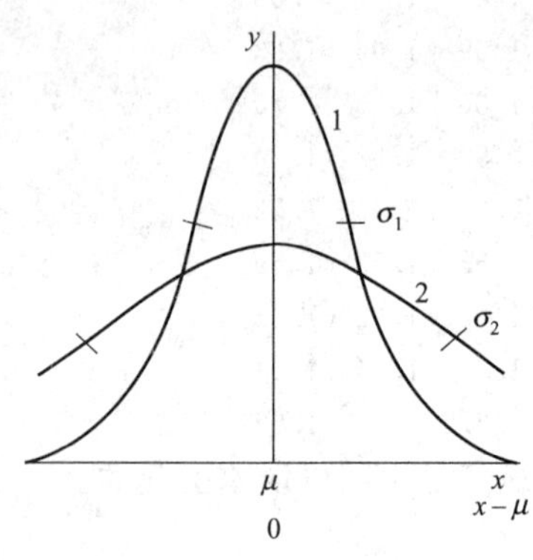

图 2-4 正态分布曲线
（$\mu$ 相同，$\sigma_2>\sigma_1$）

态分布曲线。

正态分布曲线有最高点，它所对应的横坐标值 $\mu$ 即为总体平均值，这就说明了在等精密度（$\sigma$ 相同）的大量测定值中，平均值是出现概率最大的值，反映了来自某一总体的测定值向某具体数值的集中趋势，在消除了系统误差后，$\mu$ 就是真值。

图 2-4 是来自同一总体（曲线最高点对应的横坐标值相同），但精密度不同的两组测定值的正态分布曲线。其中 $\sigma_1$ 较小，相应的曲线陡峭，表明测定值位于 $\mu$ 附近的概率较大。与此相反，具有较大 $\sigma_2$ 值的曲线形状比较平坦，说明该组数据比较分散，测定的精密度较低。

定量分析中，来自同一总体的随机误差一般也是服从正态分布的。如图 2-4 所示，若用随机误差 $x-\mu$ 取代测定值 $x$ 表示横坐标，就得到了随机误差的正态分布曲线，可见来自同一总体的测定值和随机误差具有相同的分布规律。由正态分布曲线可知随机误差具有以下的特点：

(1) 对称性　绝对值相同的正负误差出现概率相等，因此，当测定次数趋于无限次时，平均值的误差趋于零。

(2) 单峰性　峰形曲线最高点对应的横坐标 $x-\mu$ 值等于零，表明随机误差为零的测定值出现的概率密度最大。曲线由峰向两旁快速地下降，说明小误差出现的概率大，大误差出现的概率小。

(3) 有界性　一般认为，误差大于 $|\pm 3\sigma|$ 的测定值并非是由随机误差所引起的。也就是说，随机误差的分布具有有限的范围，其值大小是有界的。因此受随机误差的影响，测定值虽有波动，但总是限制在以 $\mu$ 为中心的一定范围之内，并且有向 $\mu$ 集中的趋势。

### 三、随机误差的区间概率

正态分布曲线与横坐标所包围区间的面积，等于概率密度函数从 $-\infty$ 至 $+\infty$ 的积分值，即表示来自同一总体的全部测定值或随机误差在上述区间出现的概率总和为 1。

$$\int_{-\infty}^{+\infty}\phi(u)\mathrm{d}u=\frac{1}{\sqrt{2\pi}}\int_{-\infty}^{+\infty}\mathrm{e}^{-\frac{u^2}{2}}\mathrm{d}u=1 \tag{2-18}$$

计算测定值或随机误差在某区间出现的概率 $P$，可取不同的 $u$ 值对式(2-18) 积分求面积而得到。例如，随机误差在 $\pm\sigma$ 区间（$u=\pm 1$），即测定值在 $\mu\pm\sigma$ 区间出现的概率为：

$$P(-1\leqslant u\leqslant 1)=\frac{1}{\sqrt{2\pi}}\int_{-1}^{+1}\mathrm{e}^{-\frac{u^2}{2}}\mathrm{d}u=0.683$$

依次求出不同 $u$ 值时的积分面积，制成相应的概率积分表可供直接查用。由于积分的上下限不同，表的形式有多种，使用时应注意 $u$ 的取值区间。

表 2-2 中列出的面积对应的是图 2-5 中的阴影部分。若区间为 $\pm|u|$ 值，则应将所查得的值乘以 2。图 2-5 形象地表示出了上述结果。以上概率值表明，对于测定值总体而言，随机误差在 $\pm 2\sigma$ 范围以外的测定值出现的概率小于 0.05，即平均 20 次测定中只有 1 次机会；随机误差超出 $\pm 3\sigma$ 的测定值出现的概率更小，平均 1000 次测定中仅有 3 次机会。通常在定量分析中仅有几次重复测定，不可能出现具有这样大误差的测定值。如果一旦发现，为了保证分析结果准确可靠，从统计学的角度则认为它不是由随机误差所引起的，而应当将其舍去。

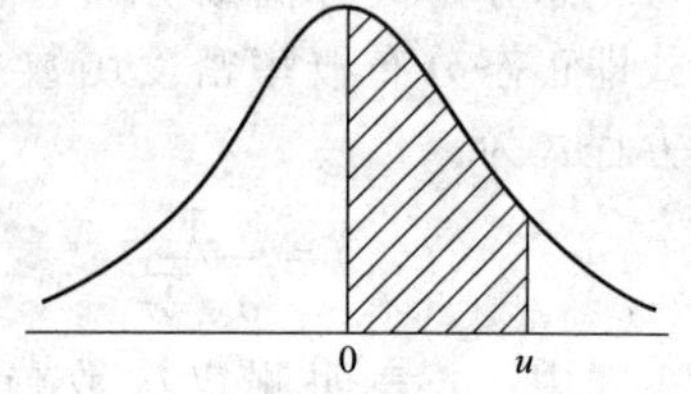

图 2-5 正态分布概率积分面积示意图

表 2-2　正态分布概率积分表

| $\|u\|$ | 面积 | $\|u\|$ | 面积 | $\|u\|$ | 面积 |
|---|---|---|---|---|---|
| 0.0 | 0.0000 | 1.1 | 0.3643 | 2.1 | 0.4821 |
| 0.1 | 0.398 | 1.2 | 0.3849 | 2.2 | 0.4861 |
| 0.2 | 0.793 | 1.3 | 0.4032 | 2.3 | 0.4893 |
| 0.3 | 0.1179 | 1.4 | 0.4192 | 2.4 | 0.4918 |
| 0.4 | 0.1554 | 1.5 | 0.4332 | 2.5 | 0.4938 |
| 0.5 | 0.1915 | 1.6 | 0.4452 | 2.58 | 0.4951 |
| 0.6 | 0.2258 | 1.7 | 0.4554 | 2.6 | 0.4953 |
| 0.7 | 0.2580 | 1.8 | 0.4641 | 2.7 | 0.4965 |
| 0.8 | 0.2881 | 1.9 | 0.4713 | 2.8 | 0.4974 |
| 0.9 | 0.3159 | 1.96 | 0.4750 | 3.0 | 0.4987 |
| 1.0 | 0.3413 | 2.0 | 0.4773 | ∞ | 0.5000 |

概率积分表的另一用途是可确定随机误差界限。例如，如果要保证测定值出现的概率为0.95，那么随机误差界限应为$\pm 1.96\sigma$。

# 第四节　有限测定数据的统计处理

对测定值进行统计处理的目的就是通过对随机样本进行有限次数的测定，用所得的结果来推断有关总体的情况。

## 一、置信度与 $\mu$ 的置信区间

随机误差的正态分布规律表明，测定值总是在以 $\mu$ 为中心的一定范围内波动，并有着向 $\mu$ 集中的趋势。因此，如何根据有限的测定结果来估计 $\mu$ 可能存在的范围是有实际意义的。$\mu$ 可能存在的范围称之为置信区间。置信区间愈小，说明测定值与 $\mu$ 愈接近，即测定的准确度愈高。但由于测定次数一般很有限，由此计算出的置信区间也不可能以百分之百的把握将 $\mu$ 包含在内，只能以一定的概率进行判断，在置信区间内可能包含 $\mu$ 的概率，称为置信度，用 $P$ 表示。应当指出的是，以下的讨论是在消除了系统误差的前提下进行的。

### 1. 已知总体标准偏差 $\sigma$ 时的置信度和置信区间

对于经常测定的某种试样，已经积累了大量的测定数据，可以认为 $\sigma$ 是已知的，可得：

$$x=\mu\pm u\sigma \tag{2-19}$$

由随机误差的区间概率可知，测定值出现在 $\mu\pm u\sigma$ 范围内的概率由 $u$ 决定。例如，当 $u=\pm 1.96$时，$x$ 在 $\mu-1.96\sigma$ 至 $\mu+1.96\sigma$ 区间出现的概率为 0.95。如果希望用单次测定值 $x$ 来估计 $\mu$ 可能存在的范围，则可以认为区间 $x\pm 1.96\sigma$ 能以 0.95 的概率将真值包含在内。即有

$$\mu=x\pm u\sigma \tag{2-20}$$

若采用样本平均值 $\overline{x}$ 来估计真值所在的范围，则有

$$\mu=\overline{x}\pm u\sigma_{\overline{x}}=\overline{x}\pm u\frac{\sigma}{\sqrt{n}} \tag{2-21}$$

式(2-20) 和式(2-21) 分别表示了在一定的置信度时，以单次测定值 $x$ 或以 $\overline{x}$ 为中心的包含真值的取值范围，即 $\mu$ 的置信区间。$\mu$ 值可由表 2-2 中查到，它与一定的置信度相对应。

应当指出的是，置信区间的大小与测定的精密度以及对置信度的选择有关，对于平均值

来说还与测定的次数有关。当 $\sigma$ 一定时，置信度定得愈大，$|u|$ 值愈大，即置信区间也愈大，过大的置信区间将使其失去实用意义。若固定置信度，那么精密度越高和测定次数越多时，置信区间就越小，说明 $x$ 或 $\bar{x}$ 越接近真值。

**【例 2-3】** 平行测定某样品中硫的质量分数 4 次，其测定结果平均值为 0.087%，$\sigma$=0.002%。(1) 计算平均值的标准偏差；(2) 求硫含量的置信区间，置信度为 0.95。

**解** (1) $\sigma_{\bar{x}}=\dfrac{\sigma}{\sqrt{n}}=\dfrac{0.002\%}{\sqrt{4}}=0.001\%$

(2) 已知 $P=0.95$ 时，$u=\pm1.96$。根据 $\mu=\bar{x}\pm u\sigma_{\bar{x}}$

得
$$\mu=0.087\%\pm1.96\times0.001\%=0.087\%\pm0.002\%$$

经过 4 次平行测定，区间 0.085%～0.089%包含样品中硫真实含量的概率为 0.95，即硫含量的置信区间为 0.087%±0.002% ($P=0.95$)

**2. 已知样本标准偏差 s 时的置信度和置信区间**

在实际工作中，通过有限次数的测定是无法得到 $\mu$ 和 $\sigma$ 的，通常只能求出 $\bar{x}$ 和 $s$。此时若简单地用 $s$ 代替 $\sigma$ 从而对 $\mu$ 作出估计必然会引起偏离，而且测定次数越少，偏离就越大。如果根据测定次数的多少，采用另一新统计量 $t_{P,f}$ 取代 $u$ 值（仅与 $P$ 有关），即可修正偏离。此时测定值或随机误差将遵从 $t$ 分布，而不是正态分布。$t$ 值的定义式为：

$$t_{P,f}=\frac{\bar{x}-\mu}{s_{\bar{x}}} \tag{2-22}$$

式中，$t_{P,f}$ 是随置信度 $P$ 和自由度 $f$ 而变化的统计量。

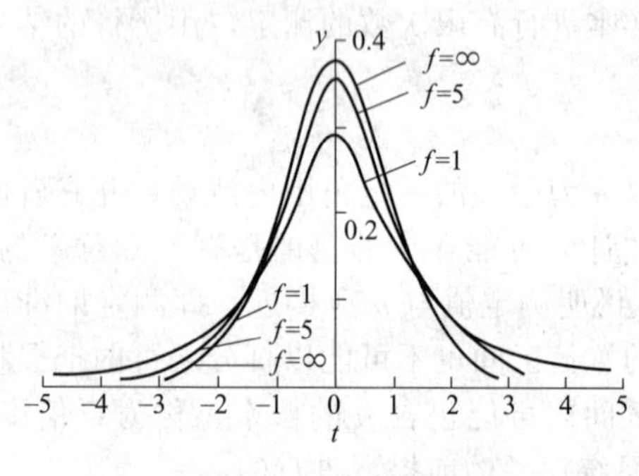

图 2-6 t 分布曲线

$t$ 分布是有限测定数据及其随机误差的分布规律。图 2-6 为 $t$ 分布曲线，其中纵坐标仍然表示概率密度值，横坐标则用统计量 $t$ 值来表示。显然，在置信度相同时，$t$ 分布曲线的形状随 $f$ ($f=n-1$) 而变化，反映了 $t$ 分布与测定次数有关。测定次数增加，$t$ 分布曲线愈来愈陡峭，测定值的集中趋势亦更加明显。当 $f\rightarrow\infty$ 时，$t$ 分布曲线就与正态分布曲线合为一体，因此可以认为正态分布就是 $t$ 分布的极限。

与正态分布曲线一样，$t$ 分布曲线下面某区间的面积也表示随机误差在此区间的概率。但 $t$ 值与正态分布中 $u$ 值不同，它不仅与概率还与测定次数有关。不同置信度和自由度所对应的 $t$ 值已经由数学家计算出来，表 2-3 中列入了一些常用值。

**表 2-3 $t_{P,f}$ 值表（双边）**

| $t$ \ $P$ <br> $f(n-1)$ | 90% | 95% | 99% | $t$ \ $P$ <br> $f(n-1)$ | 90% | 95% | 99% |
|---|---|---|---|---|---|---|---|
| 1 | 6.31 | 12.71 | 63.66 | 7 | 1.90 | 2.36 | 3.50 |
| 2 | 2.92 | 4.30 | 9.92 | 8 | 1.86 | 2.31 | 3.35 |
| 3 | 2.35 | 3.18 | 5.84 | 9 | 1.83 | 2.26 | 3.25 |
| 4 | 2.13 | 2.78 | 4.60 | 10 | 1.81 | 2.23 | 3.17 |
| 5 | 2.02 | 2.57 | 4.03 | 20 | 1.72 | 2.09 | 2.84 |
| 6 | 1.94 | 2.45 | 3.71 | ∞ | 1.64 | 1.96 | 2.58 |

由表 2-3 中的数据可知，随着自由度的增加，$t$ 值逐渐减小并与 $u$ 值接近。在引用 $t$ 值时，一般取 0.95 置信度。

若用某样本的单次测定值 $x$ 或平均值 $\bar{x}$ 分别表示 $\mu$ 的置信区间时，根据 $t$ 分布则可以得出以下的关系式：

$$\mu = x \pm t_{P,f}s \tag{2-23}$$

$$或\ \mu = \bar{x} \pm t_{P,f}s_{\bar{x}} = \bar{x} \pm t_{P,f}\frac{s}{\sqrt{n}} \tag{2-24}$$

式(2-23) 和式(2-24) 的意义在于，真值虽然不为所知，但可以由有限的测定值计算出一个范围，它将以一定的置信度将真值包含在内。该范围越小，说明 $\bar{x}$ 与 $\mu$ 越接近，即测定的准确度越高。如果将置信度定为 0.95，可以认为该区间取值的准确度是相当高的。

**【例 2-4】** 标定 NaOH 溶液的浓度时，先标定 3 次，结果为 0.2009mol・L$^{-1}$、0.2001mol・L$^{-1}$ 和 0.2005mol・L$^{-1}$；后来又标定 2 次，数据为 0.2006mol・L$^{-1}$ 和 0.2004mol・L$^{-1}$。试分别由 3 次和 5 次标定的结果计算总体平均值 $\mu$ 的置信区间，$P=0.95$。

**解** 标定 3 次时，$\bar{x}=0.2005$mol・L$^{-1}$，$s=0.0004$mol・L$^{-1}$，查表 $t_{0.95,2}=4.30$，故

$$\mu = \bar{x} \pm t_{P,f}\frac{s}{\sqrt{n}} = 0.2005 \pm \frac{4.30 \times 0.0004}{\sqrt{3}} = (0.2005 \pm 0.0010)\text{mol} \cdot \text{L}^{-1}$$

标定 5 次时，$\bar{x}=0.2005$mol・L$^{-1}$，$s=0.0003$mol・L$^{-1}$，查表 $t_{0.95,4}=2.78$，因此

$$\mu = \bar{x} \pm t_{P,f}\frac{s}{\sqrt{n}} = 0.2005 \pm \frac{2.78 \times 0.0003}{\sqrt{5}} = (0.2005 \pm 0.0004)\text{mol} \cdot \text{L}^{-1}$$

计算结果表明，当 $P$ 一定时，增加测定次数并提高测定的精密度后置信区间减小，说明此时平均值更接近真值，因而更可靠。但是不恰当地增多测定次数，而不注意提高精密度的做法是不可取的。

## 二、可疑测定值的取舍

在实际工作中，测定结果有时会出现个别数据与其他结果相差较大，这个测定结果称为可疑值或异常值（也叫离群值、极端值等）。对于为数不多的测定数据，可疑值的取舍往往对平均值和精密度造成相当显著的影响。对可疑值的取舍实质是区分可疑值和其他测定值之间的差异到底是过失、还是由随机误差引起的。如果已经确证测定中发生过失，则无论此数据是否异常，一概都应舍去；而在原因不明的情况下，就必须按照一定的方法进行检验，然后再作出判断。以下介绍几种判断可疑值取舍的方法。

### 1. $4\bar{d}$ 法

用 $4\bar{d}$ 法判断可疑值取舍的具体步骤如下：

① 求除离群值 $x_D$ 之外的其余数据的平均值 $\bar{x}$ 和平均偏差 $\bar{d}$。

② 计算偏差 $|x_D-\bar{x}|$ 和 $4\bar{d}$ 的值。

③ 按下式判断离群值 $x_D$ 的取舍：

$|x_D-\bar{x}|>4\bar{d}$　舍去

$|x_D-\bar{x}|\leqslant 4\bar{d}$　保留

此法较为简单，不必查表，但误差较大。当 $4\bar{d}$ 法与其他检验法相矛盾时，由于没有统计原理为依据，应以其他方法为准。

### 2. Q 检验法

Q 检验法的具体步骤如下：

首先将测定结果按照由小到大排序，然后确定出可疑值，通常可疑值不是最大值便是最小值。求出可疑值与其邻近值之差 $x_n-x_{n-1}$ 或 $x_2-x_1$，然后除以极差 $x_n-x_1$，计算出舍弃商 Q：

$$Q=\frac{x_n-x_{n-1}}{x_n-x_1} \quad 或 \quad Q=\frac{x_2-x_1}{x_n-x_1} \tag{2-25}$$

Q 值越大，说明 $x_1$ 或 $x_n$ 离群越远，远至一定程度时则应将其舍去，故 Q 值称为舍弃商。

根据测定次数 n 和所要求的置信度 P 查 $Q_{P,n}$ 值表（表 2-4），若 $Q>Q_{P,n}$，则以一定的置信度弃去可疑值，反之则保留，分析化学中通常取 0.90 的置信度。

表 2-4 $Q_{P,n}$ 值表

| $n$ | 3 | 4 | 5 | 6 | 7 | 8 | 9 | 10 |
|---|---|---|---|---|---|---|---|---|
| $Q_{0.90}$ | 0.94 | 0.76 | 0.64 | 0.56 | 0.51 | 0.47 | 0.44 | 0.41 |
| $Q_{0.95}$ | 0.97 | 0.84 | 0.73 | 0.64 | 0.59 | 0.54 | 0.51 | 0.49 |

如果测定数据较少，测定的精密度也不高，因 Q 与 $Q_{P,n}$ 值相接近而对可疑值的取舍难以判断时，最好补测 1～2 次再进行检验更有把握。

**【例 2-5】** 测定水中铅的含量，3 次结果分别为 9mg·L$^{-1}$、1mg·L$^{-1}$、2mg·L$^{-1}$。问可疑数据“9”应否弃去（$P=0.90$）？

**解** 根据式(2-25)，得

$$Q=\frac{9-2}{9-1}=0.88$$

查表 2-4 得 $Q_{0.90,3}=0.94$，因 $Q<Q_{0.90,3}$，故 9mg·L$^{-1}$这一数据不应弃去。

应该指出的是，由于日常分析工作通常只进行 3 次重复测定，若从 3 个数据中选取 2 个较接近者报告测定结果是不合理的。但是在上例中，因 Q 值并不明显地小于 $Q_{P,n}$，若将“9”保留取平均值报告结果也不合理。此时应补测 1～2 次为宜。若再测一次得数据为 2mg·L$^{-1}$，此时 $Q_{0.90,4}=0.76$，$Q>Q_{0.90,4}$，故可舍去可疑值 9mg·L$^{-1}$。

### 3. 格鲁布斯法

格鲁布斯法具体步骤如下：

首先将测定结果按照由小到大排序，然后确定出可疑值，通常可疑值不是最大值便是最小值。先计算出该组数据的平均值 $\bar{x}$ 和标准偏差 $s$，再计算统计量 G：

$$G=\frac{\bar{x}-x_1}{s} \quad 或 \quad G=\frac{x_n-\bar{x}}{s} \tag{2-26}$$

根据事先确定的置信度和测定次数查阅表 2-5 中的 $G_{P,n}$ 值，如果 $G>G_{P,n}$，说明可疑值相对平均值偏离较大，则以一定的置信度将其舍去，否则保留。

表 2-5 $G_{P,n}$ 值表

| 测定次数 $n$ | 置信度($P$) 95% | 置信度($P$) 99% | 测定次数 $n$ | 置信度($P$) 95% | 置信度($P$) 99% |
|---|---|---|---|---|---|
| 3 | 1.15 | 1.15 | 6 | 1.82 | 1.94 |
| 4 | 1.46 | 1.49 | 7 | 1.94 | 2.10 |
| 5 | 1.67 | 1.75 | 8 | 2.03 | 2.22 |

续表

| 测定次数 $n$ | 置信度($P$) | | 测定次数 $n$ | 置信度($P$) | |
|---|---|---|---|---|---|
| | 95% | 99% | | 95% | 99% |
| 9 | 2.11 | 2.32 | 15 | 2.41 | 2.71 |
| 10 | 2.18 | 2.41 | 16 | 2.44 | 2.75 |
| 11 | 2.23 | 2.48 | 17 | 2.47 | 2.79 |
| 12 | 2.29 | 2.55 | 18 | 2.50 | 2.82 |
| 13 | 2.33 | 2.61 | 19 | 2.53 | 2.85 |
| 14 | 2.37 | 2.66 | 20 | 2.56 | 2.88 |

**【例 2-6】** 6 次标定某 HCl 溶液的浓度，其结果分别为 $0.1042\mathrm{mol\cdot L^{-1}}$、$0.1050\mathrm{mol\cdot L^{-1}}$、$0.1086\mathrm{mol\cdot L^{-1}}$、$0.1063\mathrm{mol\cdot L^{-1}}$、$0.1064\mathrm{mol\cdot L^{-1}}$ 和 $0.1051\mathrm{mol\cdot L^{-1}}$。用格鲁布斯法判断 $0.1086\mathrm{mol\cdot L^{-1}}$ 这个数据是否应该舍去（$P=0.95$）?

**解** 6 次测定值（单位 $\mathrm{mol\cdot L^{-1}}$）递增的顺序为 0.1042、0.1050、0.1051、0.1063、0.1064、0.1086，根据有关计算和式(2-26) 得

$$\bar{x}=0.1059\mathrm{mol\cdot L^{-1}} \qquad s=0.0016\mathrm{mol\cdot L^{-1}}$$

$$G=\frac{0.1086-0.1059}{0.0016}=1.69$$

查表 2-5 得 $G_{0.95,6}=1.82$，$G<G_{0.95,6}$，故 $0.1086\mathrm{mol\cdot L^{-1}}$ 这一数据不应舍去。

在运用格鲁布斯法判断可疑值的取舍时，由于引入了 $t$ 分布中最基本的两个参数 $\bar{x}$ 和 $s$，故该方法的准确度较 $Q$ 检验法高，因此得到普遍采用。

还需指出的是，在运用上述方法时，如置信度定得过高，则容易将可疑值保留；反之则可能将合理的测定值舍去。通常选择 0.90 或 0.95 的置信度是合理的。

## 三、显著性检验

用统计方法检验测定值之间是否存在显著性差异，以此推测它们之间是否存在系统误差，从而判断测定结果或分析方法的可靠性，这一过程称为显著性检验。定量分析中常用的有 $t$ 检验法和 $F$ 检验法。

### 1. $t$ 检验法

$t$ 检验法用来检验样本平均值与标准值或两组数据的平均值之间是否存在显著性差异，从而对分析方法的准确度作出判断，其理论依据是随机误差的 $t$ 分布。

当检验一种新分析方法的准确度时，采用该方法对某标准试样进行数次平行测定，再将样本平均值 $\bar{x}$ 与标准值 $T$（视为真值）进行比较。由置信区间的定义可知，经过 $n$ 次测定后，如果以 $\bar{x}$ 为中心的某区间已经按指定的置信度将真值 $T$ 包含在内，那么它们之间就不存在显著差异。根据 $t$ 分布，这种差异是仅由随机误差引起的。根据式(2-22) 有：

$$|\bar{x}-T|=t_{P,f}s_{\bar{x}} \tag{2-27}$$

式中的 $t_{P,f}$ 值可按一定的置信度和自由度由表 2-3 中查得，实际上 $t_{P,f}s_{\bar{x}}$ 就是一定条件下随机误差的界限值。由具体测定中样本的 $\bar{x}$ 和 $s_{\bar{x}}$ 可计算 $t$ 值为：

$$t=\frac{|\bar{x}-T|}{s_{\bar{x}}}$$

若 $t>t_{P,f}$，说明 $\bar{x}$ 与 $T$ 之差已经超过随机误差的界限，就可以按照相应的置信度判断它们之间存在显著性差异。

进行显著性检验时，如置信度定得过低，则容易将随机误差引起的差异判断为显著性差

异；如置信度定得过高，又可能将系统误差引起的不一致认同为正常差异，从而得出不合理的结论。在定量分析中，常采用 0.95 或 0.90 的置信度。

**【例 2-7】** 用某新方法测定分析纯 NaCl 中氯的质量分数，10 次测定结果的平均值为 $\overline{x}=60.68\%$，平均值的标准偏差为 $s_{\overline{x}}=0.014\%$。已知试样中氯的真实值为 60.66%，试以 0.95 的置信度判断这种新方法是否准确可靠。

**解**

$$t=\frac{|\overline{x}-T|}{s_{\overline{x}}}=\frac{60.68-60.66}{0.014}=1.43$$

查表 2-3，$t_{0.95,9}=2.26$，$t<t_{0.95,9}$，说明 $\overline{x}$ 与 $T$ 之间未发现有显著性差异，新方法是准确可靠的。

**2. *F* 检验法**

如果由不同的分析者或不同的实验室用同一种方法对某试样进行数次平行测定，得到两组数据，显然它们的平均值 $\overline{x}_1$ 和 $\overline{x}_2$ 不可能完全一致。同理，采用两种不同分析方法测定同一试样，所得两组结果的平均值也会有差异存在。上述差异是否显著，是由什么原因所引起的，可按下述步骤进行检验。

**表 2-6 $F_{P,f}$ 值表**（单边，$P=0.95$）

| $F_{P,f}$　$f_{s大}$ / $f_{s小}$ | 2 | 3 | 4 | 5 | 6 | 7 | 8 | 9 | 10 | ∞ |
|---|---|---|---|---|---|---|---|---|---|---|
| 2 | 19.00 | 19.16 | 19.25 | 19.30 | 19.33 | 19.36 | 19.37 | 19.38 | 19.39 | 19.50 |
| 3 | 9.55 | 9.28 | 9.12 | 9.01 | 8.94 | 8.88 | 8.84 | 8.81 | 8.78 | 8.53 |
| 4 | 6.94 | 6.59 | 6.39 | 6.26 | 6.16 | 6.09 | 6.04 | 6.00 | 5.96 | 5.63 |
| 5 | 5.79 | 5.41 | 5.19 | 5.05 | 4.95 | 4.88 | 4.82 | 4.78 | 4.74 | 4.36 |
| 6 | 5.14 | 4.76 | 4.53 | 4.39 | 4.28 | 4.21 | 4.15 | 4.10 | 4.06 | 3.67 |
| 7 | 4.74 | 4.35 | 4.12 | 3.97 | 3.87 | 3.79 | 3.73 | 3.68 | 3.63 | 3.23 |
| 8 | 4.46 | 4.07 | 3.84 | 3.69 | 3.58 | 3.50 | 3.44 | 3.39 | 3.34 | 2.93 |
| 9 | 4.26 | 3.86 | 3.63 | 3.48 | 3.37 | 3.29 | 3.23 | 3.18 | 3.13 | 2.71 |
| 10 | 4.10 | 3.71 | 3.48 | 3.33 | 3.22 | 3.14 | 3.07 | 3.02 | 2.97 | 2.54 |
| ∞ | 3.00 | 2.60 | 2.37 | 2.21 | 2.10 | 2.01 | 1.94 | 1.88 | 1.83 | 1.00 |

设两组测定值有关数据分别为：$\overline{x}_1$，$s_1$ 和 $n_1$；$\overline{x}_2$，$s_2$ 和 $n_2$。

① 首先采用 $F$ 检验法对两组数据的方差 $s^2$ 进行检验，以判断两组数据的精密度有无显著性差异。按下式计算 $F$ 值：

$$F=\frac{s_{大}^2}{s_{小}^2} \tag{2-28}$$

$F$ 检验的基本假设是如果两组测定值来自同一总体，就应该具有相同（或差异很小）的方差，即 $F$ 值接近于 1。反之，如果 $s_1$ 与 $s_2$ 存在着显著性差异，则两者必定相差很大，$F$ 值也会较大。根据两组数据的自由度，由表 2-6 中查出相应的 $F_{P,f}$ 值，并且与所计算的 $F$ 值相比较。若 $F>F_{P,f}$，则以一定的置信度认为这两组数据的精密度存在显著性差异。因此，数据具有较大的方差，即该组数据的精密度低，其准确度值得怀疑，不必再对两个平均值进行比较。但如果 $F<F_{P,f}$，则表明 $s_1$ 与 $s_2$ 没有显著性差异，检验继续按下述步骤进行。

② 用 $t$ 检验法判断两个平均值 $\overline{x}_1$ 与 $\overline{x}_2$ 之间有无显著性差异，即两者的差异是否由系统

误差所引起。

首先按下式计算合并标准偏差，其中总自由度 $f=n_1+n_2-2$。

$$s=\sqrt{\frac{\sum(x_{1i}-\overline{x}_1)^2+\sum(x_{2j}-\overline{x}_2)^2}{(n_1-1)+(n_2-1)}} \tag{2-29}$$

再计算统计量 $t$。如果 $\overline{x}_1$ 与 $\overline{x}_2$ 无显著性差异，则可以认为它们来自同一总体，即：

$$\overline{x}_1\pm\frac{ts}{\sqrt{n_1}}=\overline{x}_2\pm\frac{ts}{\sqrt{n_2}}=\mu$$

那么

$$\overline{x}_1-\overline{x}_2=\pm ts\sqrt{\frac{n_1+n_2}{n_1n_2}}$$

则

$$t=\frac{|\overline{x}_1-\overline{x}_2|}{s}\sqrt{\frac{n_1n_2}{n_1+n_2}} \tag{2-30}$$

由表 2-3 查得 $t_{P,(n_1+n_2-2)}$ 值。如果 $t>t_{P,(n_1+n_2-2)}$，则可以认为两组数据不属于同一总体，它们之间存在显著性差异。反之，$t<t_{P,(n_1+n_2-2)}$，上述假设成立，即两组数据之间不存在系统误差。

**【例 2-8】** 用两种不同的方法测定某样中铬的质量分数（%），所得的结果如下：

第一法　1.22，1.26，1.25

第二法　1.31，1.35，1.34，1.33

试问两种方法之间是否有显著性差异（因属双边检验，$P=0.90$）？

**解**　$n_1=3$　$\overline{x}_1=1.24\%$　$s_1=0.021\%$

$n_2=4$　$\overline{x}_2=1.33\%$　$s_2=0.017\%$

$$F=\frac{s_1^2}{s_2^2}=\frac{(0.021)^2}{(0.017)^2}=1.53$$

查表 2-6，$f_{s大}=2$，$f_{s小}=3$，$F_{表}=9.55$，$F<F_{表}$，说明此时未发现 $s_1$ 与 $s_2$ 有显著性差异（$P=0.95$），因此求得合并标准偏差为

$$s=0.019\% \qquad t=\frac{|1.24-1.33|}{0.019}\sqrt{\frac{3\times4}{3+4}}=6.21$$

查表 2-3，当 $P=0.90$，$f=n_1+n_2-2=5$ 时，$t_{0.90,5}=2.02$，$t>t_{0.90,5}$，故以 0.90 的置信度认为 $\overline{x}_1$ 与 $\overline{x}_2$ 有显著性差异，即两种分析方法之间存在系统误差。

## 第五节　提高分析结果准确度的方法

### 一、选择适当的分析方法

在生产实践和科研工作中，对测定结果要求的准确度常与试样的组成、性质和待测组分的相对含量有关。化学分析法的灵敏度虽然不高，但对于常量组分的测定能得到较准确的结果，一般要求相对误差不超过 0.1%。仪器分析法具有较高的灵敏度，用于微量或痕量组分含量的测定，对测定结果允许有较大的相对误差。例如用光谱法测定纯硅中的硼，结果为 $2\times10^{-6}\%$。若此方法的相对误差为 50%，则试样中硼的含量应在 $1\times10^{-6}\%\sim3\times10^{-6}\%$ 之间。看来相对误差很大，但由于待测组分含量很低，引入的绝对误差是很小的，能满足测定准确度的要求。如果采用化学分析法则根本无法进行测定。

又如，采用重铬酸钾滴定法测得某矿石中铁的质量分数为 58.26%，若测定的相对误差为 0.2%，则试样中铁的质量分数应在 58.14%～58.38%之间。如果采用吸光光度法来测定

这一试样，方法的相对误差为 2%。由此得出铁的含量范围是 57.1%～59.4%，准确度较前低了许多。此时采用准确度较高的滴定分析法测定常量组分的含量是正确的。

此外，对于分析方法的选择还与试样的组成有关。例如测定铁矿石中铁的含量，采用重量法会受到其他组分共沉淀的干扰，如果采用重铬酸钾滴定法就可以避免上述影响。

因此，根据试样的组成和性质等，结合对测定准确度的要求选择合适的方法，制订正确的分析方案，是取得准确结果的重要因素。

**二、减小测量的相对误差**

仪器和量器的测量误差也是产生系统误差的因素之一。例如使用万分之一的分析天平，一般情况下采用差减称量法时称样的绝对误差为±0.0002g，如欲称量的相对误差不大于 0.1%，那么应称量的最小质量可以按下式计算：

$$\text{相对误差}=\frac{\text{绝对误差}}{\text{试样质量}} \qquad \text{试样质量}=\frac{0.0002\text{g}}{0.001}=0.2\text{g}$$

在滴定分析中，滴定管的读数误差一般视为±0.01mL。一次滴定中要读初读数和末读数，即两次读数误差为±0.02mL。为使读数的相对误差小于 0.1%，滴定时所消耗滴定剂的体积就应该在 20mL 以上。

在采用滴定分析法和重量法进行测定时，应该考虑上述因素以减小称量和读数等测量误差，才有可能达到方法预期的准确度。

此外，称量的准确度还应与分析方法的准确度一致。例如采用光度法测定某试样中锰的含量，方法的相对误差一般为 2%。若需称取 0.5g 试样，那么理论上只要称样的绝对误差小于 0.5g×2%＝0.01g 就可以满足要求，因此不必像滴定法和重量法那样强调将试样称准至±0.0001g。为了能将称样的误差忽略，常将上例中称量准确度提高一个数量级，即称准至±0.001g 是比较适宜的。

**三、检验和消除系统误差**

系统误差是定量分析中误差的主要来源，可以采用下述方法予以检验和消除。

**1. 对照试验**

对照试验是检验系统误差的有效方法。它是指用待检验的分析方法测定某标准试样或纯物质，并将结果与标准值或纯物质的理论值相对照。亦可用待检验的方法与标准方法同时测定某一试样，并对结果进行显著性检验。如果判断两种方法之间确有系统误差存在，则需找出原因并予以校正。

此外，为了检查分析人员之间的操作是否存在系统误差或其他方面的问题，常将一部分试样重复安排给不同的分析者进行测定，称之为“内检”。有时又将部分试样送其他单位进行对照实验，称之为“外检”。

**2. 空白试验**

空白试验是在不加试样的情况下，按照与试样测定完全相同的条件和操作方法进行试验，所得的结果称为空白值，从试样的测定结果中扣除空白值就起到了校正误差的作用。空白试验的作用是检验和消除由试剂、溶剂（大多数是水）和分析器皿（因被侵蚀等）中某些杂质引起的系统误差。空白值一般应该比较小，经扣除后就可以得到比较可靠的测定结果。如果空白值较大，就应该通过提纯试剂、改用纯度较高的溶剂和采用其他更合适的分析器皿等来解决问题，这样才能提高测定的准确度。空白试验对于微（痕）量组分具有很重要的作用。至于应选取何种纯度的试剂和溶剂应根据测定的要求而定，而不应盲目使用高纯度的试剂，以免造成浪费。

**3. 校准仪器和量器**

当允许测定结果的相对误差大于 0.1%时，一般不必校准仪器。在对准确度要求较高的测定中，对所使用的仪器或量器，如天平砝码的质量，滴定管、移液管和容量瓶的体积等必须进行校正，在测定中采用校正值，以消除仪器和量器不准带来的误差。

**四、减小随机误差**

在消除了系统误差之后，适当增加平行测定的次数可以减小随机误差的影响，提高测定结果的准确度。在一般的定量分析中，平行测定 3～4 次即可，如对测定结果的准确度要求较高时，可以再增加测定次数。

综上所述，选择合适的分析方法；尽量减小测量误差；消除或校正系统误差；适当增加平行测定次数，取其平均值表示测定结果（减小随机误差）；杜绝过失，就可以提高分析结果的准确度。

## 第六节　有效数字及其运算规则

在定量分析中，为了得到可靠的结果，不仅要准确测定每一数据，而且要进行正确的记录和计算。由于测定值不仅表示了试样中被测组分含量的多少，而且还反映了测定的准确程度。因此了解有效数字的意义，掌握正确的使用方法是非常重要的。

**一、有效数字的意义和位数**

所谓有效数字是指在分析工作中实际能测量到的数字。在分析测定过程中，记录实验数据和计算测定结果究竟应该保留几位数字，应该根据分析方法和仪器的准确度来确定，人为地增减数字的位数是错误的。例如，使用分析天平进行称量。由于分析天平的感量是±0.0001g，在读出和记录质量时应该保留至小数点后面的第 4 位数字。若标定某溶液的浓度，用分析天平称取了基准物质，应记录为 1.0010g（以此为例）。又如，欲配制溶液称取了某试剂 1.0g，由于该质量的数值仅保留了小数点后面 1 位数字，因此可以判断该试剂质量是由感量为±0.1g 的台秤称得的。

从量器和仪表上读出的数据不可避免地带有不确定性。例如滴定中用去标准溶液的体积为 21.68mL，前 3 位数字因滴定管上有刻度都能准确读数，但第 4 位数字因在两个刻度之间，只能由分析者估计读出，故此数字不太准确，我们称它为不确定数字或可疑数字。由于不确定数字所表示的量是客观存在的，仅因为受到仪器、量器的刻度精细程度的限制，在估计时受到观测者主观因素的影响而不能对它准确认定，因此它仍然是一位有效数字（通常有±1 个单位的绝对误差）。同理，上述称取的基准物的质量为 1.0010g，其中最后一位数字“0”也是不确定数字。

因此，有效数字是由全部准确数字和最后一位（只能是一位）不确定数字组成，它们共同决定了有效数字的位数。

有效数字位数的多少反映了测量的准确度，例如用分析天平称取了 1.0010g 试样，一般情况下称量的绝对误差为±0.0002g，那么相对误差是：

$$\frac{\pm 0.0002}{1.0010}\times 100\% = \pm 0.02\%$$

若用台秤称取试样 1.0g，称量的绝对误差为±0.2g，则相对误差为：

$$\frac{\pm 0.2}{1.0}\times 100\% = \pm 20\%$$

可见测量的准确度较前者低得多。在测定准确度允许的范围内，数据中有效数字的位数越多，表明测定的准确度越高。应当注意的是，数字后面的“0”也体现了一定的测量准确度，因而不可任意取舍。当使用准确度较高的量器（最小刻度为 0.1mL）量取溶液的体积时，数据应记至小数点后面 2 位，如 20.00mL，而不应写成 20mL，否则会使人误解这个数据是量筒量取的溶液体积。同理，滴定管的初始读数为零时，应记作 0.00mL，而不是 0mL。

对于数据中的“0”，其情况要作具体分析。例如下面各数有效数字的位数分别为：

| | | | |
|---|---|---|---|
| 2.0207 | 五位 | 0.6200，37.05%，$8.053\times10^{23}$ | 四位 |
| 0.0760，$1.93\times10^{-7}$ | 三位 | 0.087，0.40% | 两位 |
| 0.6，0.002% | 一位 | 400，2600 | 较含糊 |

以上情况表明，数字之间与数字后的“0”是有效数字，因为它们是由测量所得到的。而数字前面的“0”是起定位作用的，它的个数与所取的单位有关而与测量的准确度无关，因而不是有效数字。例如 20.00mL 改用 L 为单位时，表示成 0.02000L，有效数字均是四位。上述数据中的最后两个，其有效数字的位数都比较模糊，例如 2600，一般可视为四位。如果根据测量的实际情况，采用科学计数法将其表示成 $2.6\times10^3$，$2.60\times10^3$ 或 $2.600\times10^3$，则分别表示两、三或四位有效数字，其位数就明确了。

对于如倍数、分数关系等非测量值，由于它们没有不确定性，其有效数字可视为无限多位，还有 π、e 等数学常数也如此处理。

pH、p$c$、lg$K$ 等对数和负对数值，其有效数字的位数仅取决于对数值中尾数部分的位数，因其首数部分只说明了该数据的方次。例如 $[H^+]=0.0020mol\cdot L^{-1}$，亦可写成$2.0\times10^{-3}mol\cdot L^{-1}$或 pH=2.70，其有效数字均为两位。

## 二、数字修约规则

在分析测试的过程中，有时涉及使用数种准确度不同的仪器或量器，因而所得数据的有效数字位数也不尽相同。在进行计算之前，必须按照统一的规则确定有效数字位数，再舍去数据后面多余的数字，这个过程称为“数字修约”。在定量分析时，应按照“四舍六入五留双”的规则对数据进行修约。即：当尾数≤4 时将其舍去；尾数≥6 时就进一位；如果尾数为 5 而后面的数为零时则看前方，前为奇数就进位，前为偶数则舍去，“0”以偶数论；当“5”后面还有不是零的任何数时，无论前方是奇数还是偶数，都须向前进一位。

应当注意，进行数字修约时只能一次修约到指定的位数，不能数次修约，否则会得出错误的结果。例如将 15.4565 修约成两位有效数字时，应一步到位，修约为 15。如果先修约为 15.456，进而修约为 15.46，再进一步修约为 15.5，最后修约成了 16，这种做法是错误的。

## 三、有效数字的运算规则

### 1. 有效数字的加减法运算

当几个数据相加或相减时，它们的和或差应以小数点后位数最少（即绝对误差最大）的数为依据。例如 0.0121、25.64 和 1.027 三个数相加，由于 25.64 中的“4”已经是不确定数字，这样三个数相加后，小数点后的第 2 位就已不确定了。因此我们首先按照数字修约规则，使其余两数都修约至小数点后面两位，然后再相加（式中打“*”者为不确定数字）：

| 原数 | 绝对误差 | 修约后 |
|---|---|---|
| 0.0121* | ±0.0001 | 0.01 |
| 25.64* | ±0.01 | 25.64 |
| +） 1.027* | +） ±0.001 | +） 1.03 |
| 26.67*9*1* | ±0.01 | 26.68 |

显而易见，三个数据中第二个数的绝对误差最大，它决定了总和的绝对误差为±0.01，而其他误差较小的数不起决定作用。三数之和为 26.68，其中仅最后一位是不确定数字。

### 2. 有效数字的乘除法运算

对几个数据进行乘除运算时，它们的积或商的有效数字位数，应以其中相对误差最大的（即有效数字位数最少的）那个数为依据。例如欲求 0.0121、25.64 和 1.027 相乘之积，三个数的相对误差分别为：

$$\frac{\pm 0.0001}{0.0121}\times 100\% = \pm 0.8\%$$

$$\frac{\pm 0.01}{25.64}\times 100\% = \pm 0.04\%$$

$$\frac{\pm 0.001}{1.027}\times 100\% = \pm 0.1\%$$

第一个数是三位有效数字，其相对误差最大。因此，应对其他两数先进行修约，即各数均保留三位有效数字后再相乘，最后结果的有效数字仍为三位。

$$0.0121\times 25.6\times 1.03 = 0.319$$

在乘除运算中，如果有效数字位数最少的数的首数是“9”，则积或商的有效数字位数可以比这个数的有效数字多取一位。例如 9.0×0.241/2.84，其中 9.0 的有效数字位数最少，只有两位，但是它的相对误差约为±1%，与 10.0 等三位有效数字的相对误差接近，所以最后结果可保留三位，即等于 0.764；如果有效数字位数最少的数的首数是“8”，第二位为 5 以上的数字，处理情况与上相同。

此外，在处理各种化学平衡中有关浓度的计算时，一般都要使用有关的平衡常数，如 $K_a$、$K_b$、$K_f$、$E$ 和 $K_{sp}$ 等。此时可依照上述平衡常数的位数来确定计算结果有效数字的位数，一般为两至三位。

对于各种误差的计算，一般只要求一至两位有效数字，采用过多的位数是无意义的。

需要说明的是，如果公式较短，使用计算器进行计算时，习惯上不对中间每一步骤的计算结果进行修约，仅对最后的结果进行修约，使其符合事先所确定的位数即可。

## 本章小结

系统误差和随机误差影响分析测定结果的优劣，因此选择好适宜的分析方法后，除注意减小测量误差外，还应着力减小系统误差和随机误差，并对测定结果及可信程度进行估计和正确表示。

精密度高是保证测定结果准确度好的前提。因此，分析人员在做平行测定以减少随机误差对准确度的影响时，要做到测定条件保持尽量一致。系统误差常常对准确度影响严重，要根据其来源，采取相应措施尽量减小其影响。

系统误差的检验和平均值置信区间的确定，都需依据统计学原理进行。对有限数据的处理，如果精密度符合要求，可按以下顺序完成：

① 对可疑值进行合理取舍。

② 根据对照试验结果，进行显著性检验。若存在系统误差，应查明原因，采取措施，重新测定。

③ 在无系统误差情况下，给出一定置信度时，平均值的置信区间作为分析结果，合理反映随机误差的影响。一般分析测定，平行测定次数较少（2～4 次），则报告平均值、测定次数和标准偏差。

## 思考题与习题

1. 试区别准确度和精密度，误差和偏差。

2. 下列情况各引起什么误差？如果是系统误差，应如何消除？

（1）砝码被腐蚀；

(2) 称量时，试样吸收了空气中的水分；

(3) 天平两臂不等长；

(4) 天平零点稍有变动；

(5) 试剂中含有微量待测组分；

(6) 用于标定 EDTA 溶液的金属不纯；

(7) 读取滴定管读数时最后一位数字估计不准。

3. 微量分析天平可称准至±0.1mg，要使称量误差不大于 0.2%，至少应称取多少试样？

4. 常量滴定管读数可读到±0.01mL，若要求滴定的体积相对误差小于 0.2%,，在滴定时，耗用体积应控制为多少？

5. 误差既然可用绝对误差表示，为什么还要引入相对误差？何谓平均偏差和标准偏差？为什么还要引入标准偏差？

6. 分析氯化物的含量，共测定 5 次，$\bar{x}=32.32\%$，$s=0.13\%$，求置信度为 95%及 99%时的平均值的置信区间。已知 $n=5$ 时，$t_{0.95}=2.78$；$t_{0.99}=4.60$。[(32.30±0.16)%，(32.30±0.27)%]

7. 用一种测定杀虫剂 DDT 的方法，分析未喷洒过 DDT 的植物叶子样品，测得 DDT 含量为 0.2μg/g，0.4μg/g，0.8μg/g，0.5μg/g，0.2μg/g，该植物是否喷洒过 DDT？ (未喷洒过 DDT)

8. 用硼砂及碳酸钠两种基准物质标定盐酸的浓度，所得结果分别为

用硼砂标定：0.09896　0.09891　0.09901　0.09896

用碳酸钠标定：0.09911　0.09896　0.09886　0.09901　0.09906

当置信度为 95%，用这两种基准物质标定盐酸是否存在显著性差异？ (无显著性差异)

9. 某人对试样平行测定了 5 次，求得各次测定值 $x_i$ 与平均值 $\bar{x}$ 的偏差分别为：+0.04、−0.02、+0.01、−0.01、+0.06。请问此计算结果是否准确。 (不准确)

10. 已知某铜样中铅含量为 0.105%，用一种光谱分析法测定结果为 0.109%，标准偏差为 0.008%，(1) 若此结果为四次测定结果的平均值，置信度 95%时，能否认为此方法有系统误差存在？(2) 若此结果是大于 20 次测定的平均值，能否认为有系统误差存在？

(无系统误差存在；有系统误差存在)

11. 下面是一组测定误差的数据，从小到大排列为：−1.40、−0.44、−0.24、−0.22、−0.05、0.18、0.20、0.48、0.63、1.01，试用格鲁布斯法判断，置信度为 95%时，1.01 和−1.40 是否应舍去？

(不应舍去)

12. 测定矿石中铜的含量（%）得到：2.50、2.53、2.55。用 $4\bar{d}$ 法判断，再一次测定所得结果不应舍去的界限是多少？ (2.46～2.60)

13. 某一标准溶液的 4 次标定值分别为 0.1014、0.1012、0.1025、0.1016，用 Q 检验法与 $4\bar{d}$ 法分别检验：当置信度为 90%时，0.1025 可否舍去？结果如何报告合理？

(Q 检验法：不应舍去，$\bar{x}=0.1017$；$4\bar{d}$ 检验法：应舍去 $\bar{x}=0.1014$)

14. 分析蛋白质的含量共测定 9 次，其结果分别为：35.10%、34.86%、34.92%、35.36%、35.11%、35.01%、34.77%、35.19%、34.98%，求测定结果的平均值、平均偏差、相对平均偏差、相对标准偏差各是多少。 (35.03；0.14；0.4%；0.5%)

15. 某炼铁厂生产的铁水，从长期经验知道，它的碳含量服从正态分布，$\mu$ 为 4.55%，$\sigma$ 为 0.08%。现又测了 5 炉铁水，其碳含量分别为 4.28%、4.40%、4.42%、4.35%、4.37%。试问均值有无变化（$P=0.95$）。 (有变化)

16. (1) 0.213+31.24+3.06162=？ (34.51)

(2) 0.0223×21.78×2.05631=？ (1.00)

17. 确定下面数值的有效数字的位数。

(1) CaO%=25.30；(2) pH=11.20；(3) π=3.141；(4) 1000；(5) 0.02030。

# 第三章　滴定分析法概论

滴定分析法（titrimetry）是化学分析法中的重要分析方法之一，因其简单、快速、准确等特点而被广泛应用于常量分析中。所谓滴定分析法，就是将一种已知准确浓度的试剂溶液滴加到被测物质的溶液中，直到所加试剂与被测物质按化学计量关系完全反应时终止滴定，然后根据所用试剂溶液的浓度和用量，计算被测物质含量的一类分析方法。由于该法是以测量溶液体积为基础的分析方法，因而习惯上又称为容量分析法（volumetric analysis）。

滴定分析中，通常将已知准确浓度的试剂溶液称为标准溶液（standard solution），也称为滴定剂（titrant）。滴定剂是通过滴定管逐渐滴加到被测物质溶液中的，这个过程叫做滴定（titrate）。当所滴加的标准溶液与被测物质按化学计量关系完全反应时，到达化学计量点（stoichiometric point），简称计量点，以 sp 表示。在实际滴定中，由于许多滴定反应没有明显的外观变化，不能直接显示化学计量点，因此，通常在被测物质溶液中加入合适的指示剂（indicator）来确定化学计量点。由指示剂变色而终止滴定的这一点称为滴定终点（end point），简称终点，以 ep 表示。

由于化学计量点和滴定终点含义的不同（化学计量点是由化学计量关系决定的理论值，而滴定终点是实际滴定时确定的实验值）而导致滴定终点与化学计量点往往不一致，由此造成的分析误差称为滴定误差（titration error），也称终点误差。终点误差是滴定分析误差的主要来源之一，它的大小，取决于滴定反应的完全程度和指示剂的选择及用量。

滴定分析法仪器设备简单，操作简便、快速，分析结果的准确度较高。一般情况下，滴定分析的相对误差可控制在±0.1%～±0.2%。但由于滴定分析法的灵敏度较低，故主要适用于组分含量大于1%的常量组分的测定，有时也可以测定微量组分。滴定分析法可以用来测定许多物质，用途广泛，适用于多种化学反应类型的测定。因此，滴定分析法在生产实践和科学研究中具有很高的实用价值，常用于工农业生产和科学实验中。

## 第一节　滴定分析法的分类及滴定方式

### 一、滴定分析法的分类

根据标准溶液和被测物质间滴定反应类型的不同，滴定分析法可分为四类。

**1. 酸碱滴定法**

酸碱滴定法是以酸碱中和反应为基础的一种滴定分析法，又称中和滴定法。滴定反应以质子传递为基础，可用以下简式表示：

$$H_3O^+ + OH^- = 2H_2O$$

$$H_3O^+ + A^- = HA + H_2O$$

$$OH^- + HA = H_2O + A^-$$

**2. 配位滴定法**

配位滴定法是以配位反应为基础的滴定分析法，又称络合滴定法。这类滴定反应的产物是配合物（或配离子）。最重要的配位滴定法是以 EDTA(Y) 为配位剂测定金属离子（M），滴定反应通常为：

$$M + Y = MY$$

3. **氧化还原滴定法**

氧化还原滴定法是以氧化还原反应为基础的滴定分析法。主要包括高锰酸钾法、重铬酸钾法和碘量法等。例如用高锰酸钾法或重铬酸钾法测定铁含量：

$$MnO_4^- + 5Fe^{2+} + 8H^+ = 5Fe^{3+} + Mn^{2+} + 4H_2O$$

$$Cr_2O_7^{2-} + 6Fe^{2+} + 14H^+ = 6Fe^{3+} + 2Cr^{3+} + 7H_2O$$

4. **沉淀滴定法**

沉淀滴定法是以沉淀反应为基础的滴定分析法。目前，比较有实际意义的沉淀滴定法主要是银量法：

$$Ag^+ + X^- = AgX\downarrow (X^- = Cl^-、Br^-、I^-、SCN^- 等)$$

上述各类方法将在以后各章中详细讨论。

**二、滴定分析法对化学反应的要求**

滴定分析虽能广泛应用于多种类型的反应，但并非所有化学反应都可以用来进行滴定分析。适于滴定分析的化学反应必须具备以下条件：

① 反应要具有确定的化学计量关系，这是滴定分析法定量计算的依据。

② 反应完全程度要高，通常要求达到99.9%以上。完全程度高的反应，化学计量点附近溶液性质有较明显的变化，指示剂的变色较敏锐，终点误差较小。

③ 反应速率要快，否则滴定终点将无法判断。对于部分速率较慢的反应，有时可通过加热或加入催化剂等方法来加快反应速率。

④ 要有适当的方法确定滴定终点。

**三、滴定方式**

在实际应用中，由于滴定剂与被测物质间的反应不一定完全满足以上的四个要求，因此，为使滴定分析顺利进行，根据被测组分的性质和反应的特点可选用不同的滴定方式。

1. **直接滴定法**

凡是符合滴定分析四个要求的反应，都可以采用直接滴定法，即用标准溶液直接滴定被测物质。例如，用 HCl 标准溶液滴定 NaOH，用 $K_2Cr_2O_7$ 标准溶液滴定 $Fe^{2+}$ 等。直接滴定法是最基本、最常用，也是最重要的滴定方式。

2. **返滴定法**

当被测物质与滴定剂的反应较慢（如 $Al^{3+}$ 与 EDTA 的反应），或者被测物质为固体试样（如用 HCl 溶液滴定固体 $CaCO_3$）时，反应不能立即完成。此时，可以向试样溶液中先加入已知过量的标准溶液，待其与被测物质反应完成后，再用另一种标准溶液滴定剩余的第一种标准溶液，根据两种标准溶液的浓度和体积，即可求算出被测物质的含量。这种滴定方式称为返滴定法，也称剩余量滴定法或回滴法。例如，$Al^{3+}$ 与 EDTA 的反应较慢，可以先加入已知过量的 EDTA 标准溶液，加热使溶液反应完全；冷却后，再用 $Zn^{2+}$ 标准溶液返滴定剩余的 EDTA 标准溶液，该反应迅速。滴定固体 $CaCO_3$ 时，先加入已知过量的 HCl 标准溶液，待其充分反应后，再用 NaOH 标准溶液返滴定剩余的 HCl 溶液即可。

如果被测试样具有挥发性（如用 HCl 溶液滴定 $NH_3$ 溶液），也可用返滴定法进行测定。对于某些没有合适的指示剂确定终点的反应，有时也采用返滴定法。如在酸性溶液中用 $AgNO_3$ 滴定 $Cl^-$，缺乏合适的指示剂。此时可先加入已知过量的 $AgNO_3$ 标准溶液使 $Cl^-$ 沉淀完全，再以 $Fe^{3+}$ 作指示剂，用 $NH_4SCN$ 标准溶液返滴过量的 $Ag^+$，出现 $[Fe(SCN)]^{2+}$ 淡红色即为终点。

3. **置换滴定法**

当滴定反应没有确定的计量关系，如不能按一定化学反应式进行，或伴有副反应时，也不能采用直接滴定法进行测定。此时，可先加入适当的试剂与待测组分反应，使其定量地置换为另一种能够被直接滴定的物质后，再用标准溶液滴定此物质，这种滴定方式称为置换滴定法。例如，$Na_2S_2O_3$ 不能用来直接滴定 $K_2Cr_2O_7$ 及其他强氧化剂，因为在酸性溶液中这些强氧化剂不仅可将 $S_2O_3^{2-}$ 氧化为 $S_4O_6^{2-}$，还会将其部分氧化为 $SO_4^{2-}$，反应没有确定的计量关系。但是 $Na_2S_2O_3$ 却是一种很好的滴定 $I_2$ 的滴定剂，如果在 $K_2Cr_2O_7$ 的酸性溶液中加入过量的 KI 使其还原而产生定量的 $I_2$，再用 $Na_2S_2O_3$ 滴定置换生成的 $I_2$，即可测得氧化剂 $K_2Cr_2O_7$ 的含量。这种滴定方式也可用于以 $K_2Cr_2O_7$ 标准溶液标定 $Na_2S_2O_3$ 的浓度。反应式如下：

$$Cr_2O_7^{2-} + 6I^- + 14H^+ = 3I_2 + 2Cr^{3+} + 7H_2O$$

$$I_2 + 2S_2O_3^{2-} = 2I^- + S_4O_6^{2-}$$

有些完全程度不够高的反应，也可通过置换滴定法准确测定。如 $Ag^+$ 与 EDTA 的配合物不够稳定。但若将 $Ag^+$ 与 $Ni(CN)_4^{2-}$ 反应置换出 $Ni^{2+}$，再用 EDTA 滴定生成的 $Ni^{2+}$，即可计算出 $Ag^+$ 的含量。

**4. 间接滴定法**

当被测物质与标准溶液不能直接起反应时，还可以用另一种试剂与被测物质作用，生成可以用标准溶液直接滴定的物质，这种滴定方式称为间接滴定法。例如 $Ca^{2+}$ 不能用 $KMnO_4$ 直接滴定，但若将其沉淀为 $CaC_2O_4$，再将沉淀过滤、洗涤后溶解于稀硫酸中得到等物质的量的 $H_2C_2O_4$，然后用 $KMnO_4$ 标准溶液滴定 $H_2C_2O_4$，从而间接测定 $Ca^{2+}$ 的含量。反应式如下：

$$Ca^{2+} + C_2O_4^{2-}(\text{过量}) = CaC_2O_4 \downarrow$$

$$CaC_2O_4 + 2H^+ = Ca^{2+} + H_2C_2O_4$$

$$5H_2C_2O_4 + 2MnO_4^- + 6H^+ = 2Mn^{2+} + 10CO_2 \uparrow + 8H_2O$$

返滴定法、置换滴定法和间接滴定法的应用，大大扩展了滴定分析法的应用范围。

## 第二节 滴定分析的标准溶液

标准溶液是指已知准确浓度的试剂溶液，在滴定分析中常用作滴定剂。在滴定分析法中，无论采用何种滴定方式，都必须使用标准溶液，依据其浓度和用量来计算被测组分的含量。因此，正确配制标准溶液并确定其准确浓度，是滴定分析法中的一个重要内容，对于提高分析结果的准确度有着重要的意义。

### 一、标准溶液浓度的表示方法

**1. 物质的量浓度**（concentration of amount of substances）

标准溶液浓度通常以物质的量浓度来表示。它是以“物质的量”为基础的。物质的量（amount of substance）是以分子、原子、离子或其他基本粒子特定组合的粒子数表示物质的多少，符号用 $n$ 表示，单位是摩尔（mol）。“摩尔”是一系统的物质的量，该系统中所包含的基本单元数与 0.012kg 碳 12 的原子数目相等。如果系统中物质 B 的基本单元数目与 0.012kg 碳 12 的原子数目一样多，那么物质 B 的物质的量 $n(B)$ 就是 1mol。基本单元可以是原子、分子、离子、电子及其他粒子，也可以是这些粒子的特定组合。在使用物质的量的导出量时，如物质的量浓度、摩尔质量等，也必须注明基本单元，否则就没有明确的含义。

在滴定分析中，标准溶液的浓度通常用物质的量浓度表示。物质的量浓度（简称浓度）是指单位体积溶液所含溶质的物质的量。物质 B 的浓度等于 B 的物质的量 $n(B)$ 除以溶液的体积 $V$，以符号 $c(B)$ 表示：

$$c(B) = \frac{n(B)}{V} \tag{3-1}$$

式中，物质的量 $n(B)$ 的单位为 mol 或 mmol；体积 $V$ 的单位为 $m^3$、$dm^3$ 等，在分析化学中，常用 L(升) 或 mL(毫升)，故浓度 $c(B)$ 的常用单位为 $mol \cdot L^{-1}$。例如，1 升溶液中含

0.1mol NaOH，其浓度表示为 $c(NaOH)=0.1mol \cdot L^{-1}$。

2. **滴定度（titre）**

滴定度是指每毫升标准溶液相当于被测物质的质量（g 或 mg），用符号 $T(X/S)$ 表示（其中 S、X 分别为标准溶液中溶质和被测物质的化学式），单位为 $g \cdot mL^{-1}$（或 $mg \cdot mL^{-1}$）。例如，用 $0.02718mol \cdot L^{-1}$ 的重铬酸钾标准溶液测定铁含量，滴定度 $T(Fe/K_2Cr_2O_7)=0.007590g \cdot mL^{-1}$，表示每毫升 $K_2Cr_2O_7$ 标准溶液相当于 0.007590g 的 Fe，即 1mL $K_2Cr_2O_7$ 标准溶液能将 0.007590g 的 $Fe^{2+}$ 氧化为 $Fe^{3+}$。

此种滴定度表示法适用于测定大批试样中同一组分的含量，多用于实际生产中。其优点是只要将滴定消耗的标准溶液的体积与滴定度相乘，就可以快速方便地计算出被测物质的质量。上例若已知滴定用去 $K_2Cr_2O_7$ 标准溶液的体积为 20.12mL，则试液中 Fe 的质量为：

$$T(Fe/K_2Cr_2O_7)\times V(K_2Cr_2O_7)=0.007590\times 20.12=0.1527\ (g)$$

滴定度还可以指每毫升标准溶液中所含溶质的质量，用 $T(S)$ 表示，S 为标准溶液中溶质的化学式，单位同样为 $g \cdot mL^{-1}$（或 $mg \cdot mL^{-1}$）。例如，$T(NaOH)=0.04000g \cdot mL^{-1}$，它表示每 1mL NaOH 溶液中含有 0.04000g NaOH。

## 二、化学试剂的规格与基准物质

滴定分析中，无论采用哪种滴定方法，都离不开标准溶液。能用于直接配制或标定标准溶液的物质，称为基准物质或基准试剂。下面介绍一些化学试剂的一般规格及基准物质应具备的条件。

1. **化学试剂的规格**

化学试剂是指具有一定纯度的标准单质或化合物，有时也可指混合物。化学试剂的规格，一般是指化学药品的纯净度。我国化学试剂（通用试剂）的等级标准基本上可分为四级（表 3-1）：

（1）试剂一级　又称保证试剂（G. R.）或者称为优级纯，含杂质量最少，纯度最高，适用于最精密的科学研究和分析工作。国产的一级试剂，瓶签上常以绿色为标志。

（2）试剂二级　又称分析试剂（A. R.）或者称为分析纯，所含杂质较少，纯度较高，用于较精密的科学研究与分析工作。瓶签上以红色为标志。

（3）试剂三级　又称化学纯（C. P.），用于一般的定性或定量分析。瓶签上以蓝色为标志。

（4）试剂四级　又称试验试剂（L. R.），用于普通的试验研究及一些要求较高的生产原料，不得用于化学分析。实验室常用这种规格的硫酸和重铬酸钾配制清洁液，或用这种规格的盐酸和氢氧化钠再生离子交换树脂。

**表 3-1　化学试剂的纯度规格**

| 质量序号 | 1 | 2 | 3 | 4 |
|---|---|---|---|---|
| 等级 | 一级品 | 二级品 | 三级品 | 四级品 |
| 中文标志 | 保证试剂优级纯 | 分析试剂分析纯 | 化学试剂化学纯 | 化学用实验试剂 |
| 符号 | G. R. | A. R. | C. P. | L. R. |
| 标签颜色 | 绿 | 红 | 蓝 | 棕色等 |

滴定分析中的基准物质至少应是二级品。用来确定滴定终点的指示剂其纯度往往不太明确，经常遇到的是化学试剂的标志，即标签是蓝色的化学纯试剂。生物化学中使用的生物试剂，其纯度的表示与化学试剂不同。例如，蛋白类试剂经常以某种提纯方法来表示其纯度。此外，相对于通用试剂，还有一些具有特殊用途的试剂，即专用试剂，如光谱纯试剂、色谱纯试剂、高纯试剂以及荧光纯试剂等。

化学分析应根据实验要求的不同，恰当地选用不同规格的试剂。在一般的分析工作中，通常要求使用A.R.级的分析纯试剂。作为分析工作者，必须了解化学试剂的纯度级别，既不超规格造成浪费，也不能随意降低规格而影响分析结果的准确度，做到合理地使用化学试剂。

应该注意的是，不管使用哪种纯度的试剂，都要有相应的溶剂（如水）与之配合，才能发挥试剂纯度的作用，达到分析精度的要求。

**2. 基准物质**

许多化学试剂由于不纯或不易提纯，或在空气中不稳定（如易吸收水分）等原因，不能用直接法配制标准溶液。在分析化学中，用来直接配制或标定标准溶液的基准物质应具备以下条件：

① 试剂的组成应与化学式完全相符。若含结晶水时，其结晶水的含量也应与化学式一致，如硼砂 $Na_2B_4O_7 \cdot 10H_2O$、$H_2C_2O_4 \cdot 2H_2O$ 等。

② 纯度要高（一般要求纯度在99.9%以上），所含少量的杂质不会影响分析的准确度。

③ 性质要稳定，即不易与空气中的 $O_2$ 及 $CO_2$ 等反应，亦不吸收空气中的水分。

④ 试剂最好具有较大的摩尔质量。因为摩尔质量越大，称取的质量就越多，称量的相对误差就可相应地减小。

在分析化学中，常用的基准物质有纯金属和纯化合物等，如Ag、Cu、Zn、Cd、Si、Ge、Al、Co、Ni、Fe 和 NaCl、$K_2Cr_2O_7$、$Na_2CO_3$、$Na_2C_2O_4$、$As_2O_3$、$CaCO_3$、邻苯二甲酸氢钾、硼砂等。它们的含量一般在99.9%甚至可达到99.99%以上。

但应注意，有些高纯试剂和光谱纯试剂的纯度虽然很高，但有时因为其中含有不定组成的水分和气体杂质，或者试剂本身的组成不固定等原因，致使主要成分的质量分数可能达不到99.9%，这时就不能用作基准物质了。所以，选择基准物质时要特别慎重。

几种最常用的基准物质的干燥温度和应用范围列入表3-2。

**表3-2 常用基准物质的干燥条件和应用范围**

| 基准物质 | | 干燥后的组成 | 干燥条件/℃ | 标定对象 |
|---|---|---|---|---|
| 名称 | 分子式 | | | |
| 碳酸氢钠 | $NaHCO_3$ | $Na_2CO_3$ | 270～300 | 酸 |
| 碳酸氢钾 | $KHCO_3$ | $K_2CO_3$ | 270～300 | 酸 |
| 无水碳酸钠 | $Na_2CO_3$ | $Na_2CO_3$ | 270～300 | 酸 |
| 十水合碳酸钠 | $Na_2CO_3 \cdot 10H_2O$ | $Na_2CO_3$ | 270～300 | 酸 |
| 二水合草酸 | $H_2C_2O_4 \cdot 2H_2O$ | $H_2C_2O_4 \cdot 2H_2O$ | 室温空气干燥 | 酸或 $KMnO_4$ |
| 硼砂 | $Na_2B_4O_7 \cdot 10H_2O$ | $Na_2B_4O_7 \cdot 10H_2O$ | 置于装有NaCl和蔗糖饱和溶液的干燥器中 | 酸 |
| 邻苯二甲酸氢钾 | $KHC_8H_4O_4$ | $KHC_8H_4O_4$ | 110～120 | 碱 |
| 草酸钠 | $Na_2C_2O_4$ | $Na_2C_2O_4$ | 130 | 氧化剂 |
| 三氧化二砷 | $As_2O_3$ | $As_2O_3$ | 室温干燥器中保存 | 氧化剂 |
| 重铬酸钾 | $K_2Cr_2O_7$ | $K_2Cr_2O_7$ | 140～150 | 还原剂 |
| 溴酸钾 | $KBrO_3$ | $KBrO_3$ | 150 | 还原剂 |
| 碘酸钾 | $KIO_3$ | $KIO_3$ | 130 | 还原剂 |
| 铜 | Cu | Cu | 室温干燥器中保存 | 还原剂 |
| 碳酸钙 | $CaCO_3$ | $CaCO_3$ | 110 | EDTA |
| 锌 | Zn | Zn | 室温干燥器中保存 | EDTA |
| 氧化锌 | ZnO | ZnO | 800 | EDTA |
| 氯化钠 | NaCl | NaCl | 500～600 | $AgNO_3$ |
| 氯化钾 | KCl | KCl | 500～600 | $AgNO_3$ |
| 硝酸银 | $AgNO_3$ | $AgNO_3$ | 220～250 | 氯化物 |

### 三、标准溶液的配制

滴定分析中，标准溶液的配制通常有两种方法，即直接配制法和间接配制法（又称标定法）。

#### 1. 直接配制法

凡是基准物质都可以直接配制标准溶液。准确称取一定质量的基准物质，用适量的蒸馏水溶解后，定量转入容量瓶中，加水稀释至刻度，摇匀。根据称取基准物质的质量和溶液的体积即可计算出该标准溶液的准确浓度。这种标准溶液的配制方法称为直接配制法。溶液浓度为：

$$c(\mathrm{B})=\frac{m(\mathrm{B})}{M(\mathrm{B})V}$$

例如，在分析天平上准确称取 $K_2Cr_2O_7$ 0.7354g，溶解后定量转移到 250.0mL 的容量瓶中，然后用水稀释至刻度，摇匀。此 $K_2Cr_2O_7$ 标准溶液的浓度为：

$$c(\mathrm{K_2Cr_2O_7})=\frac{m(\mathrm{K_2Cr_2O_7})}{M(\mathrm{K_2Cr_2O_7})V}=\frac{0.7354}{294.18\times250.0\times10^{-3}}=0.01000\mathrm{mol\cdot L^{-1}}$$

#### 2. 间接配制法

许多化学试剂不符合基准物质的条件，如 NaOH 易于吸收空气中的 $CO_2$ 和水分，因此称得的质量不能代表纯净 NaOH 的质量；盐酸（除恒沸溶液外），也很难知道其中 HCl 的准确含量；$KMnO_4$、$Na_2S_2O_3$ 等不易提纯，且见光易分解。这些物质均不宜用直接法配制标准溶液，而要用间接法进行配制。可先将其配成接近所需浓度的溶液，然后用基准物质或另一种物质的标准溶液来测定它的准确浓度。这种利用基准物质（或用已知准确浓度的溶液）来确定标准溶液浓度的操作过程称为“标定”。所以，间接配制法也称标定法。标定标准溶液的方法有下面两种：

（1）用基准物质直接标定　准确称取一定量的基准物质，溶解后用待标定的溶液滴定，根据基准物质的质量及所消耗待标定溶液的体积，即可计算出该溶液的准确浓度。例如，欲配制 $c(\mathrm{HCl})=0.1\mathrm{mol\cdot L^{-1}}$ 的 HCl 标准溶液，先用浓 HCl 稀释配制成浓度大约是 $0.1\mathrm{mol\cdot L^{-1}}$ 的稀溶液，再准确称取一定量的硼砂基准物质，溶解后用 HCl 溶液进行滴定。由硼砂的质量和消耗 HCl 溶液的体积，即可计算出 HCl 标准溶液的准确浓度：

$$c(\mathrm{HCl})=\frac{2\times m(\text{硼砂})}{M(\text{硼砂})V(\mathrm{HCl})}$$

（2）用标准溶液进行比较滴定　准确吸取一定量的待标定溶液，用已知准确浓度的标准溶液进行滴定，或者准确吸取一定量的已知准确浓度的标准溶液，用待标定溶液滴定。根据两种溶液所消耗的体积及标准溶液的浓度，就可计算出待标定溶液的准确浓度。这种用标准溶液来测定待标定溶液准确浓度的操作过程称为“比较滴定”。

显然，这种标定方法不如直接用基准物质标定的方法好，因为如果标准溶液的浓度不准确就会直接影响待标定溶液浓度的准确性。

标准溶液的标定方法除上面介绍的两种以外，在实际工作中，有时会选用与被分析试样组成相似的“标准试样”来标定标准溶液，以消除共存元素的影响。

不论采用哪种标定方法，为了提高标定结果的准确度，使标准溶液的浓度更准确，标定时一般应注意：①至少要进行 2～3 次平行滴定，相对偏差要求不大于 0.2%；②称取基准物质的质量不宜太少，以避免较大的称量误差，一般所称取基准物质的质量不应少于 0.2g，这样才能使称量的相对误差不大于 0.1%；③滴定时消耗标准溶液的体积不应太少，以避免较大的读数误差，一般消耗的体积不得少于 20mL，这样才能使滴定管的读数相对误差不大于 0.1%。

配制和标定好的标准溶液应密闭保存。有些标准溶液，若保存得当，可以长时间存放而浓度基本不变。溶液在保存过程中，由于蒸发，在容器内壁上常有水珠凝聚，因而，每次使用前应将标准溶液摇匀，以防止其浓度改变。对于一些不够稳定的溶液，应根据其性质妥善保存。久置后，在使用前应当重新标定其浓度。

## 第三节 滴定分析的有关计算

在滴定分析中，要涉及一系列计算问题，如标准溶液浓度的计算、标准溶液和被测物质间的计量关系及测定结果的计算等。

### 一、滴定分析计算的理论依据

当滴定反应到达化学计量点时，各反应物的物质的量之比等于滴定反应方程式中化学计量数之比，这一规则称为计量比规则。

设滴定剂 A 与被滴定物质 B 的滴定反应为：

$$aA + bB = cC + dD$$

当反应到达化学计量点时，被滴定物质的物质的量 $n(B)$ 与滴定剂的物质的量 $n(A)$ 之间的计量数比为：

$$n(B):n(A)=b:a$$

则被滴定物质的物质的量 $n(B)$ 为：

$$n(B)=\frac{b}{a}n(A)$$

或者滴定剂的物质的量 $n(A)$ 为：

$$n(A)=\frac{a}{b}n(B)$$

例如，在酸性溶液中，用 $H_2C_2O_4$ 作为基准物质标定 $KMnO_4$ 溶液的浓度时，滴定反应为：

$$5H_2C_2O_4 + 2MnO_4^- + 6H^+ = 2Mn^{2+} + 10CO_2\uparrow + 8H_2O$$

即可得出：

$$n(KMnO_4)=\frac{2}{5}n(H_2C_2O_4)\text{或}n(H_2C_2O_4)=\frac{5}{2}n(KMnO_4)$$

在滴定分析中，依据滴定过程中相关的化学反应，准确确定被测物质与标准溶液间物质的量的关系，是进行计算的关键。

### 二、滴定分析计算示例

#### 1. 标准溶液配制的有关计算

用直接法配制标准溶液时，需准确称量并稀释至准确体积。标定法配制溶液时，则只需配制成近似浓度。

由基准物质 A 配制标准溶液时，其准确浓度可用下式进行计算：

$$c(A)=\frac{m(A)}{M(A)V} \tag{3-2}$$

式中，$m(A)$、$M(A)$、$c(A)$ 分别代表物质 A 的质量、摩尔质量以及溶液的浓度。

**【例 3-1】** 如何配制 250.0mL 0.01000mol·L$^{-1}$的 $K_2Cr_2O_7$ 溶液？

**解** A 物质的质量 $m(A)$，与 A 物质的摩尔质量 $M(A)$、A 的物质的量 $n(A)$ 的关系为

$$m(A)=n(A)M(A)=c(A)V(A)M(A)$$

$$m(K_2Cr_2O_7)=c(K_2Cr_2O_7)V(K_2Cr_2O_7)M(K_2Cr_2O_7)$$

$$=0.01000\times0.2500\times294.18=0.7354\ (g)$$

应准确称取 0.7354g $K_2Cr_2O_7$ 基准试剂，于小烧杯中溶解后定量转移到 250.0mL 容量

瓶中，稀释至刻度，摇匀。

在实际操作中，为了称量方便，通常只需准确称取0.73g左右（±10%）的$K_2Cr_2O_7$，再按照实际称取的质量计算溶液的准确浓度。

**【例3-2】** 用市售浓HCl（密度1.18g·$mL^{-1}$，含纯HCl 37%）配制500mL 0.20mol·$L^{-1}$的HCl溶液，应量取浓HCl多少mL？如何配制？

**解** 设1L浓HCl中含有HCl的质量为$m$(g)

$$m(\mathrm{HCl})=1.18\times1\times10^3\times37\%=437\ (\mathrm{g})$$

$$n(\mathrm{HCl})=\frac{m(\mathrm{HCl})}{M(\mathrm{HCl})}=\frac{437}{36.461}\approx12\ (\mathrm{mol})$$

即浓HCl的物质的量浓度$c(\mathrm{HCl})\approx12\mathrm{mol\cdot L^{-1}}$。

由浓溶液稀释配制溶液时，稀释前后溶质的物质的量不变：

$$n=c_1V_1=c_2V_2$$

设应量取浓HCl $V_1$（mL），已知$c_1=12\mathrm{mol\cdot L^{-1}}$，$c_2=0.20\mathrm{mol\cdot L^{-1}}$，$V_2=500\mathrm{mL}$，则：

$$V_1=\frac{c_2V_2}{c_1}=\frac{500\times0.20}{12}=8.3\ (\mathrm{mL})$$

用10mL量筒量取浓HCl 8.3mL，倒入一个干净的玻璃试剂瓶中，用500mL量筒加约490mL去离子水，充分摇匀即可。若作标准溶液，还需标定其准确浓度。

**2. 溶液的标定**

标定法配制的标准溶液，可根据标定反应的化学计量关系，计算其浓度，设滴定反应为：

$$a\mathrm{A}+b\mathrm{B}=\!=\!=c\mathrm{C}+d\mathrm{D}$$

则

$$c(\mathrm{A})V(\mathrm{A})=\frac{a}{b}\times\frac{m(\mathrm{B})}{M(\mathrm{B})} \tag{3-3}$$

**【例3-3】** 用邻苯二甲酸氢钾（$KHC_8H_4O_4$）标定NaOH溶液的浓度，称取0.5125g的邻苯二甲酸氢钾，滴定至终点时，消耗NaOH溶液24.60mL，计算NaOH溶液的浓度。

**解** 已知$M(\mathrm{KHC_8H_4O_4})=204.22\mathrm{g\cdot mol^{-1}}$，标定反应为

$$\mathrm{KHC_8H_4O_4+NaOH=\!=\!=KNaC_8H_4O_4+H_2O}$$

即

$$n(\mathrm{KHC_8H_4O_4})=\!=\!=n(\mathrm{NaOH})$$

由式(3-3)得：

$$\frac{m(\mathrm{KHC_8H_4O_4})}{M(\mathrm{KHC_8H_4O_4})}=c(\mathrm{NaOH})V(\mathrm{NaOH})$$

$$c(\mathrm{NaOH})=\frac{0.5125}{204.22\times24.60\times10^{-3}}=0.1020\ (\mathrm{mol\cdot L^{-1}})$$

在滴定分析中，为了减小滴定管的读数误差，一般消耗滴定剂的体积应为20～30mL，据此可以计算标定标准溶液浓度时应称取基准物质的大约质量。

**【例3-4】** 要求在滴定时消耗掉0.2mol·$L^{-1}$NaOH溶液20～30mL，问应称取基准试剂邻苯二甲酸氢钾（KHP）多少克？如果改用草酸（$H_2C_2O_4\cdot2H_2O$）作基准物质，应称取多少克？

**解** 邻苯二甲酸氢钾与NaOH的反应为

$$\mathrm{KHC_8H_4O_4+NaOH=\!=\!=KNaC_8H_4O_4+H_2O}$$

邻苯二甲酸氢钾与NaOH按1∶1进行反应，因此二者的物质的量相等：

$$\begin{aligned}m(\mathrm{KHC_8H_4O_4})&=n(\mathrm{KHC_8H_4O_4})M(\mathrm{KHC_8H_4O_4})\\&=c(\mathrm{NaOH})V(\mathrm{NaOH})M(\mathrm{KHC_8H_4O_4})\end{aligned}$$

故 $$m_1=0.2\times20\times10^{-3}\times204.22=0.8169\ (g)\approx0.8\ (g)$$

$$m_2=0.2\times30\times10^{-3}\times204.22=1.2254\ (g)\approx1.2\ (g)$$

即应称取邻苯二甲酸氢钾 0.8～1.2g。

若改用草酸作为基准物质，则草酸与 NaOH 间的反应为

$$H_2C_2O_4+2NaOH = Na_2C_2O_4+2H_2O$$

草酸与 NaOH 按 1∶2 进行反应，因此二者的物质的量之比为 1∶2，

$$m(H_2C_2O_4\cdot2H_2O)=n(H_2C_2O_4\cdot2H_2O)M(H_2C_2O_4\cdot2H_2O)$$

$$=\frac{1}{2}c(NaOH)V(NaOH)M(H_2C_2O_4\cdot2H_2O)$$

故 $$m_1=\frac{1}{2}\times0.2\times20\times10^{-3}\times126.07\approx0.2\ (g)$$

$$m_2=\frac{1}{2}\times0.2\times30\times10^{-3}\times126.07\approx0.4\ (g)$$

即应称取草酸 0.2～0.4g。

由于邻苯二甲酸氢钾的摩尔质量为 $204.22g\cdot mol^{-1}$，而草酸的摩尔质量为 $126.07g\cdot mol^{-1}$，并且二者与 NaOH 的化学计量比不同，因此，欲与相同物质的量的 NaOH 作用，前者应称取 1g 左右，而后者只称取 0.3g 左右。分析天平的称量误差一般为 ±0.0001g，称取样品时常用差减称量法，因此这两份质量引入的相对误差分别为：

邻苯二甲酸氢钾 $$\pm\frac{0.0002g}{1g}\times100\%=\pm0.02\%$$

草酸 $$\pm\frac{0.0002g}{0.3g}\times100\%=\pm0.6\%$$

可见，摩尔质量大的基准物质标定时称取的质量较大，称量误差较小，所以，基准物质应具有较大的摩尔质量。

**【例 3-5】** 以 $K_2Cr_2O_7$ 为基准物质，采用析出 $I_2$ 的方式滴定 $0.02000mol\cdot L^{-1}$ $Na_2S_2O_3$ 溶液的浓度，若消耗 $Na_2S_2O_3$ 溶液 25.00mL，试计算应称取 $K_2Cr_2O_7$ 的质量。($M_r=294.18$)

**解** 以 $K_2Cr_2O_7$ 标定 $Na_2S_2O_3$ 溶液浓度时，采用置换滴定法，涉及两个化学反应：

$$Cr_2O_7^{2-}+6I^-+14H^+ = 3I_2+2Cr^{3+}+7H_2O$$

$$I_2+2S_2O_3^{2-} = 2I^-+S_4O_6^{2-}$$

$$1Cr_2O_7^{2-}\sim3I_2\sim6S_2O_3^{2-}$$

$$m(K_2Cr_2O_7)=n(K_2Cr_2O_7)M(K_2Cr_2O_7)$$

$$=\frac{n(Na_2S_2O_3)M(K_2Cr_2O_7)}{6}=\frac{c(Na_2S_2O_3)V(Na_2S_2O_3)M(K_2Cr_2O_7)}{6}$$

$$=\frac{0.02000\times25.00\times10^{-3}\times294.18}{6}=0.02452(g)$$

若单份称取 0.025g 左右的 $K_2Cr_2O_7$ 标定 $Na_2S_2O_3$，称量误差为$\pm\frac{0.0002}{0.025}\approx\pm1\%$。为使称量误差小于 0.1%，可以称取 10 倍量的 $K_2Cr_2O_7$（即 0.25g 左右），溶解并定容于 250.0mL 容量瓶中。然后用 25.00mL 移液管移取 3 份进行标定。这种方法称为“称大样”，可以减小称量误差。

**3. 有关滴定度的计算**

滴定度是指每毫升标准溶液中所含溶质的质量，所以 $T(A)\times1000$ 为 1L 标准溶液中所含某溶质的质量，此值除以溶质 A 的摩尔质量 $M(A)$，即得 A 的物质的量的浓度。即：

$$\frac{T(\mathrm{A})\times 1000}{M(\mathrm{A})}=c(\mathrm{A}) \quad 或 \quad T(\mathrm{A})=\frac{c(\mathrm{A})\times M(\mathrm{A})}{1000} \tag{3-4}$$

**【例 3-6】** 试计算浓度为 0.1919mol·L$^{-1}$的 HCl 标准溶液的滴定度 $T(\mathrm{HCl})$。

**解** 因为 $M(\mathrm{HCl})=36.46\mathrm{g\cdot mol^{-1}}$

故
$$T(\mathrm{HCl})=\frac{0.1919\times 36.46}{1000}=0.006997\ (\mathrm{g\cdot mL^{-1}})$$

**【例 3-7】** 0.2050g $Na_2C_2O_4$ 溶解后，在酸性溶液中需要 28.50mL $KMnO_4$ 滴定至终点，求 $c(KMnO_4)$。若用此 $KMnO_4$ 标准溶液测定 $H_2O_2$，试计算 $KMnO_4$ 对 $H_2O_2$ 的滴定度 $T(H_2O_2/KMnO_4)$。

**解** 已知 $M(Na_2C_2O_4)=134.00\mathrm{g\cdot mol^{-1}}$；$M(H_2O_2)=34.015\mathrm{g\cdot mol^{-1}}$

(1) $Na_2C_2O_4$ 与 $KMnO_4$ 的反应

$$2MnO_4^- + 5C_2O_4^{2-} + 16H^+ \xlongequal{} 2Mn^{2+} + 10CO_2\uparrow + 8H_2O$$

由反应可知：
$$n(KMnO_4)=\frac{2}{5}\times n(Na_2C_2O_4)$$

即
$$c(KMnO_4)\times V(KMnO_4)=\frac{2}{5}\times\frac{m(Na_2C_2O_4)}{M(Na_2C_2O_4)}$$

因此
$$c(KMnO_4)=\frac{2}{5}\times\frac{0.2050}{134.00\times 28.50\times 10^{-3}}=0.02147\ (\mathrm{mol\cdot L^{-1}})$$

(2) $KMnO_4$ 与 $H_2O_2$ 的反应为

$$5H_2O_2 + 2MnO_4^- + 6H^+ \xlongequal{} 2Mn^{2+} + 5O_2\uparrow + 8H_2O$$

由反应可知：
$$\frac{n(H_2O_2)}{n(MnO_4^-)}=\frac{5}{2}$$

所以
$$\begin{aligned}T(H_2O_2/KMnO_4)&=\frac{5}{2}\times c(KMnO_4)\times M(H_2O_2)\times 10^{-3}\\&=\frac{5}{2}\times 0.02147\times 34.015\times 10^{-3}\\&=0.001826\ (\mathrm{g\cdot mL^{-1}})\end{aligned}$$

4. **测定结果的计算**

常用分析结果的表达形式有几种：对于固体样品最常用的是质量分数 $w$，多用百分数表示；对于液体试样，可用物质的量浓度 $c$ 表示，也可以用质量浓度 $\rho$（单位常用 g·L$^{-1}$或 mg·L$^{-1}$等表示）。

**【例 3-8】** 以甲基红作指示剂滴定 0.5000g 不纯的 $K_2CO_3$ 试样，到达终点时，用去 0.2000mol·L$^{-1}$ HCl 标准溶液 35.00mL。计算样品中 $K_2CO_3$ 的质量分数。

**解** 已知 $M(K_2CO_3)=138.21\mathrm{g\cdot mol^{-1}}$，滴定反应为：

$$2HCl + K_2CO_3 \xlongequal{} 2KCl + CO_2\uparrow + H_2O$$

因此
$$n(K_2CO_3)=\frac{1}{2}n(HCl)$$

$$\begin{aligned}w(K_2CO_3)&=\frac{\frac{1}{2}c(HCl)\times V(HCl)\times 10^{-3}\times M(K_2CO_3)}{m}\\&=\frac{\frac{1}{2}\times 0.2000\times 35.00\times 10^{-3}\times 138.21}{0.5000}\\&=0.9675\end{aligned}$$

**【例 3-9】** 以 $KMnO_4$ 间接法测定不纯的 $CaCO_3$ 时，称取试样 0.5000g 溶于酸中，调节酸度后加入过量 $(NH_4)_2C_2O_4$ 溶液，使 $Ca^{2+}$ 沉淀为 $CaC_2O_4$，沉淀经过滤、洗净后用稀 $H_2SO_4$ 溶解，定容于 100.0mL 的容量瓶。移取 25.00mL 试液，用 0.02012mol·L$^{-1}$ $KMnO_4$ 标准溶液滴定，用去 24.20mL，计算试样中 $CaCO_3$ 的质量分数。

**解**　滴定反应为：　$2MnO_4^- + 5C_2O_4^{2-} + 16H^+ = 2Mn^{2+} + 10CO_2\uparrow + 8H_2O$

沉淀反应为：　$Ca^{2+} + C_2O_4^{2-} = CaC_2O_4\downarrow$

可知　$$n(Ca^{2+}) = n(C_2O_4^{2-});\quad n(C_2O_4^{2-}) = \frac{5}{2}n(KMnO_4)$$

所以　$$n(Ca^{2+}) = \frac{5}{2}n(KMnO_4)$$

$$w(CaCO_3) = \frac{\frac{5}{2}c(KMnO_4)\times V(KMnO_4)\times 10^{-3}\times M(CaCO_3)}{m\times\frac{25.00}{100.0}}$$

$$= \frac{\frac{5}{2}\times 0.02012\times 24.20\times 10^{-3}\times 100.09\times 4}{0.5000}$$

$$= 0.9747$$

对于置换滴定法和间接滴定法，一般涉及两个以上的反应，此时可以从总的反应中找出实际参加反应的物质的物质的量之间的关系。如上例中 $Ca^{2+}$ 和 $C_2O_4^{2-}$ 反应的化学计量数比为 1，而 $C_2O_4^{2-}$ 与 $KMnO_4$ 反应的化学计量数比为$\frac{5}{2}$，因此可得到：

$$n(Ca^{2+}) = \frac{5}{2}n(KMnO_4)$$

**【例 3-10】** 称取铁矿石试样 0.5000g，将其溶解，使全部铁还原成亚铁离子，用 $c(K_2Cr_2O_7) = 0.01500$mol·L$^{-1}$ 标准溶液滴定至化学计量点时，用去 $K_2Cr_2O_7$ 标准溶液 33.45mL，求试样中 Fe 的质量分数？如果以 $Fe_2O_3$ 来表示，又为多少？

**解**　$Fe^{2+}$ 与 $K_2Cr_2O_7$ 的反应为　$Cr_2O_7^{2-} + 6Fe^{2+} + 14H^+ = 6Fe^{3+} + 2Cr^{3+} + 7H_2O$

故　$$n(Fe^{2+}) = 6n(Cr_2O_7^{2-})$$

则　$$w(Fe) = \frac{6\times c(K_2Cr_2O_7)\times V(K_2Cr_2O_7)\times 10^{-3}\times M(Fe)}{m}$$

$$= \frac{6\times 0.01500\times 33.45\times 10^{-3}\times 55.85}{0.5000} = 0.3363$$

若以 $Fe_2O_3$ 形式计算质量分数，由于每个 $Fe_2O_3$ 分子中有两个 Fe 原子，对同一试样存在如下关系：$n(Fe_2O_3) = \frac{1}{2}n(Fe)$，则

$$w(Fe_2O_3) = \frac{\frac{1}{2}\times 6\times c(K_2Cr_2O_7)V(K_2Cr_2O_7)M(Fe_2O_3)}{m}$$

$$= \frac{\frac{1}{2}\times 6\times 0.01500\times 33.45\times 10^{-3}\times 159.7}{0.5000}$$

$$= 0.4808$$

如果被测物质的表示形式与已知形式不一致，则可将已知形式的质量分数乘以换算因数，换算成表示形式的质量分数。如上例中 $w(Fe)$ 为已知形式，而 $w(Fe_2O_3)$ 为表示形式，试样中 $Fe_2O_3$ 的质量分数可以按下式计算：

$$w(Fe_2O_3)=w(Fe)\times\frac{M(Fe_2O_3)}{2\times M(Fe)}=0.3363\times\frac{159.7}{2\times55.85}=0.4808$$

式中，$\frac{M(Fe_2O_3)}{2\times M(Fe)}$为换算因数，可用符号 $F$ 表示。分母上的 2 表示 1 个 $Fe_2O_3$ 分子中有 2 个铁原子。再比如要将 $K_2CO_3$ 的质量分数表示成 K 的质量分数，由于 1 个 $K_2CO_3$ 分子中有 2 个钾原子，因而换算因数应为：

$$F=\frac{2M(K)}{M(K_2CO_3)}$$

则

$$w(K)=w(K_2CO_3)\times\frac{2M(K)}{M(K_2CO_3)}$$

由此可知，换算因数 $F$ 的一般形式为：

$$F=\frac{a\times M(表示形式)}{b\times M(已知形式)} \tag{3-5}$$

式中，$a$、$b$ 是使分子和分母中所含主体元素的原子个数相等时需乘以的系数。

## 本章小结

滴定分析法是利用标准溶液与被测物质反应，依据消耗标准溶液的体积和浓度求算被测物质的含量的一类分析方法，适用于常量分析。按照滴定反应的类型可分为酸碱、配位、氧化还原以及沉淀四大滴定法。

滴定分析对化学反应的要求是定量、完全、快速、易于确定终点。实际应用中，可根据具体情况灵活采取直接滴定、返滴定、置换滴定和间接滴定等滴定方式。

滴定分析的标准溶液可用直接法或间接法来配制。能用来直接配制或标定标准溶液的物质为基准物质，须满足纯度高、组成恒定、性质稳定且具有较大的摩尔质量等条件。标准溶液的浓度常用物质的量浓度表示。

滴定分析计算的依据是计量比规则，即被测物质与标准溶液物质的物质的量关系。

## 思考题与习题

1. 什么是滴定分析法、可测定什么样的样品？其准确度可达到什么水平？

2. 解释以下名词术语：标准溶液、化学计量点、滴定终点、指示剂、标定。

3. 什么是终点误差？滴定分析中的终点误差大小与哪些因素有关？滴定到达化学计量点时反应是否完成 100%？

4. 滴定方式有哪几种？各在什么情况下使用？

5. 如何配制标准溶液？试举例说明。

6. 什么是基准物质？应具备哪些条件？

7. 标定标准溶液的方法有哪几种？各有何优缺点？标定标准溶液时，一般应注意些什么？

8. 什么是滴定度，滴定度有几种表示方法？滴定度与物质的量浓度如何换算。试举例说明。

9. 除终点误差外，称量误差和滴定管读数误差也是滴定分析的重要误差来源。实验过程中如何才能使两者均不大于 0.1%？

10. 试分析下列情况将对测定结果产生什么影响。

(1) 用差减法称量试样时，第一次读数时使用了磨损的砝码；

(2) 称取固体试样时，承装试样的锥形瓶中有少量蒸馏水；

(3) 加热使基准物溶解后，溶液未经冷却即转移至容量瓶中并稀释至刻度，摇匀后，马上进行标定；

（4）配制标准溶液时未将容量瓶内溶液摇匀；

（5）用移液管移取试样溶液时事先未用待移取溶液润洗移液管。

11. 欲使标定时消耗 0.10mol · $L^{-1}$ HCl 溶液 20～25mL，应称取基准试剂 $Na_2CO_3$ 多少克？

（0.11～0.13g）

12. 用硼砂标定盐酸的浓度时，称取基准物质（$Na_2B_4O_7 \cdot 10H_2O$）0.3814g 溶于适量水后，用 20.00mL HCl 溶液滴定至终点。计算 HCl 溶液的浓度。（0.1000mol · $L^{-1}$）

13. 求 0.02010mol · $L^{-1}$的高锰酸钾标准溶液对总 Fe 和 $Fe_2O_3$ 的滴定度。若称取 0.2718g 含铁试样，溶解后将试样中的 $Fe^{3+}$ 还原为 $Fe^{2+}$，再用上述高锰酸钾标准溶液滴定，用去 26.30mL，计算试样的含铁量（以质量分数表示）。如果以 $Fe_2O_3$ 来表示，质量分数又为多少？

（0.005613g · $mL^{-1}$，0.008025g · $mL^{-1}$，54.31%，77.65%）

14. 准确称取 $K_2Cr_2O_7$ 基准物质 2.4515g，将其配制成 500.0mL 的溶液：

（1）试计算 $K_2Cr_2O_7$ 溶液的物质的量浓度 $c(K_2Cr_2O_7)$；

（2）若用该 $K_2Cr_2O_7$ 溶液来测定铁矿石，计算其对总 Fe 和 $Fe_2O_3$ 的滴定度。

[$c(K_2Cr_2O_7)$=0.01666mol · $L^{-1}$, $T(Fe/K_2Cr_2O_7)$ =

5.582×$10^{-3}$g · $mL^{-1}$, $T(Fe_2O_3/K_2Cr_2O_7)$=0.01596g · $mL^{-1}$]

15. 称取分析纯 $CaCO_3$ 0.1750g 溶于过量的 40.00mL HCl 溶液中，反应完全后，用 NaOH 溶液滴定 HCl 溶液，用去 3.05mL。已知 20.00mL 该 NaOH 溶液相当于 22.06mL HCl 溶液，HCl 和 NaOH 溶液的浓度各为多少？[$c$(HCl)=0.09540mol · $L^{-1}$ $c$(NaOH)=0.1052mol · $L^{-1}$]

16. 分析食醋中 HAc 的含量，移取试样 10.00mL 用 0.3024mol · $L^{-1}$ NaOH 标准溶液滴定，用去 20.17mL。已知食醋的密度为 1.055g · $cm^{-3}$，计算试样中 HAc 的质量分数。（3.47%）

17. 称取不纯 $CaCO_3$ 试样 0.3000g，加入 0.2500mol · $L^{-1}$ HCl 标准溶液 25.00mL，煮沸除去 $CO_2$ 后，再用 0.2012mol · $L^{-1}$ NaOH 溶液返滴定过量的 HCl 溶液，消耗 NaOH 溶液 5.84mL，计算试样中 $CaCO_3$ 的质量分数。

（84.67%）

18. 称取某含铬试样 0.5000g，溶解后将铬氧化为 $Cr_2O_7^{2-}$，此时将溶液调为酸性，加入适量的 KI，析出的 $I_2$ 以 0.1003mol · $L^{-1}$的 $Na_2S_2O_3$ 标准溶液滴定，用去 29.91mL。计算试样中的铬含量（以质量分数表示）。

（15.20%）

# 第四章　酸碱滴定法

酸碱滴定法是以酸碱中和反应为基础的滴定分析方法，故又称中和滴定法。酸碱反应平衡是四大化学平衡的基础，酸碱平衡的处理不仅是酸碱滴定的基础，也是学习其他分析方法所必需的。一般的酸、碱以及能与酸、碱直接或间接发生反应的物质，几乎都可以利用酸碱滴定法进行测定，所以酸碱滴定法应用范围十分广泛。

酸碱滴定中，溶液的 pH 将随滴定剂的加入而逐渐发生改变，要正确地确定化学计量点，就需要选择能在化学计量点附近变色的指示剂。因此，在学习酸碱滴定法时，除了必须了解滴定分析过程中溶液 pH 的变化规律，特别是化学计量点附近溶液 pH 的变化之外，还必须了解酸碱指示剂的变色原理和选择原则，以便正确地选择合适的指示剂，从而获得尽量准确的分析结果。

本章主要在介绍水溶液中酸碱平衡的基础上，讨论酸度对弱酸（碱）型体分布的影响；各类酸碱溶液 pH 的计算；酸碱滴定的滴定曲线及指示剂的选择；$CO_2$ 对酸碱滴定的影响及酸碱滴定法的应用范围。

## 第一节　酸碱反应及其平衡常数

酸碱理论有很多种，但在分析化学中普遍使用的是布朗斯特（J. N. Brönsted）和劳莱（T. M. Lowry）提出的酸碱质子理论。

### 一、酸碱反应及其实质

布朗斯特酸碱质子理论认为：凡是能给出质子（$H^+$）的物质就是酸，例如，HCl、HAc、$NH_4^+$ 等；凡能接受质子的物质就是碱，例如，$OH^-$、$Ac^-$、$NH_3$ 等。能给出多个质子的物质叫做多元酸；能接受多个质子的物质叫做多元碱。根据这一定义，一种酸（HA）给出质子后就成为碱（$A^-$），而碱（$A^-$）接受质子后就成为酸（HA）。酸与碱的这种关系可表示为：

$$\underset{\text{酸}}{HA} \rightleftharpoons H^+ + \underset{\text{碱}}{A^-}$$

可见，酸与碱并不是彼此孤立的，而是处于一种相互依存的关系中，这种相互依存的关系称为共轭关系。其中 HA 是 $A^-$ 的共轭酸，$A^-$ 是 HA 的共轭碱，$HA\text{-}A^-$ 称为共轭酸碱对。酸较其共轭碱只多一个质子。

将酸给出 1 个质子形成其共轭碱，或碱接受 1 个质子形成其共轭酸的反应，称作酸碱半反应。下面是一些酸碱半反应：

$$HAc \rightleftharpoons H^+ + Ac^-$$
$$H_2CO_3 \rightleftharpoons H^+ + HCO_3^-$$
$$HCO_3^- \rightleftharpoons H^+ + CO_3^{2-}$$
$$NH_4^+ \rightleftharpoons H^+ + NH_3$$
$$(CH_2)_6N_4H^+ \rightleftharpoons H^+ + (CH_2)_6N_4$$

由上述例子可以看出酸和碱可以是中性分子，也可以是阳离子或阴离子，并且酸和碱具有相对性。例如，$HCO_3^-$ 在不同的共轭酸碱对里有时是酸，有时是碱，像这类既可以给出质子又可以接受质子的物质称为两性物质。判断一种物质是酸还是碱一定要在具体的条件下，分析其得失质子的情况。

共轭酸碱体系中的酸或碱是不能独立存在的，即酸碱半反应都不能单独发生。因而当溶液中某一种酸给出质子后，必须有另一种能接受质子的碱存在才能实现。以醋酸（HAc）在水溶液中离解为例：

半反应 1　$HAc(酸_1) \rightleftharpoons Ac^-(碱_1) + H^+$

半反应 2　$H_2O(碱_2) + H^+ \rightleftharpoons H_3O^+(酸_2)$

总反应　$HAc + H_2O \rightleftharpoons H_3O^+ + Ac^-$

酸$_1$　碱$_2$　酸$_2$　碱$_1$

其结果是质子从 HAc 转移到 $H_2O$，溶剂 $H_2O$ 接受了质子，起着碱的作用，使得 HAc 的离解得以实现。为书写方便，通常将 $H_3O^+$ 简写成 $H^+$，以上反应式可简写为：

$$HAc \rightleftharpoons H^+ + Ac^-$$

注意，这一简化式代表的是一个完整的酸碱反应，而不是酸碱半反应。

同样，碱在水溶液中的离解，也是一种酸碱反应，所不同的是作为溶剂的 $H_2O$ 起着酸的作用。例如 $NH_3$：

$$NH_3 + H_2O \rightleftharpoons OH^- + NH_4^+$$

碱$_2$　酸$_1$　碱$_1$　酸$_2$

所以，酸碱反应实际上是两个共轭酸碱对共同作用的结果，其实质是质子的转移。再比如，HCl 在水中的离解就是 HCl 与 $H_2O$ 之间的质子转移作用，是由 HCl-$Cl^-$ 与 $H_3O^+$-$H_2O$ 两个共轭酸碱对共同作用的结果。

上述例子说明，作为溶剂的水既能给出质子具有酸的性质，又能接受质子具有碱的性质，因此水是一种两性物质。由于 $H_2O$ 的两性作用，质子转移可以发生在 $H_2O$ 分子之间，即：

$$H_2O + H_2O \rightleftharpoons H_3O^+ + OH^-$$

这种发生在同种分子之间的质子转移，称为质子自递反应，实质亦是酸碱反应。盐的水解反应也是质子自递反应。例如 $NH_4Cl$ 的水解，即 $NH_4^+$ 的离解反应：

$$NH_4^+ + H_2O \rightleftharpoons H_3O^+ + NH_3$$

酸碱中和反应是一类重要的酸碱反应，其反应的实质亦是质子的转移，如：

$$HA + OH^- \rightleftharpoons A^- + H_2O$$

$$H_3O^+ + OH^- \rightleftharpoons H_2O + H_2O$$

$$A^- + H_3O^+ \rightleftharpoons HA + H_2O$$

实际上，上述酸碱中和反应就是上述酸或者碱水解反应的逆反应，这是酸碱滴定法的基础。

## 二、酸碱反应的平衡常数以及共轭酸碱对 $K_a$ 与 $K_b$ 的关系

在浓度相同的情况下，酸碱反应进行的程度可以用反应的平衡常数来衡量，其中最基本的是酸（碱）离解平衡常数和水的质子自递常数。

弱酸 HA 在水溶液中的离解反应和平衡常数是：

$$HA + H_2O \rightleftharpoons H_3O^+ + A^-$$

$$K_a = \frac{a(H_3O^+)a(A^-)}{a(HA)} \tag{4-1}$$

式中，$K_a$ 为标准平衡常数，即活度平衡常数，也称为酸的离解常数；$a$ 表示活度。活

度和浓度可以通过活度系数相互转换，而活度系数与溶液的离子强度有关。在稀溶液中，通常将溶剂（此处为 $H_2O$）的活度系数视为1。由于分析化学中的反应经常在较稀的溶液中进行，所以在处理一般的酸碱平衡时，通常忽略离子强度的影响，这样酸碱溶液活度系数也可以视为1，用浓度代替活度进行近似计算，本章的有关计算一般均如此进行。对于式(4-1)，此时则为：

$$K_a=\frac{[H^+][A^-]}{[HA]} \tag{4-2}$$

式中，[ ] 表示的是各物质的平衡浓度。其实表达式中的各物质的浓度应该用相对平衡浓度 $[\ ]/c^{\ominus}$ 来表示，由于标准浓度 $c^{\ominus}=1\text{mol}\cdot\text{L}^{-1}$，为书写方便，通常将标准浓度 $c^{\ominus}$ 省略。

弱碱 $A^-$ 在水溶液中的离解反应和平衡常数为：

$$A^- + H_2O \rightleftharpoons HA + OH^-$$

$$K_b=\frac{[HA][OH^-]}{[A^-]} \tag{4-3}$$

酸碱的强度取决于酸（碱）给出（接受）质子的能力与溶剂分子接受（给出）质子能力的相对大小。在水溶液中，酸碱的强度则由酸将质子传给水分子，或碱从水分子中夺取质子的能力大小来决定，也就是说可用它们在水溶液中的离解常数 $K_a$ 或 $K_b$ 的大小来衡量。$K_a$（$K_b$）的值越大，表明酸（碱）与水之间的质子转移反应进行得越完全，即该酸（碱）的酸（碱）性越强。

水的质子自递反应及平衡常数是：

$$H_2O + H_2O \rightleftharpoons H_3O^+ + OH^-$$

$$K_w=[H^+][OH^-]$$

$K_w$ 称为水的质子自递常数，简称水的离子积。它随温度的升高而增大，25℃时 $K_w=1.00\times10^{-14}$。

就共轭酸碱对 $HA$-$A^-$ 而言，若酸 HA 的酸性越强，则其共轭碱 $A^-$ 的碱性就必然越弱（酸给出质子的能力强，其共轭碱接受质子的能力必然弱）；反之，碱的碱性越强，其共轭酸的酸性就越弱。这表明在共轭酸碱对中 $K_a$ 与 $K_b$ 之间必然有一定的关系。$K_a$ 与 $K_b$ 的关系可由式(4-2) 和式(4-3) 推导得出：

$$K_aK_b=\frac{[H^+][A^-]}{[HA]}\times\frac{[HA][OH^-]}{[A^-]}=[H^+][OH^-]=K_w \tag{4-4}$$

根据这一关系，就可由酸的 $K_a$ 计算出其共轭碱的 $K_b$；或由碱的 $K_b$ 计算其共轭酸的 $K_a$。

正如溶液的酸、碱度可以用 pH、pOH 表示一样，酸或碱的强度也可以用 $pK_a$ 或 $pK_b$ 来表示。因此，式(4-4) 还可写成：

$$pK_a+pK_b=pK_w=14.00$$

对于多元酸碱，由于其在水中逐级离解，故溶液中存在着多个共轭酸碱对。这些共轭酸碱对的 $K_a$ 与 $K_b$ 之间也存在相同的关系，不过情况稍微复杂一些。以二元酸 $H_2CO_3$ 为例，它在水溶液中存在两个共轭酸碱对：$H_2CO_3$-$HCO_3^-$ 和 $HCO_3^-$-$CO_3^{2-}$。对 $H_2CO_3$-$HCO_3^-$ 来说，平衡为：

$$H_2CO_3 + H_2O \rightleftharpoons H_3O^+ + HCO_3^- \qquad K_{a_1}=\frac{[H^+][HCO_3^-]}{[H_2CO_3]}$$

$$HCO_3^- + H_2O \rightleftharpoons OH^- + H_2CO_3 \qquad K_{b_2}=\frac{[OH^-][H_2CO_3]}{[HCO_3^-]}$$

所以 $$K_{a_1}K_{b_2}=[H^+][OH^-]=K_w$$

同理，也可以推导出三元酸碱中各共轭酸碱对 $K_a$ 与 $K_b$ 之间的关系：

$$K_{a_1}K_{b_3}=K_{a_2}K_{b_2}=K_{a_3}K_{b_1}=[H^+][OH^-]=K_w$$

**【例 4-1】** 计算 NaAc 水溶液的 $K_b(Ac^-)$ 值。

**解** $Ac^-$ 为 HAc 的共轭碱，查附录三可知 $K_a(HAc)=1.8\times10^{-5}$，

所以
$$K_b(Ac^-)=\frac{K_w}{K_a(HAc)}=\frac{1.0\times10^{-14}}{1.8\times10^{-5}}=5.6\times10^{-10}$$

**【例 4-2】** 计算 $Na_2CO_3$ 水溶液的 $K_{b_1}$ 和 $K_{b_2}$。

**解** $CO_3^{2-}$ 为二元碱，其对应的二元酸为 $H_2CO_3$。查附录三可得 $H_2CO_3$ 的 $K_{a_1}=4.2\times10^{-7}$，$K_{a_2}=5.6\times10^{-11}$，故 $Na_2CO_3$ 的 $K_{b_1}$、$K_{b_2}$ 分别为：

$$K_{b_1}=\frac{K_w}{K_{a_2}}=\frac{1.0\times10^{-14}}{5.6\times10^{-11}}=1.8\times10^{-4}$$

$$K_{b_2}=\frac{K_w}{K_{a_1}}=\frac{1.0\times10^{-14}}{4.2\times10^{-7}}=2.4\times10^{-8}$$

## 第二节　酸碱溶液中各型体的分布系数与分布曲线

在弱的酸碱平衡体系中，往往同时存在多种型体，它们的浓度由溶液中的 $H^+$ 浓度决定。例如 $NaHCO_3$ 溶液中，就同时存在 $H_2CO_3$、$HCO_3^-$ 和 $CO_3^{2-}$ 三种型体。其总浓度 $c$ 又称为分析浓度，三种型体的平衡浓度分别表示为 $[H_2CO_3]$、$[HCO_3^-]$ 和 $[CO_3^{2-}]$，分析浓度与平衡浓度是既有联系但又不同的两个概念，其关系是：

$$[H_2CO_3]+[HCO_3^-]+[CO_3^{2-}]=c$$

上式称为物料平衡。所谓物料平衡，是指化学平衡体系中，某物质各种存在型体的平衡浓度之和等于该物质的总浓度。其数学表达式称为物料平衡式（mass balance equation, MBE）。

当溶液的酸度改变时，溶液中各种存在型体的浓度也会随之发生变化。溶液中某种存在型体的平衡浓度占其总浓度的分数，称为分布系数，用 $\delta$ 表示。当溶液酸度改变时，组分的分布系数也会发生相应的变化。组分的分布系数与溶液酸度的关系曲线就称为分布曲线。分布系数及分布曲线的讨论有助于我们了解平衡体系中各种酸碱型体的分布情况，对于掌控分析条件具有重要的指导意义。

### 一、一元弱酸（碱）溶液中各型体的分布系数与分布曲线

以醋酸为例，它在水溶液中以 HAc 和 $Ac^-$ 两种型体存在。设其总浓度为 $c(HAc)$，也称为分析浓度，HAc 和 $Ac^-$ 的平衡浓度分别为 [HAc] 和 $[Ac^-]$，根据物料平衡和离解常数，有：

$$c(HAc)=[HAc]+[Ac^-] \qquad K_a=\frac{[H^+][Ac^-]}{[HAc]}$$

HAc 和 $Ac^-$ 的分布系数分别为：

$$\delta(HAc)=\frac{[HAc]}{c(HAc)}=\frac{[HAc]}{[HAc]+[Ac^-]}=\frac{1}{1+\frac{[Ac^-]}{[HAc]}}=\frac{1}{1+\frac{K_a}{[H^+]}}=\frac{[H^+]}{[H^+]+K_a} \tag{4-5a}$$

$$\delta(Ac^-)=\frac{[Ac^-]}{c(HAc)}=\frac{[Ac^-]}{[HAc]+[Ac^-]}=\frac{K_a}{[H^+]+K_a} \tag{4-5b}$$

且有
$$\delta(HAc)+\delta(Ac^-)=1$$

因此由酸的 $K_a$ 和溶液的 pH 就可计算出两种型体的分布系数，进而根据总浓度 $c$ 和各型体的分布系数，就可以计算出在某一酸度的溶液中，一元弱酸各存在型体的平衡浓度。

**【例 4-3】** 计算 pH5.00 和 8.00 时，0.10mol·L$^{-1}$的 HAc 溶液中各存在型体的分布系数及平衡浓度。

**解** 查附录三知：$K_a(HAc)=1.8\times10^{-5}$。

pH＝5.00 时，$[H^+]=1.0\times10^{-5}$mol·L$^{-1}$，则

$$\delta(HAc)=\frac{[H^+]}{[H^+]+K_a(HAc)}=\frac{1.0\times10^{-5}}{1.0\times10^{-5}+1.8\times10^{-5}}=0.36$$

$$\delta(Ac^-)=1-\delta(HAc)=0.64$$

$$[HAc]=c(HAc)\delta(HAc)=0.10\times0.36=3.6\times10^{-2}\ (mol\cdot L^{-1})$$

$$[Ac^-]=c(HAc)\delta(Ac^-)=0.10\times0.64=6.4\times10^{-2}\ (mol\cdot L^{-1})$$

pH＝8.00 时，$[H^+]=1.0\times10^{-8}$mol·L$^{-1}$，则

$$\delta(HAc)=\frac{1.0\times10^{-8}}{1.0\times10^{-8}+1.8\times10^{-5}}=5.7\times10^{-4}$$

$$\delta(Ac^-)=1-\delta(HAc)\approx1.0$$

$$[HAc]=c(HAc)\delta(HAc)=0.10\times5.7\times10^{-4}=5.7\times10^{-5}\ (mol\cdot L^{-1})$$

$$[Ac^-]=c(HAc)\delta(Ac^-)=0.10\times1.0=0.1\ (mol\cdot L^{-1})$$

如果以溶液的 pH 为横坐标，各存在型体的分布系数为纵坐标，可得酸碱型体分布曲线图，如图 4-1 所示，即 δ-pH 曲线图。从图中可以看到，δ(HAc) 随 pH 增大而减小，而 δ(Ac$^-$) 随 pH 增大而增大。两曲线在 pH＝p$K_a$ 时相交。此时，δ(HAc)＝δ(Ac$^-$)＝0.5，即溶液中 HAc 和 Ac$^-$各占一半。当 pH＜p$K_a$ 时，δ(HAc)＞δ(Ac$^-$)，即溶液中 HAc 为主要存在型体；而当 pH＞p$K_a$ 时，δ(HAc)＜δ(Ac$^-$)，则溶液中的主要存在型体为 Ac$^-$。

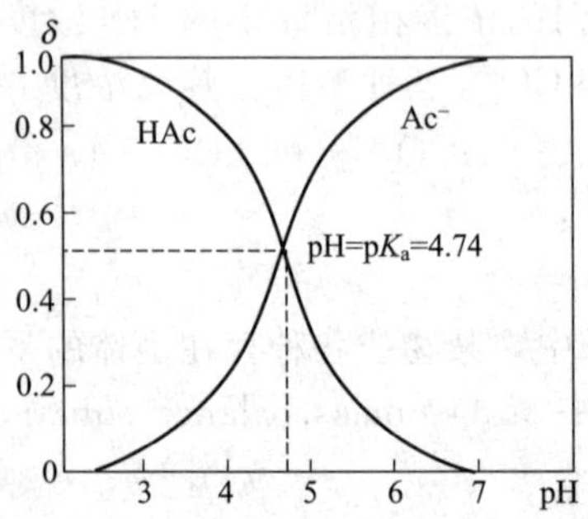


图 4-1 HAc 溶液的 δ-pH 曲线

对于一元弱碱溶液，也可作相同的处理。任何一元弱酸（碱）的型体分布曲线都相似，只是图中曲线的交点随其 p$K_a$ 的不同而会左右移动。

从以上讨论可知，平衡时，溶液中各型体分布系数的大小首先与酸（碱）本身的强弱，即 $K_a(K_b)$ 的大小有关。对于某酸碱而言，分布系数是溶液中 $[H^+]$ 的函数，通过控制酸度可得到所需要的优势型体。

## 二、多元酸（碱）溶液中各型体的分布系数与分布曲线

以二元弱酸草酸（$H_2C_2O_4$）为例。它在溶液中以 $H_2C_2O_4$、$HC_2O_4^-$ 和 $C_2O_4^{2-}$ 三种型体存在。若 $H_2C_2O_4$ 的总浓度为 $c(H_2C_2O_4)$，三种存在型体的平衡浓度分别为 $[H_2C_2O_4]$、$[HC_2O_4^-]$ 和 $[C_2O_4^{2-}]$，根据物料平衡，有：

$$c(H_2C_2O_4)=[H_2C_2O_4]+[HC_2O_4^-]+[C_2O_4^{2-}]$$

$H_2C_2O_4$ 的两级离解常数表达式分别为：

$$K_{a_1}=\frac{[H^+][HC_2O_4^-]}{[H_2C_2O_4]};\quad K_{a_2}=\frac{[H^+][C_2O_4^{2-}]}{[HC_2O_4^-]}$$

则三种存在型体的分布系数分别为：

$$\delta(H_2C_2O_4)=\frac{[H_2C_2O_4]}{c(H_2C_2O_4)}=\frac{[H_2C_2O_4]}{[H_2C_2O_4]+[HC_2O_4^-]+[C_2O_4^{2-}]}$$

$$=\frac{1}{1+\frac{[HC_2O_4^-]}{[H_2C_2O_4]}+\frac{[C_2O_4^{2-}]}{[H_2C_2O_4]}}=\frac{1}{1+\frac{K_{a_1}}{[H^+]}+\frac{K_{a_1}K_{a_2}}{[H^+]^2}}$$

$$=\frac{[H^+]^2}{[H^+]^2+K_{a_1}[H^+]+K_{a_1}K_{a_2}} \tag{4-6a}$$

同样可以求得：

$$\delta(HC_2O_4^-)=\frac{K_{a_1}[H^+]}{[H^+]^2+K_{a_1}[H^+]+K_{a_1}K_{a_2}} \tag{4-6b}$$

$$\delta(C_2O_4^{2-})=\frac{K_{a_1}K_{a_2}}{[H^+]^2+K_{a_1}[H^+]+K_{a_1}K_{a_2}} \tag{4-6c}$$

且有 $$\delta(H_2C_2O_4)+\delta(HC_2O_4^-)+\delta(C_2O_4^{2-})=1$$

$H_2C_2O_4$ 溶液中三种存在型体的分布曲线如图 4-2 所示。

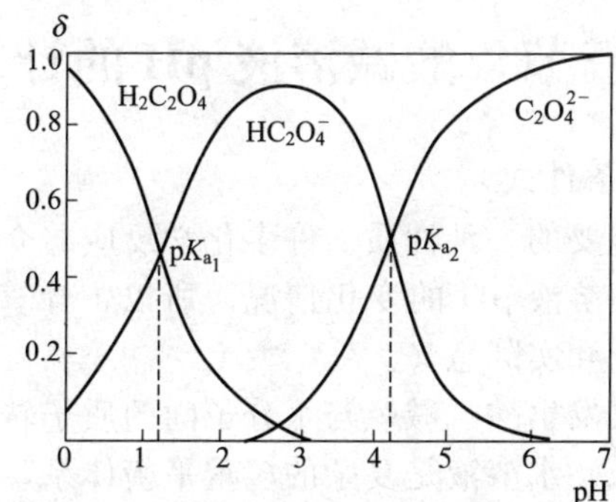


图 4-2　$H_2C_2O_4$ 溶液的 δ-pH 曲线

**【例 4-4】** 计算 pH＝4.00 时，0.10mol·L$^{-1}$的酒石酸（以 $H_2A$ 表示）溶液中酒石酸根离子（$A^{2-}$）的平衡浓度。

**解**　查表知酒石酸的 $pK_{a_1}=3.04$，$pK_{a_2}=4.37$，则

$$\delta(A^{2-})=\frac{K_{a_1}K_{a_2}}{[H^+]^2+K_{a_1}[H^+]+K_{a_1}K_{a_2}}$$

$$=\frac{10^{-3.04-4.37}}{10^{-8.00}+10^{-4.00-3.04}+10^{-3.04-4.37}}=0.28$$

$$[A^{2-}]=c\delta(A^{2-})=0.10\times0.28=0.028\ (mol\cdot L^{-1})$$

从图 4-2 可以看出：二元弱酸有两个 $pK_a$，即 $pK_{a_1}$ 和 $pK_{a_2}$，以它们为界，可分为三个区域：$pH<pK_{a_1}$ 时，$H_2C_2O_4$ 占优势；$pH>pK_{a_2}$ 时，以 $C_2O_4^{2-}$ 型体为主；$pK_{a_1}<pH<pK_{a_2}$ 时，则主要是 $HC_2O_4^-$ 型体。当 $pH=pK_{a_1}$ 时，$H_2C_2O_4$ 和 $HC_2O_4^-$ 的浓度相等；当 $pH=pK_{a_2}$ 时，$HC_2O_4^-$ 和 $C_2O_4^{2-}$ 的浓度相等。

其他多元酸的情况以此类推。

对于多元弱酸 $H_nA$ 来说，在溶液中可能存在 $n+1$ 种型体，各型体的分布系数的计算式类似，具有相同的分母项，分子依次是分母的相应项。如三元酸 $H_3PO_4$ 溶液中各型体的分布系数计算式为：

$$\delta(H_3PO_4)=\frac{[H^+]^3}{[H^+]^3+K_{a_1}[H^+]^2+K_{a_1}K_{a_2}[H^+]+K_{a_1}K_{a_2}K_{a_3}}$$

$$\delta(H_2PO_4^-)=\frac{K_{a_1}[H^+]^2}{[H^+]^3+K_{a_1}[H^+]^2+K_{a_1}K_{a_2}[H^+]+K_{a_1}K_{a_2}K_{a_3}}$$

$$\delta(HPO_4^{2-})=\frac{K_{a_1}K_{a_2}[H^+]}{[H^+]^3+K_{a_1}[H^+]^2+K_{a_1}K_{a_2}[H^+]+K_{a_1}K_{a_2}K_{a_3}}$$

$$\delta(PO_4^{3-})=\frac{K_{a_1}K_{a_2}K_{a_3}}{[H^+]^3+K_{a_1}[H^+]^2+K_{a_1}K_{a_2}[H^+]+K_{a_1}K_{a_2}K_{a_3}}$$

对于多元碱溶液，也可作相同的处理。

**【例 4-5】** pH=8.00 时，0.04mol·$L^{-1}$ $H_2CO_3$ 溶液中的主要存在型体是什么组分？

**解**
$$\delta(H_2CO_3)=\frac{[H^+]^2}{[H^+]^2+K_{a_1}[H^+]+K_{a_1}K_{a_2}}$$

pH=8.00 时，$\delta(H_2CO_3)=\frac{10^{-16.00}}{10^{-16.00}+10^{-6.37-8.00}+10^{-6.37-10.25}}=0.023$

同样可求得：$\delta(HCO_3^-)=0.97$

$\delta(CO_3^{2-})\approx 0$

可见 pH=8.00 时，溶液中主要存在形式是 $HCO_3^-$。

## 第三节　酸碱溶液 pH 的计算

### 一、质子等衡式（质子条件式）

酸度是溶液最基本、最重要的一种性质。许多化学反应与介质的酸度密切相关。在酸碱滴定中，更需了解滴定过程中溶液 pH 的变化情况。所以，计算溶液的 pH，是化学计算的重要内容，也有着重要的理论和实际意义。

酸（碱）水溶液中，不仅发生酸（碱）与水分子间的质子转移，而且水分子间也会发生质子自递反应，所以，酸（碱）水溶液是复杂的多重平衡体系，各组分平衡浓度间的数量关系复杂。处理酸碱平衡最简单又最实用的方法是根据质子条件进行处理的方法。

根据酸碱质子理论，酸碱反应的实质就是质子的转移。酸碱反应的结果是有的物质失去质子，而有的物质得到质子。当反应达到平衡时，酸失去质子的总量与碱得到质子的总量必然相等，即酸失去质子后的产物和碱得到质子后的产物在浓度上必然有一定的关系。酸碱之间质子转移的这种数量关系称为质子条件，其数学表达式叫质子等衡式，也叫质子条件式，简称 PBE(proton balance equation)，它是处理酸碱平衡中计算问题的基本关系式。

质子条件式一般可通过平衡时溶液中各组分得失质子的关系直接写出。列出质子条件时，首先，要选择适当物质作为参考，以其作为质子转移的起点，称之为零水准（或参考水准）。作为零水准的物质应是溶液中大量存在并参与质子转移的物质。然后，根据得质子产物得到质子的物质的量和失质子产物失去质子的物质的量相等的原则，列出质子条件式。考虑到是在同一溶液中，可用其物质的量浓度来表示这种得失质子的关系。

**1. 一元弱酸（碱）的质子条件**

例如一元弱酸 HA，溶液中大量存在并参与质子转移的物质是 $H_2O$ 和 HA，以它们为零水准，则零水准物质在溶液中得失质子的反应如下：

$$H_2O + H_2O \rightleftharpoons H_3O^+ + OH^-$$
$$HA + H_2O \rightleftharpoons H_3O^+ + A^-$$

可见，得质子产物为 $H_3O^+$，失质子产物为 $OH^-$ 和 $A^-$，得失质子数目均为 1。根据得失质子数相等的原则，故 HA 水溶液的质子条件式为：

$$[H_3O^+]=[OH^-]+[A^-]$$

式中，$[H_3O^+]$ 是水得到质子后的产物的浓度；$[OH^-]$、$[A^-]$ 分别是 $H_2O$ 和 HA 失去质子后的产物的浓度。

为书写方便，可将 $H_3O^+$ 以 $H^+$ 表示，上式简化为：

$$[H^+]=[OH^-]+[A^-]$$

一元弱碱如 NaAc 水溶液中，$Ac^-$ 和 $H_2O$ 是参加质子转移的原始形式（$Na^+$ 未参加质子转移）。因此，选择 $Ac^-$ 和 $H_2O$ 为零水准，在溶液中得失质子的反应如下：

$$H_2O + H_2O \rightleftharpoons H_3O^+ + OH^-$$
$$Ac^- + H_2O \rightleftharpoons HAc + OH^-$$

得质子产物为 $H_3O^+$ 和 HAc，失质子产物为 $OH^-$，得失质子数目均为 1。故 HAc 水溶液的质子条件式为：

$$[H_3O^+]+[HAc]=[OH^-]$$

简写为：

$$[H^+]+[HAc]=[OH^-]$$

**2. 多元酸（碱）的质子条件**

例如 $Na_2S$ 水溶液中，$S^{2-}$ 和 $H_2O$ 是参加质子转移的原始形式（$Na^+$ 未参加质子转移）。因此，选择 $S^{2-}$ 和 $H_2O$ 为零水准，在溶液中得失质子的反应如下：

$$H_2O + H_2O \rightleftharpoons H_3O^+ + OH^-$$
$$S^{2-} + H_2O \rightleftharpoons HS^- + OH^-$$
$$S^{2-} + 2H_2O \rightleftharpoons H_2S + 2OH^-$$

对 $S^{2-}$ 来说，$HS^-$ 和 $H_2S$ 是得质子产物，其中 $HS^-$ 是得一个质子的产物，$H_2S$ 是得两个质子的产物。对 $H_2O$ 来说，$H_3O^+$ 是得质子产物，$OH^-$ 是失质子产物，得失质子数目各为 1。根据得失质子等衡原理，可写出 $Na_2S$ 水溶液的质子条件为：

$$[H^+]+[HS^-]+2[H_2S]=[OH^-]$$

再如 $H_3PO_4$ 溶液，选 $H_3PO_4$ 和 $H_2O$ 为零水准，质子条件为：

$$[H^+]=[OH^-]+[H_2PO_4^-]+2[HPO_4^{2-}]+3[PO_4^{3-}]$$

这种方法熟练掌握后，则无需把溶液中可能存在的平衡都写出来，而可以直接写出质子条件式，并将 $H_3O^+$ 简写为 $H^+$。如 $H_2CO_3$ 水溶液的 PBE 为：

$$[H^+]=[OH^-]+[HCO_3^-]+2[CO_3^{2-}]$$

**3. 两性物质的质子条件**

两性物质包括酸式盐和弱酸弱碱盐。例如酸式盐 $NaH_2PO_4$ 水溶液，首先选取零水准：$H_2O$ 和 $H_2PO_4^-$。得失质子情况为：

$H_2O$ 得到 1 个质子产物为 $H_3O^+$，简写作 $H^+$，失去 1 个质子产物为 $OH^-$；$H_2PO_4^-$ 得到 1 个质子产物为 $H_3PO_4$，失去 1 个质子产物为 $HPO_4^{2-}$，失去 2 个质子产物为 $PO_4^{3-}$。故质子条件为：

$$[H^+]+[H_3PO_4]=[OH^-]+[HPO_4^{2-}]+2[PO_4^{3-}]$$

再如弱酸弱碱盐 $NH_4Ac$ 水溶液，选取 $H_2O$、$NH_4^+$ 和 $Ac^-$ 为零水准，则质子条件为：

$$[H^+]+[HAc]=[OH^-]+[NH_3]$$

**4. 强酸（碱）的质子条件**

对于稀的强酸（碱）溶液（$c<10^{-6}\,mol \cdot L^{-1}$），计算其 pH 时，必须考虑水的离解对溶液酸度的影响。

例如，稀 HCl 溶液的质子条件为：

$$[H^+]=[Cl^-]+[OH^-]$$

因为 HCl 是强酸，在水溶液中基本上全部电离，所以 $[Cl^-]=c(HCl)$，故可写为：

$$[H^+]=c(HCl)+[OH^-]$$

同样，稀 NaOH 溶液的质子条件为：

$$[H^+]+c(NaOH)=[OH^-]$$

**5. 混合酸（碱）的质子条件**

(1) 弱酸（碱）与弱酸（碱）的混合溶液　如 HA 和 HB 的混合液，选 HA、HB 和

$H_2O$ 为零水准，则质子条件为：

$$[H^+]=[OH^-]+[A^-]+[B^-]$$

（2）弱酸（碱）与强酸（碱）的混合溶液　如 HCl 与 HAc 的混合溶液，选 HCl、HAc 和 $H_2O$ 为零水准，则质子条件为：

$$[H^+]=[OH^-]+[Ac^-]+c(HCl)$$

混合碱的类似。

（3）缓冲溶液　如 HAc 和 NaAc 缓冲溶液，可视为由“NaOH 和 HAc”组成的溶液体系，所以选 NaOH、HAc 和 $H_2O$ 为零水准，质子条件为：

$$[H^+]+c(NaOH)=[OH^-]+[Ac^-]$$

## 二、酸碱溶液 pH 的计算

### 1. 一元弱酸（碱）溶液 pH 的计算

（1）一元弱酸溶液 pH 的计算　浓度为 $c$ 的一元弱酸 HA，质子条件式为：

$$[H^+]=[A^-]+[OH^-]$$

其水溶液存在以下平衡：

$$HA \rightleftharpoons H^+ + A^- \qquad K_a=\frac{[H^+][A^-]}{[HA]}$$

$$H_2O \rightleftharpoons H^+ + OH^- \qquad K_w=[H^+][OH^-]$$

由离解平衡常数可得：

$$[A^-]=\frac{K_a[HA]}{[H^+]};\quad [OH^-]=\frac{K_w}{[H^+]}$$

分别代入质子条件式，得到：

$$[H^+]=\frac{K_a[HA]}{[H^+]}+\frac{K_w}{[H^+]}$$

即

$$[H^+]=\sqrt{K_a[HA]+K_w} \tag{4-7}$$

这是一元弱酸溶液 $H^+$ 浓度计算的精确表达式。[HA] 可以根据总浓度 $c$ 和 HA 分布系数的计算式(4-5a)，表达为：

$$[HA]=c\delta(HA)=c\times\frac{[H^+]}{[H^+]+K_a}$$

将上式代入式(4-7) 中，整理后，得到：

$$[H^+]^3+K_a[H^+]^2-(K_ac+K_w)[H^+]-K_aK_w=0 \tag{4-8}$$

此式为计算一元弱酸 $H^+$ 浓度的精确公式，是一个一元三次方程，若直接按代数法求解，数学处理十分麻烦，而且在实际工作中也没有必要。为了使计算简化，通常可根据计算 $H^+$ 浓度的允许误差，并视一元弱酸 $K_a$ 和总浓度 $c$ 的大小，对式(4-7) 进行合理的近似处理。

① 如果弱酸不是太弱（离解常数 $K_a$ 比较大），且分析浓度 $c$ 也较大，即 $K_ac$ 较大，溶液中 $H^+$ 主要来源于一元弱酸的离解，水的离解则可以忽略不计。这样，就可以忽略式(4-7) 中的 $K_w$ 项，此时计算结果的相对误差不大于 5%，精确公式就可以近似为：

$$[H^+]\approx\sqrt{K_a[HA]} \tag{4-9}$$

根据物料平衡式和质子条件式，有：

$$[HA]=c-[A^-]=c-([H^+]-[OH^-])\approx c-[H^+]$$

将其代入式(4-9)，得：

$$[H^+]=\sqrt{K_a(c-[H^+])} \tag{4-10}$$

即

$$[H^+]^2+K_a[H^+]-K_ac=0$$

解此一元二次方程即得：

$$[H^+]=\frac{-K_a+\sqrt{(K_a)^2+4K_ac}}{2} \tag{4-11}$$

式(4-11) 是计算一元弱酸溶液 $H^+$ 浓度的近似式。

② 当 $K_a$ 和 $c$ 都较小，即酸非常稀，酸也极弱时，$K_ac<20K_w$，则水的离解就不能忽略。但是，如果酸极弱（酸的离解度很小，$\alpha<5\%$），就可以忽略弱酸的离解，弱酸 HA 的平衡浓度就近似地等于它的原始浓度，即 $[HA]\approx c$。此时，式(4-7) 就近似为：

$$[H^+]=\sqrt{K_ac+K_w} \tag{4-12}$$

为了保证计算误差不大于 5%，一般以 $\frac{c}{K_a}\geqslant 500$ 作为使用式(4-12) 进行近似计算的必要条件。

③ 当 $K_a$ 和 $c$ 都不是很小，且弱酸的离解相对于其总浓度很小时，即 $c-[H^+]\approx c$，那么，不仅可以忽略水的离解，此时弱酸的离解也可忽略，可由式(4-10) 得到：

$$[H^+]=\sqrt{K_ac} \tag{4-13}$$

式(4-13) 为计算一元弱酸溶液 $H^+$ 浓度的最简式。注意，利用最简式计算一元弱酸溶液 $H^+$ 浓度，必须同时满足 $K_ac\geqslant 20K_w$ 且 $\frac{c}{K_a}\geqslant 500$ 两个条件。

**【例 4-6】** 计算浓度为 $0.10\text{mol}\cdot L^{-1}$ 的二氯乙酸溶液的 pH（已知二氯乙酸的 $K_a=5.0\times10^{-2}$）。

**解** 因为 $K_ac=0.10\times5.0\times10^{-2}>20K_w$；$\frac{c}{K_a}=\frac{0.10}{5.0\times10^{-2}}=2.0<500$，所以应使用近似式计算

$$[H^+]=\frac{-K_a+\sqrt{(K_a)^2+4K_ac}}{2}=\frac{-5.0\times10^{-2}+\sqrt{(5.0\times10^{-2})^2+4\times0.10\times5.0\times10^{-2}}}{2}$$

$$=0.050\ (\text{mol}\cdot L^{-1})$$

$$pH=1.30$$

**【例 4-7】** 计算 $0.10\text{mol}\cdot L^{-1}$ 的 $NH_4Cl$ 溶液的 pH（已知 $NH_3\cdot H_2O$ 的 $K_b=1.8\times10^{-5}$）。

**解** $NH_4^+$ 是 $NH_3$ 的共轭酸，其 $K_a$ 为：

$$K_a=\frac{K_w}{K_b}=\frac{1.0\times10^{-14}}{1.8\times10^{-5}}=5.6\times10^{-10}$$

因为 $\frac{c}{K_a}=\frac{0.10}{5.6\times10^{-10}}>500$；$K_ac=0.10\times5.6\times10^{-10}>20K_w$，所以可以使用最简式计算：

$$[H^+]=\sqrt{K_ac}=\sqrt{5.6\times10^{-10}\times0.10}=7.5\times10^{-6}\ (\text{mol}\cdot L^{-1})$$

$$pH=5.12$$

**【例 4-8】** 计算浓度为 $1.0\times10^{-4}\text{mol}\cdot L^{-1}$ 的 HCN 溶液的 pH（已知 HCN$K_a=6.2\times10^{-10}$）。

**解** 因为 $\frac{c}{K_a}=\frac{1.0\times10^{-4}}{6.2\times10^{-10}}>500$；$K_ac=6.2\times10^{-10}\times1.0\times10^{-4}<20K_w$，所以

$$[H^+]=\sqrt{K_ac+K_w}=\sqrt{6.2\times10^{-10}\times1.0\times10^{-4}+1.0\times10^{-14}}$$

$$=2.7\times10^{-7}\ (\text{mol}\cdot L^{-1})$$

$$pH=6.57$$

(2) 一元弱碱溶液 pH 的计算　浓度为 $c$ 的一元弱碱 $B^-$，其质子条件式为：

$$[H^+]+[BH]=[OH^-]$$

其水溶液存在以下平衡：

$$B^- + H_2O \rightleftharpoons BH + OH^- \qquad K_b = \frac{[BH][OH^-]}{[B^-]}$$

$$H_2O \rightleftharpoons H^+ + OH^- \qquad K_w = [H^+][OH^-]$$

由离解平衡常数可得：

$$[BH] = \frac{K_b[B^-]}{[OH^-]};\quad [H^+] = \frac{K_w}{[OH^-]}$$

分别代入质子条件式，得到：

$$[OH^-] = \frac{K_b[B^-]}{[OH^-]} + \frac{K_w}{[OH^-]}$$

即

$$[OH^-] = \sqrt{K_b[B^-] + K_w} \tag{4-14}$$

一元弱碱溶液 pH 计算的处理方法、计算公式及公式的使用条件与一元弱酸完全相似，只需将一元弱酸溶液 $H^+$ 计算公式及使用条件中的 $K_a$ 换成 $K_b$，将 $[H^+]$ 换成 $[OH^-]$ 即可。即：

① 当 $\frac{c}{K_b} \geqslant 500$；$K_b c \geqslant 20K_w$ 时，$[OH^-] = \sqrt{K_b c}$ (4-15)

② 当 $\frac{c}{K_b} \geqslant 500$；$K_b c < 20K_w$ 时，$[OH^-] = \sqrt{K_b c + K_w}$ (4-16)

③ 当 $\frac{c}{K_b} < 500$；$K_b c \geqslant 20K_w$ 时，$[OH^-] = \frac{-K_b + \sqrt{(K_b)^2 + 4K_b c}}{2}$ (4-17)

**【例 4-9】** 计算浓度为 0.10mol·L$^{-1}$ 的 $NH_3$ 溶液的 pH（已知 $NH_3 \cdot H_2O$ 的 $K_b = 1.8 \times 10^{-5}$）。

**解** 因为 $\frac{c}{K_b} = \frac{0.10}{1.8 \times 10^{-5}} > 500$；$K_b c > 20K_w$

所以 $[OH^-] = \sqrt{K_b c} = \sqrt{1.8 \times 10^{-5} \times 0.10} = 1.3 \times 10^{-3}$ (mol·L$^{-1}$)

$$pOH = 2.89$$

$$pH = pK_w - pOH = 14.00 - 2.89 = 11.11$$

**2. 多元酸（碱）溶液 pH 的计算**

多元酸碱溶液 pH 计算的处理方法也是利用物料平衡式、质子条件式和有关离解平衡常数关系式联立，最终导出 $[H^+]$ 或 $[OH^-]$ 的计算公式。

浓度为 $c$ 的二元弱酸 $H_2A$，其质子条件式为：

$$[H^+] = [HA^-] + 2[A^{2-}] + [OH^-]$$

其水溶液存在以下平衡：

$$H_2A \rightleftharpoons H^+ + HA^- \qquad K_{a_1} = \frac{[H^+][HA^-]}{[H_2A]}$$

$$HA^- \rightleftharpoons H^+ + A^{2-} \qquad K_{a_2} = \frac{[H^+][A^{2-}]}{[HA^-]}$$

$$H_2O \rightleftharpoons H^+ + OH^- \qquad K_w = [H^+][OH^-]$$

由离解平衡常数可得

$$[HA^-] = \frac{K_{a_1}[H_2A]}{[H^+]};\quad [A^{2-}] = \frac{K_{a_1}K_{a_2}[H_2A]}{[H^+]^2};\quad [OH^-] = \frac{K_w}{[H^+]}$$

分别代入质子条件式，得

$$[H^+] = \frac{K_{a_1}[H_2A]}{[H^+]} + 2\frac{K_{a_1}K_{a_2}[H_2A]}{[H^+]^2} + \frac{K_w}{[H^+]} \tag{4-18}$$

再根据物料平衡式和 $H_2A$ 型体分布系数，将 $[H_2A]$ 表达为 $[H^+]$ 的函数，代入式(4-

18)，展开后得到一个一元四次方程，它是计算二元弱酸水溶液 $H^+$ 浓度的精确公式，数学处理极其复杂，因而必须根据具体情况，采用近似方法进行计算。

对于多元无机酸和多数多元有机酸，其离解是逐级进行的，由于同离子效应和电荷效应，一般情况下，多元酸的第二步离解弱于第一步离解，第三步离解弱于第二步离解，即 $K_{a_1}>K_{a_2}>K_{a_3}>K_w$，故溶液中的 $H^+$ 主要是由多元酸的第一步离解产生，若忽略其第二步离解及水的离解，则有：

$$[H^+]=\frac{K_{a_1}[H_2A]}{[H^+]}$$

即

$$[H^+]=\sqrt{K_{a_1}[H_2A]} \tag{4-19}$$

因此，二元弱酸可按照一元弱酸的方法处理。此时，在浓度为 $c$ 的二元弱酸 $H_2A$ 溶液中，$H_2A$ 的平衡浓度可近似为：

$$[H_2A]\approx c-[H^+]$$

代入式(4-19)，得

$$[H^+]=\sqrt{K_{a_1}(c-[H^+])}$$

展开后，求解 $[H^+]$ 的一元二次方程，可得：

$$[H^+]=\frac{-K_{a_1}+\sqrt{(K_{a_1})^2+4K_{a_1}c}}{2} \tag{4-20}$$

式(4-20) 是计算多元弱酸溶液 $H^+$ 浓度的近似式。与一元弱酸相似，当 $K_{a_1}c\geqslant 20K_w$ 且 $\frac{c}{K_{a_1}}\geqslant 500$ 时，即二元弱酸的离解度较小时，则在忽略水离解产生的 $H^+$ 和 $H_2A$ 的第二级离解产生的 $H^+$ 的同时，可将 $H_2A$ 的平衡浓度视为其原始浓度，即 $[H_2A]\approx c(H_2A)$，由式(4-19) 得到：

$$[H^+]=\sqrt{K_{a_1}c} \tag{4-21}$$

式(4-21) 是计算多元弱酸溶液 $[H^+]$ 的最简式，该公式的使用条件与计算一元弱酸溶液 $[H^+]$ 最简式的完全相同。

多元弱碱溶液 pH 的计算，可按照多元弱酸溶液 $[H^+]$ 计算的有关公式进行近似处理，不再详述。其 $[OH^-]$ 计算公式如下：

当 $\frac{c}{K_{b_1}}<500, K_{b_1}c\geqslant 20K_w$ 时，$[OH^-]=\frac{-K_{b_1}+\sqrt{(K_{b_1})^2+4K_{b_1}c}}{2}$ (4-22)

当 $\frac{c}{K_{b_1}}\geqslant 500, K_{b_1}c\geqslant 20K_w$ 时，$[OH^-]=\sqrt{K_{b_1}c}$ (4-23)

**【例 4-10】** 计算浓度为 0.10mol·$L^{-1}$ 的 $Na_2CO_3$ 溶液的 pH($H_2CO_3$ 的 $K_{a_1}=4.2\times10^{-7}$，$K_{a_2}=5.6\times10^{-11}$)。

**解** $Na_2CO_3$ 为二元碱，其 $K_{b_1}$、$K_{b_2}$ 经计算分别为 $1.8\times10^{-4}$ 和 $2.4\times10^{-8}$，$K_{b_1}$ 远大于 $K_{b_2}$，因此可按一元弱碱进行近似计算。

因为 $\frac{c}{K_{b_1}}=\frac{0.10}{1.8\times10^{-4}}>500$；$K_{b_1}c>20K_w$，所以

$$[OH^-]=\sqrt{K_{b_1}c}=\sqrt{1.8\times10^{-4}\times0.10}=4.2\times10^{-3}\ (mol\cdot L^{-1})$$

$$pOH=2.38$$

$$pH=14.00-2.38=11.62$$

**【例 4-11】** 计算浓度为 0.10mol·$L^{-1}$ 的 $H_2C_2O_4$ 溶液的 pH($H_2C_2O_4$ 的 $K_{a_1}=5.9\times10^{-2}$，$K_{a_2}=6.4\times10^{-5}$)。

**解** 因为 $K_{a_1}c > 20K_w$，且 $\frac{c}{K_{a_1}} < 500$，所以

$$[H^+]=\frac{-K_{a_1}+\sqrt{(K_{a_1})^2+4K_{a_1}c}}{2}$$

$$=\frac{-5.9\times10^{-2}+\sqrt{(5.9\times10^{-2})^2+4\times5.9\times10^{-2}\times0.10}}{2}=0.053\ (\text{mol}\cdot\text{L}^{-1})$$

$$\text{pH}=1.28$$

**3. 两性物质溶液 pH 的计算**

除 $H_2O$ 外，较重要的两性物质有多元酸的酸式盐（如 $NaHCO_3$）和弱酸弱碱盐（如 $NH_4Ac$）等。两性物质溶液的酸碱平衡比较复杂，因而在有关计算中，常常视具体情况，根据溶液中的主要平衡，进行近似处理。

（1）多元酸的酸式盐溶液　浓度为 $c$ 的二元弱酸的酸式盐 NaHA，选取 $HA^-$ 和 $H_2O$ 为零水准物质，则其质子条件式为：

$$[H^+]=[A^{2-}]+[OH^-]-[H_2A]$$

其水溶液存在以下平衡：

$$HA^- + H_2O \rightleftharpoons H_2A + OH^- \qquad K_{b_2}=\frac{[H_2A][OH^-]}{[HA^-]}$$

$$HA^- \rightleftharpoons H^+ + A^{2-} \qquad K_{a_2}=\frac{[H^+][A^{2-}]}{[HA^-]}$$

$$H_2O \rightleftharpoons H^+ + OH^- \qquad K_w=[H^+][OH^-]$$

借助于二元酸 $H_2A$ 的离解平衡常数的关系式，有：

$$[H^+]=\frac{K_{a_2}[HA^-]}{[H^+]}+\frac{K_w}{[H^+]}-\frac{K_{b_2}[HA^-]}{[OH^-]}$$

$$=\frac{K_{a_2}[HA^-]}{[H^+]}+\frac{K_w}{[H^+]}-\frac{[HA^-][H^+]}{K_{a_1}}$$

经整理后，得：

$$[H^+]=\sqrt{\frac{K_{a_1}(K_{a_2}[HA^-]+K_w)}{K_{a_1}+[HA^-]}} \tag{4-24}$$

在大多数情况下，二元弱酸的 $K_{a_1}$ 与 $K_{a_2}$ 相差较大，则 $HA^-$ 的 $K_{a_2}$ 和 $K_{b_2}$ 都很小，即其酸性和碱性都比较弱（得失质子的能力都很弱），因此，可以认为 $HA^-$ 的平衡浓度近似等于其原始浓度，即 $[HA^-]\approx c$，代入式(4-24)，得：

$$[H^+]=\sqrt{\frac{K_{a_1}(K_{a_2}c+K_w)}{K_{a_1}+c}} \tag{4-25}$$

式(4-25) 是计算两性物质水溶液 $[H^+]$ 的近似公式，在误差允许的范围内，还可以进一步作如下近似处理。

当 $K_{a_2}c \geqslant 20K_w$ 时，式(4-25) 中的 $K_w$ 可以忽略，得到以下近似式：

$$[H^+]=\sqrt{\frac{K_{a_1}K_{a_2}c}{K_{a_1}+c}} \tag{4-26}$$

再假如 $c \geqslant 20K_{a_1}$，则式(4-26) 中的 $K_{a_1}+c\approx c$，可略去分母中的 $K_{a_1}$，式(4-26) 进一步近似为：

$$[H^+]=\sqrt{K_{a_1}K_{a_2}} \tag{4-27}$$

式(4-27) 是计算酸式盐溶液 $H^+$ 浓度的最简式。应该注意的是，最简式只有在酸式盐的浓度不是很小（$c \geqslant 20K_{a_1}$），且水的离解可以忽略的情况下才能使用。

而当 $K_{a_2}c<20K_w$，但 $c\geqslant 20K_{a_1}$ 时，则式(4-25) 分母中的 $K_{a_1}$ 可略去，但不可略去式中的 $K_w$，式(4-25) 可近似为：

$$[H^+]=\sqrt{\frac{K_{a_1}(K_{a_2}c+K_w)}{c}} \tag{4-28}$$

式(4-25)、式(4-26) 和式(4-28) 是计算多元酸酸式盐溶液 $H^+$ 浓度的近似公式，式(4-27) 为最简式，一定要注意各计算公式的使用条件。

对于其他多元酸的酸式盐溶液 $H^+$ 浓度的计算，可依上处理。例如，计算 $NaH_2PO_4$ 和 $Na_2HPO_4$ 溶液 $[H^+]$ 的最简式分别为：

$NaH_2PO_4$ 溶液　　$[H^+]=\sqrt{K_{a_1}K_{a_2}}$

$Na_2HPO_4$ 溶液　　$[H^+]=\sqrt{K_{a_2}K_{a_3}}$

**【例 4-12】** 分别计算浓度为 $0.10mol\cdot L^{-1}$ 的 $K_2HPO_4$ 和 $KH_2PO_4$ 溶液的 pH($H_3PO_4$ 的 $K_{a_1}=7.6\times10^{-3}$，$K_{a_2}=6.3\times10^{-8}$，$K_{a_3}=4.4\times10^{-13}$)。

**解**　对于 $K_2HPO_4$ 溶液，计算 $[H^+]$ 的公式为：

$$[H^+]=\sqrt{\frac{K_{a_2}(K_{a_3}c+K_w)}{K_{a_2}+c}}$$

因为 $K_{a_3}c=4.4\times10^{-14}<20K_w$，但 $c>20K_{a_2}$，所以上式可简化为：

$$[H^+]=\sqrt{\frac{K_{a_2}(K_{a_3}c+K_w)}{c}}$$

代入有关数值，得：

$$[H^+]=1.8\times10^{-10}mol\cdot L^{-1}$$

$$pH=9.74$$

对于 $KH_2PO_4$ 溶液，因 $K_{a_2}c>20K_w$，且 $c<20K_{a_1}$，所以：

$$[H^+]=\sqrt{\frac{K_{a_1}K_{a_2}c}{K_{a_1}+c}}$$

代入有关数值，得：　$[H^+]=2.1\times10^{-5}mol\cdot L^{-1}$

$$pH=4.68$$

(2) 弱酸弱碱盐溶液　例如浓度为 $c$ 的 $NH_4Ac$ 溶液，其中 $NH_4^+$ 起酸的作用，$Ac^-$ 起碱的作用。

$$NH_4^+ \rightleftharpoons NH_3+H^+ \qquad K'_a=\frac{K_w}{K_b}$$

$$Ac^-+H_2O \rightleftharpoons HAc+OH^- \qquad K'_b=\frac{K_w}{K_a}$$

溶液中还存在水的离解平衡：

$$H_2O \rightleftharpoons H^++OH^-$$

选择 $NH_4^+$、$Ac^-$ 和 $H_2O$ 为零水准物质，质子条件式为：

$$[H^+]+[HAc]=[NH_3]+[OH^-]$$

或　$$[H^+]=[NH_3]+[OH^-]-[HAc]$$

上述讨论的酸式盐溶液 $H^+$ 浓度的计算公式完全适合于弱酸弱碱盐溶液，即从 PBE 出发，利用各种离解平衡关系，可得如下类似的公式：

$$[H^+]=\sqrt{\frac{K_a(K'_ac+K_w)}{K_a+c}} \tag{4-29}$$

式中，$K_a$ 为弱酸的离解常数；$K'_a$ 为弱碱共轭酸的离解常数。注意式(4-29) 与式(4-25)

实质上是一样的。

同理，若 $K'_a c > 20K_w$，则式(4-29) 近似为：

$$[H^+]=\sqrt{\frac{K_a K'_a c}{K_a + c}} \tag{4-30}$$

如果还满足 $c \geqslant 20K_a$，则可得最简式：

$$[H^+]=\sqrt{K_a K'_a} \tag{4-31}$$

**【例 4-13】** 计算浓度为 $0.10\text{mol}\cdot L^{-1}$ 的氨基乙酸溶液 pH。（$K_{a_1}=4.5\times10^{-3}$，$K_{a_2}=2.5\times10^{-10}$）

**解** 氨基乙酸在溶液中以偶极离子 $^+H_3NCH_2COO^-$ 的形式存在，为两性物质，有以下的离解反应：

$$^+H_3N—CH_2—COOH \xrightleftharpoons{-H^+, K_{a_1}} {}^+H_3N—CH_2—COO^- \xrightleftharpoons{-H^+, K_{a_2}} H_2N—CH_2—COO^-$$

由于氨基乙酸的原始浓度比较大，$K_{a_2}c > 20K_w$，且 $c > 20K_{a_1}$ 时，可采用最简式计算得到：

$$[H^+]=\sqrt{K_{a_1}K_{a_2}}=\sqrt{4.5\times10^{-3}\times2.5\times10^{-10}}=1.1\times10^{-6}\ (\text{mol}\cdot L^{-1})$$

$$pH=5.96$$

**4. 强酸（碱）溶液 pH 的计算**

强酸强碱在溶液中全部离解，故在一般情况下，酸度的计算比较简单。但当强酸或强碱的浓度很稀时（$<10^{-6}\text{mol}\cdot L^{-1}$），溶液的酸度除了考虑酸或碱本身离解出来的 $H^+$ 或 $OH^-$ 之外，还需考虑水离解产生的 $H^+$ 或 $OH^-$。

① 稀 HCl 溶液的质子条件为：

$$[H^+]=c(HCl)+[OH^-]$$

将 $[OH^-]=\frac{K_w}{[H^+]}$ 代入上式，得

$$[H^+]=c(HCl)+\frac{K_w}{[H^+]}$$

整理可得：

$$[H^+]^2-c(HCl)[H^+]-K_w=0$$

$$[H^+]=\frac{c(HCl)+\sqrt{c^2(HCl)+4K_w}}{2} \tag{4-32}$$

式中，$c$ 为强酸溶液的总浓度。此式即为求算一元强酸稀溶液中 $H^+$ 浓度的精确式。

一般来讲，只要强酸的浓度不是很低，当 $c \geqslant 20[OH^-]$ 时，就可忽略水离解产生的 $H^+$，于是得到：

$$[H^+]\approx c$$

② 稀 NaOH 溶液的质子条件为：

$$[H^+]+c(NaOH)=[OH^-]$$

处理方法与一元强酸稀溶液类似，将 $[H^+]=\frac{K_w}{[OH^-]}$ 代入 PBE，得

$$[OH^-]=c(NaOH)+\frac{K_w}{[OH^-]}$$

整理可得：

$$[OH^-]^2-c(NaOH)[OH^-]-K_w=0$$

$$[OH^-]=\frac{c(NaOH)+\sqrt{c^2(NaOH)+4K_w}}{2} \tag{4-33}$$

一般来讲，只要强碱的浓度不是很低，当 $c \geqslant 20[H^+]$ 时，就可忽略水离解产生的 $OH^-$，即：

$$[OH^-] \approx c$$

求得 pOH 后，再利用 $pH = pK_w - pOH$ 便可求得 pH。

**5. 混合酸（碱）溶液 pH 的计算**

(1) 弱酸与弱酸混合溶液 pH 的计算　设弱酸 HA 和 HB 的浓度分别为 $c(HA)$ 和 $c(HB)$，其混合溶液的质子条件式为：

$$[H^+] = [A^-] + [B^-] + [OH^-]$$

由于溶液为酸性，因此可忽略 $[OH^-]$ 项，再将有关离解常数关系式代入上式，得：

$$[H^+] = \frac{[HA]K_a(HA)}{[H^+]} + \frac{[HB]K_a(HB)}{[H^+]}$$

由于弱酸 HA 和 HB 在溶液中的离解相互抑制，所以，当两种酸都比较弱时，可近似地认为：$[HA] \approx c(HA)$，$[HB] \approx c(HB)$，代入上式并整理得：

$$[H^+] = \sqrt{K_a(HA)c(HA) + K_a(HB)c(HB)} \tag{4-34}$$

**【例 4-14】** 计算 $0.050 mol \cdot L^{-1} NH_4Cl$ 与 $0.10 mol \cdot L^{-1} H_3BO_3$ 混合后溶液的 pH［已知 $K_a(H_3BO_3) = 5.8 \times 10^{-10}$］。

**解**　$K_a(NH_4^+) = \frac{K_w}{K_b(NH_3)} = \frac{1.0 \times 10^{-14}}{1.8 \times 10^{-5}} = 5.6 \times 10^{-10}$

由式(4-34) 得：

$$[H^+] = \sqrt{5.6 \times 10^{-10} \times 0.050 + 5.8 \times 10^{-10} \times 0.10}$$
$$= 9.3 \times 10^{-6}\ (mol \cdot L^{-1})$$
$$pH = 5.03$$

(2) 强酸与弱酸混合溶液 pH 的计算　以 HCl 和 HAc 混合酸为例，设其浓度分别为 $c(HCl)$ 和 $c(HAc)$，其质子条件式为：

$$[H^+] = c(HCl) + [Ac^-] + [OH^-]$$

由于溶液呈酸性，因此可略去 $[OH^-]$ 项，即忽略水的离解对溶液中 $[H^+]$ 的贡献，则质子条件式可简化为：

$$[H^+] = c(HCl) + [Ac^-]$$

因为　$$[Ac^-] = c(HAc)\delta(Ac^-) = c(HAc) \times \frac{K_a}{[H^+] + K_a}$$

将之代入上式，可得：

$$[H^+] = c(HCl) + \frac{c(HAc)K_a}{[H^+] + K_a} \tag{4-35}$$

整理可得：

$$[H^+] = \frac{[c(HCl) - K_a] + \sqrt{[c(HCl) - K_a]^2 + 4K_a[c(HCl) + c(HAc)]}}{2} \tag{4-36}$$

式(4-36) 是忽略水的离解后，计算弱酸和强酸混合溶液中 $H^+$ 浓度的近似公式。

由于弱酸在强酸溶液中的离解会受到抑制，所以，可近似地认为：$[HAc] \approx c(HAc)$，代入 HAc 的离解平衡常数关系式并整理可得：

$$[Ac^-] = \frac{K_a c(HAc)}{[H^+]} \tag{4-37}$$

代入简化后的质子条件式，得：

$$[H^+]^2 - c(HCl)[H^+] - K_a c(HAc) = 0$$

$$[H^+]=\frac{c(HCl)+\sqrt{c^2(HCl)+4K_a c(HAc)}}{2} \tag{4-38}$$

如果 $c(HCl)>20[Ac^-]$，则由简化后的质子条件式，可得最简式：

$$[H^+]=c(HCl) \tag{4-39}$$

关于混合碱溶液 pH 的计算，方法与混合酸类似，这里不再详述。

(3) 缓冲溶液 pH 的计算　关于弱酸 HA 与其共轭碱 $A^-$ 或弱碱 B 与其共轭酸 $HB^+$ 组成的缓冲体系的 pH 计算，在普通化学中已做过详细讨论，此处不再赘述。这里仅给出其 pH 计算的最简公式：

$$pH=pK_a-\lg\frac{c(HA)}{c(A^-)} \tag{4-40a}$$

$$pOH=pK_b-\lg\frac{c(B)}{c(HB^+)} \tag{4-40b}$$

# 第四节　酸碱指示剂

酸碱滴定过程中，溶液通常不发生明显的外观变化，故需要在被滴定的溶液中加入能在化学计量点附近变色的指示剂来确定滴定终点。这种能利用自身颜色的变化来指示溶液 pH 变化的物质称为酸碱指示剂（acid-base indicator）。

## 一、酸碱指示剂的作用原理

酸碱指示剂一般是弱的有机酸或有机碱，其共轭酸碱对具有不同的结构，并呈现不同的颜色。因此，当溶液的 pH 改变时，指示剂获得质子由碱式型体转化为酸式型体，或者失去质子由酸式型体转化为碱式型体，由于结构上的变化，从而导致溶液颜色发生变化。

例如，酚酞指示剂是一种有机弱酸，属于单色指示剂，在水溶液中发生如下离解作用和颜色变化：

OH　OH　C—OH　COOH　$\underset{+H^+}{\overset{+OH^-}{\rightleftharpoons}}$　O　$O^-$　C　$COO^-$

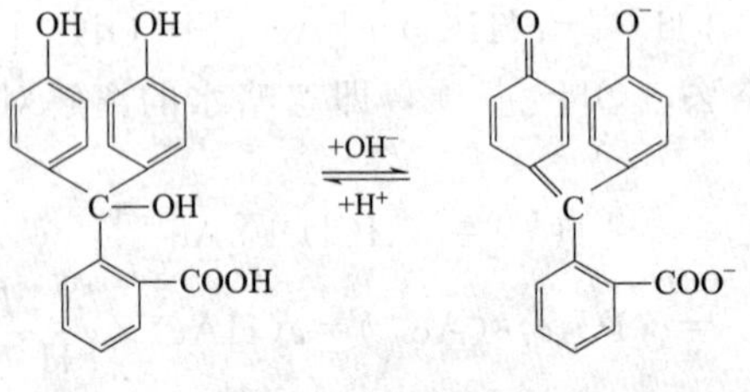

无色(酸式色)，羟式结构　　红色(碱式色)，醌式结构

由平衡关系可以看出，在酸性溶液中，酚酞主要以无色的羟式结构存在。随着溶液的 pH 值逐渐增大，平衡向右移动。当溶液呈碱性时，酚酞转化为醌式结构而呈现红色；反之，如果溶液的 pH 值逐渐减小，平衡则向左移动，酚酞将由醌式结构转化为羟式结构，颜色会由红色变为无色。

再如，甲基橙是一种有机弱碱，属于双色指示剂，在水溶液中会发生如下离解作用和颜色变化：

$(CH_3)_2N^+$=⟨⟩=N—N(H)—⟨⟩—$SO_3^-$ $\underset{+H^+}{\overset{+OH^-}{\rightleftharpoons}}$ $(CH_3)_2N$—⟨⟩—N=N—⟨⟩—$SO_3^-$

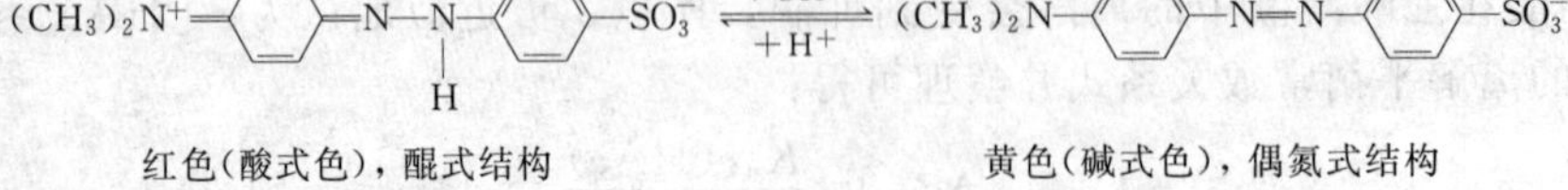

红色(酸式色)，醌式结构　　黄色(碱式色)，偶氮式结构

$pK_a=3.4$

由平衡关系可以看出，增大溶液的酸度，甲基橙主要以醌式结构存在，所以溶液呈红色；降低溶液的酸度，甲基橙主要以偶氮式结构存在，所以溶液显黄色。

可见，酸碱指示剂颜色之所以发生改变，是由于在不同酸度的溶液中，指示剂分子的结构发生了变化，因而显现出不同的颜色。应该注意的是，酸碱指示剂以酸式或碱式型体存在，并不表明此时溶液一定呈酸性或碱性。

现以弱酸型指示剂（HIn）为例进一步讨论酸碱指示剂颜色变化与溶液酸度的关系。若以 HIn 表示弱酸型指示剂的酸式型体，并称其颜色为酸式色；以 $In^-$ 表示指示剂的碱式型体，其颜色称为碱式色，则在溶液中存在如下离解平衡：

$$\underset{\text{酸式色}}{HIn} \rightleftharpoons H^+ + \underset{\text{碱式色}}{In^-}$$

$$K_a=\frac{[H^+][In^-]}{[HIn]} \quad \text{或} \quad \frac{K_a}{[H^+]}=\frac{[In^-]}{[HIn]}$$

式中，$K_a$ 为指示剂的离解常数；[HIn] 和 $[In^-]$ 分别为溶液中指示剂的酸式型体和碱式型体的平衡浓度。

由上式可见，溶液的颜色是由 $[In^-]$ 和 [HIn] 的比值来决定的，而 $\frac{[In^-]}{[HIn]}$ 又与 $[H^+]$ 和 $K_a$ 有关。对于某种指示剂，在一定条件下 $K_a$ 是常数，因此，$\frac{[In^-]}{[HIn]}$ 仅是 $[H^+]$ 的函数。只要溶液 $H^+$ 浓度发生改变，$\frac{[In^-]}{[HIn]}$ 也会随之发生改变，从而使溶液的颜色也发生改变。但是，因为人们肉眼对颜色变化的分辨能力有限，所以并不是 $\frac{[In^-]}{[HIn]}$ 的比值只要有变化，就能使人察觉到溶液颜色的变化。根据人眼辨别颜色的灵敏度，一般来说：

当 $\frac{[In^-]}{[HIn]} \geqslant 10$ 时，看到的是 $In^-$ 的颜色，即碱式色，此时，$[H^+] \leqslant \frac{K_a}{10}$，$pH \geqslant pK_a+1$；

当 $\frac{[In^-]}{[HIn]} \leqslant 0.1$ 时，看到的是 HIn 的颜色，即酸式色，此时，$[H^+] \geqslant 10K_a$，$pH \leqslant pK_a-1$；

当 $0.1<\frac{[In^-]}{[HIn]}<10$ 时，看到的是 HIn 和 $In^-$ 的混合色，此时，$pK_a-1<pH<pK_a+1$。

可见，当溶液的 pH 值低于 $pK_a-1$ 或超过 $pK_a+1$，酸式色或碱式色占有优势后，人眼就难以观察指示剂颜色随 pH 值改变而产生的变化，只能看到占优势的那种颜色了。只有溶液的 pH 值在 $pK_a-1 \sim pK_a+1$ 范围内变化时，人眼才能觉察出指示剂颜色的变化。这个人眼可以看到指示剂颜色变化的 pH 范围，即 $pK_a-1 \sim pK_a+1$，称为指示剂的理论变色范围。不同的指示剂，其 $pK_a$ 值不同，所以每种指示剂都有其各自不同的变色范围。

根据以上讨论，指示剂的理论变色范围应该是 pH 由 $pK_a-1$ 到 $pK_a+1$，为 2 个 pH 单位。但实际上，由于人眼对各种颜色的敏感程度不同，再加上指示剂的两种颜色相互掩盖能力的差异等因素的影响，使得指示剂的实际变色范围与理论变色范围不完全一致，不同的人观察结果也会有所差别。例如，甲基橙的 $pK_a=3.4$，其理论变色范围应为 2.4～4.4，但实际变色范围有人报道为 3.1～4.4，也有人报道为 3.2～4.5 或 2.9～4.3。这是由于人眼对红色比对黄色更为敏感，同时红色对黄色的掩盖能力远比黄色对红色的掩盖能力强等缘故所致的，但指示剂的变色范围总是发生在其 $pK_a$ 的两侧。虽然指示剂的理论变色范围与实际变色范围存在着差别，但理论推算对粗略估计指示剂的变色范围，仍具有一定的指导意义。

当$\frac{[In^-]}{[HIn]}=1$时，HIn和$In^-$两种型体的浓度相等，此时，pH＝$pK_a$，这是酸碱指示剂由碱式色变为酸式色，或由酸式色变为碱式色的转折点，称为指示剂的理论变色点。

酸碱指示剂的种类很多，由于它们的离解常数不同，所以变色点和变色范围也各不相同。常用的酸碱指示剂列于表4-1中。

**表4-1　常用的酸碱指示剂**

| 指示剂 | 变色范围(pH) | $pK_a$(HIn) | 颜色 | | | 浓度 |
|---|---|---|---|---|---|---|
| | | | 酸色 | 过渡色 | 碱色 | |
| 百里酚蓝(第一次变色) | 1.2～2.8 | 1.6 | 红 | 橙 | 黄 | 0.1%的乙醇(20%)溶液 |
| 甲基黄 | 2.9～4.0 | 3.3 | 红 | 橙黄 | 黄 | 0.1%的乙醇(90%)溶液 |
| 甲基橙 | 3.1～4.4 | 3.4 | 红 | 橙 | 黄 | 0.05%的水溶液 |
| 溴酚蓝 | 3.1～4.6 | 4.1 | 黄 | | 紫 | 0.1%的乙醇(20%)溶液或其钠盐(0.1%)水溶液 |
| 溴甲酚绿 | 3.8～5.4 | 4.9 | 黄 | 绿 | 蓝 | 0.1%的乙醇(20%)溶液或其钠盐(0.1%)水溶液 |
| 甲基红 | 4.2～6.2 | 5.2 | 红 | 橙 | 黄 | 0.1%的乙醇(60%)溶液或其钠盐(0.1%)水溶液 |
| 溴百里酚蓝 | 6.0～7.6 | 7.3 | 黄 | 绿 | 蓝 | 0.1%的乙醇(20%)溶液或其钠盐(0.1%或0.05%)水溶液 |
| 中性红 | 6.8～8.0 | 7.4 | 红 | | 黄橙 | 0.1%的乙醇(60%)溶液 |
| 酚红 | 6.7～8.4 | 8.0 | 黄 | 橙 | 红 | 0.1%的乙醇(20%)溶液或其钠盐(0.1%)水溶液 |
| 酚酞 | 8.0～9.6 | 9.1 | 无 | 粉红 | 红 | 0.1%的乙醇(90%)溶液 |
| 百里酚蓝(第二次变色) | 8.0～9.6 | 8.9 | 黄 | | 蓝 | 0.1%的乙醇(20%)溶液 |
| 百里酚酞 | 9.6～10.6 | 10.0 | 无 | 淡蓝 | 蓝 | 0.1%的乙醇(90%)溶液 |

## 二、影响酸碱指示剂变色范围的因素

指示剂的变色范围主要是由其各自的本性$K_a$(HIn)所决定，但外界条件对其变色范围也有影响。

### 1. 温度

指示剂的理论变色范围为$pK_a\pm1$，由于$K_a$是温度的函数，温度改变时，指示剂的离解常数$K_a$(HIn)将有所改变，因而指示剂的变色范围也随之发生改变。例如，18℃时，甲基橙的变色范围为pH3.1～4.4，而100℃时则为pH2.5～3.7。在实际工作中，应该注意指示剂使用的温度条件，以免因温度不同而引起误差。

### 2. 指示剂的用量

在滴定分析过程中，指示剂用量对酸碱滴定的影响主要有两方面。一方面是由于指示剂本身就是弱酸或弱碱，用量过多，会消耗或替代滴定剂，从而引起滴定误差。另一方面，对双色指示剂来说，指示剂用量过多，溶液颜色太深，酸式色和碱式色互相掩盖，色调变化不明显，会使终点颜色变化不易判断；对于单色指示剂而言，指示剂用量过多则会改变其变色范围。下面以酚酞为例，讨论指示剂用量对其变色范围的影响。

酚酞（以HIn表示）在水溶液中存在的离解平衡可表示为：

$$\underset{\text{无色}}{HIn} \xrightleftharpoons{K_a(HIn)} H^+ + \underset{\text{红色}}{In^-} \qquad K_a=\frac{[H^+][In^-]}{[HIn]}$$

设指示剂的总浓度为 $c$，假定人眼观察红色形式酚酞的最低浓度为 $c'$，对于同一个人，它是固定不变的，由指示剂的离解平衡式可得：

$$[H^+]=\frac{[HIn]K_a}{[In^-]}=\frac{c-c'}{c'}K_a$$

若加入指示剂总量增大，$c$ 增大，则 $[H^+]$ 相应地增大，说明酚酞会在较低的 pH 时变色，即指示剂的变色范围向 pH 偏低的方向移动。例如在 50～100mL 溶液中加 2～3 滴 0.1%的酚酞，pH≈9 时变色（红色），而加 10～15 滴酚酞时 pH 值在 8 左右溶液就出现红色。

**3. 溶剂**

溶剂对指示剂的变色范围也有影响。因为溶剂不同，指示剂的离解常数 $K_a$ 不同，其理论变色点 $pK_a$ 也就不同。如甲基橙在水溶液中 $pK_a=3.4$，而在甲醇中则为 3.8。

**4. 离子强度**

指示剂颜色的变化，受溶液中 $H^+$ 活度的影响。溶液的离子强度改变必然会影响指示剂的离解常数，从而影响其变色范围。此外，某些电解质具有吸收不同波长光波的性质，也会改变指示剂颜色的深度和色调。所以在滴定过程中不宜有大量盐类存在。

在实际应用中，指示剂的变色范围越窄越好。这样，滴定至化学计量点附近时，溶液的 pH 值稍有改变，就能引起指示剂颜色的变化，有利于提高测定的准确度。

## 三、混合酸碱指示剂

表 4-1 所列常用酸碱指示剂都是单一组分的指示剂，它们的变色范围一般都较宽，并且双色指示剂在变色过程中会有过渡颜色，使终点变色不够敏锐。在酸碱滴定中，有时又需要将终点限制在很窄的 pH 范围内，这时就可以采用混合指示剂。

混合指示剂的配制方法有两种：一种是由两种或两种以上的单一指示剂按一定比例混合而成，利用颜色互补的原理，使变色更加敏锐；另一种是由某种指示剂和一种惰性染料（不随溶液 pH 变化而改变颜色）按一定比例混合而成，其作用原理也是利用颜色的互补作用来提高颜色变化的敏锐性，使终点观察更加明显。

例如，将甲基红和溴甲酚绿按 1∶3 的比例混合，颜色变化情况如下：

| | 指示剂 | 酸式色 | 过渡色 | 碱式色 | 变色点 |
|---|---|---|---|---|---|
| | 甲基红 | 红色 | 橙红色 | 黄色 | 5.2 |
| + | 溴甲酚绿 | 黄色 | 绿色 | 蓝色 | 4.9 |
| | 混合指示剂 | 酒红 | 浅灰色 | 绿色 | 5.1 |

甲基红的酸式色为红色，碱式色为黄色；溴甲酚绿的酸式色为黄色，碱式色为蓝色。它们混合后，由于共同作用的结果，使溶液的酸式色显酒红色（红＋黄），碱式色显绿色（黄＋蓝）。而在 pH5.1 时，甲基红的酸式型体较多，呈橙红色，溴甲酚绿的碱式型体较多，呈绿色，此两种颜色互补，而呈现出灰色，指示剂的颜色在此时发生突变，非常敏锐，易于辨别，并且，变色范围变窄。

又如，将甲基橙（酸式色为红色，碱式色为黄色）和惰性染料靛蓝按一定比例混合后，酸式色呈紫色（红＋蓝），碱式色呈绿色（黄＋蓝），过渡色是灰色，与甲基橙的由黄到红变化相比较，颜色变化更加敏锐，利于终点的观察。

综上所述，混合指示剂具有变色范围窄、变色明显等优点。几种常用的混合指示剂列于表 4-2 中。

表 4-2 常用酸碱混合指示剂

| 指示剂溶液的组成 | 变色点 pH | 颜色 | | 备注 |
|---|---|---|---|---|
| | | 酸色 | 碱色 | |
| 1份0.1%甲基黄乙醇溶液<br>1份0.1%次甲基蓝乙醇溶液 | 3.25 | 蓝紫 | 绿 | pH3.2蓝紫色，pH3.4绿色 |
| 1份0.1%甲基橙水溶液<br>1份0.25%靛蓝二磺酸钠水溶液 | 4.1 | 紫 | 黄绿 | pH4.1灰色 |
| 1份0.2%甲基橙水溶液<br>1份0.1%溴甲酚绿钠盐水溶液 | 4.3 | 橙 | 蓝绿 | pH3.5黄色，pH4.05绿色，pH4.3浅绿 |
| 1份0.2%甲基红乙醇溶液<br>3份0.1%溴甲酚绿乙醇溶液 | 5.1 | 酒红 | 绿 | pH5.1灰色 |
| 1份0.1%溴甲酚绿钠盐水溶液<br>1份0.1%氯酚红钠盐水溶液 | 6.1 | 黄绿 | 蓝紫 | pH5.4蓝绿色，pH5.8蓝色，pH6.0蓝带紫，pH6.2蓝紫 |
| 1份0.1%中性红乙醇溶液<br>1份0.1%亚甲基蓝乙醇溶液 | 7.0 | 蓝紫 | 绿 | pH7.0紫蓝 |
| 1份0.1%甲酚红钠盐水溶液<br>3份0.1%百里酚蓝钠盐水溶液 | 8.3 | 黄 | 紫 | pH8.2玫瑰红，8.4清晰的紫色 |
| 1份0.1%百里酚蓝乙醇(50%)溶液<br>3份0.1%酚酞乙醇(50%)溶液 | 9.0 | 黄 | 紫 | 从黄到绿再到紫 |
| 1份0.1%酚酞乙醇溶液<br>1份0.1%百里酚酞乙醇溶液 | 9.9 | 无 | 紫 | pH9.6玫瑰红，pH10紫色 |
| 2份0.1%百里酚酞乙醇溶液<br>1份0.1%茜素黄R乙醇溶液 | 10.2 | 黄 | 紫 | |

# 第五节 酸碱滴定原理及指示剂选择

酸碱滴定的终点，通常借助指示剂的颜色变化来确定。为了选择合适的指示剂指示滴定终点，必须了解滴定过程中溶液 pH 的变化情况，尤其是化学计量点附近溶液 pH 值的改变。一般通过滴定曲线来反映滴定过程中溶液 pH 值的变化情况。所谓滴定曲线，是指滴定过程中溶液的 pH 随滴定剂加入量（或滴定的百分数）变化的关系曲线。它能很好地反映滴定过程中溶液 pH 的变化规律。

## 一、强碱与强酸的滴定

由于强酸或强碱是强电解质，在水溶液中全部离解，酸以 $H^+$ 形式存在，碱以 $OH^-$ 形式存在，因此，滴定时的基本反应为：

$$H^+ + OH^- \longrightarrow H_2O$$

现以 $0.1000mol \cdot L^{-1}$ NaOH 溶液滴定 20.00mL $0.1000mol \cdot L^{-1}$ 的 HCl 溶液为例，计算滴定过程中溶液 pH 的变化情况，讨论强酸强碱相互滴定时的滴定曲线和指示剂的选择。

整个滴定过程可分为 4 个阶段。

**1. 滴定前**

由于 HCl 全部离解，溶液的酸度就等于 HCl 的原始浓度。即：

$$[H^+]=0.1000mol \cdot L^{-1} \quad pH=1.00$$

**2. 滴定开始至化学计量点前**

溶液的酸度取决于剩余 HCl 的量，可由下式计算：

$$[H^+]=\frac{c(HCl)V(HCl)-c(NaOH)V(NaOH)}{V(HCl)+V(NaOH)}$$

例如，当加入 18.00mL NaOH 标准溶液时，溶液的酸度为：

$$[H^+]=\frac{0.1000\times(20.00-18.00)}{20.00+18.00}=5.26\times10^{-3}\ (mol\cdot L^{-1})$$

$$pH=2.28$$

当加入 NaOH 标准溶液 19.98mL 时，即滴定的相对误差为−0.1%，溶液的酸度为：

$$[H^+]=\frac{0.1000\times(20.00-19.98)}{20.00+19.98}=5.00\times10^{-5}\ (mol\cdot L^{-1})$$

$$pH=4.30$$

**3. 化学计量点时**

加入 20.00mL NaOH 标准溶液时，HCl 全部被中和。此时，溶液中的 $H^+$ 来自于水的离解：

$$[H^+]=\sqrt{K_w}=\sqrt{1.0\times10^{-14}}=1.0\times10^{-7}\ (mol\cdot L^{-1})$$

$$pH=7.00$$

**4. 化学计量点以后**

溶液的酸度取决于过量 NaOH 的浓度，即：

$$[OH^-]=\frac{c(NaOH)V(NaOH)-c(HCl)V(HCl)}{V(HCl)+V(NaOH)}$$

例如，当加入 NaOH 标准溶液 20.02mL 时，即滴定的相对误差为+0.1%，溶液的酸度为：

$$[OH^-]=\frac{0.1000\times(20.02-20.00)}{20.02+20.00}=5.00\times10^{-5}\ (mol\cdot L^{-1})$$

$$pOH=4.30$$

$$pH=pK_w-pOH=14.00-4.30=9.70$$

用类似的方法可逐一计算出滴定过程中各阶段溶液的 pH，结果列于表 4-3。如果以 NaOH 的加入量（或滴定百分数）为横坐标，对应的溶液 pH 为纵坐标作图，就得到如图 4-3 所示的滴定曲线。

**表 4-3　强碱（NaOH）滴定同浓度的强酸（HCl）时溶液 pH 的变化**

| 加入 NaOH 的体积/mL | HCl 被滴定的百分数/% | 剩余 HCl 的体积/mL | 过量 NaOH 的体积/mL | 不同 c(HCl)下的溶液的 pH | | |
|---|---|---|---|---|---|---|
| | | | | 0.1000mol·L⁻¹ | 0.01000mol·L⁻¹ | 1.000mol·L⁻¹ |
| 0.00 | 0.00 | 20.00 | | 1.00 | 2.00 | 0.00 |
| 18.00 | 90.00 | 2.00 | | 2.28 | 3.28 | 1.28 |
| 19.50 | 97.50 | 0.50 | | 2.90 | 3.90 | 1.90 |
| 19.80 | 99.00 | 0.20 | | 3.30 | 4.30 | 2.30 |
| 19.96 | 99.80 | 0.04 | | 4.00 | 5.00 | 3.00 |
| 19.98 | 99.90 | 0.02 | | 4.30 突跃范围 | 5.30 突跃范围 | 3.30 突跃范围 |
| 20.00 | 100.0 | 0.00 | | 7.00 | 7.00 | 7.00 |
| 20.02 | 100.1 | | 0.02 | 9.70 | 8.70 | 10.70 |
| 20.04 | 100.2 | | 0.04 | 10.00 | 9.00 | 11.00 |
| 20.20 | 101.0 | | 0.20 | 10.70 | 9.70 | 11.70 |
| 22.00 | 110.0 | | 2.00 | 11.70 | 10.70 | 12.70 |
| 40.00 | 200.0 | | 20.0 | 12.52 | 11.52 | 13.52 |

由表 4-3 和图 4-3 可以看出，在用 $0.1000mol\cdot L^{-1}$ NaOH 滴定同浓度 HCl 溶液时，从滴定开始到加入 19.98mL NaOH 溶液（HCl 被中和了 99.9%），溶液的 pH 仅改变了 3.30 个单位（1.00～4.30），这段曲线的坡度很小，比较平坦。但在化学计量点前后，由剩余 0.02mL HCl 到过量 0.02mL NaOH，虽然只加了 0.04mL（约 1 滴）NaOH 溶液，但溶液的 pH 就由 4.30 骤然增加到 9.70，改变了 5.40 个单位。从图 4-3 可以看到，曲线呈现近似

垂直的一段。此后，继续加入 NaOH 溶液，则进入强碱的缓冲区，溶液的 pH 增加越来越小，曲线的变化趋于平坦。

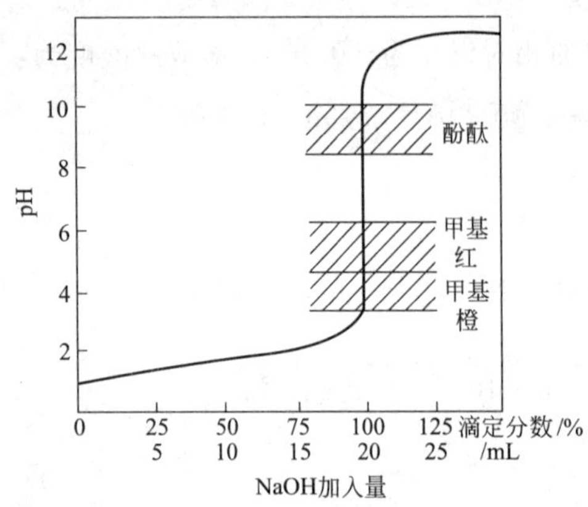


图 4-3 0.1000mol·L$^{-1}$NaOH 滴定 20.00mL 同浓度 HCl 的滴定曲线

酸碱滴定中，化学计量点前后±0.1%相对误差范围内溶液 pH 的突然变化称为滴定突跃（break），发生突跃的 pH 范围称为滴定突跃范围。上面讨论的 0.1000mol·L$^{-1}$NaOH 滴定同浓度的 HCl 的突跃范围为 pH 4.30～9.70。

滴定突跃具有重要的实际意义，它是选择指示剂的依据。理想的指示剂应该恰好在化学计量点时变色，但这样的指示剂很难找到，其实也没有必要。实际上，只要在突跃范围内（或基本上在突跃范围以内）变色的指示剂都可以用来指示滴定终点，并且滴定误差都不超过±0.1%，符合滴定分析对准确度的要求。

根据上面 NaOH 溶液滴定 HCl 溶液的突跃范围（pH4.30～9.70），依指示剂的变色范围和变色点，可选用的指示剂有甲基红（4.2～6.2）、溴百里酚蓝（6.0～7.6）、中性红（6.8～8.0）及酚酞（8.0～9.6）等，其中以甲基红和酚酞较为常用。选择酚酞，溶液终点的颜色由无色变为红色，变色明显，易于观察。若选用甲基红，化学计量点前溶液为酸性，甲基红显红色，滴定终点时溶液颜色将由红色变为橙色或黄色，色调由深至浅，由于人眼对由深色至浅色的变化观察不敏感，因此在实际工作中不宜选用。而甲基橙的变色范围（3.1～4.4）几乎落在突跃范围（4.30～9.70）之外，滴定终点时溶液颜色若由红色变为橙色，溶液的 pH 约为 4，这时未中和的 HCl 为 0.04mL，占总量的 0.2%，滴定误差为－0.2%。若滴定到甲基橙显黄色时溶液的 pH 约为 4.4，这时未中和的 HCl 不到其总量的 0.1%，准确度虽然符合滴定分析的要求，但因其颜色变化是由深至浅，不易辨别，故也不宜选用。

综上所述，指示剂选择的原则是：变色范围全部或部分落在滴定突跃范围内，只要在突跃范围内变色即可。实际使用时，还应遵从由无色到有色，由浅色到深色的原则。

强酸滴定强碱时，情况相似。如 0.1000mol·L$^{-1}$ HCl 标准溶液滴定同浓度的 NaOH 溶液，滴定曲线的形状与图 4-3 相似，但 pH 的变化方向相反。滴定的突跃范围为 9.70～4.30，可以用甲基红做指示剂，终点时溶液由黄色变为红色。酚酞的变色范围虽然也适合，但由于是从有色变为无色，故不宜选用。而若用甲基橙做指示剂，即便是由黄色滴定到溶液刚刚呈现橙色，溶液的 pH 约为 4，HCl 已经过量了，此时约有＋0.2%的误差，故不宜选用。

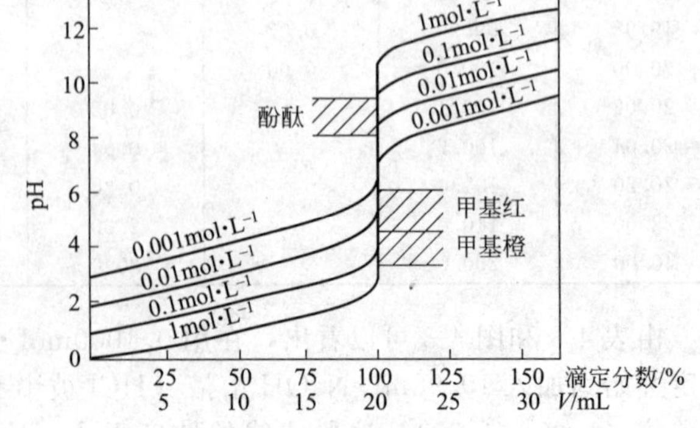


图 4-4 不同浓度 NaOH 滴定相应不同浓度 HCl 时的滴定曲线

必须指出，滴定突跃范围的大小与酸碱溶液的浓度有关。若以 1.000mol·L$^{-1}$NaOH 溶液滴定同浓度的 HCl 溶液时，突跃范围为 3.30～10.70。若以 0.01000mol·L$^{-1}$ NaOH 溶液滴定同浓度的 HCl 溶液，突跃范围为 5.30～

8.70（如图 4-4 所示）。酸碱的浓度越大，突跃范围就越大；浓度越小，突跃范围也越小。从表 4-3 和图 4-4 可知，当酸（碱）的浓度增大 10 倍时，突跃范围就增加 2 个 pH 单位；反之，若浓度减小 10 倍时，则突跃范围就相应缩小 2 个 pH 单位。滴定分析中，酸碱溶液的浓度不宜过大或过小。当浓度太小时，由于 pH 突跃不明显，不易找到合适的指示剂。当溶液浓度过大时，虽然突跃范围增大，可供选择的指示剂多，但试样取样量太多，试剂消耗量也随之增加。因此，通常酸碱滴定所采用的标准溶液浓度约为 $0.01 \sim 1.0 \mathrm{mol \cdot L^{-1}}$。

## 二、强碱（酸）滴定一元弱酸（碱）

### 1. 强碱滴定一元弱酸

强碱滴定一元弱酸的滴定反应为：

$$OH^- + HA \longrightarrow H_2O + A^-$$

现以 $0.1000 \mathrm{mol \cdot L^{-1}}$ 的 NaOH 标准溶液滴定 20.00mL 同浓度的 HAc 溶液为例，讨论强碱滴定一元弱酸的滴定曲线及指示剂的选择。同样分 4 个阶段进行讨论。

（1）滴定前　溶液是 $0.1000 \mathrm{mol \cdot L^{-1}}$ HAc，其 $K_a = 1.8 \times 10^{-5}$

由于 $\frac{c}{K_a} > 500$，$K_a c > 20K_w$，所以溶液的 pH 可用最简式计算：

$$[H^+] = \sqrt{K_a c} = \sqrt{1.8 \times 10^{-5} \times 0.1000} = 1.34 \times 10^{-3}\ (\mathrm{mol \cdot L^{-1}})$$

$$pH = 2.87$$

（2）滴定开始至化学计量点前　滴加的 NaOH 与 HAc 作用生成 NaAc，同时，溶液中还有剩余的 HAc，所以，这个阶段溶液为 HAc 和 NaAc 的混合溶液，两者形成酸碱共轭体系，即 HAc-$Ac^-$ 缓冲体系，故溶液的 pH 可按缓冲溶液 $H^+$ 浓度的最简式进行计算：

$$[H^+] = K_a \frac{c(HAc)}{c(Ac^-)}, \quad pH = pK_a + \lg \frac{c(Ac^-)}{c(HAc)}$$

通过 NaOH 的加入量 $V(NaOH)$，就可以确定 $c(HAc)$ 和 $c(Ac^-)$，进而计算 pH。

如果滴定百分率（滴定百分数）为 $p$，方便起见，可将 $c(HAc)$、$c(Ac^-)$ 用 $p$ 来表示，即：

$$c(Ac^-) = \frac{pVc}{V_{总}}, \quad c(HAc) = \frac{(1-p)Vc}{V_{总}}$$

式中，$c$、$V$ 为弱酸的原始浓度和体积；$V_{总}$ 为加入 NaOH 后溶液的总体积。

故
$$\frac{c(Ac^-)}{c(HAc)} = \frac{p}{1-p}$$

$$pH = pK_a + \lg \frac{c(Ac^-)}{c(HAc)} = pK_a + \lg \frac{p}{1-p}$$

用上式就可方便地计算化学计量点前溶液的 pH。

例如，加入 18.00mL NaOH 溶液时（即 $p = 90\%$）：

$$pH = 4.74 + \lg \frac{90\%}{10\%} = 5.69$$

当加入 19.98mL NaOH 溶液时（即 $p = 99.9\%$）：

$$pH = 4.74 + \lg \frac{99.9\%}{0.1\%} = 7.74$$

（3）化学计量点时　HAc 全部被中和生成 NaAc 溶液。$Ac^-$ 为一元弱碱，则：

$$K_b = \frac{K_w}{K_a} = \frac{1.0 \times 10^{-14}}{1.8 \times 10^{-5}} = 5.6 \times 10^{-10}$$

其浓度为：

$$c(Ac^-) = 0.1000 \times \frac{20.00}{40.00} = 0.05000\ (\mathrm{mol \cdot L^{-1}});$$

由于$\frac{c}{K_b}\geqslant 500$；$K_bc\geqslant 20K_w$，故计量点时溶液 pH 按最简式计算：

$$[OH^-]=\sqrt{K_bc}=\sqrt{5.6\times10^{-10}\times0.05000}=5.3\times10^{-6}\ (mol\cdot L^{-1})$$

$$pOH=5.28$$

$$pH=pK_w-pOH=14.00-5.28=8.72$$

（4）化学计量点后　此时，溶液中除了中和产物 NaAc 外，还有过量的 NaOH，由于 NaAc 的碱性比较弱，且过量 NaOH 的存在还会抑制 $Ac^-$ 的离解，因此溶液的 pH 由过量的 NaOH 决定。此阶段，溶液 pH 计算方法与强碱滴定强酸时相同。例如，当加入 20.02mL NaOH 溶液时，溶液的 pH 为：

$$[OH^-]=\frac{0.1000\times(20.02-20.00)}{20.02+20.00}=5.00\times10^{-5}\ (mol\cdot L^{-1})$$

$$pOH=4.30$$

$$pH=pK_w-pOH=14.00-4.30=9.70$$

如此逐一计算，可以得到不同 NaOH 加入量时相对应的溶液 pH 值，结果列于表 4-4，并可绘制出如图 4-5 所示的滴定曲线。

**表 4-4　0.1000mol·L⁻¹ NaOH 滴定 20.00mL 同浓度 HAc 时 pH 的变化**

| 加入 NaOH 的体积/mL | HAc 被滴定的百分数/% | 剩余 HAc 的体积/mL | 过量 NaOH 的体积/mL | 溶液组成 | pH |
|---|---|---|---|---|---|
| 0.00 | 0.00 | 20.00 | | HAc | 2.87 |
| 10.00 | 50.00 | 10.00 | | HAc+NaAc | 4.75 |
| 18.00 | 90.00 | 2.00 | | HAc+NaAc | 5.69 |
| 19.80 | 99.00 | 0.20 | | HAc+NaAc | 6.74 |
| 19.98 | 99.00 | 0.02 | | | 7.74 突跃范围 |
| 20.00 | 100.0 | 0.00 | | NaAc | 8.72 突跃范围 |
| 20.02 | 100.1 | | 0.02 | | 9.70 突跃范围 |
| 20.20 | 101.0 | | 0.20 | NaAc+NaOH | 10.70 |
| 22.00 | 110.0 | | 2.00 | NaAc+NaOH | 11.70 |
| 40.00 | 200.0 | | 20.00 | NaAc+NaOH | 12.52 |

在图 4-5 中同时以虚线绘出了 0.1000mol·L⁻¹ NaOH 溶液滴定同浓度强酸的滴定曲线。两相比较，可以看出强碱滴定一元弱酸的特点：

① 化学计量点时，pH 大于 7。由于化学计量点时体系为一元弱碱（NaAc）溶液，其离解（水解）后产生相当数量的 $OH^-$，因而化学计量点偏碱性。

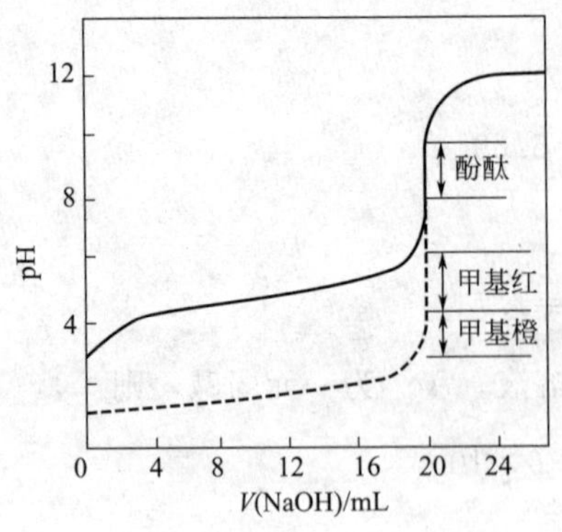


图 4-5　0.1000mol·L⁻¹ NaOH 滴定 20.00mL 0.1000mol·L⁻¹ HAc 的滴定曲线

② 滴定曲线与强碱滴定强酸的滴定曲线形状不完全相同。滴定前，由于弱酸溶液的 pH 大于同浓度的强酸，故滴定曲线的起点 pH 较高；滴定开始后，由于生成 $Ac^-$ 的同离子效应，抑制了 HAc 的离解，溶液中的 $H^+$ 浓度降低较快，pH 很快增大，滴定曲线比滴定强酸的较陡；随着滴定的进行，HAc 的浓度不断降低，而 NaAc 的浓度逐渐增大，在溶液中构成缓冲体系，从而使得溶液的 pH 增加缓慢，因此，曲线变得较为平缓；接近化学计量点时，由于溶液中的 HAc 已很少，溶液的缓冲能力减弱，所以继续滴入 NaOH，溶液 pH 的变化速度又逐渐加快；到化学计量点时，

由于 HAc 的浓度急剧减小，溶液失去缓冲能力，曲线变得陡直，出现 pH 突跃；化学计量点后，溶液为 NaAc 和 NaOH 的混合溶液，由于溶液的 pH 取决于过量的 NaOH，滴定曲线与 NaOH 滴定 HCl 的曲线基本重合。

③ 滴定的突跃范围变小。强碱滴定一元弱酸，由于滴定反应的完全程度较小，故滴定的突跃范围比滴定同浓度强酸的要小。从表 4-4 可以看出，$0.1000mol \cdot L^{-1}$ NaOH 滴定 20.00mL 同浓度的 HAc 的 pH 突跃范围为 7.74～9.70，不到 2 个 pH 单位，而滴定同浓度强酸的突跃则为 5.4 个 pH 单位。因此，可用弱碱性范围内变色的指示剂如酚酞、百里酚酞等指示终点，而甲基橙、甲基红等在酸性范围内变色的指示剂，都不能用作 NaOH 滴定 HAc 的指示剂，否则将引起很大的终点误差。

强碱滴定一元弱酸，反应的完全程度不仅与浓度有关，而且与被滴弱酸的酸性强弱有关，因此，滴定突跃范围的大小明显与被滴弱酸的强弱有关。根据突跃范围的定义，当终点误差为－0.1%时，突跃起点的溶液 pH 为：

$$pH = pK_a + \lg\frac{p}{1-p} = pK_a + \lg\frac{99.9\%}{0.1\%} = pK_a + 3$$

可见，突跃开始时的 pH 取决于 $K_a$ 的大小。图 4-6 为浓度均为 $0.1000mol \cdot L^{-1}$的不同强度的一元弱酸被同浓度的 NaOH 滴定时的滴定曲线，可以看出，被滴定的酸越弱，即 $K_a$ 越小，突跃起点的 pH 就越大，突跃范围也就越小。当酸的浓度为 $0.1mol \cdot L^{-1}$、$K_a \leqslant 10^{-9}$ 时，已无明显的突跃。

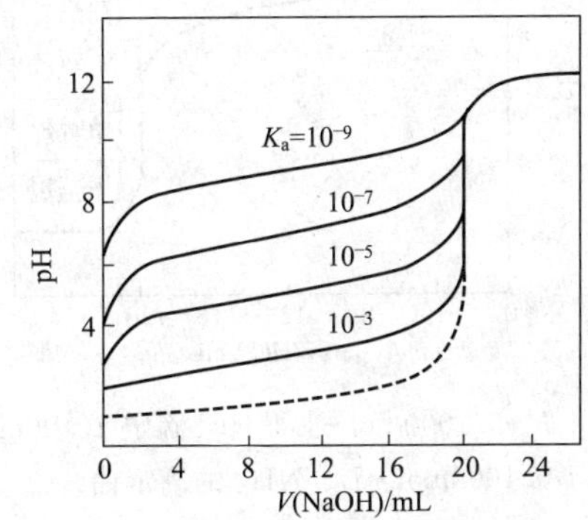


图 4-6　$0.1000mol \cdot L^{-1}$ NaOH 滴定同浓度的各种强度酸的滴定曲线

综上所述，与强碱滴定强酸不同的是，强碱滴定弱酸的突跃范围除了与溶液的浓度有关外，还与弱酸的强度有关。当 $K_a$ 一定时，浓度越大，突跃范围越大；浓度一定时，$K_a$ 越大，突跃范围越大。当弱酸的 $K_a$ 很小，或酸的浓度 $c$ 很小，即 $c$ 和 $K_a$ 的乘积小到一定程度时，突跃过小，就不能用指示剂法进行准确滴定了。

实践证明，滴定的 pH 突跃必须在 0.2 单位以上，人眼才能借助指示剂准确判断终点（此时滴定误差≤0.1%）。只有当弱酸的 $cK_a \geqslant 10^{-8}$时，滴定的 pH 突跃（ΔpH）才会在 0.2 单位以上。因此，通常把 $cK_a \geqslant 10^{-8}$ 作为判断弱酸能够被强碱准确滴定的依据。

对于 $cK_a < 10^{-8}$的弱酸，虽然不能用指示剂准确指示滴定终点，但并不是说绝对不能被滴定，这时可选用别的滴定方式来进行测定，如返滴定、置换滴定等，或仪器检测终点以及非水滴定等。

**2. 强酸滴定一元弱碱**

强酸滴定一元弱碱的基本反应可表示为：

$$H^+ + A^- \rightleftharpoons HA$$

例如以 $0.1000mol \cdot L^{-1}$ HCl 溶液滴定 20.00mL 同浓度的 $NH_3 \cdot H_2O$ 溶液，其滴定反应为：

$$H^+ + NH_3 \rightleftharpoons NH_4^+$$

滴定过程中溶液 pH 的计算和强碱滴定弱酸类似，表 4-5 列出了 pH 计算方法和结果。

表 4-5 0.1000mol·L$^{-1}$HCl 滴定 20.00mL 同浓度 $NH_3\cdot H_2O$ 时 pH 的变化

| 加入 HCl 溶液体积/mL | $NH_3$ 被滴定的百分数/% | 溶液组成 | 计算式 | pH |
|---|---|---|---|---|
| 0.00 | 0.00 | $NH_3$ | $[OH^-]=\sqrt{K_bc}$ | 11.13 |
| 10.00 | 50.00 | | | 9.25 |
| 18.00 | 90.00 | $NH_3$-$NH_4^+$ | $[OH^-]=K_b\frac{c(NH_3)}{c(NH_4^+)}$ | 8.30 |
| 19.80 | 99.00 | | | 7.27 |
| 19.98 | 99.90 | | | 6.25（突跃范围） |
| 20.00 | 100.0 | $NH_4^+$ | $[H^+]=\sqrt{K_ac}$ | 5.28（突跃范围） |
| 20.02 | 100.1 | | | 4.30（突跃范围） |
| 20.20 | 101.0 | $NH_4^++H^+$ | $[H^+]=c(HCl)$ | 3.30 |
| 22.00 | 110.0 | | | 2.30 |
| 40.00 | 200.0 | | | 1.30 |

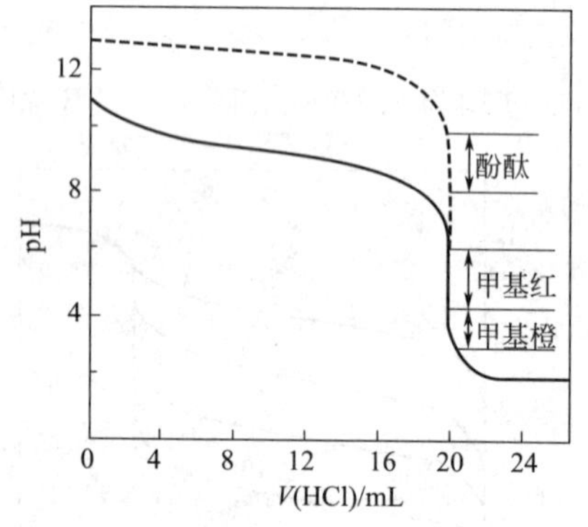


图 4-7 0.1000mol·L$^{-1}$HCl 滴定 20.00mL 0.1000mol·L$^{-1}NH_3$ 的滴定曲线

依据表 4-5 的计算结果可绘制出该滴定的滴定曲线（图 4-7）。与 NaOH 滴定 HAc 的滴定曲线相比较，可以看出，两者十分相似，但 pH 的变化方向相反。由于反应产物是 $NH_4^+$，为一元弱酸，所以化学计量点时溶液呈酸性，滴定的突跃发生在酸性范围内（pH=6.25～4.30），应选择在酸性范围内变色的指示剂，如甲基红等可作为该滴定的指示剂，而如果用甲基橙作指示剂，即便是由黄色滴定到橙色，HCl 也已过量，故不宜选用。

同弱酸的滴定一样，弱碱的碱性的强度（$K_b$）和浓度（$c$）也会影响其滴定突跃的大小。碱性太弱或浓度太低的弱碱将不能用指示剂法准确确定其滴定终点，判断一元弱碱能否用指示剂法直接准确滴定的判断依据是：

$$cK_b \geqslant 10^{-8}$$

从以上讨论可知，用强碱滴定弱酸时，在酸性范围内没有突跃；用强酸滴定弱碱时，在碱性范围内没有突跃。因此，弱酸与弱碱相互滴定时，突跃消失，不能用指示剂来确定终点。因此，酸碱滴定法中，一般都用强酸或强碱作为标准溶液。

## 三、多元酸（碱）的滴定

常见的多元酸（碱）多为弱酸（碱），可以离解出一个以上的 $H^+$（$OH^-$），它们在水溶液中是分步离解的。在多元酸（碱）滴定过程中，溶液 pH 的变化情况较一元弱酸（碱）的滴定复杂得多。在滴定过程中，需要解决的问题有：每一级离解的 $H^+$（$OH^-$）能否被准确滴定？若能，能否分步进行滴定？能形成几个滴定突跃？如何选择指示剂来确定滴定终点？

### 1. 多元酸的滴定

下面以 0.1000mol·L$^{-1}$NaOH 标准溶液滴定同浓度 $H_3PO_4$ 溶液为例，讨论多元酸的滴定过程。$H_3PO_4$ 各级离解分别为：

$$H_3PO_4 \rightleftharpoons H^+ + H_2PO_4^- \qquad K_{a_1}=7.6\times10^{-3}$$

$$H_2PO_4^- \rightleftharpoons H^+ + HPO_4^{2-} \qquad K_{a_2}=6.3\times10^{-8}$$

$$HPO_4^{2-} \rightleftharpoons H^+ + PO_4^{3-} \qquad K_{a_3}=4.4\times10^{-13}$$

由于 $cK_{a_1}>10^{-8}$，$cK_{a_2}\approx10^{-8}$，$cK_{a_3}<10^{-8}$，所以，在滴定过程中，首先 $H_3PO_4$ 被中

和，生成 $H_2PO_4^-$，出现第一个化学计量点；然后，$H_2PO_4^-$ 继续被中和，生成 $HPO_4^{2-}$，出现第二个化学计量点；由于 $K_{a_3}$ 过小，$HPO_4^{2-}$ 不能被直接滴定。滴定曲线见图 4-8。

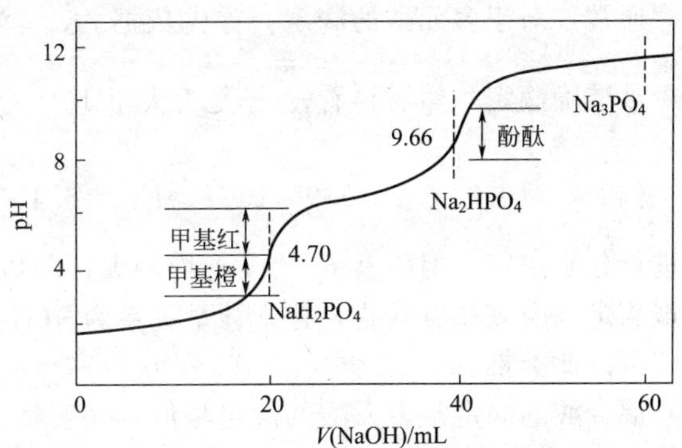

图 4-8　0.1000mol·L$^{-1}$NaOH 滴定同浓度 $H_3PO_4$ 的滴定曲线

用计算法绘制多元酸的滴定曲线涉及比较复杂的数学处理，因此在实际工作中，通常只计算化学计量点时溶液的 pH，据此选择在化学计量点附近变色的指示剂来指示终点，而不计算整个滴定曲线。下面只讨论滴定过程中各化学计量点的 pH 及指示剂的选择。

第一计量点的产物是 $NaH_2PO_4$，它是两性物质，浓度为 0.0500mol·L$^{-1}$。由于 $K_{a_2}c > 20K_w$，且 $c < 20K_{a_1}$，故溶液的 pH 可按式(4-26) 进行计算：

$$[H^+]=\sqrt{\frac{K_{a_1}K_{a_2}c}{K_{a_1}+c}}=\sqrt{\frac{7.6\times10^{-3}\times6.3\times10^{-8}\times0.0500}{7.6\times10^{-3}+5.00\times10^{-2}}}=2.0\times10^{-5}\ (\text{mol}\cdot\text{L}^{-1})$$

$$pH=4.70$$

可选用甲基红作指示剂，但由于计量点附近突跃较小，故采用溴甲酚绿指示剂，终点变色较明显。

第二计量点时，$NaH_2PO_4$ 进一步被滴定成 $Na_2HPO_4$，产物浓度为 0.033mol·L$^{-1}$。由于 $K_{a_3}c < 20K_w$，且 $c > 20K_{a_2}$，故溶液的 pH 可按式(4-28) 进行计算：

$$[H^+]=\sqrt{\frac{K_{a_2}(K_{a_3}c+K_w)}{c}}=\sqrt{\frac{6.3\times10^{-8}(4.4\times10^{-13}\times0.033+1.0\times10^{-14})}{0.033}}$$

$$=2.2\times10^{-10}(\text{mol}\cdot\text{L}^{-1})$$

$$pH=9.66$$

可用酚酞作指示剂，同样因为突跃不明显，故可改用酚酞和百里酚酞混合指示剂使终点变色明显。

第三计量点，由于 $K_{a_3}$ 太小，说明 $Na_2HPO_4$ 的酸性太弱，故不能用 NaOH 进行直接滴定。但是如果加入 $CaCl_2$ 沉淀 $PO_4^{3-}$，则可以释放出 $H^+$，即可将弱酸变为强酸，这样第三步离解也就可以用 NaOH 间接滴定了。

$$2HPO_4^{2-}+3Ca^{2+}=\!=\!=Ca_3(PO_4)_2+2H^+$$

为使 $Ca_3(PO_4)_2$ 沉淀完全，应选用酚酞作指示剂。

由上述化学计量点的计算可知，用强碱滴定多元酸时，化学计量点的 pH 与 $\frac{K_{a_1}}{K_{a_2}}$ 有关。所以，突跃范围也与相邻两级离解常数的比值有关。如果 $\frac{K_{a_1}}{K_{a_2}}$ 过小，则第一步离解的 $H^+$ 还未被中和完全，第二步离解的 $H^+$ 就开始参加反应，将使化学计量点附近溶液的 pH 没有明显的突跃，也就无法确定化学计量点。要保证滴定的相对误差不大于 1%（对于多元酸的滴定来说，这样的误差已基本可以满足要求），则相邻两级离解常数的比值须不小于 $10^4$，即：

$$\frac{K_{a_i}}{K_{a_{i+1}}}\geqslant10^4$$

这是多元酸能够进行分步滴定的判断依据。

通常，对于多元酸的滴定，首先依据 $cK_{a_i} \geqslant 10^{-8}$ 的判别条件，判断每一步离解的 $H^+$ 能否被准确滴定；然后再看 $\frac{K_{a_i}}{K_{a_{i+1}}}$ 是否大于 $10^4$，判断能否进行分步滴定。

例如，草酸的 $K_{a_1}=5.9\times10^{-2}$、$K_{a_2}=6.4\times10^{-5}$，由于 $\frac{K_{a_1}}{K_{a_2}}<10^4$，因此草酸就不能准确进行分步滴定。但因其 $K_{a_1}$、$K_{a_2}$ 均较大，所以只要草酸浓度不是很稀，就可按二元酸一次被滴定。应该注意的是，化学计量关系为 $n(H_2C_2O_4):n(NaOH)=1:2$。其他多元酸的滴定可以此类推。

混合酸的滴定与多元酸的滴定相似，一般将 $K_a$ 大的酸看作为多元酸的第一步离解，将 $K_a$ 小的酸看作为多元酸的第二步离解，以此类推。然后用处理多元酸的方法判断能不能分别滴定，能形成几个突跃，计算化学计量点 pH，最后选择合适的指示剂。但要注意，在判断能否分别滴定时，除了考虑两种酸的强度（$K_a$）之外，还要考虑其浓度 $c$。

对于弱酸（HA）和弱酸（HA′）的混合酸，如果 $cK_a>10^{-8}$、$c'K'_a>10^{-8}$，化学计量点的 pH 可进行如下计算。

在第一化学计量点时，如果两种酸的浓度较大且相等（$c=c'$），则溶液的 pH 可采用式(4-31）近似计算：

$$[H^+]=\sqrt{K_aK'_a}$$

$$pH=\frac{1}{2}(pK_a+pK'_a)$$

第二化学计量点时，两种酸都已反应完全，体系为两种共轭碱混合溶液，可依混合碱溶液来计算 pH。

同样，只有当 $\frac{K_a}{K'_a}\geqslant10^4$ 时，才能分别滴定第一种酸或第二种酸。如果两种酸的浓度不等，则要求 $\frac{cK_a}{c'K'_a}\geqslant10^4$，才能准确滴定第一种酸或而不受第二种酸的干扰。当 $\frac{cK_a}{c'K'_a}<10^4$ 时，则只能滴定混合酸的总量，而不能分别滴定。

如果是强酸与弱酸的混合酸，其中弱酸的酸性越弱，单独测定强酸的准确度越高。若弱酸的 $cK_a<10^{-8}$，就可以单独测定强酸，而不受弱酸的干扰。若弱酸的 $cK_a>10^{-8}$，可以分别滴定强酸或弱酸，以及总酸含量。但当 $cK_a>10^{-4}$，则无法分别测定混合酸中的强酸和弱酸的含量，只能测定混合酸的总量。

**2. 多元碱的滴定**

强酸滴定多元碱的处理方法与多元酸的滴定相似，只需将有关判断依据中的 $K_a$ 换成 $K_b$ 即可。

例如，用 $0.1000mol\cdot L^{-1}$ HCl 滴定同浓度的 20.00mL $Na_2CO_3$ 溶液，$Na_2CO_3$ 各级离解常数分别为 $K_{b_1}=1.8\times10^{-4}$、$K_{b_2}=2.4\times10^{-8}$。由于 $cK_{b_1}>10^{-8}$，$cK_{b_2}\approx10^{-8}$，$\frac{K_{b_1}}{K_{b_2}}=0.75\times10^4\approx10^4$，所以只能勉强进行分步滴定。若实际工作中允许有较大的误差，需要进行分步滴定，则可以从理论角度计算其化学计量点 pH，并选择指示剂。滴定时，首先与 $CO_3^{2-}$ 反应生成 $HCO_3^-$，到达第一化学计量点，由于 $HCO_3^-$ 的缓冲作用，使得滴定突跃不明显，因而滴定准确度不高；然后，$HCO_3^-$ 继续反应，生成 $H_2CO_3$，到第二个化学计量点，由于 $K_{b_2}$ 较小，故滴定也不够理想。

第一计量点的产物为 $NaHCO_3$，根据两性物质 pH 计算公式的使用条件，此时溶液的 pH 可按最简式(4-27) 进行计算，即：

$$[H^+]=\sqrt{K_{a_1}K_{a_2}}$$

$$pH=\frac{1}{2}(pK_{a_1}+pK_{a_2})=\frac{1}{2}(6.38+10.25)=8.32$$

一般可选用酚酞作指示剂。但由于$\frac{K_{b_1}}{K_{b_2}}\approx 10^4$，突跃不明显，再加上终点时酚酞由红色变为无色，观察的敏锐度不高，故终点误差可达±2.5%左右。为了准确判断第一终点，可用混合指示剂，如用甲酚红-百里酚蓝混合指示剂，终点由紫色（pH=8.4）变为粉红色（pH=8.2），效果较好，相对误差约为0.5%。

第二计量点的滴定产物为$H_2CO_3$。由于$K_{b_2}$不够大，故突跃也不太明显。在室温下$H_2CO_3$饱和溶液的浓度约为$0.04mol\cdot L^{-1}$。由于$\frac{c}{K_{a_1}}\geqslant 500$；$K_{a_1}c\geqslant 20K_w$，故溶液的pH为：

$$[H^+]=\sqrt{K_{a_1}c}=\sqrt{4.2\times10^{-7}\times0.04}=1.3\times10^{-4}\ (mol\cdot L^{-1})$$

$$pH=3.9$$

可用甲基橙作指示剂。但由于此时容易形成$CO_2$的过饱和溶液，滴定过程中生成的$H_2CO_3$只能慢慢地转变为$CO_2$，这样就使溶液的酸度稍稍增大，终点过早出现。因此，在滴定快到化学计量点时，应剧烈地摇动溶液，以加快$H_2CO_3$的分解，最好加热除去过量$CO_2$，冷却后再继续滴定。

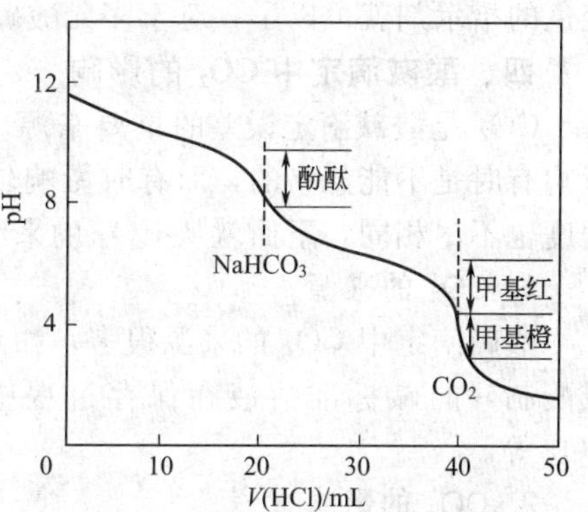

图 4-9　$0.1000mol\cdot L^{-1}$ HCl滴定同浓度的20.00mL $Na_2CO_3$的滴定曲线

HCl滴定$Na_2CO_3$的滴定曲线见图4-9。

混合碱的滴定与混合酸基本相似，不再赘述。

**【例 4-15】** 以$0.100mol\cdot L^{-1}$ NaOH溶液滴定$0.20mol\cdot L^{-1}$ $NH_4Cl$和$0.100mol\cdot L^{-1}$二氯乙酸的混合溶液，判断是否可以进行分别滴定？如可以，化学计量点时溶液的pH值为多少？

**解**　已知$CHCl_2COOH(HA)$的$K_a(HA)=5.0\times10^{-2}$，$K_a(NH_4^+)=5.6\times10^{-10}$。

因为$\frac{c(HA)K_a(HA)}{c(NH_4^+)K_a(NH_4^+)}=\frac{0.100\times5.0\times10^{-2}}{0.20\times5.6\times10^{-10}}>10^4$，故可以进行分步滴定。

由于$c(HA)K_a(HA)>10^{-8}$，$c(NH_4^+)K_a(NH_4^+)<10^{-8}$，$NH_4Cl$不可被直接滴定，只能直接滴定二氯乙酸，则化学计量点时，$c(CHCl_2COO^-)=0.05mol\cdot L^{-1}$，$c(NH_4^+)=0.10mol\cdot L^{-1}$，故

$$[H^+]=\sqrt{\frac{5.6\times10^{-10}\times0.10}{1+\frac{0.05}{5.0\times10^{-2}}}}=5.3\times10^{-6}\ (mol\cdot L^{-1})$$

$$pH=5.28$$

综合以上各种类型的滴定曲线可知，在化学计量点附近形成突跃是一切酸碱滴定的共同点。突跃范围的大小和化学计量点的位置，主要由以下因素决定：

① 酸碱的强弱程度决定突跃范围的起点。$K_a$或$K_b$越大，突跃范围的起点越低，突跃也越大。当浓度一定时，强酸强碱相互滴定时的突跃最大，而弱酸弱碱相互滴定则基本没有突跃。用强碱滴定弱酸或强酸滴定弱碱，只有当$cK_a\geqslant10^{-8}$或$cK_b\geqslant10^{-8}$时，弱酸或弱碱才能被准确滴定；而当$cK_a<10^{-8}$或$cK_b<10^{-8}$时，由于无明显突跃，一般不适于用指示剂法

来确定终点。

② 强酸强碱相互滴定时，化学计量点为中性；强碱滴定弱酸时，化学计量点偏碱性，且 $K_a$ 愈小愈向碱性偏移；强酸滴定弱碱时，化学计量点偏酸性，且 $K_b$ 愈小愈偏向酸性。

③ 被滴溶液的浓度决定突跃的起点（强酸强碱滴定），浓度越大，突跃范围的起点越低；滴定剂的浓度决定突跃的终点，浓度越大，突跃范围的终点越高。所以，浓度越大，突跃范围也就越大。

④ 强酸强碱相互滴定时，由于计量点 pH 等于 7，所以其位置不受溶液浓度的影响。其他类型的滴定，化学计量点的位置都随溶液浓度的变化而有所不同。

⑤ 此外，突跃范围还与溶液的温度有关。因为 $K_a$、$K_b$ 以及 $K_w$ 都是温度的函数，特别是 $K_w$ 随温度变化较为显著。

指示剂的选择原则是：指示剂的变色范围全部或部分落在突跃范围之内，只要在突跃范围内变色即可。一般还应遵从从无色到有色、从浅色到深色的原则。实际工作中，不一定要具体求算滴定的突跃范围，通常只要计算出化学计量点时的 pH，选择能在化学计量点附近变色的指示剂就可以了，对于多元酸碱的滴定更是如此。

## 四、酸碱滴定中 $CO_2$ 的影响

$CO_2$ 是酸碱滴定误差的重要来源。在酸碱滴定中，$CO_2$ 是一个不确定的影响因素，其影响有时是不能忽略的，而有时影响较小甚至不影响，对不同类型的酸碱滴定 $CO_2$ 的影响程度也不尽相同。下面就从 $CO_2$ 的来源、对滴定的影响及消除方法等几个方面来具体讨论。

### 1. $CO_2$ 的来源

酸碱滴定中 $CO_2$ 的来源很多，如水中溶解的 $CO_2$；配制标准碱溶液的试剂吸收了 $CO_2$，或配制好的碱标准溶液在保存过程中吸收了 $CO_2$；滴定过程中溶液不断吸收空气中的 $CO_2$ 等。

### 2. $CO_2$ 的影响

酸碱滴定中，$CO_2$ 的影响是多方面的，但最主要的影响是溶液中的 $CO_2$ 有可能被碱滴定，至于滴定多少，则视终点时溶液的 pH 而定，当然也与确定终点所选用的指示剂有关。

$CO_2$ 在水溶液中有如下平衡：

$$CO_2 + H_2O \rightleftharpoons H_2CO_3 \qquad K=\frac{[H_2CO_3]}{[CO_2]}=2.16\times10^{-3}$$

能与碱反应的是 $H_2CO_3$ 型体（而非 $CO_2$），在水溶液中仅占 0.3%，它与碱反应的速率也不是太快。$H_2CO_3$ 在溶液中的离解平衡为：

$$H_2CO_3 \xrightleftharpoons{pK_{a_1}=6.4} H^+ + HCO_3^- \xrightleftharpoons{pK_{a_2}=10.3} 2H^+ + CO_3^{2-}$$

在此平衡体系中，各种型体的份额由溶液的酸度决定。当 pH<6.4 时，溶液中 $H_2CO_3$ 为主要存在型体；pH6.4～10.3 时，主要为 $HCO_3^-$ 型体；pH>10.3 时，主要存在型体为 $CO_3^{2-}$。根据 $CO_2$ 在水溶液中的溶解及离解平衡可以具体分析其对滴定的影响。

通过 $H_2CO_3$ 的 $K_{a_1}$、$K_{a_2}$，可计算不同 pH 时 $H_2CO_3$ 溶液中各种型体的分布系数，见表 4-6。

**表 4-6 不同 pH 时 $H_2CO_3$ 溶液中各型体的分布系数**

| pH | $\delta(H_2CO_3)$ | $\delta(HCO_3^-)$ | $\delta(CO_3^{2-})$ |
|---|---|---|---|
| 4 | 0.996 | 0.004 | 0.000 |
| 5 | 0.960 | 0.040 | 0.000 |
| 6 | 0.704 | 0.296 | 0.000 |
| 7 | 0.192 | 0.808 | 0.000 |
| 8 | 0.023 | 0.971 | 0.006 |
| 9 | 0.002 | 0.945 | 0.053 |

由表4-6可见，溶液的pH越低，$H_2CO_3$型体的分布系数就越大。因而，滴定终点时溶液的pH越低，$CO_2$对滴定的影响就越小。一般来说，当滴定终点时溶液的pH小于5时，$CO_2$的影响就可以忽略。

如果配制标准碱液的NaOH试剂因吸收$CO_2$而含有$Na_2CO_3$，用邻苯二甲酸氢钾或草酸标定时，终点均为碱性，常以酚酞作为指示剂。此时，$CO_3^{2-}$仅被滴定为$HCO_3^-$。用此标准碱液直接测定样品时，若终点为碱性，同样以酚酞作指示剂，对测定结果影响不大；若终点为酸性，以甲基红或甲基橙为指示剂，则$CO_3^{2-}$全部被滴定为$H_2CO_3$，替代了一部分标准溶液，导致测定结果偏低（负误差）。

如果标准碱液因保存不当吸收了空气中的$CO_2$而含有$Na_2CO_3$，用其直接测定样品时，若终点为碱性，则所吸收的$CO_2$只能被部分滴定至$HCO_3^-$，消耗的标准碱液偏多，使测定结果偏大（正误差）；若终点为酸性，则所吸收的$CO_2$最终还是以$CO_2$的形式存在，对测定结果影响不大。

如果待测试液吸收了$CO_2$或用含有$Na_2CO_3$的标准碱液滴定至碱性终点，以酚酞为指示剂时，终点颜色不稳定。原因是$H_2CO_3$与碱反应的速度较慢，因此，当滴定至粉红色时，稍微放置，溶液中的$CO_2$又转变为$H_2CO_3$，导致红色褪去。这样就得不到稳定的终点，一直到溶液中的$CO_2$全部转化为止。因此，在实际工作中，若采用酚酞为指示剂，可将溶液煮沸以除去$CO_2$。

再比如用1.0mol·$L^{-1}$ HCl标准溶液滴定1.0mol·$L^{-1}$的NaOH溶液，该滴定的突跃范围为10.7～3.3，按照指示剂的选择原则，甲基橙、甲基红和酚酞都可作为指示剂。若用甲基橙或甲基红作指示剂，滴定终点为酸性，此时所吸收的$CO_2$主要存在型体仍是$H_2CO_3$（$CO_2+H_2O$），所以HCl标准溶液中吸收的$CO_2$基本未消耗NaOH，而且碱液中因吸收$CO_2$而生成的$Na_2CO_3$也被滴成了$H_2CO_3$，基本未改变HCl标准溶液的用量。可见甲基橙或甲基红作指示剂时，$CO_2$不影响滴定。而用酚酞作指示剂时，终点为碱性，HCl标准溶液会因为吸收了$CO_2$用量减少，同时，NaOH吸收$CO_2$而生成的$Na_2CO_3$此时也只能被滴定至$NaHCO_3$，进一步减少了HCl标准溶液的用量，因而实际测定的NaOH浓度变小，造成负误差。

通过以上分析可以得出结论：使用酸性范围内变色的指示剂（如甲基橙、甲基红等）时，基本上可以不考虑$CO_2$的影响；而使用碱性范围内变色的指示剂（如酚酞、百里酚酞等）时，应考虑和排除$CO_2$的影响。因此，当滴定终点呈酸性时，应尽可能选择在酸性范围内变色的指示剂；当终点在碱性范围或近中性时，则需采取措施排除和减小$CO_2$的影响，以减小误差。

**3. $CO_2$影响的消除**

根据$CO_2$的可能来源，其消除可采取如下措施：

① 配制NaOH溶液所用的蒸馏水，应先加热煮沸，以除去水中溶解的$CO_2$，冷却后再用。

② 尽量用不含$Na_2CO_3$的NaOH试剂配制标准碱液，或者先配制饱和的NaOH溶液（约50%），需要时再取上层清液稀释成所需浓度。由于$Na_2CO_3$在饱和NaOH溶液中的溶解度很小，可基本消除$CO_2$的影响。

③ 配制的标准碱液应保存在装有虹吸管及碱石灰的瓶中，防止吸收空气中的$CO_2$。如放置过久，浓度需重新标定。

④ 对于弱酸的滴定，因终点落在碱性范围，$CO_2$的影响较大。这时，可采用同一指示剂在同一条件下进行标定和测定。

# 第六节　酸碱滴定法的应用

强酸、强碱以及 $cK_a \geqslant 10^{-8}$ 的弱酸和 $cK_b \geqslant 10^{-8}$ 的弱碱，均可用标准碱或酸直接进行滴定。其他酸碱，也可利用返滴定、置换滴定及间接滴定方式进行测定。所以，酸碱滴定法被广泛应用于工业、农业、医药及生命科学等领域。

## 一、酸（碱）标准溶液的配制及标定

酸碱滴定分析中常用 HCl 或 NaOH（有时也用 KOH）溶液作为酸或碱标准溶液。酸（碱）标准溶液的浓度一般在 $0.01 \sim 1 mol \cdot L^{-1}$ 之间。实际工作中应根据需要配制适宜浓度的标准溶液。

### 1. 酸标准溶液的配制和标定

市售盐酸的浓度往往不确定，且 HCl 易挥发，故常用间接法配制 HCl 标准溶液，即先配成大致所需浓度的溶液，然后用基准物质进行标定。常用来标定 HCl 的基准物质有硼砂（$Na_2B_4O_7 \cdot 10H_2O$）、无水碳酸钠等。

无水碳酸钠易制得纯品，但是易吸收空气中的水分，因此使用前应将其置于 180～200℃的烘箱中干燥 2～3h，在干燥器中冷却后，保存在密闭干燥瓶中备用。称量时动作要快，以免吸收空气中的水分而引入误差。$Na_2CO_3$ 与 HCl 的标定反应为：

$$Na_2CO_3 + 2HCl = 2NaCl + H_2CO_3$$
$$H_2CO_3 \rightarrow CO_2\uparrow + H_2O$$

化学计量点时溶液的 pH 约为 4，可选用甲基橙作指示剂。由于 $H_2CO_3$ 的酸性比硼酸强，加之 $CO_2$ 的影响，终点变色不太明显。

硼砂较易提纯，不易吸湿，比较稳定，摩尔质量也较大，是常用的基准物质。相比于无水碳酸钠，称量误差较小。但其在空气中易风化而失去部分结晶水，所以常保存在相对湿度为 60％的恒湿器中（装有食盐和蔗糖饱和溶液的干燥器）。硼砂与 HCl 的标定反应为：

$$Na_2B_4O_7 \cdot 10H_2O + 2HCl = 2NaCl + 4H_3BO_3 + 5H_2O$$

化学计量点时，反应产物为 $H_3BO_3$（$K_a = 5.8 \times 10^{-10}$），是一元弱酸，溶液的 pH＝5.1，可用甲基红作指示剂。

### 2. 碱标准溶液的配制和标定

NaOH 易吸收空气中的 $H_2O$ 和 $CO_2$，且固体中常含有 $Na_2CO_3$ 而影响其纯度，不符合基准物质的条件，故 NaOH 标准溶液也用间接法配制。常用来标定 NaOH 的基准物质为邻苯二甲酸氢钾（$KHC_8H_4O_4$）或草酸（$H_2C_2O_4 \cdot 2H_2O$）。

草酸在空气中特别稳定，且易得到纯品。但由于 $K_{a_1}$ 和 $K_{a_2}$ 相差不大，所以只能一次滴定到 $Na_2C_2O_4$ 终点。草酸与 NaOH 的标定反应为：

$$H_2C_2O_4 + 2NaOH = Na_2C_2O_4 + 2H_2O$$

化学计量点时产物为 $Na_2C_2O_4$，呈碱性，pH 突跃范围为 7.7～10.0，可选用酚酞作指示剂。

邻苯二甲酸氢钾易制得纯品，不含结晶水、不吸潮、易保存、摩尔质量大，是标定碱较理想的基准物质。标定反应为：

$$KHC_8H_4O_4 + NaOH = KNaC_8H_4O_4 + H_2O$$

化学计量点时，反应产物为邻苯二甲酸钾钠，是二元弱碱，pH＝9.1，因此可选酚酞作指示剂。

## 二、酸碱滴定法应用实例

### 1. 混合碱的测定

（1）双指示剂法　混合碱一般是指 NaOH、$NaHCO_3$ 及 $Na_2CO_3$ 三种化合物其中两种的混合物。准确称取一定量试样，溶解后先以酚酞为指示剂，用 HCl 标准溶液滴定至红色消失，到达第一终点，记录 HCl 标液的用量 $V_1$。这时 NaOH 全部被中和，而 $Na_2CO_3$ 则中和到 $HCO_3^-$。然后再加入甲基橙指示剂，继续以 HCl 标准溶液滴定至溶液由黄色变成橙色，到达第二终点，记录 HCl 标液的用量 $V_2$。这时，中和产物为 $H_2CO_3$。整个滴定过程中消耗 HCl 的总体积为 $V_1+V_2$，可用图 4-10 表示。

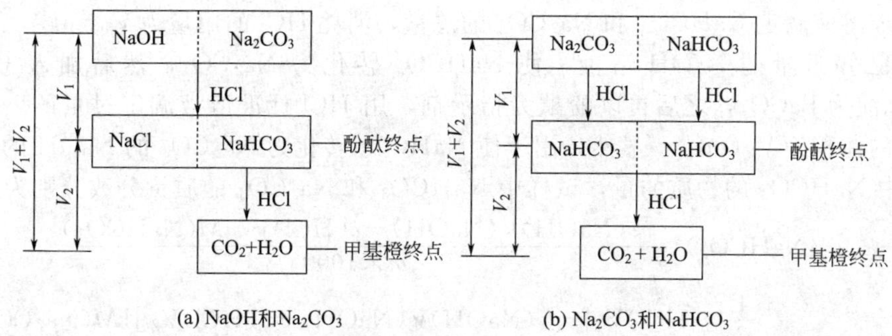


图 4-10　混合碱的滴定示意图

根据所消耗滴定剂的体积 $V_1$ 和 $V_2$ 关系，可以定性判断试样的组成，见表 4-7。

**表 4-7　滴定混合碱所用 HCl 标准溶液的体积和试样组成的关系**

| $V_1$ 与 $V_2$ 的关系 | 试样组成 | 各组分物质的量 |
|---|---|---|
| $V_1>V_2>0$ | $NaOH+Na_2CO_3$ | $n(NaOH)=c(HCl)(V_1-V_2)$；$n(Na_2CO_3)=c(HCl)V_2$ |
| $V_2>V_1>0$ | $Na_2CO_3+NaHCO_3$ | $n(Na_2CO_3)=c(HCl)V_1$；$n(NaHCO_3)=c(HCl)(V_2-V_1)$ |
| $V_1=V_2\neq 0$ | $Na_2CO_3$ | $c(HCl)V_1$ |
| $V_1>0,V_2=0$ | NaOH | $c(HCl)V_1$ |
| $V_1=0,V_2>0$ | $NaHCO_3$ | $c(HCl)V_2$ |

由表 4-7 可知，当 $V_1>V_2>0$ 时，混合碱由 $Na_2CO_3$ 和 NaOH 组成，各组分的质量分数分别为：

$$w(NaOH)=\frac{c(HCl)(V_1-V_2)M(NaOH)}{m\times 1000}$$

$$w(Na_2CO_3)=\frac{c(HCl)V_2M(Na_2CO_3)}{m\times 1000}$$

当 $V_2>V_1>0$ 时，混合碱的组成为 $Na_2CO_3$ 和 $NaHCO_3$，各组分的质量分数：

$$w(Na_2CO_3)=\frac{c(HCl)V_1M(Na_2CO_3)}{m\times 1000}$$

$$w(NaHCO_3)=\frac{c(HCl)(V_2-V_1)M(NaHCO_3)}{m\times 1000}$$

式中，$m$ 为称取混合碱试样的质量，g；$V_1$ 为滴定至酚酞终点时消耗 HCl 标准溶液的体积，mL；$V_2$ 为由酚酞终点滴定至甲基橙终点时消耗 HCl 标准溶液的体积，mL。

(2) 氯化钡法　如果混合碱为 NaOH 和 $Na_2CO_3$ 混合物，准确称取一定试样，溶解后稀释至一定体积。先取一份试样溶液，以甲基橙为指示剂，用 HCl 标准溶液滴定至终点(橙色)。此时混合碱中 NaOH 和 $Na_2CO_3$ 均被滴定，记录 HCl 的用量为 $V_1$(mL)。

另取等量试样溶液，加入过量的 $BaCl_2$，使 $Na_2CO_3$ 生成 $BaCO_3$ 沉淀，然后用 HCl 标准溶液滴定 NaOH 至酚酞终点（注意不能用酸性范围内变色的指示剂甲基橙或甲基红，否则，$BaCO_3$ 可能部分溶解而产生滴定误差），所消耗 HCl 的体积为 $V_2$(mL)。试样中 NaOH 和 $Na_2CO_3$ 的质量分数计算如下：

$$w(NaOH)=\frac{c(HCl)V_2M(NaOH)}{m\times1000}$$

$$w(Na_2CO_3)=\frac{\frac{1}{2}c(HCl)(V_1-V_2)M(Na_2CO_3)}{m\times1000}$$

如果混合碱为 $NaHCO_3$ 和 $Na_2CO_3$ 的混合物，第一份试样溶液仍以甲基橙为指示剂，用 HCl 标准溶液滴定 $NaHCO_3$ 和 $Na_2CO_3$ 的总量，消耗 HCl 的用量为 $V_1$(mL)。第二份溶液先加入已知过量的 NaOH 溶液，使 $NaHCO_3$ 转化为 $Na_2CO_3$，然后加入 $BaCl_2$，将 $Na_2CO_3$ 沉淀为 $BaCO_3$，之后再以酚酞为指示剂，用 HCl 标准溶液滴定过量的 NaOH，所消耗 HCl 的体积为 $V_2$(mL)。显然，用于使 $NaHCO_3$ 转化为 $Na_2CO_3$ 的 NaOH 的物质的量即为试样中 $NaHCO_3$ 的物质的量，试样中 $NaHCO_3$ 和 $Na_2CO_3$ 的质量分数分别为：

$$w(NaHCO_3)=\frac{[c(NaOH)V(NaOH)-c(HCl)V_2]M(NaHCO_3)}{m\times1000}$$

$$w(Na_2CO_3)=\frac{\frac{1}{2}\{c(HCl)V_1-[c(NaOH)V(NaOH)-c(HCl)V_2]\}M(Na_2CO_3)}{m\times1000}$$

上面四个计算式中，$m$ 为称取混合碱试样的质量，g；$V_1$ 为滴定至甲基橙终点时消耗 HCl 标准溶液的体积，mL；$V_2$ 为滴定至酚酞终点时消耗 HCl 标准溶液的体积，mL。

氯化钡法虽然比双指示剂法操作上麻烦，但由于 $CO_3^{2-}$ 被沉淀，最后的滴定实际上是强酸滴定强碱，避免了从 $HCO_3^-$ 到 $CO_3^{2-}$ 的滴定，故测定结果的准确度比双指示剂法要高。

**2. 铵盐中氮含量的测定**

氮的测定在农业分析中占有重要地位，因为肥料、土壤及许多有机物质，如含蛋白质的食品、饲料等，常常需要测定其中氮的含量。通常是将试样用浓 $H_2SO_4$ 消化分解，使各种氮化物都转化为铵态氮，然后进行测定。常用的方法有甲醛法和蒸馏法。

(1) 甲醛法　铵盐中的氮含量可以用甲醛法测定。甲醛与铵盐作用，可定量置换出酸：

$$4NH_4^+ + 6HCHO = (CH_2)_6N_4H^+ + 3H^+ + 6H_2O$$

然后用 NaOH 标准溶液滴定。由于反应生成的质子化六亚甲基四胺酸性不太弱（$K_a=7.1\times10^{-6}$），故可与 $H^+$ 一起被滴定。化学计量点时为 $(CH_2)_6N_4$ 溶液，它是一种有机弱碱（$K_b=1.4\times10^{-9}$），溶液 pH 约为 8.7，可用酚酞作指示剂。氮的质量分数按下式计算：

$$w(N)=\frac{c(NaOH)V(NaOH)M(N)}{m\times1000}$$

式中，$m$ 为所称取试样的质量，g；$V$ (NaOH) 为消耗 NaOH 标准溶液的体积，mL。

应该注意的是，甲醛中常含有甲酸，使用前应预先除去，可用酚酞作指示剂加以中和。如果试样中含有游离的酸或碱，则应用甲基红作指示剂，事先加以中和，而不能用酚酞，否则将有部分 $NH_4^+$ 被中和。

(2) 蒸馏法　将含铵试液置于蒸馏瓶中，加浓碱使 $NH_4^+$ 转化为 $NH_3$，再通过水汽蒸馏，用过量 $H_3BO_3$ 溶液吸收 $NH_3$，其反应为：

$$NH_3 + H_3BO_3 = NH_4^+ + H_2BO_3^-$$

$H_2BO_3^-$ 是 $H_3BO_3$ 的共轭碱（$K_b=1.7\times10^{-5}$），可以用 HCl 标准溶液滴定：

$$H_2BO_3^- + H^+ = H_3BO_3$$

终点产物为 $NH_4^+$ 和 $H_3BO_3$ 的混合液，其 pH≈5.1，可用甲基红或甲基红和溴甲酚绿混合指示剂确定终点。氮含量为：

$$w(N)=\frac{c(HCl)V(HCl)M(N)}{m\times1000}$$

式中，$m$ 为所称取试样的质量，g；$V(HCl)$ 为消耗 HCl 标准溶液的体积，mL。

蒸馏法的优点是仅需一种酸标准溶液（HCl），而且硼酸作为吸收剂，其浓度不必准确，只要保证过量即可。本法测氮结果比较准确，但较费时。

# 本章小结

酸碱滴定法是基于酸碱平衡理论的一种应用极为广泛的滴定分析法。

主要内容有：

溶液酸度对弱酸（碱）各型体分布的影响及各型体分布系数和平衡浓度的影响。

酸碱水溶液质子条件的书写及 pH 的计算，其中，一元弱酸（碱）是基础；酸碱指示剂的变色原理、变色范围，常用的酸碱指示剂。

一元酸碱滴定曲线的绘制、突跃范围及化学计量点 pH 的计算、突跃范围的影响因素、一元弱酸（碱）能否被准确直接滴定的判断依据以及指示剂的正确选择。

多元酸碱分步滴定的判断条件、化学计量点 pH 的计算以及指示剂的选择。

酸碱滴定中 $CO_2$ 的影响；酸碱滴定法的应用。

# 思考题与习题

1. 酸碱反应的实质是什么？什么是共轭酸碱对，共轭酸碱对在水溶液中的离解常数之间有什么关系？

2. 什么是分析浓度？什么是平衡浓度？二者有何区别？

3. 什么是指示剂的变色范围，一般酸碱指示剂理论变色范围有多大？什么是酸碱指示剂的理论变色点，在数值上等于什么？混合酸碱指示剂的优点是什么？

4. 酸碱滴定中，什么是 pH 的突跃范围？在滴定分析中有何用途？影响酸碱滴定突跃范围的因素有哪些？

5. 试比较强碱滴定强酸和强碱滴定弱酸时滴定曲线的异同，并说明原因。

6. 一元弱酸（碱）能否被准确直接滴定的判断依据是什么？什么情况下多元酸碱能进行分步滴定？

7. 酸碱滴定中指示剂的选择原则是什么？

8. 亚硫酸钠 $Na_2SO_3$ 的 $pK_{b_1}=6.80$，$pK_{b_2}=12.10$，其对应共轭酸的 $pK_{a_2}$ 和 $pK_{a_1}$ 分别是多少？

(7.20；1.90)

9. 计算 pH 为 8.00 和 12.00 时，$0.10mol \cdot L^{-1}$ KCN 溶液中 $CN^-$ 的浓度。 ($0.10mol \cdot L^{-1}$)

10. 写出下列化合物水溶液的质子条件式。

$Na_2C_2O_4$　　$Na_2HPO_4$　　$NH_4H_2PO_4$　　$(NH_4)_2CO_3$　　NaAc-HAc　　$H_3BO_3$

11. 计算下列水溶液的 pH

(1) $1.0\times10^{-4}mol \cdot L^{-1}$ 的甲胺溶液；　　(2) $1.0\times10^{-4}mol \cdot L^{-1}$ 的 $NH_4Cl$；

(3) $0.10mol \cdot L^{-1}$ $NH_4CN$；　　(4) $0.10mol \cdot L^{-1}$ $K_2HPO_4$。

[(1)9.92;(2)6.59;(3)9.28;(4)9.74]

12. 判断下列滴定能否进行。如能进行，计算化学计量点时的 pH，并选择合适的指示剂。

(1) $0.10mol \cdot L^{-1}$ HCl 滴定 $0.10mol \cdot L^{-1}$ NaCN；

(2) $0.10mol \cdot L^{-1}$ NaOH 滴定 $0.10mol \cdot L^{-1}$ HCOOH；

(3) $0.10mol \cdot L^{-1}$ HCl 滴定 $0.10mol \cdot L^{-1}$ NaAc；

(4) $0.10mol \cdot L^{-1}$ NaOH 滴定 $0.10mol \cdot L^{-1}$ $NH_4Cl$ 存在下的 $0.10mol \cdot L^{-1}$ HCl。

[(1)5.26;(2)8.22;(3)不能;(4)5.28]

13. 用 $0.10mol \cdot L^{-1}$ 的 NaOH 滴定 $0.10mol \cdot L^{-1}$ 的某弱酸（$pK_a=4.0$），突跃范围是多少？若用同浓度的 NaOH 滴定 $pK_a=3.0$ 的弱酸时，其突跃范围又是多少？ (7.0～9.7；6.0～9.7)

14. 下列多元酸（碱）($c=0.1mol \cdot L^{-1}$)，能否用 $0.1mol \cdot L^{-1}$ 氢氧化钠溶液或 $0.1mol \cdot L^{-1}$ 盐酸溶液

准确滴定？如能，计算各化学计量点时的 pH 值，并选择合适的指示剂。

(1) $Na_3PO_4$；　(2) 柠檬酸；　(3) $H_2A$ （$K_{a_1}=1.0\times10^{-2}$，$K_{a_2}=1.0\times10^{-6}$）。

[(1)pH=4.69;(2)pH=9.40;(3)pH=4.00,9.26]

15. 称取某混合碱试样（可能含有 NaOH、$Na_2CO_3$ 或 $NaHCO_3$，也可能是其中两者的混合物）1.5470g，溶于水后，用 0.6142mol·$L^{-1}$ HCl 滴至酚酞褪色，用去 28.39mL；然后以甲基橙作指示剂，用 HCl 继续滴定至终点，又用去 6.35mL。试判断试样的组成并计算各组分的质量分数。

($Na_2CO_3$：0.2672；NaOH：0.3500)

16. 称取 0.5877g 基准试剂 $Na_2CO_3$ 于 100mL 容量瓶中配制成溶液，$c(Na_2CO_3)$ 为多少？移取该 $Na_2CO_3$ 标准溶液 20.00mL，以甲基橙为指示剂，标定某 HCl 溶液，消耗 HCl 溶液的体积为 21.96mL。计算该 HCl 溶液的浓度。

[$c(NaCO_3)$=0.05545mol·$L^{-1}$,$c$(HCl)=0.1010mol·$L^{-1}$]

17. 准确称取基准物质 $Na_2C_2O_4$ 0.6040g，在一定温度下灼烧成 $Na_2CO_3$，用水溶解并定容至 100.0mL。用移液管吸取 25.00mL 溶液，以甲基橙作指示剂，用 HCl 溶液滴定至终点，消耗 HCl 溶液 21.05mL，计算 HCl 溶液的浓度。 (0.1017mol·$L^{-1}$)

18. 用凯氏法测定牛奶中含氮量，称奶样 0.4750g，消化后，加碱蒸馏出的 $NH_3$ 用 50.00mL HCl 吸收，再用 $c$(NaOH)=0.07891mol·$L^{-1}$的氢氧化钠标准溶液 13.12mL 回滴至终点。已知 25.00mL HCl 需 5.83mL NaOH 中和，计算奶样中氮的质量分数。 (4.31%)

19. 称取硫酸铵试样 2.003g，加入过量甲醛溶液和 0.2115mol·$L^{-1}$ NaOH 溶液 48.30mL，再以酚酞为指示剂，用 0.2900mol·$L^{-1}$ HCl 标准溶液返滴过量的 NaOH，用去 HCl 16.38mL，试计算样品中 $(NH_4)_2SO_4$ 的含量。 (18.03%)

20. 试分析下列情况对测定结果的影响

(1) 用于标定 NaOH 溶液的 $H_2C_2O_4\cdot2H_2O$ 因保存不当而部分风化，用此 NaOH 溶液测定某有机酸的摩尔质量。

(2) 标定 NaOH 溶液时，邻苯二甲酸氢钾中混有邻苯二甲酸。

(3) 标定 HCl 溶液浓度时，使用的基准物 $Na_2CO_3$ 中含有少量 $NaHCO_3$。

(4) 0.1mol·$L^{-1}$ NaOH 标准溶液，因保存不当，吸收了 $CO_2$，当用它测定 HCl 浓度，滴定至甲基橙变色时，对测定结果有何影响？用它测定 HAc 浓度时，选酚酞作指示剂，又会如何？

[(1) 偏高；(2) 偏低；(3) 偏高；(4) 无大影响；偏高]

# 第五章　配位滴定法

## 第一节　概　　述

配位滴定法是以配位反应为基础的滴定分析方法。一般常见的金属离子都可以采用配位滴定法直接或间接来进行测定。配位反应在分析化学中的应用非常广泛，例如许多萃取剂、显色剂、掩蔽剂、沉淀剂等都是配位剂。所以，配位反应和配位滴定的有关理论知识是分析化学的重要内容之一。

配位反应的种类虽然很多，但并不是所有的配位反应都能用来进行配位滴定。能够用于配位滴定的配位反应必须符合以下条件：

① 反应必须定量进行，即在一定条件下只形成一种配位数的配合物。

② 反应进行要完全，形成的配合物必须相当稳定，否则不易得到明显的滴定终点。

③ 反应速度要足够快。

④ 要有适当的方法确定滴定终点。

配位剂可分为无机配位剂和有机配位剂两大类。无机配位剂早在19世纪就已应用于分析化学中。例如，用 $AgNO_3$ 标准溶液滴定氰化物中 $CN^-$ 时，其滴定反应如下：

$$Ag^+ + 2CN^- \rightleftharpoons [Ag(CN)_2]^-$$

当滴定到化学计量点时，稍过量的 $Ag^+$ 就与 $[Ag(CN)_2]^-$ 反应生成 $Ag[Ag(CN)_2]$ 白色沉淀，指示滴定终点到达。无机配位剂很多，但一般只有一个可供配位的电子对，属于单基配位体。单基配位体与大多数金属离子只形成简单的配合物，配合物的稳定性较差，而且存在分级配位现象，各级稳定常数相差也不大，这样使得同一溶液中同时存在几种不同配位数的配合物，很难确定它们的计量关系。如 $Cu$-$NH_3$ 的配位反应会随着 $NH_3$ 浓度的增加而逐级生成 $Cu(NH_3)^{2+}$、$Cu(NH_3)_2^{2+}$、$Cu(NH_3)_3^{2+}$、$Cu(NH_3)_4^{2+}$ 等，各级稳定常数相差不大，使得配位数不同的配合物同时存在。所以，无机配位剂大多不符合滴定分析的要求，应用受到了一定的限制，在配位滴定中常用作掩蔽剂、显色剂和指示剂。

有机配位剂一般含有两个或两个以上可供配位的电子对，属于多基配位体。有机配位剂与许多金属离子易形成具有环状的、组成一定的配合物，也称为螯合物。螯合物的主要特点就是稳定性很高。因而，有机配位剂克服了无机配位剂的一些缺点，能满足滴定分析的基本要求，在配位滴定中得到了广泛的应用，推动了配位滴定法的迅速发展。目前，最常用的有机配位剂是氨羧配位剂。氨羧配位剂是以氨基二乙酸为基体的有机螯合剂，以N、O为配位原子，可以和许多金属离子形成组成一定并且非常稳定的可溶性螯合物。

目前，氨羧配位剂有数十种，如乙二胺四乙酸（EDTA）、环已二胺四乙酸（DCTA）、氨三乙酸（NTA）和乙二醇二乙醚二胺四乙酸（EGTA）等，其中常用的是乙二胺四乙酸（简称EDTA）。用EDTA标准溶液可滴定几十种金属离子，此方法称为EDTA滴定法。通常所说的配位滴定法实际上主要是指EDTA滴定法。

# 第二节　EDTA 及其配合物

## 一、乙二胺四乙酸（EDTA）的结构与性质

乙二胺四乙酸的英文缩写是 EDTA，是分析化学中应用最广泛的一种氨羧配位剂，除了在配位滴定中用作配位剂外，在各种分离和测定中还常被用作掩蔽剂。

EDTA 是一个四元有机弱酸，为书写方便常用 $H_4Y$ 表示。其结构式为：

$$\begin{matrix} HOOCH_2C \\ HOOCH_2C \end{matrix} \!\!>\! N-CH_2-CH_2-N \!<\!\! \begin{matrix} CH_2COOH \\ CH_2COOH \end{matrix}$$

分子中配位原子分别为 N 原子和—COOH 的羟基 O 原子。在水溶液中，EDTA 的两个羧基上的 $H^+$ 转移到氮原子上，形成双偶极离子：

$$\begin{matrix} ^-OOCH_2C \\ HOOCH_2C \end{matrix} \!\!>\! \overset{H}{\underset{+}{N}}-CH_2-CH_2-\overset{+}{\underset{H}{N}} \!<\!\! \begin{matrix} CH_2COOH \\ CH_2COO^- \end{matrix}$$

EDTA 是一种无毒、无臭、具有酸味的白色结晶粉末，微溶于水，22℃时每 100mL 水中仅能溶解 0.02g，难溶于酸和一般有机溶剂（如无水乙醇、丙酮、苯等），但易溶于氨水和 NaOH 等碱性溶液，生成相应的盐。

由于 EDTA 在水中的溶解度较小，故在配位滴定中通常采用水溶性较好的 EDTA 二钠盐，用 $Na_2H_2Y \cdot 2H_2O$ 表示，习惯上也称作 EDTA。实际上，我们平常说的 EDTA 多数情况下指的是 $Na_2H_2Y \cdot 2H_2O$。EDTA 二钠盐溶解度较大，22℃时每 100mL 水可溶解 11.1g，此溶液的浓度约为 $0.3mol \cdot L^{-1}$，pH 约为 4.4。

## 二、EDTA 在水溶液中各存在型体的分布系数

EDTA 是一个四元酸，当它溶解于水时，具有 4 个可离解的 $H^+$，但在高酸度溶液中，它的两个氮原子还可再接受 $H^+$ 形成 $H_6Y^{2+}$，这样，EDTA 就相当于六元酸，在水溶液中有六级离解平衡：

$$H_6Y^{2+} \rightleftharpoons H_5Y^+ + H^+ \qquad K_{a_1}=1.3\times10^{-1}=10^{-0.9}$$
$$H_5Y^+ \rightleftharpoons H_4Y + H^+ \qquad K_{a_2}=2.5\times10^{-2}=10^{-1.6}$$
$$H_4Y \rightleftharpoons H_3Y^- + H^+ \qquad K_{a_3}=1.0\times10^{-2}=10^{-2.0}$$
$$H_3Y^- \rightleftharpoons H_2Y^{2-} + H^+ \qquad K_{a_4}=2.14\times10^{-3}=10^{-2.67}$$
$$H_2Y^{2-} \rightleftharpoons HY^{3-} + H^+ \qquad K_{a_5}=6.92\times10^{-7}=10^{-6.16}$$
$$HY^{3-} \rightleftharpoons Y^{4-} + H^+ \qquad K_{a_6}=5.50\times10^{-11}=10^{-10.26}$$

在水溶液中，EDTA 是以 $H_6Y^{2+}$、$H_5Y^+$、$H_4Y$、$H_3Y^-$、$H_2Y^{2-}$、$HY^{3-}$ 和 $Y^{4-}$ 等七种型体存在（为书写简便，以下 EDTA 各存在型体均略去电荷，用 Y、HY…… $H_6Y$ 表示）。平衡时其浓度为：

$$c(Y)=[Y]+[HY]+[H_2Y]+[H_3Y]+[H_4Y]+[H_5Y]+[H_6Y]$$

式中，$c(Y)$ 为 EDTA 的分析浓度（总浓度）。

各型体的平衡浓度占总浓度的分数，称为该型体的分布系数，用 $\delta$ 表示。各型体的分布系数随溶液 pH 值的变化而变化（分布系数的具体计算公式参见酸碱滴定法），而与 EDTA 总浓度无关。不同 pH 下，溶液中 EDTA 各型体浓度不同，它们的分布系数就不同，由 $\delta$ 值可定量说明 EDTA 溶液中各存在型体的分布情况。若以 pH 为横坐标，EDTA 的各存在型体的分布系数 $\delta$ 值为纵坐标，绘出 EDTA 的分布曲线如图 5-1 所示。

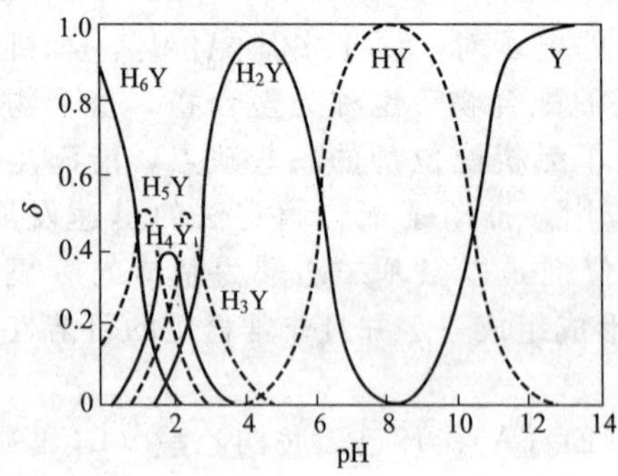


图 5-1　不同 pH 时 EDTA 各存在型体的分布曲线图

由分布曲线图可以看出，在不同pH条件下，EDTA的各存在型体分布不同，见表5-1。

**表5-1 不同pH值时EDTA的主要存在型体**

| pH | EDTA主要存在型体 | pH | EDTA主要存在型体 |
|---|---|---|---|
| <0.9 | $H_6Y$ | 2.7～6.2 | $H_2Y$ |
| 0.9～1.6 | $H_5Y$ | 6.2～10.3 | HY |
| 1.6～2.0 | $H_4Y$ | >10.3 | Y |
| 2.0～2.7 | $H_3Y$ | | |

可见，仅当pH>10.3时，主要以Y型体存在，而7种型体只有Y型体才能直接与金属离子发生配位反应，形成稳定配合物。因此，溶液的酸度便成为影响EDTA与金属离子形成配合物稳定性的一个重要因素。

## 三、EDTA与金属离子形成螯合物的特点

### 1. 稳定性

EDTA与大多数金属离子可形成五个五元环的螯合物，其立体结构见图5-2。根据有机结构的张力学说，由5个原子组成的五元环或6个原子组成的六元环的张力最小，最为稳定，因此EDTA与大多数金属离子形成的螯合物结构比较稳定。其稳定性用稳定常数$K_f$表示，稳定常数越大螯合物越稳定。部分金属离子与EDTA形成螯合物MY的稳定常数的对数值见表5-2。

螯合物的稳定常数与螯合环的数目和形状有关。当配位原子相同时，成环数愈多，螯合物愈稳定。

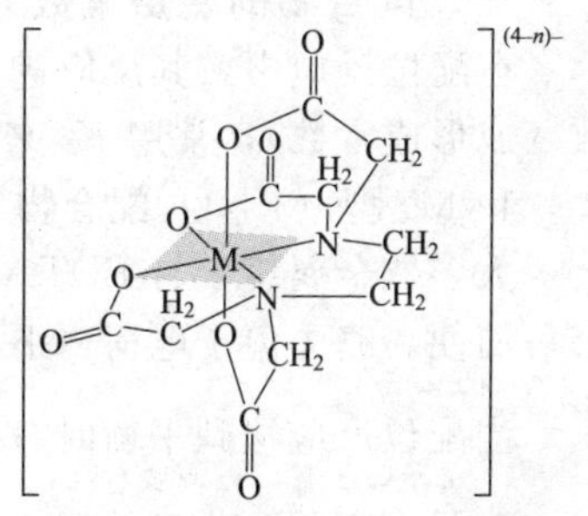

图5-2 EDTA-$M^{n+}$螯合物立体结构

### 2. 普遍性

EDTA结构中2个氨基氮原子和4个羧基氧原子都有孤对电子，分子中共有6个配位原子，既可以作为四基配位体，也可以作为六基配位体，因此，元素周期表中绝大多数金属离子均能与EDTA形成螯合物。

### 3. 简单性

EDTA分子中含有6个配位原子，这6个配位原子在空间上均能与金属离子配位，而多数金属离子的配位数不超过6，因此，在一般情况下，EDTA与大多数金属离子以1∶1的配位比形成螯合物。只有极少数高价金属离子与EDTA不是按照1∶1配位，例如，五价钼与EDTA形成Mo(Ⅴ)∶Y=2∶1的螯合物（$(MoO_2)_2Y^{2-}$，在中性或碱性溶液中Zr(Ⅳ)与EDTA也形成2∶1的配合物（$(ZrO)_2Y$，Th(Ⅳ)与EDTA很多时候形成1∶2的配合物$ThY_2$。这一点为定量计算提供了极大的方便。

**表5-2 部分金属离子与EDTA螯合物的$\lg K_f$值**

（离子强度$I$=0.1mol·$L^{-1}$，18～25℃）

| 金属离子 | $\lg K_f$ | 金属离子 | $\lg K_f$ | 金属离子 | $\lg K_f$ |
|---|---|---|---|---|---|
| $Ag^+$ | 7.32 | $Fe^{3+}$ | 25.10 | $Pt^{3+}$ | 16.4 |
| $Al^{3+}$ | 16.3 | $Ga^{3+}$ | 20.3 | $Sc^{3+}$ | 23.1 |
| $Ba^{2+}$ | 7.86 | $Hg^{2+}$ | 21.7 | $Sn^{2+}$ | 22.11 |
| $Be^{2+}$ | 9.2 | $In^{3+}$ | 25.0 | $Sr^{2+}$ | 8.73 |
| $Bi^{3+}$ | 27.94 | $Li^+$ | 2.79 | $Th^{4+}$ | 23.2 |
| $Ca^{2+}$ | 10.69 | $Mg^{2+}$ | 8.7 | $TiO^{2+}$ | 17.3 |
| $Cd^{2+}$ | 16.46 | $Mn^{2+}$ | 13.87 | $Tl^{3+}$ | 37.8 |
| $Co^{2+}$ | 16.31 | Mo(Ⅳ) | 约28 | $U^{4+}$ | 25.8 |
| $Co^{3+}$ | 36 | $Na^+$ | 1.66 | $Vo^{2+}$ | 18.8 |
| $Cr^{3+}$ | 23.4 | $Ni^{2+}$ | 18.62 | $Y^{3+}$ | 18.09 |
| $Cu^{2+}$ | 18.80 | $Pb^{2+}$ | 18.04 | $Zn^{2+}$ | 16.50 |
| $Fe^{2+}$ | 14.32 | $Pd^{2+}$ | 18.5 | $Zr^{4+}$ | 29.50 |

**4. 水溶性**

EDTA 与金属离子形成的螯合物大多带有电荷而易溶于水，从而使得 EDTA 滴定能在水溶液中进行。

**5. 颜色倾向性**

EDTA 与金属离子形成螯合物的颜色，取决于金属离子本身的颜色。一般来说，EDTA 与无色的金属离子生成无色的螯合物，与有色的金属离子生成颜色更深的螯合物。几种有色 EDTA 螯合物的颜色见表 5-3。

**表 5-3 几种有色 EDTA 螯合物的颜色**

| 螯合物 | 颜色 | 螯合物 | 颜色 |
| --- | --- | --- | --- |
| $CoY^{2-}$ | 紫红 | $Fe(OH)Y^{2-}$ | 褐(pH≈6) |
| $CrY^{-}$ | 深紫 | $FeY^{-}$ | 黄 |
| $Cr(OH)Y^{2-}$ | 蓝(pH>0) | $MnY^{2-}$ | 紫红 |
| $CuY^{2-}$ | 蓝 | $NiY^{2-}$ | 蓝绿 |

# 第三节 EDTA 与金属离子的配位平衡

## 一、配合物的稳定常数

在配位反应中，其反应进行的程度可用配位平衡常数来衡量，配位平衡常数也叫稳定常数（或形成常数），常用 $K_f$ 来表示。

**1. ML 型（1∶1）配合物**

大多数金属离子与 EDTA 的配位比为 1∶1，则以 M 代表金属离子，Y 代表 EDTA(为书写简便，略去离子电荷，下同)： $M + Y \rightleftharpoons MY$

当配位反应达到平衡时有： $K_f(MY)=\dfrac{[MY]}{[M][Y]}$

对具有相同配位比的配合物，$K_f$ 值越大，该配合物就越稳定；反之，则不稳定。

**2. $ML_n$ 型（1∶$n$）配合物**

（1）配合物的逐级稳定常数　$ML_n$ 型配合物是逐级形成的，它的逐级稳定常数为：

$$M + L \rightleftharpoons ML \quad 第一级稳定常数 \quad K_{f_1}=\frac{[ML]}{[M][L]}$$

$$ML + L \rightleftharpoons ML_2 \quad 第二级稳定常数 \quad K_{f_2}=\frac{[ML_2]}{[ML][L]}$$

$$\vdots \qquad\qquad \vdots$$

$$ML_{n-1} + L \rightleftharpoons ML_n \quad 第 n 级稳定常数 \quad K_{f_n}=\frac{[ML_n]}{[ML_{n-1}][L]}$$

以上 $K_{f_1}$、$K_{f_2}$、…、$K_{f_n}$ 称为逐级稳定常数。

（2）配合物的累积稳定常数　在配位平衡的计算中，常用到 $K_{f_1}\times K_{f_2}\times K_{f_3}$ 等数值，这样将逐级稳定常数依次相乘得到的乘积称为累积稳定常数，以 $\beta$ 表示。

$$M + L \rightleftharpoons ML \quad 第一级累积稳定常数 \quad \beta_1=K_{f_1}$$

$$M + 2L \rightleftharpoons ML_2 \quad 第二级累积稳定常数 \quad \beta_2=K_{f_1}\times K_{f_2}$$

$$\vdots \qquad\qquad \vdots$$

$$M + nL \rightleftharpoons ML_n \quad 第 n 级累积稳定常数 \quad \beta_n=K_{f_1}\times K_{f_2}\times\cdots\times K_{f_n}$$

（3）总稳定常数　最后一级累积稳定常数又称为总稳定常数，对于 1∶$n$ 型配合物 $ML_n$ 的总稳定常数 $K_{f_总}$ 为 $K_{f_总}=K_{f_1}\times K_{f_2}\times\cdots\times K_{f_n}=\beta_n=\dfrac{[ML_n]}{[M][L]^n}$

在分析化学手册中，通常列出配合物的各级稳定常数 $K_f$ 或累积稳定常数 $\beta$，或者是它

们的对数值如 $\lg K_{f_i}$、$\lg\beta_i$。

**二、溶液中各级配合物浓度的计算**

当金属离子与单基配位体配位时，由于各级稳定常数差别不大，因此在溶液中同时存在不同配合比的配合物型体，各配合物型体的浓度可分别表示为：

$$[ML]=\beta_1[M][L]$$
$$[ML_2]=\beta_2[M][L]^2$$
$$\vdots$$
$$[ML_n]=\beta_n[M][L]^n$$

由物料平衡（MBE）可得：

$$\begin{aligned} c(M)&=[M]+[ML]+[ML_2]+\cdots+[ML_n] \\ &=[M]+\beta_1[M][L]+\beta_2[M][L]^2+\cdots+\beta_n[M][L]^n \\ &=[M](1+\beta_1[L]+\beta_2[L]^2+\cdots+\beta_n[L]^n) \end{aligned}$$

由分布系数的定义得：

$$\delta(M)=\frac{[M]}{c(M)}=\frac{1}{1+\beta_1[L]+\beta_2[L]^2+\cdots+\beta_n[L]^n}$$
$$\delta(ML)=\frac{[ML]}{c(M)}=\frac{\beta_1[L]}{1+\beta_1[L]+\beta_2[L]^2+\cdots+\beta_n[L]^n}$$
$$\vdots \qquad\qquad \vdots$$
$$\delta(ML_n)=\frac{[ML_n]}{c(M)}=\frac{\beta_n[L]^n}{1+\beta_1[L]+\beta_2[L]^2+\cdots+\beta_n[L]^n}$$

由上式可见，$\delta$ 仅与 [L] 有关，而与金属离子总浓度 $c(M)$ 无关。已知 [L] 时，即可求出各配合物型体的 $\delta$ 值，从而可求出各配合物的平衡浓度。

# 第四节　影响配位平衡的主要因素

在配位滴定中所涉及的化学平衡是很复杂的，除了被测金属离子 M 与滴定剂 Y 之间的主反应外，还存在其他副反应，其平衡关系式如图 5-3 所示。

显然，这些副反应的存在都会影响配合物 MY 的稳定性。反应物 M 及 Y 的各种副反应不利于主反应的进行，而生成物 MY 的各种副反应则有利于主反应的进行。M、Y 及 MY 的各种副反应进行的程度，可由其相应的副反应系数显示出来。本章仅对其中最主要的两个

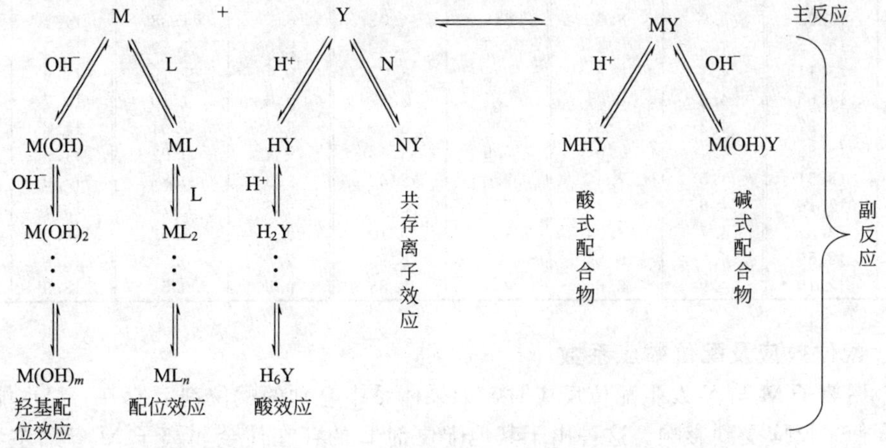


图 5-3　影响配位平衡的主要因素及平衡关系式

副反应——酸效应及配位效应进行讨论。

## 一、酸效应及酸效应系数

由酸碱质子理论看，Y 本身是一种碱，容易接受质子，因此当 Y 与 M 进行配位反应时，溶液中的 $H^+$ 就会与 M 竞争 Y，形成相应的共轭酸（HY、$H_2Y$……$H_6Y$），使溶液中的［Y］降低，从而不利于 MY 的形成，降低了 MY 的稳定性。这种由于 $H^+$ 的存在使配位体 Y 参加主反应能力降低的现象称为酸效应，亦称为 pH 效应或质子化效应。这种副反应的系数称为酸效应系数，用 $\alpha_{Y(H)}$ 表示。

酸效应系数 $\alpha_{Y(H)}$ 表示平衡时未与 M 配位的 EDTA 各存在型体的总浓度［Y′］是游离 EDTA 平衡浓度［Y］的多少倍。

$$[Y'] = [Y] + [HY] + [H_2Y] + \cdots + [H_6Y]$$

即

$$\alpha_{Y(H)} = \frac{[Y']}{[Y]} = \frac{[Y] + [HY] + [H_2Y] + \cdots + [H_6Y]}{[Y]}$$

$$= 1 + \frac{[H^+]}{K_{a_6}} + \frac{[H^+]^2}{K_{a_5}K_{a_6}} + \cdots + \frac{[H^+]^6}{K_{a_1}K_{a_2}\cdots K_{a_6}}$$

从上式可以看出，$\alpha_{Y(H)}$ 仅是［$H^+$］的函数，即溶液的酸度越高，$\alpha_{Y(H)}$ 值越大，酸效应越严重，越不利于 MY 的形成。若 Y 无酸效应发生，则未与 M 配位的 EDTA 就全部以 Y 型体存在，此时 $\alpha_{Y(H)} = 1$。

$\alpha_{Y(H)}$ 数值往往比较大，为应用方便，常采用它的对数值 $\lg\alpha_{Y(H)}$。EDTA 在不同 pH 下的 $\lg\alpha_{Y(H)}$ 值见表 5-4。

**表 5-4　EDTA 的 $\lg\alpha_{Y(H)}$ 值**

| pH | $\lg\alpha_{Y(H)}$ | pH | $\lg\alpha_{Y(H)}$ | pH | $\lg\alpha_{Y(H)}$ | pH | $\lg\alpha_{Y(H)}$ | pH | $\lg\alpha_{Y(H)}$ |
|---|---|---|---|---|---|---|---|---|---|
| 0.0 | 23.64 | 2.5 | 11.90 | 5.0 | 6.45 | 7.5 | 2.78 | 10.0 | 0.45 |
| 0.1 | 23.06 | 2.6 | 11.62 | 5.1 | 6.26 | 7.6 | 2.68 | 10.1 | 0.39 |
| 0.2 | 22.47 | 2.7 | 11.35 | 5.2 | 6.07 | 7.7 | 2.57 | 10.2 | 0.33 |
| 0.3 | 21.89 | 2.8 | 11.09 | 5.3 | 5.88 | 7.8 | 2.47 | 10.3 | 0.28 |
| 0.4 | 21.32 | 2.9 | 10.84 | 5.4 | 5.69 | 7.9 | 2.37 | 10.4 | 0.24 |
| 0.5 | 20.57 | 3.0 | 10.60 | 5.5 | 5.51 | 8.0 | 2.27 | 10.5 | 0.20 |
| 0.6 | 20.18 | 3.1 | 10.37 | 5.6 | 5.33 | 8.1 | 2.17 | 10.6 | 0.16 |
| 0.7 | 19.62 | 3.2 | 10.14 | 5.7 | 5.15 | 8.2 | 2.07 | 10.7 | 0.13 |
| 0.8 | 19.08 | 3.3 | 9.92 | 5.8 | 4.98 | 8.3 | 1.97 | 10.8 | 0.11 |
| 0.9 | 18.54 | 3.4 | 9.70 | 5.9 | 4.81 | 8.4 | 1.87 | 10.9 | 0.09 |
| 1.0 | 18.01 | 3.5 | 9.48 | 6.0 | 4.65 | 8.5 | 1.77 | 11.0 | 0.07 |
| 1.1 | 17.49 | 3.6 | 9.27 | 6.1 | 4.49 | 8.6 | 1.67 | 11.1 | 0.06 |
| 1.2 | 16.98 | 3.7 | 9.06 | 6.2 | 4.34 | 8.7 | 1.57 | 11.2 | 0.05 |
| 1.3 | 16.49 | 3.8 | 8.85 | 6.3 | 4.20 | 8.8 | 1.48 | 11.3 | 0.04 |
| 1.4 | 16.02 | 3.9 | 8.65 | 6.4 | 4.06 | 8.9 | 1.38 | 11.4 | 0.03 |
| 1.5 | 15.55 | 4.0 | 8.44 | 6.5 | 3.92 | 9.0 | 1.29 | 11.5 | 0.02 |
| 1.6 | 15.11 | 4.1 | 8.24 | 6.6 | 3.79 | 9.1 | 1.19 | 11.6 | 0.02 |
| 1.7 | 14.68 | 4.2 | 8.04 | 6.7 | 3.67 | 9.2 | 1.10 | 11.7 | 0.02 |
| 1.8 | 14.27 | 4.3 | 7.84 | 6.8 | 3.55 | 9.3 | 1.01 | 11.8 | 0.01 |
| 1.9 | 13.88 | 4.4 | 7.64 | 6.9 | 3.43 | 9.4 | 0.92 | 11.9 | 0.01 |
| 2.0 | 13.51 | 4.5 | 7.44 | 7.0 | 3.32 | 9.5 | 0.83 | 12.0 | 0.01 |
| 2.1 | 13.16 | 4.6 | 7.24 | 7.1 | 3.21 | 9.6 | 0.75 | 12.1 | 0.01 |
| 2.2 | 12.82 | 4.7 | 7.04 | 7.2 | 3.10 | 9.7 | 0.67 | 12.2 | 0.005 |
| 2.3 | 12.50 | 4.8 | 6.84 | 7.3 | 2.99 | 9.8 | 0.59 | 13.0 | 0.0008 |
| 2.4 | 12.19 | 4.9 | 6.65 | 7.4 | 2.88 | 9.9 | 0.52 | 13.9 | 0.0001 |

## 二、配位效应及配位效应系数

当金属离子 M 与 Y 发生配位反应时，如果体系中有别的配位剂 L 存在，L 也能与 M 配位，则会使主反应受到影响。这种由于其他配位剂 L 的存在使金属离子 M 参加主反应能力降低的现象称为配位效应。这种副反应的系数称为配位效应系数，用 $\alpha_{M(L)}$ 表示。$\alpha_{M(L)}$ 表示溶液中未参加主反应的金属离子各型体的总浓度［M′］是游离金属离子 M 平衡浓度［M］的多少倍。

$$[M']=[M]+[ML]+[ML_2]+[ML_3]+\cdots+[ML_n]$$

即：

$$\alpha_{M(L)}=\frac{[M']}{[M]}=\frac{[M]+[ML]+[ML_2]+\cdots+[ML_n]}{[M]}$$
$$=1+\beta_1[L]+\beta_2[L]^2+\cdots+\beta_n[L]^n$$

从上式中可以看出，$\alpha_{M(L)}$仅是［L］的函数，即溶液中［L］越大，$\alpha_{M(L)}$值也越大，副反应越严重，越不利于 MY 的形成，当［L］一定时，$\alpha_{M(L)}$为一定值。若 M 无配位效应发生，则［M′］=［M］，此时 $\alpha_{M(L)}=1$。

### 三、配合物的条件稳定常数

当金属离子 M 与配位体 Y 反应生成配合物 MY 时，若没有副反应发生，则反应达平衡时，MY 的稳定常数 $K_f$ 的大小是衡量此配位反应进行程度的主要标志，故 $K_f$ 又称绝对稳定常数，它不受浓度、酸度、其他配位剂或干扰离子的影响。但是，配位反应的实际情况较复杂，在主反应进行的同时，常伴有副反应的发生，致使配位反应的主反应受到影响。如果只存在酸效应和配位效应，当反应达平衡时，应以［Y′］代替［Y］，［M′］代替［M］，即用副反应系数对配合物的稳定常数 $K_f$(MY) 进行校正，得到实际的稳定常数，称为条件稳定常数 $K_f'$，过去也称为表观稳定常数。则有：

$$K'_f(MY)=\frac{[MY]}{[M'][Y']}$$

根据酸效应系数和配位效应系数的定义可得：

$$[Y']=[Y]\alpha_{Y(H)}\qquad [M']=[M]\alpha_{M(L)}$$

所以：

$$K'_f(MY)=\frac{[MY]}{[M]\alpha_{M(L)}[Y]\alpha_{Y(H)}}=\frac{K_f(MY)}{\alpha_{M(L)}\alpha_{Y(H)}}$$

对上式取对数得：

$$\lg K'_f=\lg K_f-\lg\alpha_{Y(H)}-\lg\alpha_{M(L)}$$

若当溶液中只有酸效应而无配位效应时，即 $\alpha_{M(L)}=1$，则 $\lg\alpha_{M(L)}=0$ 时，此时：

$$\lg K'_f=\lg K_f-\lg\alpha_{Y(H)}$$

条件稳定常数考虑了溶液中存在的副反应，所以更能准确反映 EDTA 在一定条件下与金属离子形成配合物的稳定性，$K'_f$越大，配合物 MY 的稳定性越高。因 EDTA 滴定中常存在副反应，所以应用条件稳定常数来衡量 EDTA 配合物的实际稳定性。

**【例 5-1】** 计算在 pH=10.0 的缓冲溶液中，若溶液中游离 $NH_3$ 的浓度为 0.10mol·$L^{-1}$时 ZnY 的 $K'_f$。

**解**　此时除了酸效应外还有配位效应。

查表 5-2 得 $\lg \boldsymbol{K}_f$(ZnY)=16.50，查表 5-4 得 pH=10.0 时，$\lg\alpha_{Y(H)}=0.45$，查文献得 Zn(Ⅱ)-$NH_3$ 配合物累积稳定常数分别为：

$$\beta_1=10^{2.37};\ \beta_2=10^{4.81};\ \beta_3=10^{7.31};\ \beta_4=10^{9.46}$$

则：

$$\alpha_{Zn(NH_3)}=1+\beta_1[NH_3]+\beta_2[NH_3]^2+\beta_3[NH_3]^3+\beta_4[NH_3]^4$$
$$=1+10^{2.37}\times0.10+10^{4.81}\times0.10^2+10^{7.31}\times0.10^3+10^{9.46}\times0.10^4=10^{5.49}$$

$$\lg K'_f(ZnY)=\lg K_f(ZnY)-\lg\alpha_{Zn(NH_3)}-\lg\alpha_{Y(H)}=16.50-5.49-0.45=10.56$$

$$K'_f(ZnY)=10^{10.56}$$

# 第五节 配位滴定原理

## 一、配位滴定曲线

在配位滴定中，若以配位剂作为滴定剂，则随着滴定剂的不断加入，溶液中被测金属离子的浓度不断降低。由于 M 浓度较小，故常用 pM(pM＝－lg[M]) 表示。滴定到达化学计量点附近时，溶液中的 pM 发生突变，产生滴定突跃。利用适当的指示剂可以确定滴定终点。和酸碱滴定相似，整个滴定过程中金属离子浓度的变化规律可用配位滴定曲线（以加入滴定剂的体积为横坐标，以 pM 值为纵坐标的平面曲线图）表述。若有副反应发生，则应用条件稳定常数进行计算。

现以 $0.01000mol \cdot L^{-1}$EDTA 标准溶液在 pH＝10.0 的 $NH_3$-$NH_4Cl$ 缓冲溶液存在时滴定 20.00mL 的 $0.01000mol \cdot L^{-1}Ca^{2+}$ 溶液为例，讨论滴定过程中 pCa 的变化规律。

由于 $Ca^{2+}$ 不易水解，也不与 $NH_3$ 配位，故不存在配位效应，只考虑 EDTA 的酸效应即可。

### 1. CaY 条件稳定常数 $K'_f$ 的计算

查表 5-2 得 $\lg K_f(CaY)=10.69$，查表 5-4 得：pH＝10.0 时，$\lg\alpha_{Y(H)}=0.45$，故：

$$\lg K'_f(CaY)=\lg K_f(CaY)-\lg\alpha_{Y(H)}=10.69-0.45=10.24$$

$$K'_f(CaY)=1.7\times10^{10}$$

### 2. 滴定过程中 pCa 的变化

（1）滴定前　溶液中的 $Ca^{2+}$ 浓度为 $0.01000mol \cdot L^{-1}$，故：

$$pCa=-\lg[Ca^{2+}]=-\lg 0.01000=2.00$$

（2）滴定开始至化学计量点前　溶液中未被滴定的 $Ca^{2+}$ 与反应产物 CaY 同时存在。则溶液中的 $Ca^{2+}$ 来自未被滴定的 $Ca^{2+}$ 及 CaY 解离出的 $Ca^{2+}$，但因为 $K'_{f(CaY)}$ 数值较大，CaY 较稳定，剩余的 $Ca^{2+}$ 对 CaY 解离又起抑制作用，所以由 CaY 解离的 $Ca^{2+}$ 可忽略不计，用剩余的 $Ca^{2+}$ 来近似计算溶液体系中 $Ca^{2+}$ 的浓度。

设已加入 EDTA $V$(mL)，则溶液中剩余的 $[Ca^{2+}]$ 为：

$$[Ca^{2+}]=0.01000\times\frac{20.00-V}{20.00+V}$$

例如，当 $V$＝19.98 mL 时，则 $[Ca^{2+}]=5.0\times10^{-6}mol \cdot L^{-1}$，pCa＝5.30

滴定开始至化学计量点前其他各点的 pCa 均可按同方法计算。

（3）化学计量点时　由于配合物 CaY 相当稳定，所以在化学计量点时 $Ca^{2+}$ 与加入的 EDTA 几乎全部生成 CaY，此时

$$[CaY]=0.01000\times\frac{20.00}{20.00+20.00}=5.0\times10^{-3}mol \cdot L^{-1}$$

溶液中 $Ca^{2+}$ 的浓度可近似地由 CaY 解离计算。考虑酸效应则有 $[Ca^{2+}]=[Y']$

所以：

$$K'_f=\frac{[CaY]}{[Ca^{2+}][Y']}=\frac{5.0\times10^{-3}}{[Ca^{2+}]^2}=1.7\times10^{10}$$

$$[Ca^{2+}]=\sqrt{\frac{5.0\times10^{-3}}{1.7\times10^{10}}}=5.4\times10^{-7}mol \cdot L^{-1}$$

$$pCa=6.27$$

（4）化学计量点后　此时溶液中 $[Ca^{2+}]$ 主要取决于过量的 EDTA 的浓度。设已加入 EDTA $V$(mL)，则有：

$$[Y']=\frac{V-20.00}{V+20.00}\times 0.01000$$

$$[CaY]=0.01000\times\frac{20.00}{V+20.00}$$

$$K'_f(CaY)=\frac{[CaY]}{[Ca^{2+}][Y']}$$

此时 $[Ca^{2+}]$ 为：

$$[Ca^{2+}]=\frac{[CaY]}{K'_f\times[Y']}=\frac{20.00}{1.7\times10^{10}\times(V-20.00)}$$

例如　$V=20.02$mL 时，$[Ca^{2+}]=5.9\times10^{-8}$mol·L$^{-1}$，pCa=7.23。

如此逐一计算，结果列于表 5-5，然后以 EDTA 加入的体积为横坐标，以 pCa 值为纵坐标作图，绘出 pH=10.0 时用 0.01000mol·L$^{-1}$ EDTA 标准溶液滴定同浓度的 $Ca^{2+}$ 溶液的滴定曲线，如图 5-4 所示。

**表 5-5　pH=10 时，0.01000mol·L$^{-1}$EDTA 滴定 20.00mL 0.01000mol·L$^{-1}$ $Ca^{2+}$ 的溶液过程中 pCa 的变化**

| EDTA 加入量 $V$/mL | 滴定百分率/% | $[Ca^{2+}]$/(mol·L$^{-1}$) | pCa |
|---|---|---|---|
| 0.00 | 0.0 | 0.010 | 2.00 |
| 10.00 | 50.0 | $3.3\times10^{-3}$ | 2.48 |
| 18.00 | 90.0 | $5.3\times10^{-4}$ | 3.28 |
| 19.80 | 99.0 | $5.0\times10^{-5}$ | 4.30 |
| 19.98 | 99.9 | $5.0\times10^{-6}$ | 5.30 |
| 20.00 | 100.0 | $5.4\times10^{-7}$ | 6.27 |
| 20.02 | 100.1 | $5.9\times10^{-8}$ | 7.23 |
| 20.20 | 101.0 | $5.9\times10^{-9}$ | 8.23 |
| 22.00 | 110.0 | $5.9\times10^{-10}$ | 9.23 |
| 30.00 | 150.0 | $1.2\times10^{-10}$ | 9.92 |
| 40.00 | 200.0 | $5.9\times10^{-11}$ | 10.23 |

## 二、影响配位滴定突跃范围的主要因素

从图 5-4 的滴定曲线看出，在化学计量点附近 pCa 有一个滴定突跃，根据以上计算得出突跃的起点取决于被测金属离子的初始浓度 $c$(M) 的大小，突跃的终点取决于配合物的条件稳定常数 $K'_f$(MY) 的大小。因此影响配位滴定突跃范围大小的主要因素是滴定所生成配合物的条件稳定常数 $K'_f$(MY) 以及被滴定金属离子的初始浓度 $c$(M)。

### 1. $K'_f$(MY) 对滴定突跃的影响

图 5-5 是 $c$(M) 一定时，不同 lg$K'_f$(MY) 的 EDTA 配位滴定曲线。可以看出，$K'_f$值越大，滴定突跃范围就越大，而 $K'_f$值的大小又主要取决于 $K_f$、$\alpha_{M(L)}$ 和 $\alpha_{Y(H)}$ 值的大小，因此：

① $K_f$值越大，$K'_f$值相应增大，滴定突跃范围就大，反之则小。

② pH 越小，$\alpha_{Y(H)}$ 值越大，$K'_f$值越小，滴定突跃也就越小。

③ [L] 越大，$\alpha_{M(L)}$ 值增大，$K'_f$减小，滴定突跃变小。

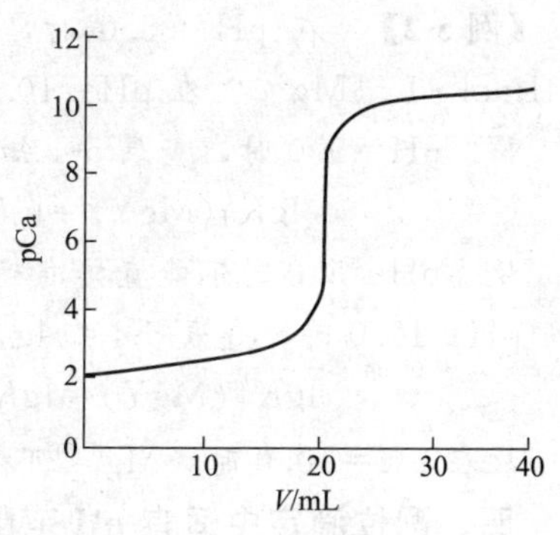

图 5-4　0.01000mol·L$^{-1}$EDTA 滴定 20.00mL 0.01000mol·L$^{-1}$ $Ca^{2+}$ 溶液的滴定曲线

### 2. $c$(M) 对滴定突跃的影响

图 5-6 是配合物的 lg$K'_f$(MY) 一定时，用 EDTA 滴定不同浓度金属离子的滴定曲线。可以看出，$c$(M) 越大，滴定曲线的起点越低，滴定突跃范围越大。因

此，溶液的浓度不宜过稀，一般选用 $0.01\text{mol}\cdot\text{L}^{-1}$ 左右。

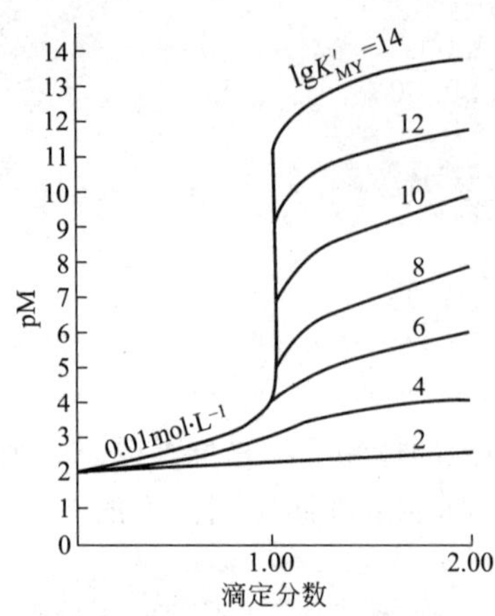


图 5-5 用 EDTA 滴定具有不同 $\lg K'_f$ 值的金属离子的滴定曲线

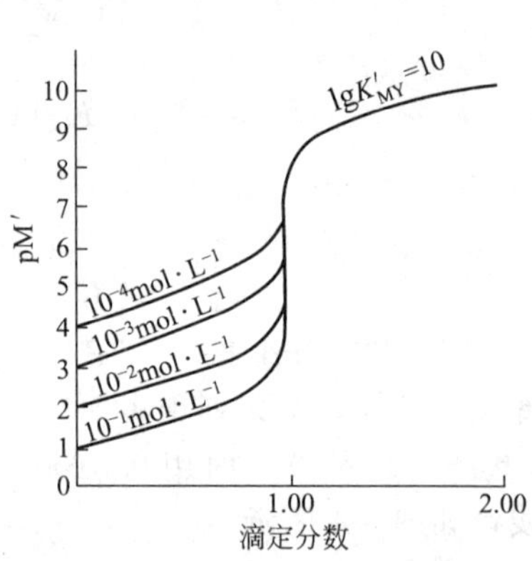


图 5-6 不同浓度的 EDTA 滴定相应浓度金属离子的滴定曲线

### 三、准确滴定金属离子的判据

根据影响滴定突跃范围大小的因素可知，$c(\text{M})$ 或 $K'_f(\text{MY})$ 越大，即 $c(\text{M})\times K'_f(\text{MY})$ 值越大，突跃范围越大，越有利于指示剂的选择，分析结果的准确度越高。根据滴定分析的一般要求，相对误差不大于±0.1%，故计量点时配合物 MY 的离解部分必须小于 0.1%。假设金属离子的初始浓度 $c(\text{M})$ 为 $0.02\text{mol}\cdot\text{L}^{-1}$，则滴定到化学计量点时，M 几乎全生成 MY，平衡时体积增大一倍，$[\text{MY}]=0.01\text{mol}\cdot\text{L}^{-1}$，这时 $[\text{M}']=[\text{Y}']\leqslant 0.01\times 0.1\%=10^{-5}\text{mol}\cdot\text{L}^{-1}$，为满足此条件，$K'_f(\text{MY})$ 值应为：

$$K'_f(\text{MY})=\frac{[\text{MY}]}{[\text{M}'][\text{Y}']}\geqslant\frac{0.01}{10^{-5}\times 10^{-5}}=10^8$$

即
$$\lg K'_f(\text{MY})\geqslant 8$$

这就是配位滴定对配合物 MY 的条件稳定常数的要求。实际工作中，$c(\text{M})$ 通常约为 $10^{-2}\text{mol}\cdot\text{L}^{-1}$，则有：
$$\lg c(\text{M})K'_f(\text{MY})\geqslant 6$$

因此，金属离子能被 EDTA 直接准确滴定的判据为：

$$\lg c(\text{M})K'_f(\text{MY})\geqslant 6$$

或
$$c(\text{M})K'_f(\text{MY})\geqslant 10^6$$

**【例 5-2】** 在 pH＝5.0 时，能否用 $0.01\text{mol}\cdot\text{L}^{-1}$ EDTA 标准溶液直接准确滴定 $0.01\text{mol}\cdot\text{L}^{-1}\text{Mg}^{2+}$？在 pH＝10.0 的氨性缓冲溶液中呢？

**解** pH＝5.0 时，查表 5-4 知 $\lg\alpha_{Y(H)}=6.45$，则

$$\lg K'_f(\text{MgY})=\lg K_f(\text{MgY})-\lg\alpha_{Y(H)}=8.7-6.45=2.3<8$$

故 pH＝5.0 时不能直接准确滴定 $\text{Mg}^{2+}$。

pH＝10.0 时，查表 5-4 知 $\lg\alpha_{Y(H)}=0.45$，则

$$\lg K'_f(\text{MgY})=\lg K_f(\text{MgY})-\lg\alpha_{Y(H)}=8.7-0.45=8.3>8$$

故在 pH＝10.0 时，$\text{Mg}^{2+}$ 可被准确滴定。

### 四、配位滴定中适宜 pH 范围

#### 1. 最低 pH

从上面的讨论可以看出，当 $\lg c(\text{M})\ K'_f(\text{MY})\geqslant 6$ 时，金属离子 M 才能被直接准确滴定，若配位反应中只有 EDTA 的酸效应而无其他副反应时，配位滴定中被测金属离子的

$c(M)$一般为 $0.01mol \cdot L^{-1}$，则有

$$\lg K'_f(MY)=\lg K_f(MY)-\lg\alpha_{Y(H)}\geqslant 8$$

即
$$\lg\alpha_{Y(H)}\leqslant \lg K_f(MY)-8$$

按上式计算所得的 $\lg\alpha_{Y(H)}$ 值对应的 pH 就是滴定该金属离子的最低 pH（最高允许酸度）。若溶液 pH 低于这一限度时，金属离子就不能被准确滴定。

**【例 5-3】** 求用 EDTA 标准溶液滴定 $Zn^{2+}$ 时所允许的最低 pH。

**解** 查表 5-2 $\lg \boldsymbol{K}_f(ZnY)=16.50$

$$\lg\alpha_{Y(H)}\leqslant \lg K_f-8=16.50-8=8.50$$

查表 5-4 得到与 $\lg\alpha_{Y(H)}=8.50$ 对应的 pH≈4，即滴定 $Zn^{2+}$ 允许的最低 pH 约为 4。

在配位滴定中，了解各种金属离子滴定时所允许的最低 pH，对解决实际问题有很大帮助。用上述方法计算出 EDTA 溶液滴定各种金属离子所允许的最低 pH，然后以 $\lg\alpha_{Y(H)}$ 或 $\lg K_f$（MY）为横坐标，以 pH 为纵坐标作图，可得如图 5-7 所示的曲线。此曲线称为酸效应曲线，或称林邦曲线。

酸效应曲线可以解决以下几个问题：

① 从曲线上可以找出各种金属离子单独被 EDTA 准确滴定时允许的最低 pH(最高酸度)。若滴定时溶液的 pH 小于该值，则金属离子配位不完全。例如，滴定 $Fe^{3+}$、$Cu^{2+}$ 和 $Zn^{2+}$ 时，溶液的 pH 必须大于 1.2、3 和 4。

② 从曲线可以看出，在一定 pH 范围内，哪些离子能被准确滴定，哪些离子对滴定有干扰。例如，在 pH=10.0 附近滴定 $Mg^{2+}$ 时，溶液中若同时存在位于 $Mg^{2+}$ 下方的离子（如 $Ca^{2+}$ 或 $Mn^{2+}$ 等），此时它们均可被同时滴定。就是说可用“上不干扰下干扰”的原则来判断共存金属离子对被滴金属离子是否有干扰。

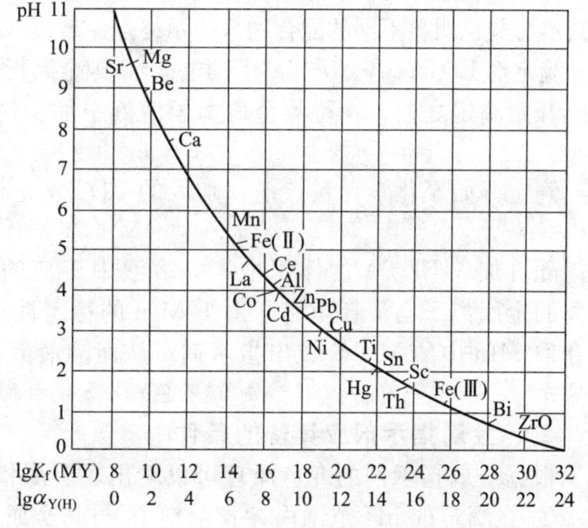


图 5-7　EDTA 的酸效应曲线

③ 从曲线上还可以看出，当溶液中多种金属离子同时存在时，利用控制溶液酸度的方法可进行选择滴定或连续滴定。例如，当溶液中有 $Bi^{3+}$、$Zn^{2+}$ 及 $Mg^{2+}$ 共存时，可用甲基百里酚蓝作指示剂，在 pH=1.0 时，用 EDTA 滴定 $Bi^{3+}$，此时 $Zn^{2+}$ 及 $Mg^{2+}$ 不干扰滴定；然后在 pH=5.0～6.0，连续滴定 $Zn^{2+}$，而 $Mg^{2+}$ 不能被定量滴定；最后在 pH=10.0～11.0 时滴定 $Mg^{2+}$。

### 2. 最高 pH

配位滴定时实际采用的 pH 要比允许的最低 pH 略高一些，以便使金属离子反应更完全。但过高的 pH 又会引起金属离子的水解生成沉淀，影响 MY 的形成，甚至会使滴定无法进行。所以不同金属离子被滴定时有不同的最高 pH(最低允许酸度)。在没有其他配位剂存在时，最高 pH 可由 $M(OH)_n$ 的溶度积求得。

**【例 5-4】** 求出用 $0.02mol \cdot L^{-1}$ 的 EDTA 标准溶液滴定同浓度的 $Mg^{2+}$ 时所允许的最高 pH。

**解** 根据溶度积原理，为防止滴定开始时生成 $Mg(OH)_2$ 沉淀，应使溶液的 pH 满足：

$$[OH^-]\leqslant\sqrt{\frac{K_{sp}[Mg(OH)_2]}{[Mg^{2+}]}}\leqslant\sqrt{\frac{1.8\times10^{-11}}{2.0\times10^{-2}}}=3.0\times10^{-5}mol \cdot L^{-1}$$

$$pH \leqslant 9.48$$

由此可见，在配位滴定中，应根据被测金属离子以及所选用的指示剂性质进行综合考虑，确定合适的 pH 范围。

由于 EDTA 在滴定过程中随着 MY 的形成会不断释放出 $H^+$：

$$H_2Y + M \longrightarrow MY + 2H^+$$

溶液的 pH 逐渐减小，增大了酸效应，使配合物不稳定，减小了突跃范围，从而不利于滴定的进行。因此，在配位滴定中常常需加入一定量的缓冲溶液来控制溶液的 pH。

## 第六节　金属指示剂

在配位滴定中，通常利用一种能与金属离子生成有色配合物的显色剂来作指示剂，这种显色剂称为金属离子指示剂，简称金属指示剂。

### 一、金属指示剂的作用原理

金属指示剂是一类具有酸碱指示剂性质的有机配位剂，在一定 pH 下能与被测金属离子形成与其本身颜色明显不同的配合物来指示终点。若以 M 表示金属离子，In 表示指示剂的阴离子，Y 表示滴定剂 EDTA（略去所有离子的电荷），则金属指示剂的作用原理可以简述如下。

开始滴定之前，在待测金属离子溶液中加少量指示剂，其反应为：

$$M + In(\text{甲色}) \rightleftharpoons MIn(\text{乙色})$$

滴定开始至化学计量点前，加入的 EDTA 先与游离的金属离子反应：

$$M + Y \rightleftharpoons MY$$

随着加入 EDTA 的体积增大，溶液中游离的金属离子浓度不断减小，接近计量点时，游离的金属离子已消耗至尽。由于 MIn 的稳定性小于 MY 的稳定性，故再加入的 EDTA 就会夺取 MIn 中的 M，释放出指示剂，从而溶液由乙色变为甲色，表示到达终点。

$$MIn(\text{乙色}) + Y \rightleftharpoons MY + In(\text{甲色})$$

### 二、金属指示剂应具备的条件

根据金属指示剂的变色原理可以看出，金属指示剂应具备下列条件：

① 在滴定的 pH 范围内，指示剂 In 与其金属离子配合物 MIn 的颜色应明显不同，这样才能使终点有明显的颜色变化。

② MIn 的稳定性应适当。MIn 的稳定性必须比 MY 的稳定性低，即 $K'_f(MIn) < K'_f(MY)$。若 $K'_f(MIn) > K'_f(MY)$，则滴定到化学计量点时再加入稍过量的 Y 也不能夺取 MIn 中的 M 而释放出指示剂，致使溶液颜色没有变化，因而使终点拖后，甚至得不到滴定终点。但 $K'_f(MIn)$ 比 $K'_f(MY)$ 还不能小太多，如果 $K'_f(MIn) \ll K'_f(MY)$，那么在计量点之前就会夺取 MIn 中的 M 使指示剂释放出来，导致终点提前。因此，一般要求 $K'_f(MY)$ 是 $K'_f(MIn)$ 的 10～100 倍。

③ 金属指示剂与金属离子的反应必须灵敏、迅速，有良好的变色可逆性。

④ 指示剂本身及其配合物 MIn 都应易溶于水。如果生成胶体或沉淀，则会影响显色反应的可逆性，从而使变色不明显。

⑤ 金属指示剂应较稳定，便于贮藏和使用。

### 三、金属指示剂的选择

与酸碱滴定类似，指示剂的选择原则都是以滴定过程中化学计量点附近产生的突跃范围为基本依据的。

根据配位平衡，被测金属离子 M 与指示剂形成的有色配合物 MIn 在溶液中有下列解离平衡：

$$MIn \rightleftharpoons M + In$$

考虑到溶液中副反应的影响，可得：

$$K'_f(\text{MIn})=\frac{[\text{MIn}]}{[\text{M}'][\text{In}']}$$

$$\lg K'_f(\text{MIn})=\text{pM}'+\lg\frac{[\text{MIn}]}{[\text{In}']}$$

指示剂的变色点时，有 $[\text{MIn}]=[\text{In}']$，则：

$$\lg K'_f(\text{MIn})=\text{pM}'$$

可见指示剂变色点时的 $\text{pM}'$ 等于有色配合物的 $\lg K'_f(\text{MIn})$。

需要注意的是，金属指示剂不像酸碱指示剂有一个确定的理论变色点，因为金属指示剂作为配位剂，同时也具有酸碱性质，存在酸效应，指示剂与金属离子 M 形成的有色配合物 MIn 的条件稳定常数 $K'_f(\text{MIn})$ 随 pH 的变化而变化，故指示剂变色点时的 $\text{pM}'$ 也随 pH 的变化而不同。因此，在选择指示剂时，需要考虑体系的酸度，应使指示剂变色点的 $\text{pM}'_{ep}$ 尽量与化学计量点 $\text{pM}'_{sp}$ 一致，以减小终点误差。

虽然指示剂的选择可以通过其有关常数进行理论计算，但目前金属指示剂的有关常数还不齐全，所以在实际工作中大多采用实验方法来选择指示剂，即先试验待选指示剂在终点时的变色敏锐程度，然后再检查滴定结果的准确度，这样就可以确定该指示剂是否符合要求。

## 四、金属指示剂的封闭、僵化和氧化变质现象

金属指示剂在化学计量点附近应有敏锐的颜色变化，但实际上有时会存在一些对滴定分析不利的现象。

### 1. 指示剂的封闭现象

当配位滴定进行到终点时，稍过量的滴定剂 EDTA 并不能夺取 MIn 中的金属离子，使指示剂在计量点附近没有颜色变化，这种现象称为指示剂的封闭现象。指示剂的封闭现象可通过分析造成封闭的不同原因而采取相应的措施来消除。

① 由于溶液中存在的干扰离子与 In 形成了稳定性大于 MY 的配合物，导致指示剂在计量点附近不变色，而产生的封闭现象，一般采用加入适当的掩蔽剂消除这些离子的干扰。例如，在 pH=10.0 时，以铬黑 T 为指示剂，用 EDTA 滴定水中的 $Ca^{2+}$、$Mg^{2+}$ 时，若水样中含有 $Fe^{3+}$、$Al^{3+}$ 时，就会对指示剂铬黑 T 造成封闭，可加入三乙醇胺来掩蔽。若水样中含有 $Cu^{2+}$、$Co^{2+}$、$Ni^{2+}$ 等干扰离子对指示剂有封闭现象，可加入 KCN 来掩蔽消除。

② 由待测离子 M 本身造成的封闭现象，即未满足 $K'_f(\text{MIn})<K'_f(\text{MY})$。对于这种情况可采用返滴定法进行消除。例如，$Al^{3+}$ 对二甲酚橙有封闭作用，则测定 $Al^{3+}$ 时可在pH=3.5 的条件下，先加入过量的 EDTA 标准溶液，煮沸，使 $Al^{3+}$ 与 EDTA 充分反应形成 AlY 后，再调节 pH 值到 5.0～6.0，加入指示剂二甲酚橙，用 $Zn^{2+}$ 或 $Pb^{2+}$ 标准溶液返滴剩余的 EDTA，即可避免 $Al^{3+}$ 对指示剂的封闭。

### 2. 指示剂的僵化现象

有些指示剂本身或其金属离子配合物的水溶性比较差，或其配合物的稳定性只稍差于 MY 的稳定性，因而使到达终点时溶液变色缓慢而使终点拖长，这种现象称为指示剂的僵化现象。通常可采用加入适当的有机溶剂增大其溶解度，或采用加热的办法来消除指示剂的僵化现象。例如，用 PAN 作指示剂时，加入乙醇、丙酮等有机溶剂，或加热都可使指示剂颜色变化明显。

### 3. 指示剂的氧化变质现象

多数金属离子指示剂含有不同数量的双键，所以在日光、氧化剂、空气等充足时很容易分解变质，分解变质的速率与试剂的纯度有关。一般纯度较高时，保存的时间较长。另外，有些金属离子对指示剂的氧化分解有催化作用。例如，铬黑 T 在 Mn(Ⅳ)、$Ce^{4+}$ 存在下，仅数秒钟就分解褪色。

由于上述原因，金属指示剂在使用时，通常将其与中性盐（如 NaCl、$KNO_3$ 等）按一定比例（一般质量比为 1∶100）配成固体混合物，或在指示剂溶液中加入还原剂（如盐酸羟胺、抗坏血酸等）进行保护。另外，指示剂溶液配制后，不要放置时间过长，最好是现用现配。

## 五、常用的金属指示剂

目前，已知的金属指示剂已达 300 多种。这里介绍几种最常用的。

### 1. 铬黑 T

铬黑 T，简称 EBT，属偶氮染料。其化学名称为 1-(1-羟基-2-萘偶氮基)-6-硝基-2-萘酚-4-磺酸钠。结构式为：

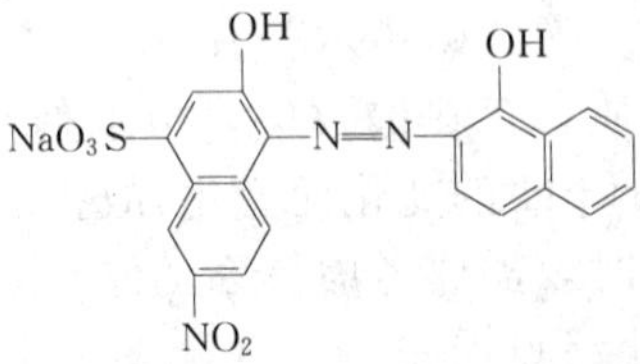

OH　OH

$NaO_3S$—(萘环)—N═N—(萘环)

$NO_2$

铬黑 T(用符号 $NaH_2In$ 表示）是带有金属光泽的黑褐色粉末。溶于水时，磺酸基上的 $Na^+$ 全部离解形成 $H_2In^-$。它在水溶液中存在下列酸碱平衡：

$$H_2In^- \underset{}{\overset{pK_{a_2}=6.3}{\rightleftharpoons}} HIn^{2-} \overset{pK_{a_3}=11.6}{\rightleftharpoons} In^{3-}$$

pH<6.3　　pH=8～11　　pH>11.6

紫红色　　蓝色　　橙色

铬黑 T 能与许多金属离子（如 $Ca^{2+}$、$Mg^{2+}$、$Zn^{2+}$、$Cb^{2+}$、$Pb^{2+}$、$Hg^{2+}$ 等）形成红色配合物。在 pH<6.3 和 pH>11.6 的溶液中，由于指示剂本身接近红色，与配合物颜色接近，故不宜使用。根据酸碱指示剂的变色原理（$pH=pK_a\pm1$），pH=7.3～10.6 时，铬黑 T 溶液呈蓝色，所以，从理论上说在这个 pH 范围内，铬黑 T 可以作为金属指示剂使用。但实验结果表明，使用铬黑 T 的最适宜酸度范围是 pH=9.0～10.5。使用时注意 $Al^{3+}$、$Fe^{3+}$、$Co^{3+}$、$Ni^{2+}$、$Cu^{3+}$、$Ti^{3+}$ 等离子对铬黑 T 有封闭作用。

铬黑 T 固态时比在水溶液中性质稳定得多，这主要是因为在水溶液中会发生如下的分子聚合反应：

$$nH_2In^- \rightleftharpoons (H_2In^-)_n$$

紫红色　　棕色

尤其在 pH<6.5 的条件下，聚合更为严重。加入三乙醇胺，可减缓聚合速率。

另外，在碱性溶液中，空气中的 $O_2$ 以及 Mn(Ⅳ)、$Ce^{4+}$ 等能将铬黑 T 氧化并褪色。加入盐酸羟胺或抗坏血酸等还原剂可防止其氧化。

在实际应用中，通常把铬黑 T 与纯净的中性盐（如 NaCl、KCl 等）按 1∶100 的比例混合后直接使用。

### 2. 钙指示剂

钙指示剂简称 NN 或钙红，也属偶氮染料。其化学名称为：2-羟基-1-(2-羟基-4-磺酸基-1-萘偶氮基)-3-萘甲酸。结构式为：

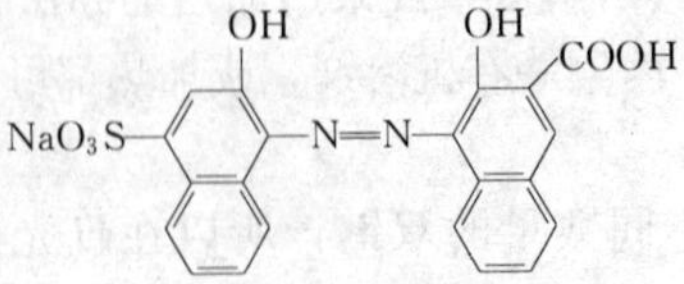

OH　OH　COOH

$NaO_3S$—(萘环)—N═N—(萘环)

纯的钙指示剂（用符号 $Na_2H_2In$ 表示）为紫黑色粉末。在水溶液中有下列酸碱平衡：

$$H_2In^{2-}(\text{红色}) \overset{pK_{a_3}=7.26}{\rightleftharpoons} HIn^{3-}(\text{蓝色}) \overset{pK_{a_4}=13.67}{\rightleftharpoons} In^{4-}(\text{紫色})$$

钙指示剂与 $Ca^{2+}$ 可形成红色配合物 CaIn。通常在 pH=12～13 测定 $Ca^{2+}$ 时，用钙指示剂指示终点（蓝色）。在此条件下测定 $Ca^{2+}$，不仅终点颜色变化明显，而且试液中即使有 $Mg^{2+}$ 共存也不会干扰 $Ca^{2+}$ 的测定，因为 pH=12～13 时，$Mg^{2+}$ 已生成 $Mg(OH)_2$ 白色沉淀而析出。

钙指示剂受封闭的情况与铬黑 T 相似，可用 KCN 和三乙醇胺联合掩蔽来消除。

纯的固态钙指示剂性质稳定，但它的水溶液和乙醇溶液都不稳定，故一般用固体试剂与 NaCl 按 1∶100 的比例混合后使用。

**3. 二甲酚橙**

二甲酚橙，简称 XO，属三苯甲烷类显色剂，其化学名称为：3,3′-双［*N*,*N*-二(羧甲基）氨甲基］邻甲酚磺酞，结构式如下：

二甲酚橙为易溶于水的紫色结晶。它在水溶液中有 7 种不同型体，其中 $H_6In$ 至 $H_2In^{4-}$ 都是黄色，$HIn^{5-}$ 至 $In^{6-}$ 为红色。在 pH ＝5～6 时，主要以 $H_2In^{4-}$ 型体存在。$H_2In^{4-}$ 的酸碱离解平衡如下：

$$\underset{\text{黄}}{H_2In^{4-}} \xrightleftharpoons{pK_{a_5}=6.3} H^+ + \underset{\text{红}}{HIn^{5-}}$$

由此可见，pH>6.3 时，呈红色；pH<6.3 时，呈黄色。二甲酚橙与金属离子形成的配合物都是红紫色，因此，它适合在 pH<6.3 的酸性溶液中使用。通常将其配成 0.5%的水溶液，大约可稳定 2～3 周。许多金属离子可用二甲酚橙作指示剂直接滴定，例如 $ZrO^{2+}$（pH<1）、$Bi^{3+}$（pH＝1～2）、$Th^{4+}$（pH＝2.3～3.5）、$Pb^{2+}$、$Zn^{2+}$、$Cb^{2+}$、$Hg^{2+}$、$La^{3+}$、$Y^{3+}$（pH=5.0～6.0）等，终点由红紫色转变为亮黄色，变色敏锐。

$Al^{3+}$、$Fe^{3+}$、$Ni^{2+}$、$Ti^{4+}$ 等离子对二甲酚橙有封闭作用，其中 $Al^{3+}$、$Ti^{4+}$ 可用氟化物掩蔽，$Ni^{2+}$ 可用邻二氮菲掩蔽，$Fe^{3+}$ 可用抗坏血酸还原。

# 第七节　提高配位滴定选择性的方法

EDTA 具有很强的配位能力，能与许多金属离子形成配合物，而实际测定的样品常常是多种金属离子共存。因此，如何提高配位滴定选择性就成为配位滴定中一个十分重要的问题。

下面介绍一些提高配位滴定选择性的主要方法。

## 一、控制溶液酸度

通过酸效应曲线可知，不同金属离子被 EDTA 滴定时允许的最低 pH 是不同的。若溶液中同时存在两种或两种以上的金属离子，并且都符合被 EDTA 滴定的条件 $\lg cK'_f \geqslant 6$ 时，若要对共存离子进行分别滴定，则应满足 $\lg c(M)K'_f(MY) - \lg c(N)K'_f(NY) \geqslant 5$，这样滴定时通过控制溶液的酸度，致使其中一种离子形成稳定的配合物，而其他离子不易配合，就避免了相互干扰。

**【例 5-5】** 溶液中 $Bi^{3+}$ 和 $Pb^{2+}$ 同时存在，其浓度均为 0.01mol·L$^{-1}$，试问能否利用控制溶液酸度的方法选择滴定 $Bi^{3+}$？若可以，确定在 $Pb^{2+}$ 存在下，选择滴定 $Bi^{3+}$ 的酸度范围。

**解**　查表 5-2 得 $\lg K_f(BiY) = 27.94$，$\lg K_f(PbY) = 18.04$，已知 $c(Bi^{3+}) = c(Pb^{2+}) = 0.01mol \cdot L^{-1}$，得：$\lg c(Bi^{3+})K_f(BiY) > 6$

且 $\lg c(Bi^{3+})K_f(BiY)-\lg c(Pb^{2+})K_f(PbY)=27.94-18.04=9.90>5$

故可利用控制酸度的方法滴定 $Bi^{3+}$ 而 $Pb^{2+}$ 不干扰。

从酸效应曲线（图 5-7）可查出，滴定 $Bi^{3+}$ 允许的最高酸度为 pH=0.70，即要求 pH>0.70，但滴定时 pH 不能太高，因 pH=2 时，$Bi^{3+}$ 就会与水发生反应，析出沉淀。另外，要使 $Pb^{2+}$ 完全不反应，则要求 $\lg c(Pb^{2+})K'_f(PbY)\leqslant 1$，当 $c(Pb^{2+})=0.01mol\cdot L^{-1}$ 时，即为 $\lg K'_f(PbY)\leqslant 3$。

由 $\lg K'_f(PbY)=\lg K_f(PbY)\ -\lg\alpha_{Y(H)}$

得　$\lg K_f(PbY)-\lg\alpha_{Y(H)}\leqslant 3$

$\lg\alpha_{Y(H)}\geqslant \lg K_f(PbY)-3=18.04-3=15.04$

查表 5-4 可知 pH≈1.6，即 pH<1.6 时，$Pb^{2+}$ 就不能被滴定。因此，在 $Pb^{2+}$ 存在下选择滴定 $Bi^{3+}$ 的酸度范围是 pH0.7～1.6，在实际测定中一般选 pH=1.0。

如果两种金属离子与 EDTA 所形成的配合物的稳定性很相近时，就不能利用控制酸度的方法来进行分别滴定，可采用其他方法。

## 二、利用掩蔽和解蔽作用

当 $\lg c(M)\ K'_f(MY)-\lg c(N)K'_f(NY)\leqslant 5$ 时，就不能用控制酸度的方法选择滴定 M。在这种情况下可利用加入掩蔽剂来降低干扰离子的浓度，从而达到消除干扰的目的，这种方法称为掩蔽法。常用的掩蔽法有配位掩蔽法、沉淀掩蔽法和氧化还原掩蔽法。其中配位掩蔽法应用最广。

配位掩蔽法是利用配位反应来降低干扰离子浓度以消除干扰。例如，当 $Al^{3+}$ 和 $Zn^{2+}$ 共存时，加入 $NH_4F$ 使 $Al^{3+}$ 生成稳定的 $AlF_6^{3-}$ 配合物而被掩蔽起来，调节 pH 为 5～6，选用二甲酚橙作指示剂，可准确滴定 $Zn^{2+}$，而 $Al^{3+}$ 不干扰。

沉淀掩蔽法是利用沉淀反应来降低干扰离子的浓度，以消除干扰的方法。例如，在 $Ca^{2+}$、$Mg^{2+}$ 两种离子共存的溶液中，加入 NaOH，使 pH≥12，此时 $Mg^{2+}$ 全部生成 $Mg(OH)_2$ 沉淀，使用钙指示剂，可用 EDTA 直接滴定 $Ca^{2+}$。

氧化还原掩蔽法是利用氧化还原反应来改变干扰离子的价态，以消除干扰的方法。例如，用 EDTA 滴定 $Bi^{3+}$、$Zr^{4+}$、$Th^{4+}$ 等离子时，溶液中如果存在 $Fe^{3+}$ 就会干扰滴定，这时可在酸性溶液中加入抗坏血酸或盐酸羟胺，将 $Fe^{3+}$ 还原成 $Fe^{2+}$，以消除 $Fe^{3+}$ 的干扰。

掩蔽某些离子滴定以后，若还要测定被掩蔽离子，可采用适当的方法使掩蔽的离子释放出来，这种方法称为解蔽，所用试剂称为解蔽剂。例如，$Zn^{2+}$ 和 $Pb^{2+}$ 共存时，用配位滴定法分别测定 $Zn^{2+}$ 和 $Pb^{2+}$ 时，先用氨水中和试液，再加入 KCN，掩蔽 $Zn^{2+}$（$Zn^{2+}$ 对 $Pb^{2+}$ 的测定有干扰）。在 pH=10.0 时，以铬黑 T 作指示剂，用 EDTA 可准确滴定 $Pb^{2+}$。然后加入甲醛，以破坏 $[Zn(CN)_4]^{2-}$ 配离子而释放出 $Zn^{2+}$，进而测定 $Zn^{2+}$。其反应如下：

$$[Zn(CN)_4]^{2-}+4HCHO+4H_2O \rightleftharpoons Zn^{2+}+4HOCH_2CN(\text{羟基乙腈})+4OH^-$$

## 三、采用其他配位剂

氨羧配位剂种类很多，除 EDTA 外，许多氨羧配位剂也能与金属离子生成配合物，但其稳定性与 EDTA 配合物的稳定性有时差别很大，故选用这些氨羧配位剂作为滴定剂，有可能提高滴定某些金属离子的选择性。下面介绍几种滴定剂：

### 1. EGTA（乙二醇二乙醚二胺四乙酸）

EGTA 与 $Ca^{2+}$、$Mg^{2+}$ 形成的配合物稳定性相差较大，故可在 $Ca^{2+}$、$Mg^{2+}$ 共存时，用 EGTA 直接滴定 $Ca^{2+}$。而 EDTA 与 $Ca^{2+}$、$Mg^{2+}$ 形成的配合物稳定性相差不大。

### 2. EDTP（乙二胺四丙酸）

EDTP 与 $Cu^{2+}$ 形成的配合物有相当高的稳定性，而与 $Zn^{2+}$、$Cb^{2+}$、$Mn^{2+}$、$Mg^{2+}$ 等离子形成的配合物稳定性就相对低得多，故可以在 $Zn^{2+}$、$Cb^{2+}$、$Mn^{2+}$、$Mg^{2+}$ 存在下，用

EDTP 直接滴定 $Cu^{2+}$。

3. DCTA(环己烷二胺四乙酸)

DCTA 亦可简称 $C_YDTA$，它与金属离子形成的配合物一般比相应的 EDTA 配合物更稳定。但 DCTA 与金属离子配位反应速率较慢，使终点拖长，且价格较贵，一般不使用。但它与 $Al^{3+}$ 的配位反应速率相当快，用 DCTA 滴定 $Al^{3+}$，可省去加热等手续（EDTA 滴定 $Al^{3+}$ 需加热）。

**四、分离干扰离子**

在配位滴定中，为消除干扰离子的影响，还可采用化学分离的方法，将干扰离子预先分离，再进行滴定。常见的分离方法有沉淀分离法、溶剂萃取分离法、色谱分离法、离子交换分离法等。有关这方面的内容将在相关章节中专门讨论。

## 第八节　配位滴定法的应用

**一、EDTA 标准溶液的配制、标定**

EDTA 标准溶液可以采用直接法或标定法来配制。由于分析纯 EDTA 二钠盐中常有 0.3%的湿存水，若直接配制应将试剂在 80℃干燥过夜或在 120℃下烘至恒重。另外，由于试验用水或其他试剂中常含有少量金属离子，故 EDTA 标准溶液常用标定法配制。方法是先配成接近所需浓度的 EDTA 溶液，然后再进行标定。

标定 EDTA 溶液的基准物质有 Zn、ZnO、$CaCO_3$、$MgSO_4 \cdot 7H_2O$ 等。用 Zn 标定 EDTA 溶液时，可用二甲酚橙作指示剂，滴定反应需在 HAc-NaAc 缓冲溶液（pH＝5～6）中进行，终点为红紫色变成亮黄色；若用铬黑 T 作指示剂，滴定反应需在 $NH_3$-$NH_4Cl$ 缓冲溶液（pH≈10）中进行，终点为紫红色变成纯蓝色。标定和测定的条件（包括滴定时酸度及指示剂等）应尽可能接近，这样测定结果就越准确。因为不同指示剂终点变色的敏锐性常有差异，滴定误差就不同；溶液中若含有杂质，在不同条件下干扰也就不一样。但在同样条件下标定和测定，这些影响大致相同，误差可以抵消。标定 EDTA 溶液时，应尽可能采用被测元素的金属或化合物作为基准物质，以消除系统误差。

EDTA 标准溶液应贮存在聚乙烯塑料瓶或硬质玻璃瓶中，否则会溶入某些金属离子（如 $Ca^{2+}$、$Mg^{2+}$ 等），使 EDTA 浓度发生变化。

**二、各种配位滴定方式**

在配位滴定中，采用不同滴定方式，不仅可扩大应用范围，还可提高配位滴定的选择性。

1. 直接滴定法

直接滴定法是配位滴定法中常用的基本方法。若金属离子与 EDTA 反应能满足滴定分析的要求就可直接滴定。大多数金属离子（如 $Cu^{2+}$、$Zn^{2+}$ 等）都可用 EDTA 进行直接滴定。

2. 返滴定法

若被测金属离子与 EDTA 反应缓慢，或发生水解等副反应，或对指示剂有封闭作用，或没有合适指示剂，就采用返滴定法，即加入过量的 EDTA 标准溶液使被测离子反应完全，然后用另一种金属离子的标准溶液返滴剩余的 EDTA，即可求得被测物质的含量。例如在 pH＝5～6 的 $Al^{3+}$ 溶液中，以二甲酚橙作指示剂，若用 EDTA 直接滴定 $Al^{3+}$ 会出现一系列问题，如 $Al^{3+}$ 与 EDTA 反应缓慢、$Al^{3+}$ 会水解、$Al^{3+}$ 对指示剂有封闭作用等，故 $Al^{3+}$ 不可被直接滴定，但可采用返滴定法。具体做法是在试液中，先加入已知过量 EDTA 标准溶液，pH＝3～4 时加热煮沸，使 $Al^{3+}$ 与 EDTA 反应完全，然后在 pH＝5～6，加入二甲酚橙，用 $Zn^{2+}$ 标准溶液返滴剩余的 EDTA。

3. 置换滴定法

利用置换反应，将被测离子定量地置换成另一种金属离子，然后用 EDTA 标准溶液进行滴定。例如，$Ag^+$ 与 EDTA 的配合物不稳定，EDTA 不能直接滴定 $Ag^+$。若在 $Ag^+$ 试液中加入过量的 $Ni(CN)_4^{2-}$，则发生下面的置换反应：

$$2Ag^+ + Ni(CN)_4^{2-} \rightleftharpoons 2Ag(CN)_2^- + Ni^{2+}$$

置换出来的 $Ni^{2+}$，可在 $NH_3$-$NH_4^+$ 缓冲溶液（pH≈10）中用 EDTA 滴定，从而可求得 $Ag^+$ 的含量。

4. 间接滴定法

有些金属离子（如 $Na^+$、$Li^+$）与 EDTA 生成的配合物很不稳定，而非金属离子（如 $PO_4^{3-}$、$SO_4^{2-}$ 等）又不与 EDTA 形成配合物。如果测定这些离子，可采用间接滴定的方式。例如 $PO_4^{3-}$ 的测定，在一定条件下可将其沉淀为 $MgNH_4PO_4 \cdot 6H_2O$，然后过滤、洗净并溶解后调 pH≈10，加入铬黑 T，用 EDTA 标准溶液滴定 $Mg^{2+}$，从而间接求得磷的含量。

## 三、配位滴定法应用实例

### 1. 水的总硬度及钙镁含量的测定

水的硬度最初是指水沉淀肥皂的能力，使肥皂沉淀的主要原因是水中存在的钙、镁离子。水的总硬度指水中钙、镁离子的总硬度，其中包括碳酸盐硬度（即通过加热能以碳酸盐形式沉淀下来的钙、镁离子，又称暂时硬度）和非碳酸盐硬度（即加热后不能沉淀下来的那一部分钙、镁离子，又称永久硬度）。硬度的表示方法在国际、国内都尚未统一，我国目前使用的表示方法是将所测得的钙、镁折算成 CaO 或 $CaCO_3$ 的质量，即 1L 水中含有多少毫克 CaO 或 $CaCO_3$，单位为 $mg \cdot L^{-1}$。

工业用水和生活饮用水对水的硬度都有一定的要求，我国生活饮用水卫生标准规定以 $CaCO_3$ 计的硬度不得超过 $450mg \cdot L^{-1}$。

（1）水的总硬度的测定　在一份水样中加入 pH＝10.0 的氨性缓冲溶液和少许铬黑 T 指示剂，此时溶液呈红色。铬黑 T 和 EDTA 分别与 $Ca^{2+}$、$Mg^{2+}$ 生成配合物的稳定性大小为：

$$CaY^{2-} > MgY^{2-} > MgIn^- > CaIn^-$$

所以，此时的红色配合物是 $MgIn^-$，其反应如下：

$$Mg^{2+} + HIn^{2-}(\text{蓝色}) \rightleftharpoons MgIn^-(\text{红色}) + H^+$$

当用 EDTA 标准溶液滴定时，它先与游离的 $Ca^{2+}$ 配位，再与 $Mg^{2+}$ 配位，在计量点时，EDTA 从 $MgIn^-$ 中夺取 $Mg^{2+}$，从而使指示剂游离出来，溶液的颜色由红变为纯蓝，即为终点。有关反应如下：

$$Ca^{2+} + H_2Y^{2-} \rightleftharpoons CaY^{2-} + 2H^+$$

$$Mg^{2+} + H_2Y^{2-} \rightleftharpoons MgY^{2-} + 2H^+$$

$$MgIn^- + H_2Y^{2-} \rightleftharpoons MgY^{2-} + HIn^{2-} + H^+$$

水的总硬度可由 EDTA 标准溶液的浓度 $c$(EDTA) 和消耗体积 $V_1$(EDTA) 以及水样的体积 $V$(s) 来计算。以 $CaCO_3$ 计，单位为 $mg \cdot L^{-1}$：

$$\text{总硬度} = \frac{c(EDTA)V_1(EDTA)M(CaCO_3)}{V(s)}$$

式中，$c$(EDTA) 为 EDTA 标准溶液的浓度，$mol \cdot L^{-1}$；$V_1$(EDTA) 为滴定时 $Ca^{2+}$、$Mg^{2+}$ 共消耗 EDTA 的体积，mL；$M(CaCO_3)$ 为 $CaCO_3$ 的摩尔质量，$g \cdot moL^{-1}$；$V$(s) 为水样的体积，L。

当水样中 $Mg^{2+}$ 极少时，加入的铬黑 T 除了与 $Mg^{2+}$ 配位外还与 $Ca^{2+}$ 配位，但 $CaIn^-$ 比 $MgIn^-$ 的显色灵敏度要差很多，往往得不到敏锐的终点。为了提高终点变色的敏锐性，可在 EDTA 标准溶液中加入适量的 $Mg^{2+}$（注意，要在 EDTA 标定前加入，这样就不影响 EDTA 与被测金属离子之间的滴定定量关系），或在缓冲溶液中加入一定量的 Mg-EDTA 盐。

水样中若有 $Fe^{3+}$、$Al^{3+}$ 等干扰离子时，可用三乙醇胺掩蔽。如有 $Cu^{2+}$、$Pb^{2+}$、

$Zn^{2+}$、$Co^{2+}$、$Ni^{2+}$ 等干扰离子，可用 $Na_2S$、KCN 等掩蔽。

(2) 钙的测定 另取一份水样，用 NaOH 调至 pH＝12.0，此时 $Mg^{2+}$ 生成 $Mg(OH)_2$ 沉淀，不干扰 $Ca^{2+}$ 的测定。加入少量钙指示剂，溶液呈红色：

$$\underset{\text{}}{Ca^{2+}} + \underset{\text{蓝色}}{HIn^{3-}} \rightleftharpoons \underset{\text{红色}}{CaIn^{2-}} + H^+$$

滴定开始至计量点，有关反应为：

$$Ca^{2+} + H_2Y^{2-} \rightleftharpoons CaY^{2-} + 2H^+$$
$$CaIn^{2-} + H_2Y^{2-} \rightleftharpoons CaY^{2-} + HIn^{3-} + H^+$$

溶液由红色变为蓝色即为终点，所消耗的 EDTA 的体积为 $V_2$(EDTA)，按下式计算 $Ca^{2+}$ 的质量浓度，单位为 $mg \cdot L^{-1}$：

$$\rho(Ca^{2+})=\frac{c(\text{EDTA})V_2(\text{EDTA})M(Ca^{2+})}{V(s)}$$

式中，$\rho(Ca^{2+})$为 $Ca^{2+}$ 的质量浓度，$mg \cdot L^{-1}$；$c$(EDTA) 为 EDTA 标准溶液的浓度，$mol \cdot L^{-1}$；$V_2$(EDTA) 为滴定时 $Ca^{2+}$ 消耗 EDTA 的体积，mL；$M(Ca^{2+})$ 为 $Ca^{2+}$ 的摩尔质量，$g \cdot moL^{-1}$；$V$(s) 为水样的体积，L。

$Mg^{2+}$ 的质量浓度，单位为 $mg \cdot L^{-1}$，计算公式为：

$$\rho(Mg^{2+})=\frac{c(\text{EDTA})[V_1(\text{EDTA})-V_2(\text{EDTA})]M(Mg^{2+})}{V(s)}$$

式中，$\rho(Mg^{2+})$为 $Mg^{2+}$ 的质量浓度，$mg \cdot L^{-1}$；$c$(EDTA) 为 EDTA 标准溶液的浓度，$mol \cdot L^{-1}$；$V_1$(EDTA) 为滴定时 $Ca^{2+}$、$Mg^{2+}$ 共消耗 EDTA 的体积，mL；$V_2$(EDTA) 为滴定时 $Ca^{2+}$ 消耗 EDTA 的体积，mL；$M(Mg^{2+})$ 为 $Mg^{2+}$ 的摩尔质量，$g \cdot moL^{-1}$；$V$(s) 为水样的体积，L。

**2. 可溶性硫酸盐中 $SO_4^{2-}$ 的测定**

$SO_4^{2-}$ 不能与 EDTA 直接反应，可采用间接滴定法进行测定。即在含有 $SO_4^{2-}$ 的溶液中加入已知准确浓度的过量 $BaCl_2$ 标准溶液，使 $SO_4^{2-}$ 与 $Ba^{2+}$ 充分反应生成 $BaSO_4$ 沉淀，剩余的 $Ba^{2+}$ 用 EDTA 标准溶液返滴定，可用铬黑 T 指示剂。由于 $Ba^{2+}$ 与铬黑 T 的配合物不够稳定，终点颜色变化不明显，因此，实验时常加入已知量的 $Mg^{2+}$ 标准溶液，以提高测定的准确性。

$SO_4^{2-}$ 的质量分数可用下式求得：

$$w(SO_4^{2-})=\frac{[c(Ba^{2+})V(Ba^{2+})+c(Mg^{2+})V(Mg^{2+})-c(\text{EDTA})V(\text{EDTA})]M(SO_4^{2-})}{m(s)}$$

式中，$c(Ba^{2+})$ 为加入 $BaCl_2$ 标准溶液的浓度，$mol \cdot L^{-1}$；$V(Ba^{2+})$ 为加入 $BaCl_2$ 标准溶液的体积，L；$c(Mg^{2+})$ 为加入 $Mg^{2+}$ 标准溶液的浓度，$mol \cdot L^{-1}$；$V(Mg^{2+})$ 为加入 $Mg^{2+}$ 标准溶液的体积，L；$c$(EDTA) 为 EDTA 标准溶液的浓度，$mol \cdot L^{-1}$；$V$(EDTA) 为滴定时消耗 EDTA 的体积，L；$M(SO_4^{2-})$ 为 $SO_4^{2-}$ 的摩尔质量，$g \cdot moL^{-1}$；$m$ (s) 为称取硫酸盐样的质量，g。

**3. $Ag^+$ 的测定**

$Ag^+$ 与 EDTA 的配合物不稳定，不能用 EDTA 直接滴定，此时可采用置换滴定法进行测定。在含 $Ag^+$ 的试液中加入已知过量的 $[Ni(CN)_4]^{2-}$ 标准溶液，发生如下反应：

$$2Ag^+ + [Ni(CN)_4]^{2-} \rightleftharpoons 2[Ag(CN)_2]^- + Ni^{2+}$$

在 pH＝10.0 的氨性缓冲溶液中，以紫脲酸铵为指示剂，用 EDTA 滴定置换出来的 $Ni^{2+}$，根据 $Ag^+$ 和 $Ni^{2+}$ 的换算关系，即可求得 $Ag^+$ 的含量。

## 本章小结

配位滴定法实际上主要是指 EDTA 滴定法，即用 EDTA 标准溶液直接或间接滴定金属离子的方法。

EDTA 化学名是乙二胺四乙酸，通常用 $H_4Y$ 表示，在水中溶解度较小，常用其二钠盐（$Na_2H_2Y \cdot 2H_2O$）作滴定剂。EDTA 能提供 6 个配位原子，与大多数金属离子能按 1∶1 配位生成相当稳定、易溶于水的配合物。

影响 M-EDTA 配位化合物稳定性的主要因素是酸效应和配位效应，影响程度用酸效应系数 $\alpha_{Y(H)}$ 和配位效应系数 $\alpha_{M(L)}$ 表示，其值越大，影响越严重。所以综合考虑这些影响因素，M-EDTA 配合物的实际稳定性应用条件稳定常数 $K'_f$ 表示，它们之间关系为：$\lg K'_f = \lg K_f - \lg\alpha_{Y(H)} - \lg\alpha_{M(L)}$。

从配位滴定曲线可知在化学计量点附近出现了滴定突跃，其大小受被测金属离子浓度 $c$(M) 及 M-EDTA 配合物的条件稳定常数 $K'_f$ 影响，且 $c$(M) 或 $K'_f$ 越大，突跃范围越大。单一金属离子能被 EDTA 准确直接滴定的条件是 $\lg c(M)\ K'_f(MY) \geqslant 6$。据此可推算出滴定各金属离子的最低 pH，由 pH 和 $\lg\alpha_{Y(H)}$ 可绘出酸效应曲线。配位滴定中常需加入一定量的缓冲溶液来控制溶液的 pH。

配位滴定终点可选用金属指示剂来确定。使用时要注意金属指示剂的封闭、僵化和氧化变质现象。

共存离子被分别准确滴定时，在符合 $\lg cK'_f \geqslant 6$ 的前提下还需符合 $\lg c(M)\ K'_f(MY) - \lg c(N) K'_f(NY) \geqslant 5$。可通过控制溶液的酸度、加掩蔽剂或分离干扰离子等手段提高配位滴定选择性。

## 思考题与习题

1. EDTA 与金属离子形成的配合物有哪些特点？为什么？

2. 配合物的条件稳定常数与其稳定常数、酸效应系数及配位效应系数之间有什么关系？

3. 配位滴定中，金属离子能被 EDTA 准确直接滴定的条件是什么？

4. 金属指示剂的作用原理是什么？金属离子指示剂应具备哪些条件？选择指示剂的依据是什么？使用时应注意哪些问题？

5. 配位滴定中为何要使用缓冲溶液？

6. 已知 EDTA-Ca 配合物的 $\lg K_f(CaY) = 10.69$。pH=9.0 时，$\lg\alpha_{Y(H)} = 1.29$，若无其他副反应，计算在这个酸度下 EDTA-Ca 配合物的 $\lg K'_f(CaY)$。 (9.40)

7. 已知 EDTA-Ca 配合物的 $\lg K_f(CaY) = 10.69$。在某酸度下该配合物的 $\lg K'_f(CaY) = 8.00$，且无其他副反应，计算该酸度下 $\lg\alpha_{Y(H)}$。 (2.69)

8. 计算 pH=5 时，EDTA 的酸效应系数及对数值。若此时 EDTA 各种型体总浓度为 $0.02\text{mol} \cdot L^{-1}$，求［Y］。 ($7.1 \times 10^{-9}\text{mol} \cdot L^{-1}$)

9. 计算在 pH=5.00 的 $0.10\text{mol} \cdot L^{-1}$ AlY 溶液中，当游离 $F^-$ 的浓度为 $0.010\text{mol} \cdot L^{-1}$ 时 AlY 的条件稳定常数，计算结果说明什么？ (−0.1，说明此时 AlY 配合物已被氟化物破坏)

10. $0.02000\text{mol} \cdot L^{-1}$ 的 EDTA 溶液滴定同浓度的 $Fe^{3+}$ 离子，已知 $\lg K_f(FeY) = 25.10$，若要求误差在±0.1%之内，问 $\lg\alpha_{Y(H)}$ 应在什么范围内？ (0～17.10)

11. 吸取 100.0mL 水样测定水的硬度时，耗去 $0.01500\text{mol} \cdot L^{-1}$ EDTA 标准溶液 15.75mL，计算以 $CaCO_3$ 表示的水的总硬度（$\text{mg} \cdot L^{-1}$）［$M_r(CaCO_3) = 100.0\text{g} \cdot \text{mol}^{-1}$］。 ($236.2\text{mg} \cdot L^{-1}$)

12. 称取 0.500g 煤样，灼烧时其中的 S 完全被氧化为 $SO_4^{2-}$，处理成溶液后，除去重金属离子，加入 $0.0500\text{mol} \cdot L^{-1}$ 的 $BaCl_2$ 标准溶液 20.00mL，使之形成 $BaSO_4$ 沉淀，再用 $0.0250\text{mol} \cdot L^{-1}$ 的 EDTA 滴定过量的 $Ba^{2+}$，用去 20.00mL，求煤中 S 的质量分数［$M_r(S) = 32.07\text{g} \cdot \text{mol}^{-1}$］。 (0.0321)

13. 测定奶粉中 Ca 含量，称取 2.5g 试样经灰化处理，制备为试液，然后用 EDTA 标准溶液滴定消耗了 25.10mL。称取 0.6256g 高纯锌，用稀 HCl 溶解后，定容为 1.000L。吸取 10.00mL，用上述 EDTA 溶液滴定消耗了 10.80mL。求奶粉中 Ca 含量（以 $\text{mg} \cdot g^{-1}$ 表示）。 ($3.56\text{mg} \cdot g^{-1}$)

# 第六章　氧化还原滴定法

氧化还原滴定法是以氧化还原反应为基础的滴定分析方法。在滴定分析中，不仅可以选用适当的还原剂或氧化剂作为标准溶液，直接测定具有氧化性或还原性的物质，而且对于那些不具有氧化性或还原性的物质也可以采用间接方式进行滴定，因此氧化还原滴定法的应用也较为广泛。根据标准溶液的不同，氧化还原滴定法可有多种方法。本章重点介绍高锰酸钾法、重铬酸钾法和碘量法。

## 第一节　氧化还原反应的特点

### 一、标准电极电势和条件电极电势

氧化还原反应中，给电子的物质即电子供给体，称为还原剂；接受电子的物质即电子接受体，称为氧化剂。氧化还原性物质处于缺电子状态是其氧化态（Ox），处于富含电子状态是其还原态（Red），氧化态和还原态存在如下关系：

$$\mathrm{Ox} + n\mathrm{e}^- \rightleftharpoons \mathrm{Red}$$

氧化还原性物质的氧化态和还原态通过得失电子形成的共轭关系，称为氧化还原共轭电对。氧化剂和还原剂的强弱，可以用有关电对的电极电势来衡量。电对的电极电势越高，其氧化态的氧化能力就越强；反之，电对的电极电势越低，其还原态的还原能力就越强。因此，作为一种氧化剂，它可以氧化电极电势比它低的还原剂；同样，作为一种还原剂，它可以还原电极电势比它高的氧化剂。由此可见，根据电对的电极电势，可以判断氧化还原反应进行的方向。

氧化还原共轭电对的电极电势 $\varphi$ 可通过 Nernst 方程求得：

$$\varphi(\mathrm{Ox/Red})=\varphi^{\ominus}(\mathrm{Ox/Red})+\frac{2.303RT}{nF}\lg\frac{a(\mathrm{Ox})}{a(\mathrm{Red})} \tag{6-1}$$

在 25℃时，

$$\varphi(\mathrm{Ox/Red})=\varphi^{\ominus}+\frac{0.059\mathrm{V}}{n}\lg\frac{a(\mathrm{Ox})}{a(\mathrm{Red})} \tag{6-2}$$

式中，$\varphi(\mathrm{Ox/Red})$ 为电对的电极电势；$\varphi^{\ominus}(\mathrm{Ox/Red})$ 为电对的标准电极电势；$a(\mathrm{Ox})$ 和 $a(\mathrm{Red})$ 分别为氧化态和还原态的活度（离子在化学反应中起作用的有效浓度）；$n$ 为共轭电对间转移的电子数。$\varphi^{\ominus}(\mathrm{Ox/Red})$ 的大小与电对本身的性质有关，温度一定时为常数。部分氧化还原电对在 25℃时的标准电极电势见本书附录九。

在实际工作中容易知道的是氧化态和还原态的浓度，而不是活度。通常物质的活度与浓度存在如下关系：

$$a(\mathrm{Ox})=\gamma(\mathrm{Ox})c(\mathrm{Ox});a(\mathrm{Red})=\gamma(\mathrm{Red})c(\mathrm{Red}) \tag{6-3}$$

式中，$\gamma(\mathrm{Ox})$ 和 $\gamma(\mathrm{Red})$ 为氧化态和还原态的活度系数。则 Nernst 方程可写为：

$$\varphi(\mathrm{Ox/Red})=\varphi^{\ominus}+\frac{0.059\mathrm{V}}{n}\lg\frac{\gamma(\mathrm{Ox})c(\mathrm{Ox})}{\gamma(\mathrm{Red})c(\mathrm{Red})} \tag{6-4}$$

活度系数 $\gamma$ 与溶液的离子强度有关，当溶液中离子强度较大时，活度系数 $\gamma$ 不易求得，若用浓度代替活度进行计算，则会引起较大的误差。此外，氧化态或还原态与溶液中其他组分常常发生副反应，如酸度的影响、沉淀与配合物的形成等。由于副反应的发生，降低了离子的有效浓度，因而也影响着电极电势。考虑到副反应的发生，还必须引入相应的副反应系数 $\alpha(\mathrm{Ox})$ 和 $\alpha(\mathrm{Red})$。若以 [Ox] 和 [Red] 分别表示氧化态和还原态的平衡浓度，则根据副反应系数的定义： $\alpha(\mathrm{Ox})=\dfrac{c(\mathrm{Ox})}{[\mathrm{Ox}]}$ 和 $\alpha(\mathrm{Red})=\dfrac{c(\mathrm{Red})}{[\mathrm{Red}]}$

有： $c(\mathrm{Ox})=\alpha(\mathrm{Ox})[\mathrm{Ox}]$ 和 $c(\mathrm{Red})=\alpha(\mathrm{Red})[\mathrm{Red}]$

代入式(6-4)：

$$\begin{aligned}\varphi(\mathrm{Ox/Red})&=\varphi^{\ominus}(\mathrm{Ox/Red})+\frac{0.059\mathrm{V}}{n}\lg\frac{\gamma(\mathrm{Ox})c(\mathrm{Ox})}{\gamma(\mathrm{Red})c(\mathrm{Red})}\\&=\varphi^{\ominus}(\mathrm{Ox/Red})+\frac{0.059\mathrm{V}}{n}\lg\frac{\gamma(\mathrm{Ox})\alpha(\mathrm{Ox})[\mathrm{Ox}]}{\gamma(\mathrm{Red})\alpha(\mathrm{Red})[\mathrm{Red}]}\\&=\varphi^{\ominus}(\mathrm{Ox/Red})+\frac{0.059\mathrm{V}}{n}\lg\frac{\gamma(\mathrm{Ox})\alpha(\mathrm{Ox})}{\gamma(\mathrm{Red})\alpha(\mathrm{Red})}+\frac{0.059\mathrm{V}}{n}\lg\frac{[\mathrm{Ox}]}{[\mathrm{Red}]}\end{aligned}$$

在一定条件下，$\gamma$，$\alpha$ 都是常数，可以把它们并入前边的标准电极电势项中，则 Nernst 方程可进一步写为： $\varphi(\mathrm{Ox/Red})=\varphi^{\ominus\prime}(\mathrm{Ox/Red})+\dfrac{0.059\mathrm{V}}{n}\lg\dfrac{[\mathrm{Ox}]}{[\mathrm{Red}]}$ (6-5)

当 $[\mathrm{Ox}]=[\mathrm{Red}]=1\mathrm{mol\cdot L^{-1}}$ 时，

$$\varphi(\mathrm{Ox/Red})=\varphi^{\ominus\prime}(\mathrm{Ox/Red})=\varphi^{\ominus}(\mathrm{Ox/Red})+\frac{0.059\mathrm{V}}{n}\lg\frac{\gamma(\mathrm{Ox})\alpha(\mathrm{Ox})}{\gamma(\mathrm{Red})\alpha(\mathrm{Red})} \quad (6\text{-}6)$$

式(6-6) 中，$\varphi^{\ominus\prime}(\mathrm{Ox/Red})$ 称为 Ox/Red 电对的条件电极电势。它表示在特定条件下氧化态 Ox 和还原态 Red 的浓度都等于 $1\mathrm{mol\cdot L^{-1}}$ 时的实际电极电势，在一定条件下是常数。部分氧化还原电对的条件电极电势见本书附录十。

条件电极电势是考虑了给定条件下离子强度与各种副反应的影响后（即校正了给定条件下外界因素影响后）的实际电极电势，各种条件下的条件电极电势都是由实验测定的，所以用它来处理问题较符合实际情况。因此在处理氧化还原平衡问题时，应使用给定条件下的条件电极电势；若没有相同条件的条件电极电势，可采用条件相近的条件电极电势；对于没有条件相近的条件电极电势的情况，则只好采用标准电极电势近似处理。

## 二、氧化还原反应进行的方向

氧化还原反应中，可根据组成反应的两电对的电极电势大小，判断氧化还原反应进行的方向。电极电势的大小不仅取决于物质的性质，还与反应的条件密切相关。改变反应条件，电极电势也会随之发生变化，从而有可能改变氧化还原反应进行的方向。

### 1. 浓度的影响

由 Nernst 方程可知，氧化态与还原态浓度的改变会影响氧化还原电对的电极电势。当增加氧化态的浓度或降低还原态的浓度，将使电对的电极电势升高；当降低氧化态的浓度或增加还原态的浓度，将使电对的电极电势降低。因此，当两个电对的条件电极电势相差不大时，若改变氧化态或还原态的浓度有可能改变氧化还原反应进行的方向。

**【例 6-1】** 当①$[\mathrm{Sn^{2+}}]=[\mathrm{Pb^{2+}}]=1.0\mathrm{mol\cdot L^{-1}}$；②$[\mathrm{Sn^{2+}}]=1.0\mathrm{mol\cdot L^{-1}}$，$[\mathrm{Pb^{2+}}]=0.10\mathrm{mol\cdot L^{-1}}$ 时，判断下述反应进行的方向。［忽略离子强度的影响，已知 $\varphi^{\ominus}(\mathrm{Sn^{2+}/Sn})=-0.14\mathrm{V}$，$\varphi^{\ominus}(\mathrm{Pb^{2+}/Pb})=-0.126\mathrm{V}$。］

$$\mathrm{Pb^{2+}+Sn=\!=\!=Pb+Sn^{2+}}$$

**解** ① 因为 $\varphi^{\ominus}(\mathrm{Sn^{2+}/Sn})<\varphi^{\ominus}(\mathrm{Pb^{2+}/Pb})$，

所以反应向右进行。

② $\varphi(\mathrm{Pb^{2+}/Pb})=\varphi^{\ominus}(\mathrm{Pb^{2+}/Pb})+\dfrac{0.059\mathrm{V}}{2}\lg[\mathrm{Pb^{2+}}]=-0.126+\dfrac{0.059\mathrm{V}}{2}\lg 0.10=-0.156\ (\mathrm{V})$

因为 $\varphi^{\ominus}(\mathrm{Sn^{2+}/Sn})>\varphi(\mathrm{Pb^{2+}/Pb})$，

所以反应向左进行。

应该指出，若两电对的条件电极电势相差较大时，则难以通过增减某一氧化剂（或还原剂）的浓度来改变反应进行的方向。

2. **生成沉淀的影响**

在氧化还原体系中，若加入一种可以与氧化态或还原态生成沉淀的沉淀剂，则游离的氧化态或还原态浓度发生改变，其电极电势就会发生变化。如果沉淀剂与氧化态形成沉淀，则其 $\varphi^{\ominus\prime}$减小；反之，若沉淀剂与还原态形成沉淀，则其 $\varphi^{\ominus\prime}$增大。从而影响反应进行的方向。

**【例 6-2】** 当 $[Cu^{2+}]=[I^-]=1.0mol \cdot L^{-1}$时，判断反应 $2Cu^{2+}+4I^- \longrightarrow 2CuI\downarrow+I_2$ 进行的方向。

$$Cu^{2+}+e^- \longrightarrow Cu^+ \qquad \varphi^{\ominus}(Cu^{2+}/Cu^+)=0.17V$$

$$I_2+2e^- \longrightarrow 2I^- \qquad \varphi^{\ominus}(I_2/I^-)=0.54V$$

**解** 按两电对的电极电势大小比较反应方程式应为：

$$I_2+2Cu^+ \longrightarrow 2Cu^{2+}+2I^-$$

但由于溶液中的 $I^-$ 会和 $Cu^+$ 结合生成沉淀 CuI，即

$$Cu^+ + I^- \longrightarrow CuI\downarrow$$

若不考虑离子强度的影响，则有：

$$\varphi(Cu^{2+}/Cu^+)=\varphi^{\ominus}(Cu^{2+}/Cu^+)+0.059V\lg\frac{[Cu^{2+}]}{[Cu^+]}$$

$$=\varphi^{\ominus}(Cu^{2+}/Cu^+)+0.059V\lg\frac{[I^-][Cu^{2+}]}{K_{sp}}$$

因为 $K_{sp}=1.1\times10^{-12}$，$[Cu^{2+}]=[I^-]=1.0mol \cdot L^{-1}$，代入得

$$\varphi(Cu^{2+}/Cu^+)=0.88V$$

计算结果表明，由于生成 $CuI\downarrow$，使 $Cu^{2+}/Cu^+$ 电对的电极电势由 0.17V 增加到 0.88V，可见，$\varphi^{\ominus}(I_2/I^-)<\varphi(Cu^{2+}/Cu^+)$，则反应方向发生改变，反应式应为：

$$2Cu^{2+}+4I^- \longrightarrow 2CuI\downarrow+I_2$$

因此上述反应的反应方向为向右进行。

说明当溶液中有过量 $I^-$ 存在时，$Cu^{2+}/Cu^+$ 的电极电势增大，从而 $Cu^{2+}$ 可以定量地氧化 $I^-$，此即碘量法测定 $Cu^{2+}$ 含量的原理。

3. **形成配合物的影响**

在氧化还原反应中，当加入能与氧化态或还原态形成稳定配合物的配位剂时，氧化态或还原态的有效浓度就会减小，引起电对的电极电势的改变，从而影响氧化还原反应的方向。

**【例 6-3】** 已知 $\varphi^{\ominus}(Cu^{2+}/Cu)=0.337V$，$K_f([Cu(NH_3)_4]^{2+})=4.8\times10^{12}$，求 $\varphi^{\ominus}([Cu(NH_3)_4]^{2+}/Cu)=?$

**解**　$Cu^{2+}+2e^- \longrightarrow Cu \qquad [Cu(NH_3)_4]^{2+}+2e^- \longrightarrow Cu+4NH_3$

根据 Nernst 方程上述两电对的电极电势分别为：

$$\varphi(Cu^{2+}/Cu)=\varphi^{\ominus}(Cu^{2+}/Cu)+\frac{0.059V}{2}\lg[Cu^{2+}]$$

$$\varphi([Cu(NH_3)_4]^{2+}/Cu)=\varphi^{\ominus}([Cu(NH_3)_4]^{2+}/Cu)+\frac{0.059V}{2}\lg\frac{[[Cu(NH_3)_4]^{2+}]}{[NH_3]^4}$$

将上述两电对组成原电池，当电池电动势等于零时，

$$\varphi(Cu^{2+}/Cu)=\varphi([Cu(NH_3)_4]^{2+}/Cu)，即：$$

$$\varphi^{\ominus}(Cu^{2+}/Cu)+\frac{0.059V}{2}\lg[Cu^{2+}]=\varphi^{\ominus}([Cu(NH_3)_4]^{2+}/Cu)+\frac{0.059V}{2}\lg\frac{[[Cu(NH_3)_4]^{2+}]}{[NH_3]^4}$$

整理后得：

$$\varphi^{\ominus}([Cu(NH_3)_4]^{2+}/Cu)=\varphi^{\ominus}(Cu^{2+}/Cu)+\frac{0.059V}{2}\lg\frac{[NH_3]^4[Cu^{2+}]}{[[Cu(NH_3)_4]^{2+}]}$$

因为 $$K_f([Cu(NH_3)_4]^{2+})=\frac{[[Cu(NH_3)_4]^{2+}]}{[Cu^{2+}][NH_3]^4}=4.8\times10^{12}$$

连同 $\varphi^{\ominus}(Cu^{2+}/Cu)=0.337V$ 代入上式得：

$$\varphi^{\ominus}([Cu(NH_3)_4]^{2+}/Cu)=0.337+\frac{0.059V}{2}\lg\frac{1}{4.8\times10^{12}}=-0.038\ (V)$$

虽然$[Cu(NH_3)_4]^{2+}$与 $NH_3$ 的浓度都为标准浓度 $1mol\cdot L^{-1}$，但由于$[Cu(NH_3)_4]^{2+}$的生成，使 $c(Cu^{2+})$ 发生改变，从而使电极电势改变，由此可能改变氧化还原反应进行的方向。

**4. 溶液 pH 的影响**

对于那些有 $H^+$ 或 $OH^-$ 参与的电极反应，溶液 pH 将直接影响电对的电极电势。例如氧化还原反应： $H_3AsO_4+2H^++3I^- \longrightarrow HAsO_2+I_3^-+2H_2O$

其半反应是：

$H_3AsO_4+2H^++2e^- \longrightarrow HAsO_2+2H_2O$ $\quad\varphi^{\ominus}(H_3AsO_4/HAsO_2)=0.56V$

$I_2+2e^- \longrightarrow 2I^-$ $\quad\varphi^{\ominus}(I_2/I^-)=0.54V$

当$[H_3AsO_4]=[HAsO_2]=1.0mol\cdot L^{-1}$，溶液 pH=7.00，即$[H^+]=1.0\times10^{-7}\ mol\cdot L^{-1}$时：

$$\varphi(H_3AsO_4/HAsO_2)=\varphi^{\ominus}(H_3AsO_4/HAsO_2)+\frac{0.059V}{2}\lg\frac{[H_3AsO_4][H^+]^2}{[HAsO_2]}$$

$$=0.56+\frac{0.059V}{2}\lg\frac{1.0\times(1.0\times10^{-7})^2}{1.0}=0.15\ (V)$$

在 $I_2+2e^- \longrightarrow 2I^-$ 的电极反应中，无 $H^+$ 参与，故改变溶液酸度不会影响电对的电极电势。

因为 $\varphi(H_3AsO_4/HAsO_2)<\varphi^{\ominus}(I_2/I^-)$，所以该反应向左进行。

## 三、氧化还原反应进行的程度

对于滴定分析，要求反应进行得越完全越好。而对于一个氧化还原反应来说，反应进行的完全程度可以用平衡常数 $K$ 来体现，平衡常数 $K$ 越大，反应进行得就越完全。

对于氧化还原反应：

$$n_2Ox_1+n_1Red_2 \longrightarrow n_2Red_1+n_1Ox_2$$

当反应达平衡时： $$K=\frac{[Ox_2]^{n_1}[Red_1]^{n_2}}{[Ox_1]^{n_2}[Red_2]^{n_1}} \qquad (6\text{-}7)$$

氧化还原反应的平衡常数也可以根据 Nernst 公式，由参加反应的两电对的标准电极电势或条件电极电势求得。

上述反应的有关电对的电极反应为：

$$Ox_1+n_1e^- \longrightarrow Red_1;\qquad Ox_2+n_2e^- \longrightarrow Red_2$$

25℃时，由 Nernst 方程得两电对电极电势分别为：

$$\varphi_1=\varphi_1^{\ominus}+\frac{0.059V}{n_1}\lg\frac{[Ox_1]}{[Red_1]}$$

$$\varphi_2=\varphi_2^{\ominus}+\frac{0.059V}{n_2}\lg\frac{[Ox_2]}{[Red_2]}$$

反应达平衡时，两电对电极电势相等，即

$$\varphi_1=\varphi_2$$

$$\varphi_1^{\ominus}+\frac{0.059V}{n_1}\lg\frac{[Ox_1]}{[Red_1]}=\varphi_2^{\ominus}+\frac{0.059V}{n_2}\lg\frac{[Ox_2]}{[Red_2]}$$

整理后得：

$$\varphi_1^{\ominus}-\varphi_2^{\ominus}=\frac{0.059\text{V}}{n_2}\lg\frac{[\text{Ox}_2]}{[\text{Red}_2]}-\frac{0.059\text{V}}{n_1}\lg\frac{[\text{Ox}_1]}{[\text{Red}_1]}=\frac{0.059\text{V}}{n_1 n_2}\lg\frac{[\text{Ox}_2]^{n_1}[\text{Red}_1]^{n_2}}{[\text{Ox}_1]^{n_2}[\text{Red}_2]^{n_1}}$$

将式(6-7) 代入可得：

$$\lg K=\frac{n_1 n_2(\varphi_1^{\ominus}-\varphi_2^{\ominus})}{0.059\text{V}}=\frac{n(\varphi_1^{\ominus}-\varphi_2^{\ominus})}{0.059\text{V}} \tag{6-8}$$

式(6-8) 为氧化还原反应平衡常数 $K$ 的计算公式，$n$ 是 $n_1$ 和 $n_2$ 的最小公倍数，即组成氧化还原反应两电对的得失电子数目的最小公倍数。

若考虑溶液中各种副反应的影响，则应以相应的条件电极电势代入式(6-8) 中，得到的平衡常数为条件平衡常数 $K'$：

$$\lg K'=\frac{n(\varphi_1^{\ominus\prime}-\varphi_2^{\ominus\prime})}{0.059\text{V}} \tag{6-9}$$

$K'$是考虑了各种外界因素影响后反应的实际平衡常数，它能更好地反映实际情况下反应进行的程度。

**【例 6-4】** 在$[H^+]=1.0\text{mol}\cdot\text{L}^{-1}$的 $H_2SO_4$ 介质中，以 $K_2Cr_2O_7$ 溶液滴定 $Fe^{2+}$，求其滴定反应的平衡常数。已知 $\varphi^{\ominus\prime}(Cr_2O_7^{2-}/Cr^{3+})=1.08\text{V}$，$\varphi^{\ominus\prime}(Fe^{3+}/Fe^{2+})=0.68\text{V}$。

**解**　滴定反应的反应式为：

$$Cr_2O_7^{2-}+6Fe^{2+}+14H^+ = 2Cr^{3+}+6Fe^{3+}+7H_2O$$

可知 $n_1=6$，$n_2=1$，当反应达平衡时，依式(6-9)：

$$\lg K'=\frac{n(\varphi_1^{\ominus}-\varphi_2^{\ominus})}{0.059\text{V}}=\frac{6\times1\times(1.08-0.68)}{0.059\text{V}}=40.68$$

$$K'=4.76\times10^{40}$$

对于滴定反应来说，一般要求其反应完全程度应在 99.9%以上。若以氧化剂 $Ox_1$ 为滴定剂测定还原剂 $Red_2$，则当反应达化学计量点时，$Ox_1$ 和 $Red_2$ 的量应小于反应前原始浓度的 0.1%，而反应产物 $Ox_2$ 和 $Red_1$ 应达到 99.9%以上，即应有：

$$\frac{[\text{Red}_1]}{[\text{Ox}_1]}\geqslant\frac{99.9}{0.1}\approx10^3 \quad 和 \quad \frac{[\text{Ox}_2]}{[\text{Red}_2]}\geqslant\frac{99.9}{0.1}\approx10^3$$

若滴定反应的两电对的电子转移数目 $n_1=n_2=1$，化学计量点时，由平衡常数的定义式(6-7) 可得：

$$K=\frac{[\text{Ox}_2][\text{Red}_1]}{[\text{Ox}_1][\text{Red}_2]}\geqslant10^3\times10^3=10^6$$

$$\lg K\geqslant6$$

即：

$$\lg K'=\frac{n(\varphi_1^{\ominus\prime}-\varphi_2^{\ominus\prime})}{0.059\text{V}}\geqslant6$$

$$\varphi_1^{\ominus\prime}-\varphi_2^{\ominus\prime}\geqslant6\times0.059\text{V}\approx0.35\text{V}$$

因此，对于 $n_1=n_2=1$ 型的氧化还原反应，必须满足 $\lg K'\geqslant6$，即 $\varphi_1^{\ominus\prime}-\varphi_2^{\ominus\prime}\geqslant0.35\text{V}$，才能符合滴定分析的要求。

若滴定反应的两电对的电子转移数目 $n_1=1$，$n_2=2$ 时，则应有：

$$K=\frac{[\text{Ox}_2][\text{Red}_1]^2}{[\text{Ox}_1]^2[\text{Red}_2]}\geqslant10^3\times(10^3)^2=10^9$$

$$\varphi_1^{\ominus\prime}-\varphi_2^{\ominus\prime}\geqslant\frac{9\times0.059\text{V}}{2}\approx0.27\text{V}$$

若滴定反应的两电对的电子转移数目 $n_1=2$，$n_2=3$ 时，则应有：

$$K=\frac{[\text{Ox}_2]^2[\text{Red}_1]^3}{[\text{Ox}_1]^3[\text{Red}_2]^2}\geqslant(10^3)^3\times(10^3)^2=10^{15}$$

$$\varphi_1^{\ominus\prime}-\varphi_2^{\ominus\prime}\geqslant\frac{15\times0.059\text{V}}{6}\approx0.15\text{V}$$

对于一般的氧化还原反应 $n_2\text{Ox}_1+n_1\text{Red}_2 = n_2\text{Red}_1+n_1\text{Ox}_2$，若 $n_1\neq n_2$，反应达化学计量点时，则应有：

$$K=\frac{[\text{Ox}_2]^{n_1}[\text{Red}_1]^{n_2}}{[\text{Ox}_1]^{n_2}[\text{Red}_2]^{n_1}}\geqslant10^{3(n_1+n_2)}$$

$$\lg K\geqslant3(n_1+n_2) \tag{6-10}$$

$$\varphi_1^{\ominus\prime}-\varphi_2^{\ominus\prime}\geqslant\frac{3(n_1+n_2)\times0.059\text{V}}{n} \tag{6-11}$$

式中，$n$ 为两电对得失电子数目的最小公倍数。

上述计算表明，如果仅考虑氧化还原反应的完全程度，通常认为：对于 $n_1=n_2$ 的反应，$\lg K\geqslant6$ 才能符合滴定分析的要求；对于 $n_1\neq n_2$ 的反应，$\lg K\geqslant3(n_1+n_2)$ 才能符合滴定分析的要求。此时也可以用氧化还原反应的两电对电极电势差值 $\varphi_1^{\ominus\prime}-\varphi_2^{\ominus\prime}$ 判断反应是否进行完全。通常认为当 $\varphi_1^{\ominus\prime}-\varphi_2^{\ominus\prime}\geqslant0.4\text{V}$ 时，就能满足滴定分析的要求。例 6-4 中 $\lg K=40.68\geqslant3\times(6+1)=21$，说明酸性条件下 $K_2Cr_2O_7$ 氧化 $Fe^{2+}$ 的反应符合滴定分析的要求。

## 四、氧化还原反应速率

一般来说，氧化还原反应的机理较为复杂，所以不能仅从化学平衡角度来考虑反应的可行性，还应考虑它的反应速率问题。

氧化还原反应速率与化合物的电子层结构、条件电极电势以及反应的历程有关，除此之外，还与许多因素有关。

(1) 反应物浓度　对于基元反应：

$$a\text{A}+b\text{B} = c\text{C}+d\text{D}$$

反应速率：

$$v=k[\text{A}]^a[\text{B}]^b$$

即质量作用定律（$k$ 为速率常数）。一般来说，反应物浓度越大，反应速率越快。

(2) 温度　对于大多数反应来讲，升高温度，可以提高反应速率。根据阿仑尼乌斯经验式：通常温度每升高 10℃，反应速率大约增大 2～4 倍。

(3) 催化剂　催化剂的存在改变了原来的反应历程或者降低了原来进行反应时所需的活化能，因此改变了其反应速率。例如，$Ce^{4+}$ 氧化 $As^{3+}$ 的反应很慢，但如有微量 $I^-$ 存在，反应便迅速进行，机理可能如下：

$$Ce^{4+}+I^-\longrightarrow I+Ce^{3+}$$

$$2I\longrightarrow I_2$$

$$I_2+H_2O\longrightarrow HIO+HI$$

$$AsO_3^{3-}+HIO\longrightarrow AsO_4^{3-}+H^++I^-$$

总反应为：

$$2Ce^{4+}+AsO_3^{3-}+H_2O = 2Ce^{3+}+AsO_4^{3-}+2H^+$$

其中 $I^-$ 参与了反应的中间步骤，起到催化反应进行的作用。

(4) 诱导反应　诱导反应是指由于一个氧化还原反应的发生促进另一个氧化还原反应的进行的现象。例如，$KMnO_4$ 氧化 $Cl^-$ 的速率很慢，甚至可以认为两者不反应，但如果溶液中同时存在 $Fe^{2+}$，$KMnO_4$ 与 $Fe^{2+}$ 的反应可加速 $MnO_4^-$ 与 $Cl^-$ 之间的反应：

$$MnO_4^-+5Fe^{2+}+8H^+\longrightarrow Mn^{2+}+5Fe^{3+}+4H_2O \quad \text{（诱导反应）}$$

$$2MnO_4^-+10Cl^-+16H^+\longrightarrow 2Mn^{2+}+5Cl^{2+}+8H_2O \quad \text{（受诱反应）}$$

其中 $MnO_4^-$ 为作用体，$Fe^{2+}$ 为诱导体，$Cl^-$ 为受诱体。

# 第二节 氧化还原滴定原理

## 一、氧化还原滴定曲线

在氧化还原滴定过程中，随着滴定剂的加入和反应的进行，被测物质的氧化态和还原态的浓度逐渐改变，其有关电对的电极电势也随之不断变化，即被测试液的特征变化就是溶液电极电势的变化。以加入滴定剂的体积或滴定分数为横坐标，溶液的电极电势为纵坐标描绘的曲线就为氧化还原滴定曲线。可以用实验的方法测得氧化还原滴定曲线，也可以用能斯特方程式进行计算得到。

现以在 1.00mol·$L^{-1}$ $H_2SO_4$ 介质中，0.1000mol·$L^{-1}$ $Ce(SO_4)_2$ 标准溶液滴定 20.00mL 0.1000mol·$L^{-1}$ $FeSO_4$ 溶液为例，计算滴定过程的电极电势，并绘制滴定曲线。

已知在此条件下两电对的电极反应及条件电极电势分别为：

$$Ce^{4+} + e^- \rightleftharpoons Ce^{3+} \qquad \varphi^{\ominus\prime}(Ce^{4+}/Ce^{3+}) = 1.44V$$

$$Fe^{3+} + e^- \rightleftharpoons Fe^{2+} \qquad \varphi^{\ominus\prime}(Fe^{3+}/Fe^{2+}) = 0.68V$$

滴定反应为：

$$Ce^{4+} + Fe^{2+} \rightleftharpoons Ce^{3+} + Fe^{3+}$$

计算前应该指出的是：滴定过程中任一时刻，当反应体系达平衡时，溶液中同时存在两个电对，并且两电对的电极电势相等，即

$$\varphi(Ce^{4+}/Ce^{3+}) = \varphi(Fe^{3+}/Fe^{2+})$$

因此，在滴定的不同阶段，可选择方便于计算的电对，用能斯特方程式计算滴定过程中溶液的电极电势，即溶液电势。

### 1. 滴定前

滴定前，体系仅为 0.1000mol·$L^{-1}$ $FeSO_4$ 溶液，故选择 $Fe^{3+}/Fe^{2+}$ 电对进行计算。因为空气的氧化作用，溶液中会有极少量的 $Fe^{2+}$ 被氧化为 $Fe^{3+}$，但由于不知 $Fe^{3+}$ 的准确浓度，所以无法计算 $Fe^{3+}/Fe^{2+}$ 电对的电极电势。

### 2. 化学计量点前

化学计量点前，溶液体系中有 $Fe^{3+}/Fe^{2+}$ 和 $Ce^{4+}/Ce^{3+}$ 两个电对同时存在。在这一阶段的任一时刻，反应达平衡时，由于所滴加 $Ce^{4+}$ 几乎全部转化为 $Ce^{3+}$，因而溶液中 $Ce^{4+}$ 很小，若用 $Ce^{4+}/Ce^{3+}$ 电对来计算溶液电势比较麻烦，所以此时可用 $Fe^{3+}/Fe^{2+}$ 电对计算溶液电势 $\varphi$。

例如当加入 18.00mL 0.1000mol·$L^{-1}$ $Ce(SO_4)_2$ 标准溶液，即滴定百分数为 90%时，溶液中 $Fe^{3+}$ 和 $Fe^{2+}$ 的浓度分别为：

$$[Fe^{3+}] = \frac{0.1000 \times 18.00}{(20.00 + 18.00)} = 4.737 \times 10^{-2} mol \cdot L^{-1}$$

$$[Fe^{2+}] = \frac{0.1000 \times (20.00 - 18.00)}{(20.00 + 18.00)} = 0.5263 \times 10^{-2} mol \cdot L^{-1}$$

$$\frac{[Fe^{3+}]}{[Fe^{2+}]} = \frac{4.737 \times 10^{-2}}{0.5263 \times 10^{-2}} = 9.00$$

$$\varphi(Fe^{3+}/Fe^{2+}) = \varphi^{\ominus\prime}(Fe^{3+}/Fe^{2+}) + 0.059V\lg\frac{[Fe^{3+}]}{[Fe^{2+}]} = 0.68V + 0.059V \times \lg 9.00 = 0.74V$$

同理，当加入 19.98mL $Ce(SO_4)_2$ 标准溶液，即滴定百分数为 99.9%时，

$$\frac{[Fe^{3+}]}{[Fe^{2+}]} = \frac{99.9}{0.1} = 999$$

$$\varphi(Fe^{3+}/Fe^{2+}) = \varphi^{\ominus\prime}(Fe^{3+}/Fe^{2+}) + 0.059V\lg\frac{[Fe^{3+}]}{[Fe^{2+}]} = 0.68V + 0.059V \times \lg 999 = 0.86V$$

### 3. 化学计量点时

化学计量点时，已加入 20.00mL 0.1000mol·$L^{-1}$ $Ce(SO_4)_2$ 标准溶液，此时 $Fe^{2+}$ 和 $Ce^{4+}$ 已定量完全反应，它们的浓度均很小且难以求得，因此，不能单独按两电对中的某一电对来计算溶液电势。但由于计量点时，溶液为平衡体系，故两电对的电极电势相等，都等于计量点时溶液的电势，即：

$$\varphi(Fe^{3+}/Fe^{2+})=\varphi(Ce^{4+}/Ce^{3+})=\varphi_{sp}$$

$\varphi_{sp}$为化学计量点时的溶液电势，则：

$$\varphi_{sp}=\varphi^{\ominus\prime}(Ce^{4+}/Ce^{3+})+0.059\text{V}\lg\frac{[Ce^{4+}]}{[Ce^{3+}]}$$

$$\varphi_{sp}=\varphi^{\ominus\prime}(Fe^{3+}/Fe^{2+})+0.059\text{V}\lg\frac{[Fe^{3+}]}{[Fe^{2+}]}$$

两式相加，可得：

$$2\varphi_{sp}=\varphi^{\ominus\prime}(Ce^{4+}/Ce^{3+})+\varphi^{\ominus\prime}(Fe^{3+}/Fe^{2+})+0.059\text{V}\lg\frac{[Ce^{4+}][Fe^{3+}]}{[Ce^{3+}][Fe^{2+}]}$$

由化学计量关系可知在化学计量点时：

$$[Ce^{4+}]=[Fe^{2+}],\ [Ce^{3+}]=[Fe^{3+}]$$

因此

$$\lg\frac{[Ce^{4+}][Fe^{3+}]}{[Ce^{3+}][Fe^{2+}]}=0$$

即

$$\varphi_{sp}=\frac{\varphi^{\ominus\prime}(Ce^{4+}/Ce^{3+})+\varphi^{\ominus\prime}(Fe^{3+}/Fe^{2+})}{2}=\frac{0.68\text{V}+1.44\text{V}}{2}=1.06\text{V}$$

### 4. 化学计量点后

化学计量点后，即加入过量的 $Ce(SO_4)_2$ 标准溶液，溶液中 $Fe^{2+}$ 几乎全部被氧化成 $Fe^{3+}$，使得 $Fe^{2+}$ 的浓度难易求得，因此不能用 $Fe^{3+}/Fe^{2+}$ 电对计算溶液的电势。这一阶段溶液的电势可由 $Ce^{4+}/Ce^{3+}$ 电对计算。

当加入 20.02mL 0.1000mol·$L^{-1}$ $Ce(SO_4)_2$ 标准溶液，即加入过量 0.1%的 $Ce^{4+}$ 时：

$$[Ce^{4+}]=\frac{(20.02-20.00)\times10^{-3}\times0.1000}{(20.02+20.00)\times10^{-3}}=5.00\times10^{-5}\ (\text{mol}\cdot\text{L}^{-1})$$

$$[Ce^{3+}]=\frac{20.00\times10^{-3}\times0.1000}{(20.02+20.00)\times10^{-3}}=5.00\times10^{-2}\ (\text{mol}\cdot\text{L}^{-1})$$

$$\varphi=\varphi(Ce^{4+}/Ce^{3+})=\varphi^{\ominus\prime}(Ce^{4+}/Ce^{3+})+0.059\text{V}\lg\frac{[Ce^{4+}]}{[Ce^{3+}]}$$

$$=1.44\text{V}+0.059\text{V}\lg\frac{5.00\times10^{-5}}{5.00\times10^{-2}}=1.26\text{V}$$

同理可计算出此阶段任一时刻的溶液电势。

将所有计算结果列于表 6-1 中，以滴定剂加入的百分数为横坐标，溶液电势为纵坐标作图，可得到如图 6-1 的滴定曲线。

**表 6-1　0.1000mol·$L^{-1}$ $Ce^{4+}$ 滴定同浓度 $Fe^{2+}$ 溶液时滴定过程的溶液电势**

| 加入 $Ce^{4+}$ 溶液体积 $V$/mL | $Fe^{2+}$ 被滴定的百分率/% | 溶液电势 $\varphi$/V | 加入 $Ce^{4+}$ 溶液体积 $V$/mL | $Fe^{2+}$ 被滴定的百分率/% | 溶液电势 $\varphi$/V |
|---|---|---|---|---|---|
| 1.00 | 5.0 | 0.60 | 19.80 | 99.0 | 0.80 |
| 2.00 | 10.0 | 0.62 | 19.98 | 99.9 | 0.86 |
| 4.00 | 20.0 | 0.64 | 20.00 | 100.0 | 1.06 |
| 8.00 | 40.0 | 0.67 | 20.02 | 100.1 | 1.26 |
| 10.00 | 50.0 | 0.68 | 22.00 | 110.0 | 1.38 |
| 12.00 | 60.0 | 0.69 | 30.00 | 150.0 | 1.42 |
| 18.00 | 90.0 | 0.74 | 40.00 | 200.0 | 1.44 |

根据计算结果和滴定曲线可以看出，在氧化还原滴定过程中，随着滴定剂的加入，有关电对的氧化态和还原态的浓度发生了变化，使得溶液电势也发生相应的变化，特别是在化学计量点附近溶液电势发生了突跃。与其他滴定法相似，从化学计量点前99.9%的$Fe^{2+}$被氧化到计量点后$Ce^{4+}$过量0.1%，溶液电势由0.86V突然增加到1.26V，即0.86～1.26V为突跃范围，据此可选择合适的指示剂。

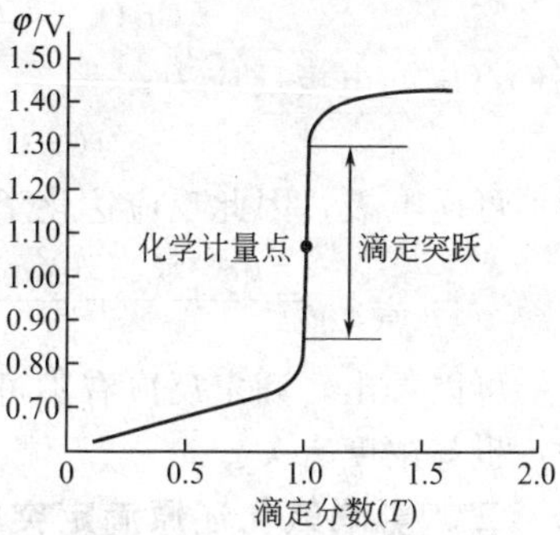

图6-1　0.1000mol·$L^{-1}$ $Ce(SO_4)_2$溶液滴定20.00mL同浓度$FeSO_4$溶液的滴定曲线

## 二、化学计量点时溶液电势的计算

对于任意的氧化还原滴定反应：

$$n_2 Ox_1 + n_1 Red_2 \longrightarrow n_2 Red_1 + n_1 Ox_2$$

其有关电对的电极反应分别为：

$$Ox_1 + n_1 e^- \longrightarrow Red_1 ; Ox_2 + n_2 e^- \longrightarrow Red_2$$

两电对电极电势分别为：

$$\varphi_1 = \varphi_1^{\ominus'} + \frac{0.059V}{n_1} \lg \frac{[Ox_1]}{[Red_1]} \cdots\cdots ①$$

$$\varphi_2 = \varphi_2^{\ominus'} + \frac{0.059V}{n_2} \lg \frac{[Ox_2]}{[Red_2]} \cdots\cdots ②$$

反应达化学计量点时，处于平衡状态，两电对电极电势相等，将此时溶液的电势称为化学计量点电势，表示为$\varphi_{sp}$，即$\varphi_{sp} = \varphi_1 = \varphi_2$。

①式$\times n_1$+②式$\times n_2$，整理后得：

$$(n_1 + n_2)\varphi_{sp} = n_1\varphi_1^{\ominus'} + n_2\varphi_2^{\ominus'} + 0.059V\lg \frac{[Ox_1][Ox_2]}{[Red_1][Red_2]} \quad (6\text{-}12)$$

由化学计量关系可以看出，化学计量点时各反应物和生成物的浓度存在如下关系：

$$n_1[Ox_1] = n_2[Red_2], \quad n_1[Red_1] = n_2[Ox_2]$$

即

$$\frac{[Ox_1]}{[Red_2]} = \frac{n_2}{n_1}, \frac{[Ox_2]}{[Red_1]} = \frac{n_1}{n_2}$$

$$\lg \frac{[Ox_1][Ox_2]}{[Red_1][Red_2]} = \lg \frac{n_2 n_1}{n_1 n_2} = \lg 1 = 0$$

则式(6-12)可写为：

$$\varphi_{sp} = \frac{n_1\varphi_1^{\ominus'} + n_2\varphi_2^{\ominus'}}{n_1 + n_2} \quad (6\text{-}13)$$

式(6-13)就是化学计量点时溶液电势的计算式，可以看出，化学计量点时溶液电势与相关电对的条件电极电势以及电子转移数有关，而与滴定剂和被测物的浓度无关。

应该指出的是，在上述讨论中，电对的氧化态和还原态在半反应中的系数相同，并均为可逆电极，例如常见的$Ce^{4+}/Ce^{3+}$、$Fe^{3+}/Fe^{2+}$、$Cu^{2+}/Cu$等。也就是说，若氧化还原滴定反应的两电对都是可逆电极，则通过式(6-13)可准确求得计量点时溶液电势。

对于有不对称电极参加的氧化还原反应，如$Cr_2O_7^{2-}/Cr^{3+}$、$I_2/I^-$等，可用同样的方法推导出计量点时溶液电势：

$$\varphi_{sp} = \frac{n_1\varphi_1^{\ominus'} + n_2\varphi_2^{\ominus'}}{n_1 + n_2} + \frac{0.059V}{n_1 + n_2} \lg \frac{1}{a[Red_1]^{a-1}} \quad (6\text{-}14)$$

式中，$[Red_1]$为氧化剂的还原态平衡浓度；$a$为还原态在电极半反应中的系数。例如$K_2Cr_2O_7$法测定$FeSO_4$时，滴定反应为：

$$Cr_2O_7^{2-} + 6Fe^{2+} + 14H^+ \longrightarrow 2Cr^{3+} + 6Fe^{3+} + 7H_2O$$

$K_2Cr_2O_7$ 的电极反应为：

$$Cr_2O_7^{2-} + 14H^+ + 6e^- \longrightarrow 2Cr^{3+} + 7H_2O$$

为不可逆电极，因此反应达化学计量点时溶液电势为：

$$\varphi_{sp} = \frac{6\varphi^{\ominus\prime}(Cr_2O_7^{2-}/Cr^{3+}) + \varphi^{\ominus\prime}(Fe^{3+}/Fe^{2+})}{6+1} + \frac{0.059V}{6+1}\lg\frac{1}{2[Cr^{3+}]}$$

可以看出，滴定反应有不可逆电极参与时，$\varphi_{sp}$除了与两电对的 $\varphi^{\ominus\prime}$和反应系数有关以外，也与浓度有关。

### 三、影响氧化还原滴定突跃范围的因素

氧化还原滴定曲线与其他类型的滴定曲线类似，在化学计量点附近溶液电势发生了突跃，指示剂就是依据此突跃范围选择的。

根据滴定曲线和化学计量点附近溶液电势的计算可以看出，氧化还原滴定突跃范围的大小，取决于两电对条件电极电势的差值。两电对的条件电极电势相差越大，滴定突跃范围越大；反之，两电对条件电极电势的差值越小，滴定突跃范围越小，如图 6-2 所示。对于两电对电子转移数相同且等于 1 的滴定反应，当差值大于或等于 0.40V 时，才可选用氧化还原指示剂指示滴定的终点。

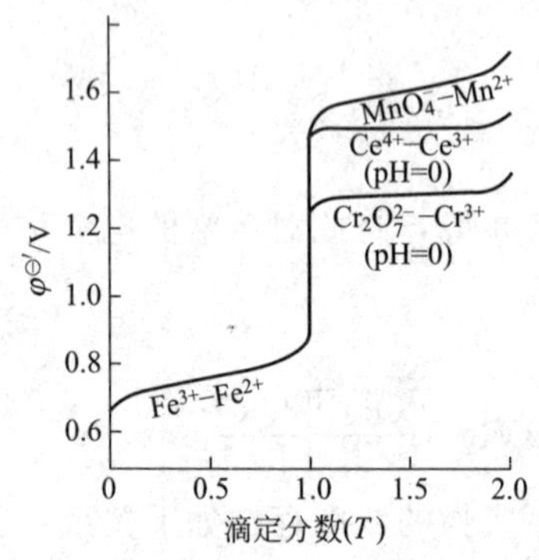


图 6-2　$\Delta\varphi^{\ominus\prime}$与滴定突跃范围

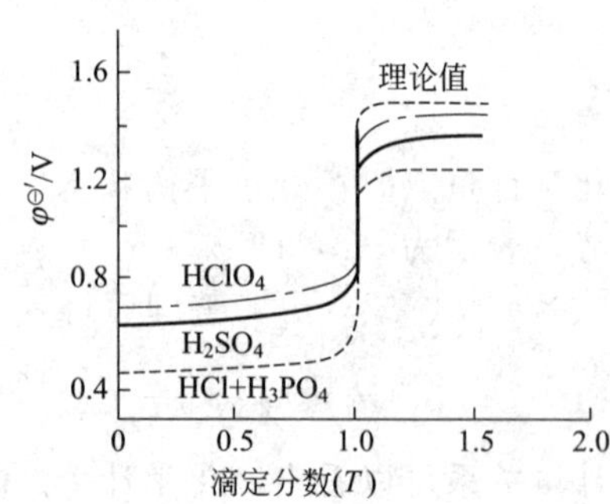


图 6-3　反应介质与滴定突跃范围

另外，在不同介质中，氧化还原电对的条件电极电势不同，滴定曲线的突跃范围大小和化学计量点在曲线的位置就不同，如图 6-3 所示。

上述 $Ce^{4+}$滴定 $Fe^{2+}$的反应中，两电对电子转移数相同且等于 1，化学计量点时溶液电势恰好处于滴定突跃范围（0.86～1.26V）的中心，化学计量点前后的曲线基本对称。

对于电子转移数不同的可逆电极之间的滴定反应，当滴定误差等于±0.1%，其滴定突跃范围为：

$$\varphi_2^{\ominus\prime} + \frac{3\times0.059V}{n_2} \sim \varphi_1^{\ominus\prime} - \frac{3\times0.059V}{n_1}$$

由于 $n_1 \neq n_2$，所以滴定曲线在化学计量点前后是不对称的，化学计量点溶液电势不在滴定突跃范围的中心，而是偏向电子转移数较大的电对一方。

## 第三节　氧化还原滴定的指示剂

氧化还原滴定终点的确定可以用电势测量法，但实际工作中经常还是使用指示剂来确定滴定终点。氧化还原滴定的指示剂主要有以下三种类型。

## 一、自身指示剂

在氧化还原滴定中，有的标准溶液或被滴溶液本身有颜色，而滴定反应后变为无色或浅色物质，则滴定时就不需要另加指示剂，通过物质自身颜色变化起着指示剂的作用，这种物质叫做自身指示剂。例如，$KMnO_4$ 标准溶液呈紫红色，在酸性条件下被还原为近乎无色的 $Mn^{2+}$。因此，用 $KMnO_4$ 在酸性溶液中滴定无色或浅色的还原性物质溶液时，一般不需另加指示剂，当滴定达到化学计量点时，微过量的 $MnO_4^-$ 可使溶液呈浅红色以指示滴定终点。实验表明：$KMnO_4$ 的浓度约为 $2\times10^{-6}\,mol\cdot L^{-1}$时就可以看到溶液呈浅红色，所以在高锰酸钾滴定法中不需外加指示剂，$KMnO_4$ 为自身指示剂。

## 二、特殊指示剂

有的物质本身无氧化还原性，但它能与某氧化剂或还原剂作用后产生特殊的颜色以指示滴定终点，这类物质称为特殊指示剂。例如，淀粉溶液能与 $I_2(I_3^-)$ 产生深蓝色吸附化合物，反应特效且灵敏，故可根据其蓝色的出现或消失指示滴定终点。在室温下，淀粉溶液可检出约 $10^{-5}\,mol\cdot L^{-1}$的 $I_2(I_3^-)$ 溶液。在碘量法中多使用淀粉溶液做指示剂。

## 三、氧化还原指示剂

氧化还原指示剂是一类本身具有氧化还原性质的有机试剂，其氧化态和还原态具有不同的颜色。在滴定过程中，因指示剂被氧化或被还原而发生颜色变化，从而指示滴定终点。

以 In(Ox) 和 In(Red) 分别表示氧化还原指示剂的氧化态和还原态，其电对的电极反应和 25℃时相应的能斯特方程为：

$$In(Ox) + ne^- \rightleftharpoons In(Red)$$

$$\varphi=\varphi_{In}^{\ominus\prime}+\frac{0.059V}{n}\lg\frac{[In(Ox)]}{[In(Red)]}$$

在滴定体系中加入一定量的氧化还原指示剂后，随着滴定的进行，溶液电势发生变化，指示剂的氧化态和还原态的浓度之比$\frac{[In(Ox)]}{[In(Red)]}$也随之变化（因为同一时刻溶液电极电势只能有一个数值）。当溶液电势大于指示剂的条件电极电势时，即 $\varphi>\varphi_{In}^{\ominus\prime}$，指示剂被氧化，指示剂的氧化态浓度增加；反之，指示剂的还原态浓度增加。根据人眼辨别颜色的灵敏度：

① 当$\frac{[In(Ox)]}{[In(Red)]}\geqslant10$ 时，溶液电势 $\varphi\geqslant\varphi_{In}^{\ominus\prime}+\frac{0.059V}{n}\lg10$，即 $\varphi\geqslant\varphi_{In}^{\ominus\prime}+\frac{0.059V}{n}$，溶液呈氧化态 In(Ox) 的颜色。

② 当$\frac{[In(Ox)]}{[In(Red)]}\leqslant\frac{1}{10}$时，溶液电势 $\varphi\leqslant\varphi_{In}^{\ominus\prime}+\frac{0.059V}{n}\lg\frac{1}{10}$，即 $\varphi\leqslant\varphi_{In}^{\ominus\prime}-\frac{0.059V}{n}$，溶液呈还原态 In(Red) 的颜色。

③ 当$\frac{1}{10}\leqslant\frac{[In(Ox)]}{[In(Red)]}\leqslant10$ 时，$\varphi_{In}^{\ominus\prime}-\frac{0.059V}{n}\leqslant\varphi\leqslant\varphi_{In}^{\ominus\prime}+\frac{0.059V}{n}$，溶液呈现指示剂氧化态和还原态的混合色。这里溶液电势 $\varphi$ 的变化范围为氧化还原指示剂的理论变色范围。

④ 当$\frac{[In(Ox)]}{[In(Red)]}=1$ 时，溶液电势等于指示剂的条件电极电势，即 $\varphi=\varphi_{In}^{\ominus\prime}$，溶液呈现指示剂氧化态与还原态的混合色，因此氧化还原指示剂的理论变色点就是其条件电极电势 $\varphi_{In}^{\ominus\prime}$。

在氧化还原滴定中选择这类指示剂的原则是应使指示剂的条件电极电势处于滴定体系的突跃范围内，并尽可能与化学计量点的 $\varphi_{sp}$ 接近，以减少终点误差。一些常用的氧化还原指示剂的条件电极电势、颜色变化及其配制方法见表 6-2。

**表 6-2　几种常用的氧化还原指示剂**

| 指示剂 | 颜色变化 | | $\varphi_{In}^{\ominus}{}'$([H⁺]=1mol·L⁻¹)/V | 配制方法 |
|---|---|---|---|---|
| | 还原型 | 氧化型 | | |
| 亚甲基蓝 | 无色 | 蓝色 | +0.53 | 质量分数为0.05%的水溶液 |
| 二苯胺 | 无色 | 紫色 | +0.76 | 0.25g指示剂与3mL水混合溶于100mL浓 $H_2SO_4$ 或 $H_3PO_4$ 中 |
| 二苯胺磺酸钠 | 无色 | 紫红色 | +0.85 | 0.8g指示剂加2g $Na_2CO_3$,用水溶解并稀释至100mL |
| 邻苯氨基苯甲酸 | 无色 | 紫红色 | +0.89 | 0.1g指示剂溶于30mL质量分数为0.6%的 $Na_2CO_3$ 溶液中,用水稀释至100mL过滤,保存在暗处。 |
| 邻二氮菲亚铁 | 红色 | 淡蓝色 | +1.06 | 1.49邻二氮菲加0.7g $FeSO_4\cdot 7H_2O$ 溶于水,稀释至100mL |

例如，在 $1mol\cdot L^{-1}$ $H_2SO_4$ 介质中，用 $Ce^{4+}$ 溶液滴定 $Fe^{2+}$ 溶液，化学计量点前后0.1%的电极电势突跃范围是0.86～1.26V，显然宜选用邻苯氨基苯甲酸或邻二氮菲亚铁作指示剂。二苯胺磺酸钠常用于在 $H_2SO_4$-$H_3PO_4$ 介质中，用 $K_2Cr_2O_7$ 溶液滴定 $Fe^{2+}$ 溶液的情况。以下简单介绍二苯胺磺酸钠和邻二氮菲亚铁两种指示剂。

**1. 二苯胺磺酸钠**

二苯胺磺酸钠是二苯胺的衍生物，易溶于水或酸性介质，在酸性溶液中遇强氧化剂时，首先被氧化为无色的二苯联苯胺磺酸，然后再进一步氧化为二苯联苯胺磺酸紫的紫色化合物，其反应过程如下：

$$2\ {}^{-}O_3S-C_6H_4-NH-C_6H_5 \xrightarrow{\text{氧化}} {}^{-}O_3S-C_6H_4-NH-C_6H_4-C_6H_4-NH-C_6H_4-SO_3^{-} + 2H^{+} + 2e^{-}$$

二苯胺磺酸钠(无色)　　　　二苯联苯胺磺酸(无色)

$$\underset{\text{还原}}{\overset{\text{氧化}}{\rightleftharpoons}}\ {}^{-}O_3S-C_6H_4-\overset{+}{N}H=C_6H_4=C_6H_4=\overset{+}{N}H-C_6H_4-SO_3^{-} + 2e^{-}$$

二苯联苯胺磺酸紫(紫色)

二苯联苯胺磺酸紫不稳定，在含有氧化剂的溶液中，会缓慢地被氧化而分解为其他物质。因此滴定到终点后，溶液的紫红色会逐渐消失。

在[$H^+$]=$1mol\cdot L^{-1}$ 时，二苯胺磺酸钠的条件电极电势（变色点）是0.85V。若有 $H_3PO_4$ 存在，可以指示 $Ce^{4+}$、$Cr_2O_7^{2-}$、$VO_3^-$ 等标准溶液滴定 $Fe^{2+}$，或用 $Fe^{2+}$ 溶液滴定某些氧化剂物质时的滴定终点。

例如在 $1.0mol\cdot L^{-1}$ $H_2SO_4$ 溶液中，以 $0.1000mol\cdot L^{-1}$ $Ce(SO_4)_2$ 或 $0.01667mol\cdot L^{-1}$ $K_2Cr_2O_7$ 标准溶液滴定20.00mL $0.1000mol\cdot L^{-1}$ $FeSO_4$ 溶液时，若选用二苯胺磺酸钠（$\varphi_{In}^{\ominus}{}'$=0.85V）为指示剂，由于理论变色点低于突跃范围的下限（0.86V），滴定终点会提前出现，滴定误差较大。若在滴定前向溶液中加入 $H_3PO_4$，$H_3PO_4$ 与 $Fe^{3+}$ 形成稳定的[$Fe(HPO_4)_2$]⁻无色配离子，降低了溶液体系中的 $Fe^{3+}$ 离子的浓度，从而降低了 $Fe^{3+}/Fe^{2+}$ 电对的电极电势，使滴定突跃的下限向下延伸，增大了突跃范围，使二苯胺磺酸钠的变色点落在滴定突跃范围以内。如图6-4所示，图中虚线为加入 $H_3PO_4$ 后的滴定曲线。此外，由于 $Fe^{3+}$ 离子浓度的降低也消除了其自身黄褐色对滴定终点颜色的干扰。

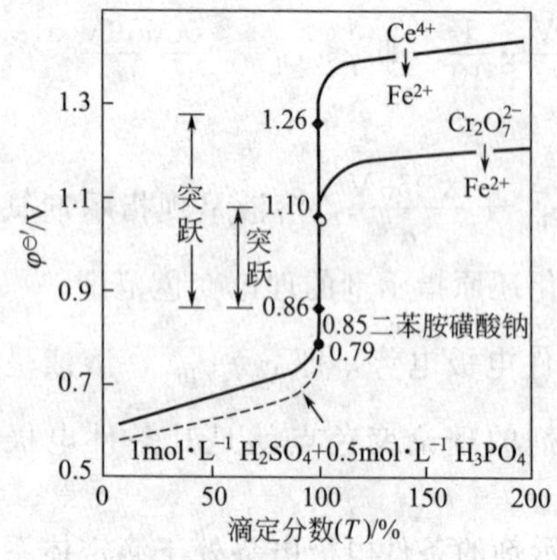


图6-4　滴定 $Fe^{2+}$ 时，加入 $H_3PO_4$ 滴定曲线的变化

因此，选用二苯胺磺酸钠为指示剂便能正确地指示测定亚铁盐的滴定终点。

2. **邻二氮菲亚铁**

邻二氮菲也叫邻菲咯啉，分子式为 $C_{12}H_8N_2$，其结构简式为：

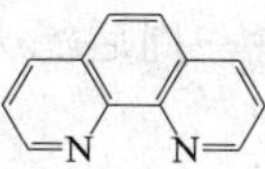

在邻二氮菲的1、10位上的氮原子具有孤对电子，可与 $Fe^{2+}$ 配位形成深红色的 $Fe(C_{12}H_8N_2)_3^{2+}$ 配离子，而与 $Fe^{3+}$ 离子形成浅蓝色的 $Fe(C_{12}H_8N_2)_3^{3+}$ 配离子。氧化还原滴定中，如果以氧化剂为滴定剂，随着溶液电势升高，$Fe(C_{12}H_8N_2)_3^{2+}$ 可被氧化为 $Fe(C_{12}H_8N_2)_3^{3+}$，溶液颜色由深红色变为浅蓝色，其氧化还原半反应为：

$$Fe(C_{12}H_8N_2)_3^{3+} + e^- \rightleftharpoons Fe(C_{12}H_8N_2)_3^{2+}$$

在 $1mol \cdot L^{-1}$ $H^+$ 存在下，条件电势为1.06V。由于邻二氮菲亚铁的条件电极电势较高，因此适合于强氧化剂作滴定剂的滴定反应，例如铈量法测定 $Fe^{2+}$ 等。

## 第四节　常见氧化还原滴定法及其应用

氧化还原滴定法可以根据待测物的性质来选择合适的滴定剂，并常根据所用滴定剂的名称来命名，如高锰酸钾法、重铬酸钾法、碘量法、铈量法、溴酸钾法等。各种方法都有其特点和应用范围，应根据实际情况正确选用。下面介绍几种常见的氧化还原滴定法。

### 一、高锰酸钾法

1. **概述**

$KMnO_4$ 是一种强氧化剂，它的氧化能力与溶液的酸度有关。在强酸性溶液中，$KMnO_4$ 与还原剂作用被还原为 $Mn^{2+}$：

$$MnO_4^- + 8H^+ + 5e^- \rightleftharpoons Mn^{2+} + 4H_2O \qquad \varphi^{\ominus}=1.51V$$

由于在强酸性溶液中 $KMnO_4$ 的氧化性较强，因而高锰酸钾法一般在 $0.5 \sim 1mol \cdot L^{-1}$ $H_2SO_4$ 强酸性介质中进行滴定。因为HCl具有还原性，存在诱导反应干扰滴定，所以不能作为反应介质。另外，由于 $HNO_3$ 含有氮氧化物，容易产生副反应并具氧化性，因而也不采用硝酸介质。

在弱酸性、中性或碱性溶液中，$KMnO_4$ 被还原为 $MnO_2$：

$$MnO_4^- + 2H_2O + 3e^- \rightleftharpoons MnO_2\downarrow + 4OH^- \qquad \varphi^{\ominus}=0.60V$$

由于反应产物为棕色的 $MnO_2$ 沉淀，妨碍终点观察，所以很少在此条件下使用。

在 $pH>12$ 的强碱性溶液（大于 $2mol \cdot L^{-1}$ NaOH）中用 $KMnO_4$ 氧化有机物时，反应速率比在酸性条件下更快，所以常在此条件下测定有机物。

$$MnO_4^- + e^- \rightleftharpoons MnO_4^{2-} \qquad \varphi^{\ominus}=0.56V$$

$KMnO_4$ 法有如下特点：

① $KMnO_4$ 氧化能力强，应用广泛，可直接或间接地测定多种无机物和有机物。如可直接滴定许多还原性物质，如 $Fe^{2+}$、As(Ⅲ)、$Sb^{3+}$、W(Ⅴ)、U(Ⅳ)、$H_2O_2$、$C_2O_4^{2-}$、$NO_2^-$ 等；返滴定时可测 $MnO_2$、$PbO_2$ 等物质；也可以通过 $MnO_4^-$ 与 $C_2O_4^{2-}$ 反应间接测定一些非氧化还原物质如 $Ca^{2+}$、$Th^{4+}$ 等。

② $KMnO_4$ 溶液呈紫红色，当被滴试液为无色或颜色很浅时，滴定时不需外加指示剂；

③ $KMnO_4$ 与还原性物质的反应历程比较复杂，易发生副反应。

④ $KMnO_4$ 标准溶液不能直接配制，且标准溶液不够稳定，不能久置，使用前需重新标定。

**2. 高锰酸钾标准溶液的配制**

市售高锰酸钾试剂常含有少量的 $MnO_2$ 及其他杂质，使用的蒸馏水中也含有少量如尘埃、有机物等还原性物质。这些物质都能使 $KMnO_4$ 还原，因此 $KMnO_4$ 标准溶液不能直接配制，必须先配成近似浓度的溶液，放置一周后滤去沉淀（具体配制方法及操作见配套实验教材），然后用基准物质标定。

标定 $KMnO_4$ 溶液的基准物很多，如 $Na_2C_2O_4$、$H_2C_2O_4 \cdot 2H_2O$、$(NH_4)_2Fe(SO_4)_2 \cdot 6H_2O$ 和纯铁丝等，其中常用的是 $Na_2C_2O_4$。$MnO_4^-$ 与 $C_2O_4^{2-}$ 的标定反应在 $H_2SO_4$ 介质中进行，其反应如下：

$$2MnO_4^- + 5C_2O_4^{2-} + 16H^+ \longrightarrow 2Mn^{2+} + 10CO_2\uparrow + 8H_2O$$

标定时应注意以下滴定条件：

（1）温度　该反应在室温下反应速率较慢，故应将 $Na_2C_2O_4$ 溶液加热至 75～85℃时进行滴定。不能使温度超过 90℃，否则 $H_2C_2O_4$ 会发生分解，导致标定结果偏高。

$$H_2C_2O_4 \xrightarrow{\geqslant 90℃} H_2O + CO_2\uparrow + CO\uparrow$$

（2）酸度　溶液应保持足够大的酸度，一般为 0.5～1mol · L$^{-1}$。如果酸度不足，易生成 $MnO_2$ 沉淀，而酸度过高又会使 $H_2C_2O_4$ 分解。

（3）滴定速率和催化剂　$MnO_4^-$ 与 $C_2O_4^{2-}$ 的反应开始速率很慢，当有 $Mn^{2+}$ 离子生成之后，反应速率逐渐加快。因此，开始滴定时，应该等第一滴 $KMnO_4$ 溶液褪色后，再加第二滴，否则加入的 $KMnO_4$ 溶液来不及与 $C_2O_4^{2-}$ 反应，就在热的酸性溶液中分解，导致标定结果偏低（反应式如下）。此后，因反应生成的 $Mn^{2+}$ 有自动催化作用，加快了反应速率，滴定速度可随之加快，但不能过快。

$$4MnO_4^- + 12H^+ \longrightarrow 4Mn^{2+} + 6H_2O + 5O_2\uparrow$$

若滴定前加入少量的 $MnSO_4$ 为催化剂，则在滴定的最初阶段就可以较快的速率进行。

（4）滴定终点　$KMnO_4$ 本身作指示剂，用 $KMnO_4$ 标准溶液滴定至溶液由无色刚刚变为浅红色 30s 不褪色时即为滴定终点。若终点后溶液放置时间过长，空气中还原性物质能使 $KMnO_4$ 还原而褪色，此时不应再滴加 $KMnO_4$。

标定结果按下式计算：

$$c(KMnO_4) = \frac{\frac{2}{5}m(Na_2C_2O_4)}{(V-V_0)\times M(Na_2C_2O_4)}$$

式中，$V$ 为滴定时消耗 $KMnO_4$ 标准溶液的体积；$V_0$ 为空白试验时消耗 $KMnO_4$ 标准溶液的体积。

**3. $KMnO_4$ 法的应用示例**

（1）直接滴定法测定 $H_2O_2$　在酸性溶液中 $H_2O_2$ 被 $MnO_4^-$ 定量氧化：

$$2MnO_4^- + 5H_2O_2 + 6H^+ \longrightarrow 2Mn^{2+} + 5O_2 + 8H_2O$$

此反应在室温下即可顺利进行。滴定开始时反应较慢，随着 $Mn^{2+}$ 的生成而加速。

若 $H_2O_2$ 中含有机物质，后者会消耗 $KMnO_4$，使测定结果偏高。

（2）间接滴定法测定 $Ca^{2+}$　$Ca^{2+}$ 在溶液中没有可变价态，不能与高锰酸钾直接反应，但可先将 $Ca^{2+}$ 沉淀为 $CaC_2O_4$，再经过滤、洗涤后将沉淀溶于热的稀 $H_2SO_4$ 溶液中，最后用 $KMnO_4$ 标准溶液滴定溶液中释放的 $H_2C_2O_4$。根据所消耗的 $KMnO_4$ 的量，间接求得 $Ca^{2+}$ 的含量。为了保证 $Ca^{2+}$ 与 $C_2O_4^{2-}$ 间 1∶1 的计量关系，以及获得颗粒较大的 $CaC_2O_4$ 沉淀便于过滤和洗涤，必须采取相应的措施：

① 在酸性试液中先加入过量 $(NH_4)_2C_2O_4$，再用稀氨水慢慢中和试液至甲基橙显黄色，使沉淀缓慢地生成；

② 沉淀完全后须放置陈化一段时间；

③ 用蒸馏水洗去沉淀表面吸附的 $C_2O_4^{2-}$。若在中性或弱碱性溶液中沉淀，会有部分 $Ca(OH)_2$ 或碱式草酸钙生成，使测定结果偏低。为减少沉淀溶解损失，应用尽可能少的冷水洗涤沉淀。

（3）水化学耗氧量（COD）的测定　化学耗氧量是1L水中还原性物质（无机的或有机的）在一定条件下被氧化时所消耗的氧含量，通常用 COD($mgO_2 \cdot L^{-1}$) 来表示，它是反映水体被还原性物质污染程度的主要指标。还原性物质包括有机物、亚硝酸盐、亚铁盐和硫化物等，其中有机物污染的水极为普遍，因此，化学耗氧量可作为有机物污染程度的指标。

COD的测定方法是：在酸性条件下，加入过量的 $KMnO_4$ 溶液，将水样中的某些有机物及还原性物质氧化，反应后在剩余的 $KMnO_4$ 中加入过量的 $Na_2C_2O_4$ 还原，再用 $KMnO_4$ 溶液回滴过量的 $Na_2C_2O_4$，从而计算出水样中所含还原性物质所消耗的 $KMnO_4$，再换算为COD。测定过程的有关反应为：

$$4KMnO_4 + 6H_2SO_4 + 5C \longrightarrow 2K_2SO_4 + 4MnSO_4 + 5CO_2 + 6H_2O$$

$$2MnO_4^- + 5C_2O_4^{2-} + 16H^+ \longrightarrow 2Mn^{2+} + 8H_2O + 10CO_2 \uparrow$$

（4）有机物的测定　氧化有机物的反应在碱性溶液中比在酸性溶液中快，采用加入过量 $KMnO_4$ 并加热的方法可进一步加速反应。例如测定甘油时，加入一定量过量的 $KMnO_4$ 标准溶液到含有试样的 $2mol \cdot L^{-1}$ NaOH 溶液中，放置片刻，溶液中发生如下反应：

$$C_3H_8O_3 + 14MnO_4^- + 20OH^- \longrightarrow 3CO_3^{2-} + 14MnO_4^{2-} + 14H_2O$$

待溶液中反应完全后将溶液酸化，此时 $MnO_4^{2-}$ 歧化成 $MnO_4^-$ 和 $MnO_2$，然后加入过量的 $Na_2C_2O_4$ 标准溶液还原所有高价锰为 $Mn^{2+}$，最后再以 $KMnO_4$ 标准溶液滴定剩余的 $Na_2C_2O_4$。由两次加入的 $KMnO_4$ 量和 $Na_2C_2O_4$ 的量，计算甘油的质量分数。甲醛、甲酸、酒石酸、柠檬酸、苯酚、葡萄糖等都可按此法测定。

## 二、重铬酸钾法

### 1. 概述

$K_2Cr_2O_7$ 是一种常用的氧化剂，在酸性介质中 $Cr_2O_7^{2-}$ 被还原为 $Cr^{3+}$，其电极反应如下：

$$Cr_2O_7^{2-} + 14H^+ + 6e^- \rightleftharpoons 2Cr^{3+} + 7H_2O \qquad \varphi^{\ominus}(Cr_2O_7^{2-}/Cr^{3+}) = 1.33V$$

$K_2Cr_2O_7$ 的氧化能力不如 $KMnO_4$ 强，可以测定的物质不如 $KMnO_4$ 广泛，但与高锰酸钾法相比，它有自己的优点：

① $K_2Cr_2O_7$ 易提纯，可作为基准物质直接配制标准溶液。$K_2Cr_2O_7$ 标准溶液相当稳定，保存在密闭容器中，浓度可长期保持不变。

② 室温下，当 HCl 溶液浓度低于 $3mol \cdot L^{-1}$ 时，$Cl^-$ 不会被 $Cr_2O_7^{2-}$ 氧化，因此 $K_2Cr_2O_7$ 法可在盐酸介质中进行滴定。

### 2. $K_2Cr_2O_7$ 标准溶液的配制

$K_2Cr_2O_7$ 标准溶液可用直接法配制，但在配制前应将 $K_2Cr_2O_7$ 基准试剂在 105～110℃ 温度下烘至恒重。准确称取一定的量，加蒸馏水溶解后定量转移至一定体积的容量瓶中稀释至刻度，摇匀。然后根据其质量和定容的体积，计算 $K_2Cr_2O_7$ 标准溶液的浓度。

### 3. 重铬酸钾法的应用示例

（1）铁矿石中全铁量的测定　重铬酸钾法是测定矿石中全铁量的标准方法。根据预氧化还原方法的不同可分为 $SnCl_2$-$HgCl_2$ 法和 $SnCl_2$-$TiCl_3$ 法。

① $SnCl_2$-$HgCl_2$ 法。试样用热浓 HCl 溶解，用 $SnCl_2$ 趁热将 $Fe^{3+}$ 还原为 $Fe^{2+}$。冷却后，过量的 $SnCl_2$ 用 $HgCl_2$ 氧化，再用水稀释，并加入 $H_2SO_4$、$H_3PO_4$ 和二苯胺磺酸钠指示剂，立即用 $K_2Cr_2O_7$ 标准溶液滴定至溶液由浅绿色（$Cr^{3+}$）变为紫红色。

用盐酸溶解时反应为：

$$Fe_2O_3 + 6HCl = 2FeCl_3 + 3H_2O$$

滴定反应为：

$$Cr_2O_7^{2-} + 6Fe^{2+} + 14H^+ = 2Cr^{3+} + 6Fe^{3+} + 7H_2O$$

② $SnCl_2$-$TiCl_3$ 法。即无汞测定法。样品用酸溶解后，以 $SnCl_2$ 趁热将大部分 $Fe^{3+}$ 还原为 $Fe^{2+}$，再以钨酸钠为指示剂，用 $TiCl_3$ 还原剩余的 $Fe^{3+}$，反应为：

$$2Fe^{3+} + Sn^{2+} \longrightarrow 2Fe^{2+} + Sn^{4+}$$

$$Fe^{3+} + Ti^{3+} \longrightarrow Fe^{2+} + Ti^{4+}$$

当 $Fe^{3+}$ 定量还原为 $Fe^{2+}$ 之后，稍过量的 $TiCl_3$ 即可使溶液中作为指示剂的六价钨还原为蓝色的五价钨合物（俗称“钨蓝”），此时溶液呈现蓝色。然后滴入重铬酸钾溶液，使钨蓝刚好褪色，或者以 $Cu^{2+}$ 为催化剂使稍过量的 $Ti^{3+}$ 被水中溶解的氧所氧化，从而消除少量的还原剂的影响。最后以二苯胺磺酸钠为指示剂，用重铬酸钾标准滴定溶液滴定溶液中的 $Fe^{2+}$，即可求出全铁含量。

(2) 利用 $Cr_2O_7^{2-}$-$Fe^{2+}$ 反应测定其他物质　$Cr_2O_7^{2-}$ 与 $Fe^{2+}$ 的反应可逆性强，速率快，计量关系好，无副反应发生。此反应不仅用于测铁，还可利用它间接地测定多种物质，既可以测定氧化剂（如 $NO_3^-$、$ClO_3^-$）、还原剂（如 $Ti^{3+}$），也可以测定非氧化还原性物质（$Pb^{2+}$、$Ba^{2+}$）。具体测定方法请参阅有关专业教材。

## 三、碘量法

### 1. 概述

碘量法是利用 $I_2$ 氧化性或 $I^-$ 还原性的氧化还原滴定方法，基本反应是：

$$I_2 + 2e^- = 2I^-$$

由于 $I_2$ 在水中溶解度较小（298K 时为 $1.18\times10^{-3}mol\cdot L^{-1}$），通常将 $I_2$ 溶解于 KI 溶液中，溶液中的碘以 $I_3^-$ 配离子形式存在，其电极半反应为：

$$I_3^- + 2e^- = 3I^-$$

$I_3^-/I^-$ 电对反应的可逆性好，副反应少。因此碘量法既可测定氧化剂，又可测定还原剂。碘量法可以分为直接碘量法和间接碘量法两种。

(1) 直接碘量法　$I_2$ 标准溶液可以直接滴定电极电势比 $\varphi^{\ominus}(I_3^-/I^-)$ 低的还原性物质，如 $S^{2-}$、$SO_3^{2-}$、$Sn^{2+}$、$S_2O_3^{2-}$、As(Ⅲ)、维生素 C 等，这种碘量法称为直接碘量法。

(2) 间接碘量法　电极电势比 $\varphi^{\ominus}(I_3^-/I^-)$ 高的氧化性物质，可在一定的条件下，用 $I^-$ 还原，然后用 $Na_2S_2O_3$ 标准溶液滴定生成的 $I_2$，这种方法称为间接碘量法。间接碘量法可以测定很多氧化性物质，如 $Cu^{2+}$、$Cr_2O_7^{2-}$、$IO_3^-$、$BrO_3^-$、$AsO_4^{3-}$、$ClO^-$、$NO_2^-$、$H_2O_2$、$MnO_4^-$、和 $Fe^{3+}$ 等。

### 2. 碘量法的终点指示

碘量法一般选择淀粉水溶液做终点指示剂，$I_2$ 与淀粉呈现蓝色，其显色灵敏度高，但应注意：①所用的淀粉必须是可溶性淀粉。②由于 $I_3^-$ 与淀粉的蓝色在热溶液中会消失，所以不能在热溶液中进行滴定。③淀粉在弱酸性溶液中灵敏度很高，显蓝色；但当 $pH<2$ 时，淀粉会水解，与 $I_2$ 作用显红色；当 $pH>9$ 时，$I_2$ 转变为 $IO^-$ 离子与淀粉不显色。④直接碘量法终点时，溶液由无色突变为蓝色，故应在滴定开始时加入淀粉溶液。间接碘量法用淀粉指示液指示终点时，应等滴至 $I_2$ 的黄色很浅时再加入淀粉指示液，若滴定开始时就加入淀粉溶液，它易与 $I_2$ 形成蓝色配合物而吸附 $I_2$，使终点提前。

### 3. 碘量法标准溶液的配制

碘量法一般需要分别配制和标定 $I_2$ 和 $Na_2S_2O_3$ 两种标准溶液。

(1) $Na_2S_2O_3$ 标准溶液的配制　硫代硫酸钠（$Na_2S_2O_3\cdot5H_2O$）一般都含有少量杂质，

因此只能用标定法配制 $Na_2S_2O_3$ 标准溶液。

配制好的 $Na_2S_2O_3$ 溶液在空气中不稳定，容易分解，再者水中微量的 $Cu^{2+}$ 或 $Fe^{3+}$ 等也能促进 $Na_2S_2O_3$ 分解，因此应当用新煮沸并冷却的蒸馏水配制 $Na_2S_2O_3$ 溶液。$Na_2S_2O_3$ 溶液应贮于棕色瓶中，于暗处放置 2 周后，过滤去沉淀，然后再标定；标定后的 $Na_2S_2O_3$ 溶液在贮存过程中如发现溶液变浑浊，应重新标定。

标定 $Na_2S_2O_3$ 溶液的基准物质有 $K_2Cr_2O_7$、$KIO_3$、$KBrO_3$ 等。标定时，需在基准物酸性溶液中，加入过量 KI，待析出 $I_2$ 后，再用配制的 $Na_2S_2O_3$ 溶液滴定。以 $K_2Cr_2O_7$ 作基准物为例，在酸性 $K_2Cr_2O_7$ 溶液中加入 KI：

$$Cr_2O_7^{2-} + 6I^- + 14H^+ = 2Cr^{3+} + 3I_2 + 7H_2O$$

析出的 $I_2$ 以淀粉为指示剂用 $Na_2S_2O_3$ 溶液滴定：

$$I_2 + 2S_2O_3^{2-} = 2I^- + S_4O_6^{2-}$$

根据称取 $K_2Cr_2O_7$ 的质量和消耗 $Na_2S_2O_3$ 溶液的体积，可计算出 $Na_2S_2O_3$ 标准溶液的浓度：

$$c(Na_2S_2O_3)=\frac{6m(K_2Cr_2O_7)}{(V-V_0)\times M(K_2Cr_2O_7)}$$

式中，$V$ 为滴定时消耗 $Na_2S_2O_3$ 溶液的体积；$V_0$ 为空白试验消耗 $Na_2S_2O_3$ 溶液的体积。

(2) $I_2$ 标准溶液的制备　用市售的碘先配成近似浓度的碘溶液，然后用基准试剂或已知准确浓度的 $Na_2S_2O_3$ 标准溶液来标定碘溶液的准确浓度。由于 $I_2$ 难溶于水，易溶于 KI 溶液，故配制时应将 $I_2$、KI 与少量水一起研磨后再用水稀释，并保存在棕色试剂瓶中待标定。$I_2$ 溶液可用 $As_2O_3$ 基准物标定。由于 $As_2O_3$ 在水中溶解度小，通常多用 NaOH 溶液溶解，使之生成亚砷酸钠，再用 $I_2$ 溶液滴定 $AsO_3^{3-}$。

$$As_2O_3 + 6NaOH = 2Na_3AsO_3 + 3H_2O$$

$$AsO_3^{3-} + I_2 + H_2O = AsO_4^{3-} + 2I^- + 2H^+$$

根据称取的 $As_2O_3$ 质量和滴定时消耗 $I_2$ 溶液的体积，可计算出 $I_2$ 标准溶液的浓度。计算公式如下：

$$c(I_2)=\frac{2m(As_2O_3)}{(V-V_0)\times M(As_2O_3)}$$

式中，$V$ 为滴定时消耗 $I_2$ 溶液的体积；$V_0$ 为空白试验消耗 $I_2$ 溶液的体积。

**4. 碘量法应用示例**

(1) 水中溶解氧的测定　溶解于水中的氧称为溶解氧，常以 DO 表示，溶解氧的含量用 1L 水中溶解的氧气量（$mgO_2\cdot L^{-1}$）表示。

溶解氧的测定是衡量水污染的一个重要指标。水中溶解氧含量的多少，反应出水体受到污染的程度。清洁的地面水在正常情况下，所含溶解氧接近饱和状态。如果水中含有藻类，由于光合作用而放出氧，就可能使水中含过饱和的溶解氧。但当水体受到污染时，由于氧化污染物质需要消耗氧，水中所含的溶解氧就会减少。

碘量法测定溶解氧的原理是：在水样中加入硫酸锰和碱性碘化钾溶液，使生成氢氧化亚锰沉淀。氢氧化亚锰性质极不稳定，迅速与水中溶解氧化合生成棕色锰酸锰沉淀。

$$MnSO_4 + 2NaOH = \underset{\text{白色沉淀}}{Mn(OH)_2\downarrow} + Na_2SO_4$$

$$2Mn(OH)_2 + O_2 = \underset{\text{棕色沉淀}}{2H_2MnO_3\downarrow}$$

$$Mn(OH)_2 + H_2MnO_3 = \underset{\text{棕色沉淀}}{MnMnO_3\downarrow} + 2H_2O$$

加入硫酸酸化，使锰酸锰与所加入的 $I^-$ 起氧化还原反应，析出相当量的 $I_2$。溶解氧越多，析出的碘也越多，溶液的颜色也就越深。

$$MnMnO_3 + 3H_2SO_4 + 2KI \longrightarrow 2MnSO_4 + K_2SO_4 + I_2 + 3H_2O$$

最后取出一定量反应完毕的水样，以淀粉为指示剂，用 $Na_2S_2O_3$ 标准溶液滴定至终点。滴定反应为：

$$Na_2S_2O_3 + I_2 \longrightarrow Na_2S_4O_6 + 2NaI$$

测定结果按下式计算：

$$DO = \frac{(V_0 - V_1) \times c(Na_2S_2O_3) \times M(O)}{V_{水}}$$

式中，$V_1$ 为滴定水样时消耗硫代硫酸钠标准溶液体积；$V_{水}$ 为水样体积。

(2) 维生素 C 的测定　维生素 C 又称抗坏血酸（$C_6H_8O_6$，摩尔质量为 171.62g·mol$^{-1}$）。由于维生素 C 具有还原性，所以它能被 $I_2$ 滴定。

维生素 C 的半反应为：

$$C_6H_6O_6 + 2H^+ + 2e^- \longrightarrow C_6H_8O_6 \qquad \varphi^{\ominus}(C_6H_HO_6/C_6H_8O_6) = +0.18V$$

由于维生素 C 的还原性很强，在空气中极易被氧化，尤其在碱性介质中更甚，测定时应加入 HAc 使溶液呈现弱酸性，以减少维生素 C 的副反应。

测定时称取含维生素 C 试样，溶解在新煮沸且冷却的蒸馏水中，以 HAc 酸化，加入淀粉指示剂，迅速用 $I_2$ 标准溶液滴定至终点。

(3) 直接碘量法测定海波（$Na_2S_2O_3$）的含量　$Na_2S_2O_3$ 俗称大苏打或海波，具有还原作用，可用作定影剂、去氯剂和分析试剂。$Na_2S_2O_3$ 的含量可在 pH＝5 的 HAc-NaAc 缓冲溶液中，用 $I_2$ 标准滴定溶液直接滴定测得。分析结果按下式计算：

$$w(Na_2S_2O_3 \cdot 5H_2O) = \frac{2c(I_2) \times V(I_2) \times M(Na_2S_2O_3 \cdot 5H_2O)}{m_s}$$

## 本章小结

氧化还原滴定法是以氧化还原反应为基础的滴定分析方法。选用适当的还原剂或氧化剂作为标准溶液，直接测定具有氧化性或还原性的物质，也可以间接测定那些不具有氧化性或还原性的物质。氧化还原反应的机理较为复杂，反应速率较慢，滴定时不仅要考虑反应的可能性，还应考虑它的反应速率问题，所以滴定时应注意滴定速率与反应速率相一致。影响反应速率的主要因素有反应物的浓度、温度、催化剂及诱导反应等。

条件电极电势是考虑了在给定条件下离子强度与各种副反应影响后（即校正了给定条件下外界因素影响后）的实际电极电势，因此在处理氧化还原平衡问题时，应使用给定条件下的条件电极电势。

通常认为当两电对条件电极电势符合 $\varphi_1^{\ominus\prime} - \varphi_2^{\ominus\prime} \geqslant 0.4V$ 时，此氧化还原反应就能用于滴定分析。

氧化还原滴定曲线和其他滴定曲线类似，在计量点附近也会出现突跃，突跃范围的大小取决于两电对条件电极电势的差值。其差值越大，突跃范围越大。另外，在不同介质中，氧化还原电对的条件电极电势不同，滴定曲线的突跃范围和化学计量点在曲线的位置就不同。对于可逆的氧化还原反应，化学计量点时，溶液电势可用公式 $\varphi_{sp} = \frac{n_1\varphi_1^{\ominus\prime} + n_2\varphi_2^{\ominus\prime}}{n_1 + n_2}$ 计算得到。

氧化还原滴定确定终点时可采用的指示剂有自身指示剂、特殊指示剂及氧化还原指示剂。滴定中要选择氧化还原指示剂时应使指示剂的条件电极电势处于滴定的突跃范围内，并尽可能与化学计量点 $\varphi_{sp}$ 接近，以减少终点误差。

本章重点介绍氧化还原滴定法中常见的几种滴定方法：高锰酸钾法、重铬酸钾法与碘量法等。

## 思考题与习题

1. 什么是条件电极电势？条件电极电势与标准电极电势有什么不同？影响条件电极电势的因素有哪些？

2. 如何衡量氧化还原反应进行的程度？氧化还原反应进行的程度取决于什么？

3. 如何确定对称电对氧化还原反应的化学计量点电势？

4. 氧化还原滴定曲线突跃大小与哪些因素有关？

5. 已知 $Ag^+ + e^- \longrightarrow Ag$，$\varphi^{\ominus}=0.80V$；AgI(固) $+e^- \longrightarrow Ag+I^-$，$\varphi^{\ominus}=-0.152V$，求 AgI 的溶度积（忽略离子强度影响）。

[$K_{sp}(AgI)=10^{-16.03}=9.3\times10^{-17}$]

6. 称取 0.4903g 纯 $K_2Cr_2O_7$，用水溶解并稀释至 100.00mL。移取 25.00mL，加入 $H_2SO_4$ 及 KI，以 $Na_2S_2O_3$ 溶液滴定至终点，消耗 25.00mL。计算此 $Na_2S_2O_3$ 溶液的浓度[$M_r(K_2Cr_2O_7)=294.2$]。

($0.1000mol\cdot L^{-1}$)

7. 准确移取过氧化氢试样溶液 25.00mL，置 250.0mL 容量瓶中，加水至刻度，混匀。再准确吸取 25.00mL，加 $H_2SO_4$ 酸化，用 $0.02732mol\cdot L^{-1}$ $KMnO_4$ 标准溶液滴定，共消耗 35.86mL。试计算试样中过氧化氢的浓度 ($g\cdot L^{-1}$) [$M_r(H_2O_2)=34.015$]。 ($33.32g\cdot L^{-1}$)

8. 计算在 $1.5mol\cdot L^{-1}$ HCl 介质中，当 $c(Cr^{6+})=0.10mol\cdot L^{-1}$，$c(Cr^{3+})=0.020mol\cdot L^{-1}$ 时 $Cr_2O_7^{2-}/Cr^{3+}$ 电对的电极电势。

(1.01V)

9. 计算 pH＝10.0，$[NH_4^+]+[NH_3]=0.20mol\cdot L^{-1}$ 时 $Zn^{2+}/Zn$ 电对条件电势。若 $c(Zn^{2+})=0.020mol\cdot L^{-1}$，体系的电势是多少？

(－0.94V，－0.99V)

10. 分别计算$[H^+]=2.0mol\cdot L^{-1}$和 pH＝2.00 时 $MnO_4^-/Mn^{2+}$ 电对的条件电势。

(1.54V，1.32V)

11. 已知在 $1mol\cdot L^{-1}$ HCl 介质中，$Fe^{3+}/Fe^{2+}$ 电对的 $\varphi^{\ominus}=0.77V$，$Sn^{4+}/sn^{2+}$ 电对的 $\varphi^{\ominus}=0.14V$。求在此条件下，反应 $2Fe^{3+} + Sn^{2+} \longrightarrow Sn^{4+} + 2Fe^{2+}$ 的条件平衡常数。

($K'=9.5\times10^5$)

12. 在 $0.5mol\cdot L^{-1}$ $H_2SO_4$ 介质中，等体积的 $0.60mol\cdot L^{-1}$ $Fe^{2+}$ 溶液与 $0.20mol\cdot L^{-1}$ $Ce^{4+}$ 溶液混合。反应达到平衡后，$Ce^{4+}$ 的浓度为多少？

[$c(Ce^{4+})=6.02\times10^{-15}mol\cdot L^{-1}$]

13. 用 30.00mL 某 $KMnO_4$ 标准溶液恰能氧化一定的 $KHC_2O_4\cdot H_2O$，同样质量的 $KHC_2O_4\cdot H_2O$ 又恰能与 25.20mL 浓度为 $0.2012mol\cdot L^{-1}$的 KOH 溶液反应。计算此 $KMnO_4$ 溶液的浓度。

($0.06760mol\cdot L^{-1}$)

14. 称取制造油漆的填料红丹 ($Pb_3O_4$)0.1000g，用盐酸溶解，在热时加 $0.02mol\cdot L^{-1}$ $K_2Cr_2O_7$溶液 25mL，析出 $PbCrO_4$：

$$2Pb^{2+} + Cr_2O_7^{2-} + H_2O \longrightarrow 2PbCrO_4\downarrow + 2H^+$$

冷却后过滤，将 $PbCrO_4$沉淀用盐酸溶解，加入 KI 和淀粉溶液，用 $0.1000mol\cdot L^{-1}$ $Na_2S_2O_3$溶液滴定时，用去 12.00mL。求试样中 $Pb_3O_4$ 的质量分数。

[$w(Pb_3O_4)=0.9141$]

15. $Pb_2O_3$ 试样 1.234g，用 20.00mL $0.2500mol\cdot L^{-1}$ $H_2C_2O_4$溶液处理。这时 $Pb^{4+}$ 被还原为 $Pb^{2+}$。将溶液中和后，使 $Pb^{2+}$ 定量沉淀为 $PbC_2O_4$。过滤，滤液酸化后，用 $0.04000mol\cdot L^{-1}$ $KMnO_4$ 溶液滴定，用去 10.00mL。沉淀用酸溶解后，用同样的 $KMnO_4$ 溶液滴定，用去 30.00mL。计算试样中 PbO 及 $PbO_2$ 的质量分数。

[$w(PbO_2)=19.38\%$ $w(PbO)=36.18\%$]

# 第七章　沉淀滴定法

沉淀滴定法（precipitation titration）是以沉淀反应为基础的滴定分析方法。能用于滴定分析的沉淀反应需满足以下条件：

① 沉淀形成迅速，能快速达到沉淀平衡。反应形成的沉淀要有恒定的组成。

② 生成沉淀的 $K_{sp}$ 要小，即沉淀的溶解度要小（$K_{sp}<10^{-8}$）。

③ 生成的沉淀产生的吸附现象要小，不影响滴定终点的辨认。

④ 有适当的方法指示滴定终点。

因此沉淀反应虽然很多，但能用于沉淀滴定的反应却并不多。目前，比较有实际意义的是生成难溶性银盐的沉淀反应：

$$Ag^+ + X^- \longrightarrow AgX\downarrow$$

（$X^-$ 为 $Cl^-$、$Br^-$、$I^-$、$CN^-$ 和 $SCN^-$ 等）

利用上述沉淀反应的滴定分析方法，被称为银量法。在银量法中，既可以用 $AgNO_3$ 标准溶液测定卤族离子和拟卤族离子，也可以用 KSCN 或 $NH_4SCN$ 为标准溶液测定 $Ag^+$ 离子等。

## 第一节　沉淀滴定法基本原理

在沉淀滴定过程中，被测离子浓度随滴定剂的加入而变化，其变化情况与其他滴定法类似，亦可绘制成滴定曲线。

用 $AgNO_3$ 标准溶液滴定卤族离子 $X^-$，每加入一定量的 $AgNO_3$ 溶液，则按化学计量关系形成一定量 AgX 沉淀，形成沉淀平衡。

$$Ag^+ + X^- \longrightarrow AgX\downarrow$$

反应体系中 $Ag^+$ 和 $X^-$ 平衡浓度与 $K_{sp}^{\ominus}$ 有关。即

$$[Ag^+][X^-]=K_{sp}^{\ominus}(AgX)$$

若以 $Ag^+$ 和 $X^-$ 平衡浓度的负对数表示，则

$$pAg+pX=pK_{sp}^{\ominus}$$

以所加入标准溶液体积或滴定百分数为横坐标，以 pAg 或 pX 为纵坐标作图，就可以绘制沉淀滴定曲线。

现以 $0.1000mol\cdot L^{-1}$ $AgNO_3$ 标准溶液滴定 20.00mL $0.1000mol\cdot L^{-1}$ 的 NaCl 溶液为例，讨论沉淀滴定曲线。沉淀反应为：

$$Ag^+ + Cl^- \longrightarrow AgCl\downarrow \quad K_{sp}^{\ominus}(AgCl)=1.8\times10^{-10}$$

**1. 滴定前**

溶液中 $Cl^-$ 浓度为溶液的原始浓度：

$$[Cl^-]=0.1000mol\cdot L^{-1} \quad pCl=1.00$$

**2. 化学计量点前**

化学计量点前，随着不断滴入 $AgNO_3$ 标准溶液，溶液中 $Cl^-$ 不断地形成 AgCl 沉淀，其浓度近似等于剩余的 NaCl 的浓度，即：

$$[Cl^-]=\frac{c(NaCl)V(NaCl)-c(AgNO_3)V(AgNO_3)}{V(NaCl)+V(AgNO_3)}$$

当 $V(AgNO_3)=19.98$mL 时，溶液中 $Cl^-$ 浓度为：

$$[Cl^-]=\frac{0.1000\times(20.00-19.98)}{20.00+19.98}=5.0\times10^{-5}\ (mol\cdot L^{-1})$$

$$pCl=4.30$$

### 3. 化学计量点时

当滴定达化学计量点时，可近似认为所加入的 $AgNO_3$ 标准溶液按化学计量关系与 $Cl^-$ 沉淀完全。此时，溶液是 AgCl 的饱和溶液，故：

$$[Cl^-]=[Ag^+]=\sqrt{K_{sp}^{\ominus}(AgCl)}=\sqrt{1.8\times10^{-10}}=1.34\times10^{-5}\ (mol\cdot L^{-1})$$

$$pCl=pAg=4.87$$

### 4. 化学计量点后

化学计量点后，$AgNO_3$ 过量加入，因此可根据溶液中过量的 $Ag^+$ 和 $K_{sp}^{\ominus}(AgCl)$ 计算 $[Cl^-]$ 或 pCl。

$$[Ag^+]=\frac{c(AgNO_3)V(AgNO_3)-c(NaCl)V(NaCl)}{V(NaCl)+V(AgNO_3)}$$

$$[Cl^-]=\frac{K_{sp}(AgCl)}{[Ag^+]}$$

当 $V(AgNO_3)=20.02$mL 时，溶液中 $Ag^+$ 的平衡浓度为：

$$[Ag^+]=0.1000\times\frac{20.02-20.00}{20.02+20.00}=5.0\times10^{-5}(mol\cdot L^{-1})$$

$$[Cl^-]=\frac{K_{sp}(AgCl)}{[Ag^+]}=3.6\times10^{-6}(mol\cdot L^{-1})$$

$$pCl=5.44$$

按照以上方法，可计算出滴定过程中任意一点的 pCl 值，结果列于表 7-1。以滴加 $AgNO_3$ 溶液的体积为横坐标，pCl 值为纵坐标绘制曲线，即可得到沉淀滴定曲线，如图 7-1 所示。

**表 7-1 0.1000mol·L$^{-1}$ $AgNO_3$ 滴定 20.00mL 同浓度的 NaCl 时离子浓度的变化**

| $AgNO_3$ 加入量/mL | pCl | pAg | $AgNO_3$ 加入量/mL | pCl | pAg |
|---|---|---|---|---|---|
| 0 | 1.0 | — | 20.00 | 4.9 | 4.9 |
| 18.00 | 2.3 | 7.5 | 20.02 | 5.5 | 4.3 |
| 19.98 | 4.3 | 5.5 | 40.00 | 8.5 | 1.3 |

由图 7-1 可知，pCl 在化学计量点附近有突跃发生，突跃范围的大小主要取决于所形成

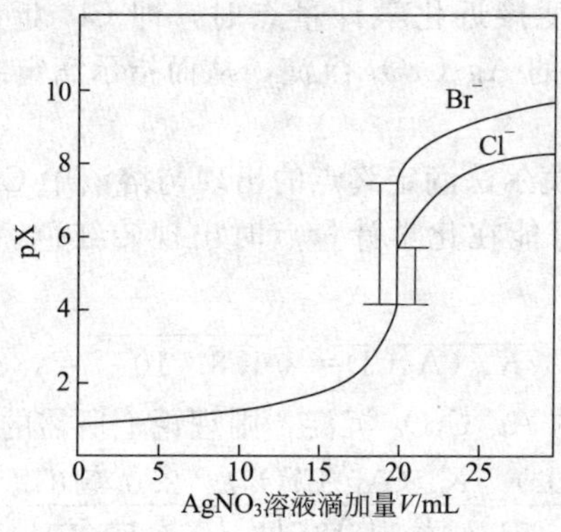


图 7-1 0.1000mol·L$^{-1}$ $AgNO_3$ 滴定 20.00mL 同浓度的 $Cl^-$、$Br^-$ 离子时的滴定曲线

沉淀的溶度积 $K_{sp}^{\ominus}$ 的大小。$K_{sp}^{\ominus}$ 越小，相应突跃范围就越大。如 AgBr 的 $K_{sp}^{\ominus}$（$=7.7\times10^{-13}$）小于 AgCl 的 $K_{sp}^{\ominus}$（$=1.8\times10^{-10}$），所以，pBr 比 pCl 的突跃范围大（图 7-1）。此外，突跃范围与溶液的浓度也有关系，浓度越大，突跃范围越大。

## 第二节 银 量 法

与其他滴定分析法一样，沉淀滴定法的关键问题是正确测定滴定终点，使滴定终点与化学计量点尽可能一致，以减少滴定误差。根据所用指示剂的不同，银量法通常可分为莫尔法（Mohr）、佛尔哈德法（Volhard）和法扬司法（Fajans）。

### 一、莫尔法

#### 1. 方法原理

莫尔法是以铬酸钾（$K_2CrO_4$）为指示剂，以 $AgNO_3$ 为标准溶液滴定卤化物，以出现砖红色铬酸银（$Ag_2CrO_4$）沉淀来确定终点的银量法。

例如，在中性或弱碱性条件下测定 $Cl^-$，相关反应如下：

$$Ag^+ + Cl^- \longrightarrow AgCl\downarrow \qquad K_{sp}(AgCl)=1.8\times10^{-10}$$

$$2Ag^+ + CrO_4^{2-} \longrightarrow Ag_2CrO_4\downarrow \qquad K_{sp}(Ag_2CrO_4)=2.0\times10^{-12}$$

由于 AgCl 和 $Ag_2CrO_4$ 不是同一类型的沉淀，所以不能用溶度积直接进行比较和计算，需要用它们的溶解度进行讨论。

设 AgCl 的溶解度为 $x$，则沉淀平衡中 $[Ag^+]=[Cl^-]=x$，代入溶度积：

$$K_{sp}^{\ominus}(AgCl)=[Ag^+][Cl^-]=1.8\times10^{-10}$$

$$x^2=1.8\times10^{-10}$$

$$x=\sqrt{1.8\times10^{-10}}=1.3\times10^{-5}\ (mol\cdot L^{-1})$$

因此 AgCl 的溶解度为 $1.3\times10^{-5}mol\cdot L^{-1}$。

设 $y$ 为 $Ag_2CrO_4$ 的溶解度，则 $[Ag^+]=[CrO_4^{2-}]=2y$，代入溶度积：

$$[Ag^+]^2[CrO_4^{2-}]=K_{sp}^{\ominus}(Ag_2CrO_4)=2.0\times10^{-12}$$

$$y^3=0.5\times10^{-12}$$

$$y=\sqrt[3]{0.5\times10^{-12}}=7.94\times10^{-5}\ (mol\cdot L^{-1})$$

即 $Ag_2CrO_4$ 的溶解度为 $7.94\times10^{-5}mol\cdot L^{-1}$。

显然 AgCl 的溶解度小于 $Ag_2CrO_4$ 的溶解度。根据分步沉淀的原理，在滴定过程中，随着 $AgNO_3$ 标准溶液的滴加，溶液中首先形成白色的 AgCl 沉淀，溶液中 $Cl^-$ 浓度不断减小，当 $Cl^-$ 浓度降到一定程度接近化学计量点时，即 $Cl^-$ 近乎于完全沉淀时，稍过量的 $AgNO_3$ 与 $CrO_4^{2-}$ 生成砖红色的 $Ag_2CrO_4$ 沉淀，从而指示滴定终点的到达。

#### 2. 滴定条件

① 根据分步沉淀原理，莫尔法滴定终点的出现与溶液中 $CrO_4^{2-}$ 浓度大小有关，可由沉淀平衡原理从理论上计算恰好能在化学计量点时出现砖红色 $Ag_2CrO_4$ 沉淀的指示剂用量。化学计量点时：

$$[Ag^+]=[Cl^-]=\sqrt{K_{sp}(AgCl)}=\sqrt{1.8\times10^{-10}}=1.3\times10^{-5}mol\cdot L^{-1}$$

若此时恰能生成砖红色的 $Ag_2CrO_4$ 沉淀，则理论上所需的 $CrO_4^{2-}$ 的浓度为：

$$[CrO_4^{2-}]=\frac{K_{sp}(Ag_2CrO_4)}{[Ag^+]^2}=\frac{K_{sp}(Ag_2CrO_4)}{K_{sp}(AgCl)}=\frac{2.0\times10^{-12}}{1.8\times10^{-10}}=1.1\times10^{-2}mol\cdot L^{-1}$$

从以上分析数据可知，滴定终点出现的迟早与溶液中 $Ag^+$ 浓度和 $CrO_4^{2-}$ 的浓度大小有关，即与指示剂的浓度有关。指示剂的浓度过高，终点提前；指示剂的浓度过低，终点推迟。因此，指示剂用量的多少决定滴定终点的正确与否。在实际测定时，若 $K_2CrO_4$ 的浓度太高，$K_2CrO_4$ 的黄色会影响对 $Ag_2CrO_4$ 沉淀颜色的观察，从而影响对终点的判断。因此，在实际测定中 $K_2CrO_4$ 的浓度一般控制在 $3\times10^{-3}\sim5\times10^{-3}\,mol\cdot L^{-1}$，虽然多消耗一点 $AgNO_3$ 标准溶液，但产生的终点误差为0.062%，符合滴定分析要求。

② 莫尔法需在中性或弱碱性（pH 为 6.5～10.5）溶液中进行。若溶液酸性较强，$CrO_4^{2-}$ 会转化为 $Cr_2O_7^{2-}$，即：

$$2H^+ + 2CrO_4^{2-} \rightleftharpoons 2HCrO_4^- \rightleftharpoons Cr_2O_7^{2-} + H_2O$$

导致 $CrO_4^{2-}$ 浓度减小，$Ag_2CrO_4$ 沉淀出现过迟，甚至不出现沉淀。若溶液酸性太强，可用 $NaHCO_3$ 或 $Na_2B_4O_7\cdot10H_2O$ 中和。

若溶液碱性较强，将出现 $Ag_2O$ 沉淀，即：

$$Ag^+ + OH^- = AgOH\downarrow$$

$$2AgOH = Ag_2O\downarrow + H_2O$$

若溶液碱性太强，可先用稀 $HNO_3$ 中和。

③ 溶液中若有氨存在，会使沉淀 AgCl 和 $Ag_2CrO_4$ 转化为 $[Ag(NH_3)_2]^+$ 配离子而溶解。此时，可先用 $HNO_3$ 中和，使 $NH_3$ 转化为 $NH_4^+$；同时，滴定的 pH 范围应控制在 6.5～7.2 之间。因为当溶液的 pH 值更高时，便有一定数量的 $NH_3$ 释放，从而生成 $Ag(NH_3)^+$ 和 $Ag(NH_3)_2^+$，使 AgCl 和 $Ag_2CrO_4$ 沉淀的溶解度增大，影响滴定的准确度。

④ 由于沉淀对被测离子的吸附作用，滴定时需剧烈摇动试液，以减小吸附。莫尔法可用于测定 $Cl^-$、$Br^-$，但不能测定 $I^-$ 和 $SCN^-$，因为 AgI、AgSCN 沉淀强烈吸附 $I^-$ 或 $SCN^-$，即使剧烈摇动也不能解吸，导致终点过早出现，测定结果偏低。

⑤ 能与 $CrO_4^{2-}$ 生成沉淀的阳离子均会干扰滴定，例如，$Ba^{2+}$、$Pb^{2+}$、$Hg^{2+}$ 等。同样，能与 $Ag^+$ 生成沉淀的阴离子均会干扰滴定，例如，$CO_3^{2-}$、$C_2O_4^{2-}$、$PO_4^{3-}$、$AsO_4^{3-}$、$S^{2-}$、$SO_3^{2-}$ 等离子。另外，$Fe^{3+}$、$Al^{3+}$、$Co^{2+}$、$Ni^{2+}$、$Cu^{2+}$ 等一些有色离子以及一些在中性或碱性溶液中易发生水解的离子也会干扰滴定。

**3. 应用范围**

（1）测定离子　莫尔法主要用于以 $AgNO_3$ 标准溶液直接滴定 $Cl^-$、$Br^-$、$CN^-$，但不适用于滴定 $I^-$ 和 $SCN^-$，也不适用于以 NaCl 为标准溶液直接滴定 $Ag^+$。因为 $Ag_2CrO_4$ 转化为 AgCl 十分缓慢而使测定无法进行。

（2）用返滴定法测定 $Ag^+$　如用莫尔法测定 $Ag^+$，必须采用返滴定，即先加入一定过量的 NaCl 标准溶液与其充分反应，然后加入指示剂，用 $AgNO_3$ 标准溶液返滴定。

## 二、佛尔哈德法

佛尔哈德（Volhard）法是以铁铵矾 $[NH_4Fe(SO_4)_2\cdot12H_2O]$ 为指示剂，以 $NH_4SCN$ 为标准溶液的银量法。在滴定过程中，首先析出白色 AgSCN 沉淀，当接近化学计量点时，$NH_4SCN$ 标准溶液与 $Fe^{3+}$ 生成红色配位化合物 $[FeSCN]^{2+}$，从而指示滴定终点。佛尔哈德法包括直接滴定法和返滴定法两种滴定方式。

**1. 直接滴定法**

（1）方法原理　主要用于直接测定 $Ag^+$。在稀酸（$HNO_3$）介质中，以铁铵矾为指示剂，用 $NH_4SCN$ 标准溶液直接滴定 $Ag^+$。当 AgSCN 沉淀完全后，稍过量的 $SCN^-$ 与 $Fe^{3+}$ 生成红色配合物指示滴定终点。相关反应如下：

$$SCN^- + Ag^+ = AgSCN\downarrow \qquad K_{sp}(AgSCN)=1.0\times10^{-12}$$

$$SCN^- + Fe^{3+} = [FeSCN]^{2+} \qquad K_f([FeSCN]^{2+})=138$$

（2）滴定条件

① 佛尔哈德法滴定终点的出现与溶液中 $Fe^{3+}$ 浓度大小有关，可由化学平衡原理从理论上计

算恰好能在化学计量点时出现红色配位化合物 $[FeSCN]^{2+}$ 的指示剂用量，化学计量点时：

$$[SCN^-]=[Ag^+]=\sqrt{K_{sp}(AgSCN)}=\sqrt{1.0\times10^{-12}}=1.0\times10^{-6}\ (mol\cdot L^{-1})$$

由于人的眼睛可以觉察到 $[FeSCN]^{2+}$ 的最低浓度为 $6.0\times10^{-6}mol\cdot L^{-1}$，则

$$\frac{[FeSCN^{2+}]}{[Fe^{3+}][SCN^-]}=138$$

$$\frac{6.0\times10^{-6}}{[Fe^{3+}]\times1.0\times10^{-6}}=138$$

$$[Fe^{3+}]=0.043mol\cdot L^{-1}$$

又由于 $Fe^{3+}$ 呈黄色，会干扰终点的判断，因此在实际测定时，使 $Fe^{3+}$ 的浓度约为 $0.015mol\cdot L^{-1}$，对于滴定终点的判断既明确又不会引入较大的误差。

② 佛尔哈德法应在酸性介质中进行，一般控制 pH 值在 0～1。因为在中性或碱性溶液中，$Fe^{3+}$ 会水解生成 $Fe(OH)^{2+}$、$Fe(OH)_2^+$ 等深色配合物甚至 $Fe(OH)_3$ 沉淀。

③ 滴定时需剧烈摇动试液，这样可以最大程度地减少 AgSCN 沉淀对 $Ag^+$ 离子的吸附。

④ 与 $SCN^-$ 发生反应的干扰因子，如强氧化剂、铜盐、汞盐及氮的低价态氧化物等，应预先消除。

⑤ 不能在高温下进行滴定，高温会促进 $Fe^{3+}$ 水解，并使 $[FeSCN]^{2+}$ 配合物褪色，影响终点的判断。

⑥ 测定 $I^-$ 时，不能过早加入 $Fe^{3+}$ 指示剂，否则会发生如下反应：

$$2Fe^{3+}+2I^-=\!=\!=2Fe^{2+}+I_2$$

从而影响分析结果的准确度。

**2. 返滴定法**

主要用于测定卤素离子，以稀 $HNO_3$ 为介质，向被测试液中先加入定量且过量的 $AgNO_3$ 标准溶液与卤素离子反应，待银盐反应结束后，以铁铵矾为指示剂，用 $NH_4SCN$ 标准溶液返滴定剩余的 $Ag^+$。相关反应如下：

$$\underset{\text{(定量且过量)}}{Ag^+}+X^-=\!=\!=AgX\downarrow$$

$$\underset{\text{(剩余量)}}{Ag^+}+SCN^-=\!=\!=AgSCN\downarrow$$

$$Fe^{3+}+SCN^-=\!=\!=[FeSCN]^{2+}$$

返滴定法测定时，除应满足以上直接滴定法所需条件外，返滴定法在测定 $Cl^-$ 时，由于 $AgCl(K_{sp}=1.8\times10^{-10})$ 的溶解度大于 $AgSCN(K_{sp}=1.0\times10^{-12})$，再者计量点时出现的 $[FeSCN]^{2+}(K_f^{\ominus}=1.4\times10^2)$ 不很稳定，在溶液中易发生以下转化：

$$\begin{array}{l}FeSCN^{2+}\rightleftharpoons SCN^-+Fe^{3+}\\ \qquad\qquad\qquad\ +\\ \qquad\qquad AgCl\rightleftharpoons AgSCN\downarrow+Cl^-\end{array}$$

从而影响分析结果的准确度。因此，当 AgCl 沉淀完全后，将生成的 AgCl 沉淀过滤、洗涤，再用 $NH_4SCN$ 标准溶液滴定滤液中的 $AgNO_3$，可防止 AgCl 沉淀转化为 AgSCN 沉淀。或者在返滴定前向待测试液中加入有机溶剂，如 1,2-二硝基乙烷、硝基苯或异戊醇等，使 AgCl 沉淀表面包裹有机溶剂，也可以防止 AgCl 向 AgSCN 转化。返滴法测定 $Br^-$、$I^-$ 时不存在转化问题。

佛尔哈德法能在酸性溶液中进行滴定分析，$Ba^{2+}$、$Pb^{2+}$、$PO_4^{3-}$、$AsO_4^{3-}$、$CO_3^{2-}$ 等离子均不干扰滴定，但由于强氧化剂、氮的低价态氧化物以及铜盐、汞盐等能与 $SCN^-$ 起作用，干扰测定，滴定前应当采取一定措施除去。

**三、法扬司法**

法扬司法是一种利用吸附指示剂，如荧光黄、二氯荧光黄、曙红等确定滴定终点的银量

法。常以 $AgNO_3$ 作为标准溶液，可以直接滴定 $Cl^-$、$Br^-$、$I^-$、$SCN^-$ 等。

1. **基本原理**

吸附指示剂（adsorption indicators）是一类有机染料。当吸附指示剂被溶液中的胶状沉淀吸附后，指示剂的分子结构随即发生变化，导致颜色的变化，从而指示滴定终点的到达。例如，用 $AgNO_3$ 标准溶液滴定 $Cl^-$ 时，一般所用的指示剂是荧光黄。荧光黄是一种有机弱酸，用 HFIn 表示，在溶液中发生如下离解：

$$HFIn \rightleftharpoons FIn^- + H^+$$

$FIn^-$ 为黄绿色的阴离子。在化学计量点前，溶液中 $Cl^-$ 过量，这时 AgCl 胶状沉淀吸附 $Cl^-$ 而带负电荷，$FIn^-$ 受排斥而不被吸附，溶液呈黄绿色；而在化学计量点后，溶液中 $Ag^+$ 过量，使得 AgCl 胶状沉淀吸附 $Ag^+$ 而带正电荷，溶液中 $FIn^-$ 被吸附，溶液由黄绿色变为粉红色，即可指示滴定终点的到达。表 7-2 列出了一些常见的吸附指示剂。

**表 7-2　吸附指示剂**

| 指　示　剂 | 被测离子 | 滴定剂 | 适用的 pH 范围 |
|---|---|---|---|
| 荧光黄 | $Cl^-$, $Br^-$, $I^-$, $SCN^-$ | $Ag^+$ | 7～10 |
| 二氯荧光黄 | $Cl^-$, $Br^-$, $I^-$, $SCN^-$ | $Ag^+$ | 4～6 |
| 曙红 | $Br^-$, $I^-$, $SCN^-$ | $Ag^+$ | 2～10 |
| 甲基紫 | $SO_4^{2-}$, $Ag^+$ | $Ba^{2+}$, $Cl^-$ | 酸性溶液 |
| 溴酚蓝 | $Cl^-$, $SCN^-$ | $Ag^+$ | 2～3 |
| 罗丹明 6G | $Ag^+$ | $Br^-$ | 稀 $HNO_3$ |

2. **滴定条件**

为了使终点变化敏锐，使用吸附指示剂时需满足以下几点：

① 常用的吸附指示剂多为有机弱酸，起指示作用的是其电离出的阴离子，为使指示剂呈现阴离子状态，需控制适当的 pH 值。若吸附指示剂酸性较弱，待测溶液的 pH 值需高些；若吸附指示剂的酸性较强，则待测溶液 pH 值需低些。如，荧光黄的 $K_a=10^{-7}$，酸性较弱，可用于 pH 为 7～10 的溶液中；二氯荧光黄的 $K_a=10^{-4}$，酸性较强，可用于 pH 为4～10 的溶液中。

② 吸附指示剂的颜色变化主要发生在沉淀表面，要使终点变色敏锐，应使沉淀具有较大的比表面积。因此，在滴定前常适当加入沉淀保护剂，如糊精、淀粉等高分子化合物，可防止沉淀凝聚，保持胶体状态，从而增大沉淀的比表面积。

③ 沉淀对指示剂离子的吸附能力要适当，应略小于对待测离子的吸附能力。即滴定稍过化学计量点时，胶粒就立即吸附指示剂离子而变色。否则，在化学计量点之前，指示剂离子就会取代待测离子，使终点提前。如果胶体微粒对指示剂离子吸附的能力太弱，则终点会出现太迟。沉淀对卤离子及指示剂的吸附能力如下：

$$I^- > SCN^- > Br^- > \text{曙红} > Cl^- > \text{荧光黄}$$

④ 因为卤化银沉淀对光敏感，受光照后易转变为灰黑色，从而影响终点的观察，所以滴定过程应避免强光照射。

⑤ 待测离子浓度要适当，不能太低。浓度太低时，生成的沉淀少，终点变化不明显，不宜使用此法。

# 第三节　沉淀滴定法的应用

## 一、标准溶液的配制与标定

### 1. $AgNO_3$ 标准溶液的配制与标定

$AgNO_3$ 可以得到符合滴定分析要求的基准试剂，因此可用直接法配制标准溶液。对纯度不够高的 $AgNO_3$，则先配成近似浓度的溶液，然后再用基准物质 NaCl 标定。标定时，由于 NaCl 易潮解，使用前应在 500～600℃下干燥，除去吸附水。$AgNO_3$ 溶液见光易分解，因此标准溶液应保存在棕色试剂瓶中，并放置在暗处。

**2. $NH_4SCN$ 标准溶液的配制与标定**

$NH_4SCN$ 试剂一般含有杂质，且易潮解，只能先配成近似浓度的溶液，然后用 $AgNO_3$ 基准物质或 $AgNO_3$ 标准溶液进行标定。

## 二、应用示例

**1. 可溶性氯化物中氯的测定**

例如天然水中、饲料中的氯含量测定等，一般可采用莫尔法进行测定。但如果试样含有 $PO_4^{3-}$、$AsO_4^{3-}$、$S^{2-}$、$C_2O_4^{2-}$ 等能与 $Ag^+$ 生成沉淀的阴离子时，则应在酸性条件下，使用佛尔哈德法进行测定。

**2. 有机卤化物中卤素含量的测定**

有机卤化物多数不能直接滴定，测定前，必须经过适当的预处理，使有机卤化物中的卤素转变为卤离子形式，才能用银量法进行滴定。由于有机卤化物中卤素的结合方式不同，因而所选用的预处理方法也不同。对于脂肪族卤化物和卤素结合在芳香环侧链上的芳香化合物，由于其卤素原子性质较活泼，因此可将试样与 KOH 或 NaOH 的乙醇溶液一起加热回流，按下式反应，使卤素原子以离子的形式转入溶液中

$$RX + OH^- \longrightarrow ROH + X^-$$

溶液冷却后，用 $HNO_3$ 酸化，再用佛尔哈德法测定试样中的卤素离子。溴米那、六六六和对硝基-2-溴代苯乙酮等均可采用此方法测定卤素含量。结合在苯环上或杂环上的卤素原子性质比较稳定，可采用熔融法或氧化法预处理后，用佛尔哈德法进行分析。

# 本章小结

沉淀滴定法是以沉淀反应为基础的滴定分析方法。沉淀反应虽然很多，但是比较有实际意义的是生成难溶性银盐的银量法。

银量法在化学计量点附近的突跃范围主要取决于所形成沉淀的溶度积 $K_{sp}^{\ominus}$ 的大小。$K_{sp}^{\ominus}$ 越小，相应突跃范围就越大。此外，突跃范围与溶液的浓度也有关系，浓度越大，突跃范围越大。

银量法包括莫尔法（Mohr）、佛尔哈德法（Volhard）和法扬司法（Fajans）。莫尔法是以铬酸钾（$K_2CrO_4$）为指示剂；佛尔哈德法是以铁铵矾 [$NH_4Fe(SO_4)_2 \cdot 12H_2O$] 为指示剂；法扬司法则利用吸附指示剂确定滴定终点。

沉淀滴定可用于氯化物中氯的测定以及有机卤化物中卤素含量的测定等。

# 思考题与习题

1. 什么叫沉淀滴定法？沉淀滴定法所用的沉淀反应应具备哪些条件？
2. 试述三种银量法的指示剂作用原理。
3. 莫尔法测定氯离子时，如果溶液酸度过高或者过低，对测定结果有何影响？
4. 佛尔哈德法测定 $Cl^-$ 试液，为何要在加入过量 $AgNO_3$ 标准溶液之后加入有机溶剂？
5. 在银量法滴定过程中，为什么强调要一边滴加一边剧烈摇动，其目的是什么？否则，对分析结果有何影响？
6. 沉淀滴定中，滴定突跃范围的大小与哪些因素有关？如何影响？
7. 下列方法进行测定时，分析结果是否准确，是偏高还是偏低，为什么？

(1) 在 pH=4 时，用莫尔法滴定 $Cl^-$。

(2) 佛尔哈德法测定 $Cl^-$ 时，既没有将 AgCl 沉淀过滤，又没有加硝基苯。

(3) 用法扬司法测定 $Cl^-$，以曙红作指示剂。

(4) 用法扬司法测定 $I^-$，以曙红作指示剂。

8. 某氯化钠试样 0.5000g，溶解后加入固体 $AgNO_3$ 0.8920g，用 $Fe^{3+}$ 作指示剂，过量的 $AgNO_3$ 用 0.1400mol·L$^{-1}$ 的 KSCN 溶液回滴，用去 25.50mL。求试样中氯化钠的含量。(试样中除 $Cl^-$ 外，不含有能与 $Ag^+$ 生成沉淀的其他物质的离子。) (19.64%)

9. 称取 1.9221g 分析纯 KCl，加水溶解后在 250mL 容量瓶中定容，取出 20.00mL 用 $AgNO_3$ 溶液滴定，用去 18.30mL，求 $AgNO_3$ 溶液物质的量浓度。 (0.1127mol·L$^{-1}$)

10. 称取食盐 0.2000g 溶于水，以 $K_2CrO_4$ 作指示剂，用 0.1500mol·L$^{-1}$ $AgNO_3$ 标准溶液滴定，用去 22.50mL，计算 NaCl 的质量分数。 (0.9860)

11. 某含砷农药 0.2000g，溶于 $HNO_3$ 后，转化为 $H_3AsO_4$，加入 $AgNO_3$ 使其沉淀为 $Ag_3AsO_4$。沉淀经过滤洗涤后，再以稀 $HNO_3$ 溶解，以铁铵矾为指示剂，用去 0.1180mol·L$^{-1}$ $NH_4SCN$ 标准溶液 33.85mL，计算该农药中 $As_2O_3$ 的质量分数。 (0.6585)

12. 佛尔哈德法中标定 $AgNO_3$ 溶液和 $NH_4SCN$ 溶液的物质的量浓度时，称取基准物质 NaCl 0.2000g，溶解后，准确加入 $AgNO_3$ 标准溶液 50.00mL。用 $NH_4SCN$ 溶液返滴定过量的 $AgNO_3$，消耗 $NH_4SCN$ 溶液 25.00mL。已知 1.20mL $AgNO_3$ 溶液相当于 1.00mL $NH_4SCN$ 溶液，NaCl 的摩尔质量为 58.44g·mol$^{-1}$，问测得 $AgNO_3$ 和 $NH_4SCN$ 标准溶液的准确浓度各为多少?

(0.04278mol·L$^{-1}$；0.05133mol·L$^{-1}$)

13. 称取不纯水溶性氯化物(其中没有干扰佛尔哈德法的物质存在) 0.1350g，加入 0.1121mol·L$^{-1}$ 的 $AgNO_3$ 30.00mL，然后用 0.1231mol·L$^{-1}$KSCN 溶液滴定过量的 $AgNO_3$，用去 10.50mL，计算氯化物样品中氯的质量分数。 (0.5437)

# 第八章　分析化学中的常用分离方法

在实际工作中，分析试样的组成往往比较复杂，所以在测定某一组分时会受到其他共存组分的干扰，这不仅会影响分析结果的准确性，有时甚至使分析测定无法顺利进行。因此，选择适当的方法来消除干扰是分析工作中必不可少的步骤，最简单的方法是控制分析条件或加入合适的掩蔽剂。但是，有时仅仅通过控制分析条件或加入合适的掩蔽剂并不能完全消除干扰，这就需要在测定前将被测组分和干扰组分进行分离，然后再采用适当的方法进行测定。有时如果被测组分含量极低，使用的测定方法的灵敏度也不够高时，在分离的同时还需要将被测组分富集起来，然后进行测定。

在分析中对分离的要求是：干扰组分应该减少至不干扰被测组分的测定；被测组分在分离过程中的损失要小至可忽略不计。被测组分的损失，用回收率来衡量。

$$\text{回收率}=\frac{\text{分离后测得的待测组分质量}}{\text{原来所含待测组分质量}}\times 100\% \tag{8-1}$$

当然，回收率越高，说明被测组分的损失越少，分离效果越好。但是在实际工作中，被测组分的含量不同，对回收率的要求也不相同。一般情况下，含量大于1%的组分，回收率应大于99.9%；含量为0.01%～1%的组分，回收率应大于99%；含量低于0.01%的痕量组分，回收率为90%～95%，有时回收率更低一些也是允许的。

在分析化学中，常用的分离方法有沉淀分离法、液-液萃取分离法、离子交换分离法、色谱分离法等。

## 第一节　沉淀分离法

沉淀分离是一种经典的分离方法，它是利用沉淀反应把被测组分和干扰组分分开。方法的主要依据是溶度积原理。沉淀分离法操作比较简单，适于处理大批试样，在生产实际中被广泛应用。该方法的缺点是耗时较长，有些组分的分离不够完全，加入的沉淀剂有时会影响下一步的操作等，但是只要沉淀剂选择得当，仍是一种有效的分离手段。

### 一、无机沉淀剂分离

#### 1. 氢氧化物沉淀分离

大多数金属离子都能生成氢氧化物沉淀，且各种氢氧化物沉淀的溶度积有很大的差别，由于沉淀的形成与溶液中的 $[OH^-]$ 有直接关系，所以通过控制溶液的酸度，可以使某些金属离子相互得到分离。常用的沉淀剂有以下几种。

(1) 氢氧化钠　采用 NaOH 作沉淀剂可使两性元素与非两性元素分离，两性元素以含氧酸阴离子形态保留在溶液里，而非两性元素则生成氢氧化物沉淀。

这样得到的氢氧化物沉淀为胶状沉淀，由于共沉淀现象极为严重，使得分离效果并不理想。为了改善所生成沉淀的性质，提高分离效率，可采用“小体积沉淀法”。所谓“小体积沉淀法”是指在尽量小的体积、尽量大的浓度中加入大量没有干扰作用的盐类。由于大量无干扰作用盐类的加入，使沉淀对组分的吸附量减少，这样形成的沉淀含水量少，结构紧密。所以，在这样的体系下进行沉淀分离，可以大大提高分离的效率。

“小体积沉淀法”的具体做法是：先将试液蒸发至干，加入固体 NaCl，搅拌成砂糖状，然后加入浓 NaOH 溶液，搅拌使沉淀形成，最后用适量热水稀释后过滤。

（2）氨水　在铵盐存在下以氨水为沉淀剂（pH＝8～9）可以使高价离子（如 $Al^{3+}$、$Fe^{3+}$ 等）与大多数一价和二价金属离子分离。其中 $Ag^{+}$、$Cu^{2+}$、$Zn^{2+}$、$Co^{2+}$ 等可以形成氨的配离子，而 $Ca^{2+}$、$Ba^{2+}$ 等因氢氧化物溶解度比较大，也会留在溶液中。氨水作为沉淀剂的显著优点是铵盐在低温下就可挥发除去，金属氢氧化物沉淀须经过滤、洗涤并灼烧成氧化物。由于氨水可以同时沉淀许多元素，故在其他分离方法之前，常用它作为金属的组沉淀剂。

（3）有机碱　利用有机碱与其共轭酸组成缓冲溶液，来控制溶液的 pH，使某些金属离子生成氢氧化物沉淀，而实现沉淀分离。常用的有机碱有六亚甲基四胺、吡啶、苯胺、苯肼等。例如，将六亚甲基四胺加入到酸性溶液中，生成六亚甲基四胺盐，而形成 pH 为 5～6 的缓冲溶液。可用于 $Mn^{2+}$、$Co^{2+}$、$Ni^{2+}$、$Cu^{2+}$、$Zn^{2+}$、$Cd^{2+}$ 与 $Al^{3+}$、$Fe^{3+}$、$Ti^{6+}$ 和 $Th^{6+}$ 等的分离。

（4）ZnO 悬浊液　在酸性溶液中加入 ZnO 悬浊液，可以控制溶液的 pH 约为 6.04，从而使一部分氢氧化物沉淀，达到分离的目的。除 ZnO 悬浊液外，碳酸钡、碳酸钙、碳酸铅及氧化镁等微溶性碳酸盐或氧化物的悬浊液，也有同样的作用，只是所控制的 pH 范围各不相同。以 ZnO 悬浊液为沉淀剂的优点是溶液为微酸性，三价离子沉淀完全而二价离子不沉淀，但只有 $Zn^{2+}$ 不干扰的体系才可使用。

**2. 硫化物沉淀分离**

约有 40 多种金属离子可以生成难溶的硫化物沉淀，且各种金属硫化物沉淀的溶度积相差悬殊，利用这一特点，通过控制溶液的酸度来控制硫离子浓度，可以使金属离子相互分离。

为了达到分离的目的，在进行分离时溶液的酸度通常用缓冲溶液来控制。但硫化物沉淀分离的选择性不高，且硫化物沉淀大多是胶体，共沉淀现象比较严重。此外还存在继沉淀现象，所以分离效果不理想。而且还因为 $H_2S$ 是有毒并恶臭的气体，所以硫化物沉淀分离法应用得并不广泛。

## 二、有机沉淀剂分离

根据有机沉淀剂与金属离子形成的沉淀类型，可以把有机沉淀剂分为两类：一类是可与离子形成盐类的离子缔合物沉淀剂；另一类是有机螯合沉淀剂。有机螯合沉淀剂同时具有酸性基团（如—OH、—COOH、—SH、—$SO_3H$ 等）和配位基团（如—$NH_2$ 等），当与金属离子反应时，通过这两种基团的共同作用，生成微溶于水的螯合物沉淀。采用有机沉淀剂进行沉淀分离，具有所生成沉淀的吸附杂质少、选择性高等优点，同时，有机沉淀剂的大分子量也有利于重量分析法测定。有机沉淀剂的缺点在于沉淀剂本身在水中的溶解度小，沉淀物有时易浮在表面或漂移至器皿边，给过滤或离心分离带来不便。在沉淀分离中常用的有机沉淀剂有以下几种。

**1. 8-羟基喹啉**

8-羟基喹啉是一种具有弱酸弱碱性的两性有机碱。在作沉淀剂使用时，将其作为有机酸来使用，利用的是 8-羟基喹啉中羟基的成盐作用。8-羟基喹啉是一种选择性较差的沉淀剂，它能与除碱金属外的几乎所有金属离子生成沉淀，但各种金属离子生成沉淀的 pH 不同，因此通过控制酸度可以实现金属离子的分离。例如，在 pH＝5 的 $HAc$-$Ac^{-}$ 溶液中，$Al^{3+}$、$Fe^{3+}$ 等能定量沉淀，而 $Be^{2+}$、$Mg^{2+}$、$Ca^{2+}$、$Sr^{2+}$、$Ba^{2+}$ 等不生成沉淀而留在溶液中。在实际测定中，为了克服 8-羟基喹啉选择性差的缺点，可以选用适合的掩蔽剂来提高分离的选择性。

**2. 草酸**

草酸根（$C_2O_4^{2-}$）可以与溶液中的 $Ca^{2+}$、$Sr^{2+}$、$Ba^{2+}$、$Th^{4+}$、稀土元素离子等生成难

溶性的草酸盐沉淀，而与 $Fe^{3+}$、$Al^{3+}$、$Zr^{4+}$、$Nb^{5+}$、$Ta^{5+}$ 等离子则可生成可溶性配合物，从而达到分离的目的。例如，在 pH<1 的 HCl 介质中，草酸主要用于沉淀 $Th^{4+}$ 和稀土元素离子。

**3. 铜试剂**

铜试剂（二乙基二硫代氨基甲酸钠盐）能与很多金属离子生成难溶性的螯合物沉淀。在 pH 为 5～6 时，可以使 $Cu^{2+}$、$Pb^{2+}$、$Bi^{3+}$、$Cd^{2+}$、$Ag^{+}$、$Sn^{4+}$、$Sb^{3+}$、$Hg^{2+}$、$Fe^{3+}$、$Co^{2+}$、$Ni^{2+}$、$Zn^{2+}$ 等离子定量沉淀；而 $Al^{3+}$、$Cr^{3+}$ 等离子形成氢氧化物沉淀；$Mn^{2+}$ 虽然沉淀不完全，但在其被空气氧化后，也能够以氢氧化物形式完全沉淀。例如，在测定 $Ca^{2+}$、$Mg^{2+}$ 时，通常采用六亚甲基四胺-铜试剂进行小体积分离，将重金属离子与碱土金属离子分离，然后用配位滴定法测定 $Ca^{2+}$、$Mg^{2+}$。

**4. 铜铁试剂**

在强酸性介质中，铜铁试剂（*N*-亚硝基-*N*-苯基羟基铵盐）可以使 $Fe^{3+}$、$Ti^{4+}$、$Zr^{4+}$、$V^{5+}$、$Sn^{4+}$、$Cu^{2+}$、$Ce^{4+}$、$Nb^{5+}$、$Ta^{5+}$ 等离子定量析出沉淀。而在弱酸性介质中，除上述离子外，铜铁试剂还可以使 $Al^{3+}$、$Zn^{2+}$、$Co^{2+}$、$Mn^{2+}$、$Th^{4+}$、$Be^{2+}$、$Ga^{3+}$、$In^{3+}$、$Tl^{3+}$ 等离子定量析出沉淀。例如，在 1∶9 的 $H_2SO_4$ 介质中可以使 $Fe^{3+}$、$Ti^{4+}$、$V^{5+}$ 等高价离子沉淀，而与 $Al^{3+}$、$Cr^{3+}$、$Co^{2+}$、$Ni^{2+}$ 等离子分离。

## 三、共沉淀分离

共沉淀现象会引起母液中待测元素的损失，因此在重量分析中是一种消极因素，应尽量避免。但在微量分离与分析中，利用共沉淀现象却可以实现微量组分的分离和富集。共沉淀分离是在待测溶液中加入某种离子，同沉淀剂生成沉淀作为载体，将痕量组分定量地沉淀下来，然后将沉淀分离，溶解在少量溶剂中，达到分离和富集的目的。利用共沉淀富集分离时对载体或共沉淀剂的选择应注意：第一，能够将微量元素定量地共沉淀下来；第二，载体元素应该不干扰微量元素的测定；第三，所得到的沉淀易溶于酸或其他溶剂。通常使用的共沉淀剂有无机共沉淀剂和有机共沉淀剂两类。

**1. 无机共沉淀剂**

采用无机共沉淀剂进行沉淀分离主要有以下两种情况：

（1）利用吸附作用进行共沉淀分离　常用的共沉淀剂为氢氧化物和硫化物等胶体沉淀。因为胶体沉淀的比表面积大，与溶液中微量组分接触机会多，吸附能力强，所以胶体沉淀有利于痕量组分的共沉淀。同时，由于胶体沉淀聚集速度快，吸附在沉淀表面的微量组分来不及离开沉淀表面，而被夹杂在沉淀中，因而有利于分离富集效率的提高。例如，利用 PbS 作载体可以将 1000L 海水中仅 1$\mu$g 的 Au 富集起来。但是利用吸附作用进行共沉淀的方法的选择性不高。

（2）利用生成混晶体进行共沉淀分离　当待测组分 M 与载体 NL 沉淀中 N 的半径相近，电荷相同，并且 NL 和 ML 晶型也相同时，可以以混晶的形式将 ML 与 NL 共沉淀下来。这种方法的选择性比吸附共沉淀法高。例如，对 $BaSO_4$-$RaSO_4$ 混晶，可利用 $BaSO_4$ 作载体使 Ra 富集。常见的混晶体有：$BaSO_4$-$RaSO_4$、$BaSO_4$-$PbSO_4$、$MgNH_4PO_4$-$MgNH_4AsO_4$ 等。

**2. 有机共沉淀剂**

有机共沉淀剂应用较多。有机共沉淀剂是利用“固溶体”的作用来进行共沉淀富集的。有机共沉淀剂可经灼烧而挥发除去，被测组分则留在残渣中，用适当的溶剂溶解后即可测定。有机共沉淀剂的相对分子质量较大，体积也较大，有利于微量组分的共沉淀。有机共沉淀剂与金属离子生成的难溶化合物表面吸附少，选择性高，所以分离效果好。有机共沉淀剂一般以下列三种方式进行共沉淀分离。

（1）利用胶体的凝聚作用进行共沉淀分离　钨、铌、钽、硅等的含氧酸常沉淀不完全，有少量的含氧酸以带负电荷的胶微粒留于溶液中，形成胶体溶液。可采用辛可宁、单宁、动物胶等将它们共沉淀下来。例如，在钨酸的胶体溶液中，加入辛可宁，由于辛可宁在酸性溶液中带有正电荷，所以能与带负电荷的钨酸胶体凝聚而沉淀下来。此外，单宁可以凝聚铌、钽的含氧酸，而动物胶则可以凝聚硅酸。

(2) 利用形成离子缔合物进行共沉淀分离　甲基紫、孔雀绿、品红及亚甲基蓝等一些摩尔质量较大的有机化合物，在酸性溶液中带正电荷，它们可以与以配阴离子形式存在的金属配离子，生成微溶性的离子缔合物而被共沉淀出来。在这种共沉淀体系中，作为金属配阴离子的配位体有 $Cl^-$、$Br^-$、$I^-$、$SCN^-$ 等；可被共沉淀的有 $Zn^{2+}$、In(Ⅲ)、$Cd^{2+}$、$Hg^{2+}$、$Bi^{3+}$、Au(Ⅲ)、Sb(Ⅲ) 等金属离子。

(3) 利用“固体萃取剂”进行共沉淀分离　也称为利用“惰性共沉淀剂”进行共沉淀。例如 $Ni^{2+}$ 与丁二酮肟可以生成螯合物的沉淀，但当 $Ni^{2+}$ 含量很低时，丁二酮肟不能将 $Ni^{2+}$ 沉淀出来。但是，若再加入丁二酮肟二烷酯的乙醇溶液时，由于丁二酮肟二烷酯难溶于水，则在水溶液中析出，同时将微量 $Ni^{2+}$ 与丁二酮肟生成的螯合物也共沉淀下来。丁二酮肟二烷酯与 $Ni^{2+}$ 及螯合物都不发生反应，故被称为“惰性共沉淀剂”。

## 第二节　液-液萃取分离法

液-液萃取分离法又称溶剂萃取分离法，简称萃取。是将待测物质从一种液相（水相）转移到另一种液相（有机相），以达到分离的目的。具体方法是利用与水不相混溶的有机溶剂同试液一起振荡，这时，一些组分进入有机相，另一些组分仍留在水相中，从而实现待测物质的分离富集。

萃取分离法具有设备简单、操作简便、快速、选择性好、回收率高、易于实现自动控制的特点。该法既能用于大量元素的分离，也适用于微量元素的分离。但是，溶剂萃取分离法也有不足之处。比如，使用的萃取剂通常是有机溶剂，价格大多较昂贵，且易挥发并有一定的毒性；为了提高回收率，需要进行多级萃取，导致操作过程比较烦琐。尽管如此，该法在微量分析中一直受到广泛的重视，至今为止已研究了 90 多种元素的溶剂萃取体系。

### 一、萃取分离法的基本原理

#### 1. 萃取过程的本质

一般无机盐类大都是离子型化合物，溶于水后形成水合离子，而难溶于有机溶剂。这种易溶于水而难溶于有机溶剂的性质称为亲水性。相反，许多有机化合物具有难溶于水而易溶于有机溶剂的性质，这种性质被称为疏水性或亲油性。物质含亲水基团越多，其亲水性越强。常见的亲水基团有$—OH$、$—SO_3H$、$—NH_2$ 等。而物质含疏水基团越多，相对分子质量越大，其疏水性越强。常见的疏水基团有烷基（如$—CH_3$、$—C_2H_5$）、卤代烷基以及芳香基（如苯基、萘基）等。

萃取分离就是利用物质溶解性质的差异，用与水不混溶的有机溶剂，从水溶液中把无机离子萃取到有机溶剂相中，实现分离的目的。因此萃取过程的本质就是将物质由亲水性转化为疏水性的过程。有时需要将有机相的物质再转入水相，这个过程称为反萃取。萃取和反萃取配合使用，能提高萃取分离的选择性。

#### 2. 分配系数和分配比

亲水性强的物质在水相中的溶解度较大，在有机相中的溶解度较小；相反，疏水性强的物质在有机相中的溶解度则大于在水相中的。因此，所有物质，无论在水相还是在有机相中，都有一定的溶解度，也就是在萃取达到平衡状态时，被萃取物质在有机相和水相都有一定的浓度。

(1) 分配系数　1891 年，Nernst 提出的分配定律中指出：“在一定的温度下，当一种物质在两种互不相溶的溶剂中分配达到平衡时，该物质在两相中的浓度之比为一常数。”该常数称为分配系数，用 $K_D$ 表示。例如，在给定温度下，用有机溶剂从水相中萃取溶质 A 时，如果溶质 A 在两相中存在的型体相同，平衡时在有机相中的浓度 $[A]_o$ 和在水相中的浓度 $[A]_w$ 之比（严格讲应该是活度比）为一常数，即：

$$K_D=\frac{[A]_o}{[A]_w} \tag{8-2}$$

分配定律只适用于浓度较低的稀溶液，而且溶质在两相中存在形式相同。分配系数的大小主要取决于组分的性质和温度。

(2) 分配比　在实际萃取工作中，常常可能伴随有物质的离解、缔合和配位等多种化学过程，溶质在水相和有机相中通常具有多种存在形式。由于此时分配定律将不再适用，所以通常采用分配比来描述溶质在两相中的分配情况。分配比即萃取平衡时，溶质 A 在有机相中的各种存在形式的总浓度 $c_o$ 和在水相中的各种形式的总浓度 $c_w$ 之比，以 $D$ 表示：

$$D=\frac{c_o}{c_w}=\frac{[A_1]_o+[A_2]_o+\cdots+[A_n]_o}{[A_1]_w+[A_2]_w+\cdots+[A_n]_w} \tag{8-3}$$

如果化合物 A 在两相中的存在形态相同，则分配比等于分配系数，为常数。否则，分配比将与分配系数不相等，会随介质条件的改变而变化。例如，如用 $CCl_4$ 萃取 $I_2$ 的体系，由于溶质在两相中以相同的形式存在，且溶液较稀，所以此时 $K_D=D$。而在 $CCl_4$ 萃取 $OsO_4$ 的体系中，由于在水相中 Os(Ⅷ) 以 $OsO_4$、$OsO_5^{2-}$ 和 $HOsO_6^-$ 等三种形式存在；在有机相中以 $OsO_4$ 和 $(OsO_4)_4$ 两种形式存在，此时 $K_D\neq D$，分配比为：

$$D=\frac{[OsO_4]_o+[(OsO_4)_4]_o}{[OsO_4]_w+[OsO_5^{2-}]_w+[HOsO_6^-]_w}$$

所以，分配比不是一个常数，与酸度、溶质的浓度等因素有关。

(3) 萃取率　在实际工作中，常用萃取率 $E$ 来表示萃取的效率：

$$E=\frac{\text{被萃取物质在有机相中的总量}}{\text{被萃取物质的总量}}\times 100\% \tag{8-4}$$

萃取率 $E$ 和分配比 $D$ 的关系：

$$E=\frac{c_oV_o}{c_oV_o+c_wV_w}=\frac{D}{D+V_w/V_o}\times 100\% \tag{8-5}$$

式中，$c_o$ 和 $c_w$ 分别为溶质在有机相和水相中的浓度；$V_o$ 和 $V_w$ 分别为有机相和水相的体积。当用等体积溶剂进行萃取时，即 $V_w=V_o$，则：

$$E=\frac{D}{D+1}\times 100\% \tag{8-6}$$

由式(8-6) 可知，用等体积溶剂萃取时，如果 $D=1$，则萃取一次的萃取率为 50%；若果要求萃取率大于 90%，则 $D$ 必须大于 9。所以，当分配比 $D$ 不高时，一次萃取不能满足分离或测定要求，此时就需要采用多次连续萃取的办法来提高萃取率。

假设 $V_w$(mL) 溶液中含有被萃取物质为 $m_0$(g)，用 $V_o$(mL) 溶剂萃取一次，水相中剩余被萃取物 $m_1$(g)，则进入有机相的被萃取物是 $(m_0-m_1)$ (g)，此时的分配比为：

$$D=\frac{c_o}{c_w}=\frac{(m_0-m_1)/V_o}{m_1/V_w}$$

所以：

$$m_1=m_0\times\frac{V_w}{DV_o+V_w}$$

如果用 $V_o$(mL) 溶剂，萃取 $n$ 次，水相中剩余被萃取物为 $m_n$(g)，则：

$$m_n = m_0 \times [V_w/(DV_o + V_w)]^n \tag{8-7}$$

所以，同量的萃取溶剂，分几次萃取的效率比一次萃取的效率高。但是，增加萃取次数，会增加萃取操作的工作量，影响工作效率。

## 二、萃取体系的分类和萃取条件的选择

### 1. 萃取体系的分类

根据萃取时金属离子与萃取剂结合的方式可将萃取体系分为以下几类。

（1）螯合物萃取体系　螯合物是一种金属离子与多基配位体形成的具有环状结构的不带电荷的中性配合物，难溶于水而易溶于有机溶剂。螯合物萃取就是利用金属螯合物这一特性进行分离的。螯合物萃取体系广泛应用于金属阳离子的萃取。由于不同的金属离子所生成的螯合物的稳定性不同，在两相中的分配系数不同，因而选择合适的萃取条件，就可以使不同的金属离子得以萃取分离。例如，在 pH＝9.0 的氨性溶液中，$Cu^{2+}$ 与铜试剂（DDTC）形成疏水性螯合物，可被萃入 $CHCl_3$ 中而与其他元素分离。

（2）离子缔合物萃取体系　许多阳离子和阴离子能与异性电荷的大体积有机离子，借助于静电引力作用结合形成电中性的离子缔合物或离子对化合物。离子缔合物通常具有疏水性，所以可被有机溶剂萃取。例如，$Cu^{2+}$ 与 2,9-二甲基-1,10-邻二氮菲形成带正电荷的配离子，再与 $Cl^-$ 缔合形成可被 $CHCl_3$ 萃取的离子缔合物。又如，Sb(Ⅴ) 在 HCl 溶液中形成 $SbCl_6^-$ 配离子，它可与碱性染料结晶紫在酸性溶液中形成的大阳离子缔合而被甲苯萃取。

（3）溶剂化合物萃取体系　一些中性萃取剂通过其配位原子与金属离子键合，形成可溶于有机溶剂的溶剂化合物。以这种形式进行萃取的体系称为溶剂化合物萃取体系。例如，用磷酸三丁酯萃取 $FeCl_3$ 或 $HFeCl_4$。杂多酸的萃取体系一般也属于溶剂化合物萃取体系。

（4）简单分子萃取体系　有些无机化合物，如 $I_2$、$Cl_2$、$Br_2$、$GeCl_4$、$AsI_3$、$SnI_4$ 和 $OsO_4$ 等稳定的共价化合物，它们在水溶液中主要以分子形式存在，不带电荷。利用 $CCl_4$、$CHCl_3$ 和苯等惰性溶剂，可将它们萃取出来。这类萃取属于物理分配过程，被萃取物质与有机萃取剂之间不发生明显的化学反应。

### 2. 萃取条件的选择

不同的萃取体系，对萃取条件的要求不一样，为了提高选择性，所采用的方法也不尽相同。下面以螯合物的萃取体系为例，讨论萃取条件的选择原则。

从螯合物的萃取平衡可知，影响金属螯合物萃取的因素很多。假设金属离子 $M^{n+}$ 与螯合剂 HR 作用生成螯合物 $MR_n$，如果 HR 易溶于有机相而难溶于水相，采用有机溶剂来萃取分离，则萃取反应表示为：

$$(M^{n+})_w + n(HR)_o \rightleftharpoons (MR_n)_o + n(H^+)_w$$

反应的平衡常数，即萃取平衡常数 $K_{ex}$ 为：

$$K_{ex} = \frac{[(MR_n)_o][(H^+)_w]^n}{[(M^{n+})_w][(HR)_o]^n} \tag{8-8}$$

一定条件下，萃取常数反映了金属离子在两相间的分配比，因此萃取常数常被用来衡量萃取能力的大小。一定条件下，已知 $K_{ex}$ 就可计算分配比。

假设金属离子不与螯合剂生成中间配合物，且水相中不存在能与金属离子反应的其他试剂，以及金属螯合物在水相中的浓度 $[(MR_n)_w]$ 很小时，该类萃取体系的分配比为

$$D = \frac{[(MR_n)_o]}{[(M^{n+})_w]} = \frac{K_{ex} \times [(HR)_o]}{[(H^+)_w]^n} \tag{8-9}$$

由式(8-9) 可知，金属离子的分配比取决于 $K_{ex}$、螯合剂浓度及溶液的酸度。实际工作中选择萃取条件时，主要考虑以下几点。

（1）螯合剂的选择　螯合剂与被萃取的金属离子生成的螯合物越稳定，$K_{ex}$ 就越大，则

萃取效率越高。此外螯合剂必须具有一定的亲水基团，易溶于水，才能与金属离子生成螯合物；但亲水基团也不宜过多，否则生成的螯合物反而不易被萃取到有机相中。例如，EDTA虽然能与许多种金属离子生成螯合物，但这些螯合物多带有电荷，不易被有机溶剂所萃取，故不能用作萃取螯合剂。因此要求螯合剂的亲水基团要少，疏水基团要多。

（2）溶液的酸度　溶液的酸度越低，则 $D$ 值越大，就越有利于萃取。但是，当溶液的酸度太低时，金属离子可能发生水解，或引起其他干扰反应，对萃取反而不利。例如，用二苯基卡巴硫腙-$CCl_4$ 体系萃取 $Zn^{+}$ 时，适宜的 pH 值为 6.5～10.0。pH 太低，难以形成螯合物；而 pH 太高，会形成 $ZnO_2^{2-}$，都会降低萃取效率。因此，必须控制萃取时溶液的酸度。

（3）萃取溶剂的选择

① 根据螯合物的结构，选择结构相似的溶剂。因为螯合剂在有机溶剂中的溶解度越高，其分配常数也越大。例如，含烷基的螯合物可用卤代烷烃（如 $CCl_4$、$CHCl_3$）作萃取溶剂；而含芳香基的螯合物可用芳香烃（如苯、甲苯等）作萃取溶剂。

② 萃取溶剂的密度与水溶液的密度差别要大，黏度要小，这样有利于分层。

③ 萃取溶剂最好无毒、无特殊气味、挥发性小。

（4）螯合剂的浓度　在一定酸度和溶剂条件下，[HR] 越高，分配比 $D$ 越大。但 [HR] 增大会改变溶液的酸度。从理论上计算，[HR] 增大 10 倍，pH 改变 1 个单位。这虽然有利于易水解金属离子的萃取，但是螯合剂在有机溶剂中的溶解度有限，此外，螯合剂浓度过大也可能会发生副反应。因此，实际萃取中不宜使用过高浓度的螯合剂。

（5）干扰离子的消除　当两种或多种金属离子均可以与螯合剂形成能被萃取的螯合物时，为了提高溶剂的萃取选择性，可加入掩蔽剂使其中的一种或多种金属离子形成易溶于水的配合物而相互分离。另外，在一定的掩蔽剂存在下，也可通过改变萃取剂浓度及溶液 pH 的方法，进一步提高萃取选择性。对于一些复杂的金属离子体系，如果单一掩蔽剂不能完全抑制干扰金属离子的影响，还可采用多种掩蔽剂进行联合掩蔽。常用的掩蔽剂有 EDTA、酒石酸盐、柠檬酸盐、草酸盐及焦磷酸盐等。但是，有时掩蔽剂会影响 $D$ 或 $E$ 值，甚至会改变定量萃取的 pH 范围。例如，8-羟基喹啉-$CHCl_3$ 萃取铜时，掩蔽剂氢氰酸、氨三乙酸、草酸或 EDTA 的使用，均使萃取曲线向高 pH 方向移动。

## 三、萃取分离技术

### 1. 萃取方式

在实验室中进行萃取分离通常有以下三种方式。

（1）单级萃取　通常用梨形分液漏斗进行萃取，萃取在几分钟内即可达到平衡，是最常用的萃取方式。

（2）多级萃取　将水相固定，多次用新鲜的有机相进行萃取，此法可提高分离效率。

（3）连续萃取　在待分离组分的分配比不高的情况下，采用连续萃取法，可以使溶剂得到循环使用。这种萃取方式常用于植物中有效成分的提取及中药成分的提取研究。

萃取所需的时间取决于萃取平衡建立的速率。它受到两种因素的影响：一种是化学反应速率，即形成可被萃取的化合物的速率；另一种是扩散速率，即被萃取物质由一相转入另一相的速率。不同的萃取所需时间不等，一般从 30s 到数分钟。

### 2. 分层

萃取达到平衡后，应让溶液静置分层，然后将两相分开。两相分开时，既不应该损失被测组分，也不应该在被测组分中混入杂质或干扰组分。有时，因振荡过于激烈，使一相在另一相中高度分散，在两相的交界处会形成悬浊液；有时，反应中形成某种微溶化合物，既不溶于水相，也不溶于有机相，导致在界面上出现沉淀，甚至形成悬浊液。一般说来，采用增大萃取剂用量、加入电解质、改变溶液酸度、减弱振荡强度等措施，可以避免在两相界面产生乳浊液或悬浊液。

3. 洗涤

在萃取分离中，有时被测组分进入有机相的同时，其他干扰组分也会进入有机相，出现杂质被萃取的现象。杂质被萃取的程度决定于其分配比。当杂质的分配比较小时，可用洗涤的方法除去。洗涤时，洗涤液的基本组成与试液相同，但不含试样。将分出的有机相与洗涤液一起振荡，由于杂质的分配比小，容易转入水相，而被洗去。这时也会导致待测组分的损失，但在待测物质的分配比较大时，一般洗涤 1～2 次不至于影响分析结果的准确度。

4. 反萃取

如果进行萃取比色测定，则萃取结束后，可直接将有机相进行光度测定。但是，如果萃取是用于分离，则需要将有机相用解脱液（反萃取液）振荡使被萃物再转入水相，这一过程称为反萃取。反萃取时，为了降低被萃物的稳定性，破坏被萃物的疏水性，通常使用一定体积含氧酸或碱或其他试剂的水溶液，其酸度与原试液不同。采用不同的反萃取液，可以分别反萃取有机相中不同的待测组分，从而提高萃取分离的选择性。

### 四、溶剂萃取在分析化学中的应用

1. 萃取分离

可通过萃取将待测元素与干扰元素分离。例如，采用双硫腙法测定工业废水中有害元素汞时，已知能与双硫腙试剂反应的元素近 20 种，若控制萃取时的 $H_2SO_4$ 酸度为 $0.5mol \cdot L^{-1}$，再用含有 EDTA 的碱性溶液洗涤萃取液，水样中可允许 $1000\mu g$ $Cu^{2+}$、$20\mu g$ $Ag^{+}$、$10\mu g$ $Au^{2+}$ 存在，对汞的测定无干扰。再如，性质相近的 Nb 和 Ta、Zr、Hf、Mo 和 W 以及稀土元素，都可以利用溶剂萃取法进行分离。

2. 萃取富集

萃取富集就是将含量极少或浓度很低的待测组分，通过萃取，富集于小体积中，提高待测组分的浓度。例如，欲测天然水中的农药含量，由于农药在水中含量极少，不能直接测定，则需取大量水样，用少量苯萃取。弃去水相后，收集苯层于瓷皿中，在室温下借助空气的流动促使苯溶液挥发，残渣用少量乙醇溶解，再选适宜方法测定。

3. 萃取比色

萃取分离时，加入恰当的试剂，可使被萃取的组分形成有色化合物，在有机相中直接进行比色测定，这种方法称为萃取比色法，也称为萃取光度法。这种方法灵敏度高，选择性好，操作简便。例如，在合金、矿石中测定微量钒，可利用强酸性介质中，V(Ⅴ) 与钽试剂形成疏水性配合物，用 $CHCl_3$ 进行萃取。然后直接在有机溶剂中通过比色法测定钒的含量。

## 第三节　离子交换分离法

离子交换分离法是利用离子交换剂（固相）与溶液中的离子发生交换反应而使离子分离的方法，它是基于物质在固相与液相之间的分配来实现离子的分离。离子交换分离法既可用于带相反电荷的离子之间的分离，也可用于带相同电荷或性质相近的离子之间的分离，同时还可以广泛地应用于微量组分的富集和高纯物质的制备等。这种方法具有设备简单、分离效率高、操作简便的优点，同时作为离子交换剂的树脂又具有再生能力，可以反复使用，因此它是一种应用广泛和重要的分离富集方法。但是，离子交换分离法也具有分离周期长、耗时过多的缺点。所以，分析化学中，仅用它解决困难的分离问题。

### 一、离子交换剂的种类和性质

从广义上说，离子交换剂是指具有离子交换能力的所有物质，包括固体离子交换剂和液体交换剂，通常所指的离子交换剂是固体离子交换剂。有些固体离子交换剂既具有离子交换性质又具有吸着性质，因此又将其称为吸着离子交换剂。

**1. 离子交换剂的种类**

离子交换剂的种类很多，主要分为无机离子交换剂和有机离子交换剂两大类。

无机离子交换剂又分为：天然无机离子交换剂，如黏土、沸石类矿物等；合成无机离子交换剂，如合成沸石、分子筛、水合金属氧化物、多价金属酸性盐类、杂多酸盐等。无机天然离子交换剂有化学和物理机械性能不够稳定、交换容量小、颗粒易碎不便于作柱色谱分离使用等缺点，因此，在实际应用上受到限制。而合成无机离子交换剂在选择性、交换容量、物理机械性能等方面得到了很大改进，因而在使用中受到重视。

目前分析中应用较多的是有机离子交换剂。它是一种高分子聚合物，又称离子交换树脂。离子交换树脂具有网状结构，难溶于水、酸或碱，对有机溶剂、氧化剂、还原剂和其他化学试剂都具有一定的稳定性，同时也具有较高的热稳定性。通常根据树脂的离子交换基团进行分类，主要有以下几类。

(1) 阳离子交换树脂　这类树脂含有酸性交换基团，如羧基、磺酸基和酚羟基等，它们所含的 $H^+$ 可以与溶液中的阳离子发生交换。根据交换基团酸性的强弱，可分为强酸性交换树脂和弱酸性交换树脂两类。含有磺酸基（$—SO_3H$）的交换树脂是强酸性树脂，这类树脂在酸性、中性或碱性溶液中均能进行交换吸附，且交换容量基本上一致。含有羧基（$—COOH$）或酚羟基（—OH）的交换树脂是弱酸性树脂，这类树脂在溶液中的离解行为与弱酸相似，对 $H^+$ 有很大的亲和力，所以不宜在酸性溶液中使用。对于 R—COOH 树脂，溶液的 $pH>4$；而对于 R—OH 树脂，溶液的 $pH>9.5$ 时才具有离子交换能力。但这类树脂选择性高，又容易用酸洗脱，所以常用于分离不同强度的有机碱。

(2) 阴离子交换树脂　这类树脂含有碱性交换基团，如伯氨基、仲氨基、叔氨基和季铵基等，这类树脂在水中先形成相应的水合物，这些水合物树脂中的 $OH^-$ 能与溶液中的阴离子进行交换。根据交换基团碱性的强弱，可分为强碱性交换树脂和弱碱性交换树脂两类。含有季铵基［$—N(CH_3)_3$］的树脂是强碱性树脂，如国产 717 号树脂。而含有伯、仲、叔氨基（$—NH_2$，—NHR，$—NR_2$）等的树脂是弱碱性树脂，如国产 701 号树脂。强碱性树脂在酸性、中性和碱性溶液中都能使用，所以应用较广。而弱碱性树脂由于对 $OH^-$ 的亲和力大，故不宜在碱性溶液中使用。

(3) 螯合型离子交换树脂　在离子选择性树脂中引入某些能与金属离子螯合的活性基团，就形成螯合型离子交换树脂。如国产 401 号型树脂属于氨羧基［$—N(CH_2COOH)_2$］螯合树脂。这类树脂用于分离时，在树脂上同时进行离子交换反应和螯合反应，从而呈现出高选择性和高稳定性，因此对无机离子的分离和富集十分有用。螯合型离子交换树脂的选择性主要决定于树脂中螯合基的结构。这类树脂具有高选择性的优点，但其缺点是制备难度大，成本高，交换容量低。

(4) 纤维交换树脂　纤维交换树脂是在天然纤维素上通过接枝反应，例如通过羟基酯化、磷酸化、羧基化后，可制成阳离子交换剂；通过胺化后制成阴离子交换剂。纤维交换剂通常是开放性长链，比表面积大、空隙宽松、稳定性高、交换速率快、容易洗脱、分离能力强，主要用于提纯分离蛋白质、氨基酸、酶、激素等，也可用于分离富集无机离子。

除了以上四类外，还有氧化还原树脂、大孔树脂和萃取树脂等。

氧化还原树脂含有可逆的氧化还原基团，可与溶液中的离子发生电子转移，主要用于氧化还原而不引入杂质，提高产品的纯度，除去溶液中溶解的氧气。例如，作为氧化剂，将二苯肼氧化为偶氮苯。

大孔树脂是在聚合时加入适当的致孔剂，使其在网状固化和链节单元形成过程中，填垫惰性分子，预先留下孔道。惰性分子不参与反应，在骨架形成后被除去，留下永久孔道。大孔树脂比一般树脂有更多、更大的孔道，因此比表面积大，离子容易迁移扩散，富集速率快，耐氧化、耐磨、耐冷热变化，具有较高的稳定性。

萃取树脂是一种含有液态萃取剂的树脂，通常是以苯乙烯-二乙烯苯为骨架的大孔结构和有机萃取剂的共聚物，兼有离子交换法和萃取法的优点。例如，P507 萃取树脂可用于分离稀土元素，TBP（磷酸三丁酯）萃取树脂可用于分离工业废水中的 Cr(Ⅵ)，PMBP 萃取树脂可用于分离测定钙中的稀土元素。

**2. 离子交换树脂的结构**

离子交换树脂是一种网状的高分子聚合物，主要由两部分组成：一部分称为骨架，是具有立体网状结构的高分子聚合物，化学性质稳定，与酸、碱和一般的溶剂都不起作用；另一部分是连接在骨架上可被交换的活性基团（交换基），可与溶液中的离子进行离子交换反应，它决定着离子交换剂的交换性质。

离子交换树脂的骨架，最常用的是由苯乙烯与二乙烯苯聚合所得的聚合物，再经浓 $H_2SO_4$ 磺化而制得强酸性阳离子交换树脂。例如常用的磺酸型阳离子交换树脂，其结构如图 8-1 所示。作树脂骨架的还有乙烯吡啶系、环氧系、脲醛系、酚醛树脂等。

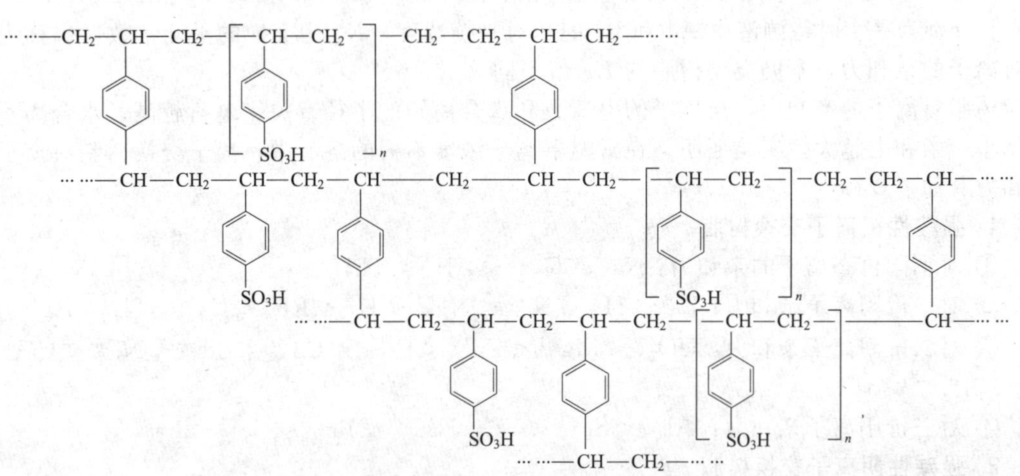

图 8-1 磺酸型阳离子交换树脂

在磺酸型阳离子交换树脂的庞大结构中，碳链和苯环组成了树脂的骨架，是具有可伸缩性的网状结构，其上的磺酸基是活性基团，当这种树脂浸泡在水中时，$—SO_3H$ 中的 $H^+$ 可以与溶液中的阳离子进行交换。

**3. 交联度**

交联度是离子交换树脂的重要性质之一。在上述的磺酸型阳离子交换树脂结构中，长链是由若干个苯乙烯聚合而成，而在长链之间，用二乙烯苯交联起来，形成网状结构，故二乙烯苯称为交联剂。树脂中所含交联剂的质量分数，叫做该树脂的交联度。

$$交联度=\frac{交联剂质量}{干树脂总质量}\times 100\%$$

交联度的大小直接影响树脂的孔隙度。交联度大，表明树脂结构紧密，机械强度高，网眼小，离子较难进入树脂相，交换反应速度慢，但交换的选择性高；相反，交联度小，表明树脂的结构不紧密，机械强度差，网眼大，各种体积大小的离子都容易进入树脂内部，交换反应速度快，但是交换的选择性差。一般树脂的交联度为 4%～14%。实际工作中，选用多大交联度的树脂取决于分离的对象。在不影响分离效果的前提下，选用交联度较大的树脂为好。

### 4. 交换容量

交换容量是指每克干树脂所能交换的物质的量（mmol），即：

$$交换容量=\frac{被交换离子的物质的量(mmol)}{干树脂质量(g)}$$

它决定于树脂网状结构内所含活性基团的数目。弱酸性或弱碱性交换树脂的交换容量还与溶液的 pH 值有关。交换容量可用实验方法测得。一般树脂的交换容量为 $3\sim6mmol\cdot g^{-1}$。

## 二、离子交换树脂的亲和力

离子交换树脂与待测溶液接触时发生离子交换反应。与其他化学反应一样，离子交换反应也遵循质量作用定律。例如，将离子交换树脂 $R^-A^+$ 放入含有阳离子 $B^+$ 的溶液中，将发生如下的离子交换反应：

$$R^-A^+ + B^+ \rightleftharpoons R^-B^+ + A^+$$

上述反应达到平衡时，平衡常数 $K_{ex}$：

$$K_{ex}=\frac{[B^+_{树}][A^+]}{[A^+_{树}][B^+]}$$

式中，$[A^+_{树}]$ 和 $[B^+_{树}]$ 分别为平衡时树脂上 $A^+$ 和 $B^+$ 的相对平衡浓度；$[A^+]$ 和 $[B^+]$ 分别为平衡时待测液中 $A^+$ 和 $B^+$ 的相对平衡浓度；$K_{ex}$为交换的平衡常数，也称为树脂对离子的亲和力，不同类型树脂的 $K_{ex}$值不同。

树脂对离子的亲和力，与离子的电荷数和水合离子的半径有关。电荷越高，水合离子半径越小，亲和力越大。实验证明，在常温下离子浓度不大的溶液中，离子交换树脂对离子的亲和力有如下规律：

### 1. 强酸性阳离子交换树脂

① 对不同价态离子的亲和力：$Na^+<Ca^{2+}<Al^{3+}<Th^{4+}$。

② 对一价阳离子亲和力：$Li^+<H^+<Na^+<NH_4^+<K^+<Rb^+<Cs^+<Tl^+<Ag^+$。

③ 对二价阳离子亲和力：$UO_2^{2+}<Mg^{2+}<Zn^{2+}<Co^{2+}<Cu^{2+}<Cd^{2+}<Ni^{2+}<Ca^{2+}<Sr^{2+}<Pb^{2+}<Ba^{2+}$。

④ 对三价阳离子亲和力：$Al^{3+}<Sc^{3+}<Y^{3+}<Eu^{3+}<Pr^{3+}<Ce^{3+}<La^{3+}$。

### 2. 强碱性阴离子交换树脂

$F^-<OH^-<CH_3COO^-<HCOO^-<Cl^-<NO_2^-<CN^-<Br^-<CrO_4^{2-}<NO_3^-<HSO_4^-<I^-<CrO_4^-<SO_4^{2-}<$柠檬酸根。

由于树脂对离子的亲和力不同，所以进行离子交换时就有一定的选择性。如果溶液中各种离子的浓度相同，则亲和力较大的离子先被交换上去，亲和力小的离子后被交换上去。在洗脱时，则是后被交换上去的离子先被洗脱下来。

## 三、离子交换分离操作技术

### 1. 树脂的选择和处理

（1）树脂的选择　据分离对象的要求，选择适当类型和粒度的树脂。如果需要测定受共存阳离子干扰的某种阴离子时，应选用强酸性阳离子交换树脂，交换除去干扰的阳离子，使阴离子留在溶液中而供测定。如果需要测定受共存的其他阳离子干扰的某种阳离子时，则可先将阳离子转化为配阴离子，然后再用离子交换法进行分离。在分析中必须根据需要来选择粒度不同的树脂。见表 8-1。

**表 8-1　交换树脂粒度选择表**

| 用　途 | 筛　孔 | 用　途 | 筛　孔 |
|---|---|---|---|
| 制备分离 | 10～100 目 | 离子交换色谱法分离常量元素 | 100～120 目 |
| 分析中离子交换分离 | 80～100 目 | 离子交换色谱法分离微量元素 | 200～400 目 |

(2) 树脂的净化、除杂质和转型　一般商品树脂均含有一定量的杂质，在使用前必须进行净化处理。一般的净化处理过程是：用水先浸泡 12h 左右，使树脂溶胀，然后再用水漂洗数次，除去杂质。净化后的树脂还要进行转型，有时进化和转型是同时进行的。例如，对于强碱性和强酸性阴阳离子交换树脂，通常用 4mol・$L^{-1}$ 的 HCl 溶液浸泡 1～2d，以溶解各种杂质，然后用蒸馏水洗涤至中性，这样就可以得到在活性基团上含有可被交换的 $H^+$ 或 $Cl^-$ 的氢型阳离子交换树脂或氯型阴离子交换树脂。对于 $OH^-$ 型强碱性阴离子交换树脂，需要分别用 1mol・$L^{-1}$的 HCl、$H_2O$、0.51mol/L 的 NaOH 和 $H_2O$ 依次处理。如果需要钠型阳离子交换树脂，则用 NaCl 处理氢型阳离子交换树脂。所有树脂最后都要用水浸泡，备用。

**2. 装柱**

离子交换分离法通常是在玻璃制成的离子交换柱中进行的。在选择好离子交换柱后，需要将交换树脂装入交换柱。装柱的一般程序是：先在交换柱的下端铺上一层玻璃纤维，以防止树脂流出，接着灌入少量水，然后倾入带水的树脂，树脂下沉而形成交换层。最后，在柱的上端铺一层玻璃纤维，以防止加试液时树脂被冲起。交换柱装好后，再用蒸馏水洗涤，关上活塞，以备使用。为了避免交换时试液与树脂无法充分接触，装柱时应防止树脂层中存留气泡。树脂高度一般约为柱高的 90%。同时，装柱时要注意不能使树脂露出水面。如果树脂露于空气中，那么当加入溶液时，树脂间隙中就会产生气泡，而使交换不完全。

**3. 交换**

将待分离的试液由上端缓慢注入交换柱内，并以一定的流速由上向下流经柱子进行交换。当上层树脂被交换，下层树脂未被交换时，中间层树脂则部分被交换，称为“交界层”，如图 8-2(a) 所示。随着试液流经交换柱，交换了的树脂层越来越厚，而交界层逐渐下移，直到交界层达到柱的底部，如图 8-2(b) 所示。如果继续将试液加入交换柱中，则流出液中开始出现未被交换的离子，此时称为交换过程的“始漏点”；此时，被交换到柱子上的离子的量（mmol）称为该条件下交换柱的“始漏量”。当被交换到柱子上的离子的量超过始漏量时，该离子将从交换柱中流出。交换柱的总交换容量等于交换柱上树脂的质量（g）乘以树脂的交换容量。达到始漏点时，由于交换柱上还有交界层，即交换柱上还有未被交换的树脂，因此交换柱的总交换容量总是大于始漏量。

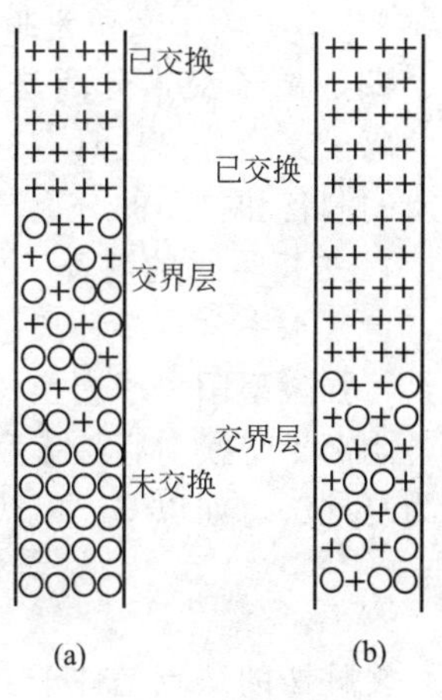


图 8-2　交换过程
+ 已交换；○ 未交换

在实际分析时，通常希望树脂有一个较高的利用率，即它的始漏量较大。一般来说，树脂的颗粒越小、试液流经交换柱的速度越慢、温度越高，交换柱的始漏量就越大。相同量的树脂，如果装在细而长的交换柱中要比装在粗而短的交换柱中始漏量大。但是，树脂的粒度又不宜太小，因为树脂的粒度太小，会使试液的流速减慢，从而影响分析的速度。当有多种离子同时存在于试液中时，亲和力大的离子要比亲和力小的离子先被交换到柱上。因此混合离子通过交换柱后，每种离子依据亲和力大小的顺序分别集中在柱的某一区域内。

**4. 洗脱**

洗脱也叫淋洗，是将树脂上的离子，用洗脱剂置换下来的过程，它是交换过程的逆过程。对于阳离子交换树脂，通常用 HCl 溶液淋洗。开始洗脱时，由于 HCl 溶液中 $H^+$ 浓度大，最上层的阳离子被 $H^+$ 置换下来，流向柱子下层又与未交换的树脂进行交换，如图 8-3(a) 所示。随着洗脱液的下流，如此反复地洗脱-交换，使交换层逐渐向下推移，最后流

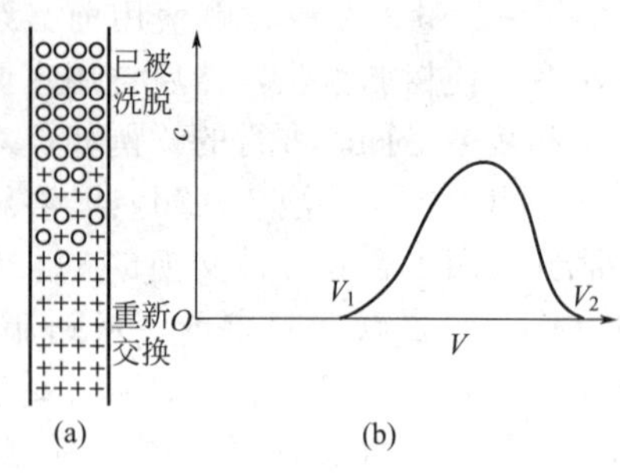

图 8-3 洗脱过程和洗脱曲线

出交换柱。在洗脱过程中，开始流出的洗脱液中没有被交换上去的阳离子，但随着 HCl 溶液的不断加入，流出的洗脱液中该种阳离子的浓度逐渐增大；当大部分阳离子流出后，其浓度又将逐渐减少，直至阳离子全部流出，此时，在流出的洗脱液中将检查不到该离子。如果以洗脱液体积为横坐标，流出的洗脱液中该离子的浓度为纵坐标作图，可得到如图 8-3(b) 所示的洗脱曲线。根据洗脱曲线，取 $V_2$-$V_1$ 这一段的流出的洗脱液，则可对该种离子进行分析测定。

如果有多种离子同时被交换在柱子上，洗脱过程也就是离子的分离过程。亲和力小的离子向下移动的速度快，则先被洗脱下来；而亲和力大的离子向下移动的速度慢，则后被洗脱下来。因此可以将不同离子逐个洗脱下来，从而实现离子的分离。

**5. 树脂再生**

将经交换-洗脱后的树脂恢复到交换前的形态的过程，称为树脂的再生。有时洗脱过程就是树脂再生的过程。一般阳离子交换树脂可通过 $3mol \cdot L^{-1}$ HCl 溶液处理，将其转化为 $H^+$ 型；而阴离子交换树脂可用 $1mol \cdot L^{-1}$ 的 NaOH 溶液处理，将其转化成 $OH^-$ 型。

## 四、离子交换分离法的应用

离子交换分离法具有分离效率高、交换树脂可反复使用等优点，因此被广泛应用于高纯物质的制备和物质的分离与富集等方面。

**1. 去离子水的制备**

自来水中含有多种离子，可以通过离子交换法来净化，从而得到去离子水。常用的方法是：将强酸型阳离子交换树脂处理成 $H^+$ 型，强碱型阴离子交换树脂处理成 $OH^-$ 型，并将阳、阴离子交换树脂柱串联起来，让自来水依次通过两柱后，即可得到去离子水，这种方法称为复柱法。如以 $CaCl_2$ 代表水中的杂质，则自来水的净化过程可简单地用下式表示：

$$R(SO_3H)_2 + CaCl_2 \longrightarrow R(SO_3)_2Ca + 2HCl$$

$$R_4NOH + HCl \longrightarrow R_4NCl + H_2O$$

复柱法的缺点是柱子上的交换产物会发生逆反应，得到的水纯度不高。如果想要得到纯度更高的去离子水，可在阳、阴离子交换树脂柱后面再串联一个混合柱（阳、阴离子交换树脂按交换容量 1∶1 混合装柱）。混合柱相当于将阳、阴离子交换树脂柱多级串联起来使用，这种方法称为混合柱法。虽然混合柱法可以消除逆反应，但是树脂的再生操作比较复杂。

**2. 干扰离子的分离**

常用离子交换法分离某些干扰离子。例如，用重量法测定 $SO_4^{2-}$ 时，溶液中存在的大量 $Fe^{3+}$ 会与 $SO_4^{2-}$ 产生严重的共沉淀现象，而影响测定。如将待测溶液通过阳离子交换树脂，则 $Fe^{3+}$ 被树脂吸附，从而消除 $Fe^{3+}$ 的干扰，然后在流出液中测定 $SO_4^{2-}$。而在钢铁分析中微量铝的测定，$Fe^{3+}$ 的干扰也可用离子交换法消除，即首先将 $Fe^{3+}$ 转化为 $FeCl_4^-$，再通过阴离子交换树脂除去 $Fe^{3+}$，然后在流出液中测定铝。

**3. 不同价态离子的测定**

有些元素通常以不同价态的离子共同存在，如果要分别测定其含量时，基于它们存在的型体不同，可采用离子交换法分离并测定，操作十分简便。例如，环境分析中铬的测定。自然界中的铬常以 Cr(Ⅲ) 和 Cr(Ⅵ) 共同存在，要测定它们各自的含量时，由于 Cr(Ⅲ) 以阳离子型体存在，所以可将待测液通过阴离子交换树脂与 Cr(Ⅵ) 分离，然后在流出液中测定 Cr(Ⅲ) 含量。而 Cr(Ⅵ) 以阴离子型体存在，可将待测液通过阳离子交换树脂与 Cr(Ⅲ)

分离，然后在流出液中测定 Cr(Ⅵ) 含量。

**4. 性质相近元素的分离**

如果有几种性质相近的元素要分离，可采用离子交换色谱分离法。具体操作是：先将几种性质相近且带有相同电荷的离子同时交换到树脂上，然后选择合适的洗脱剂将它们逐一洗脱且分离。例如，$Li^+$、$Na^+$、$K^+$ 的分离，先将含有 $Li^+$、$Na^+$、$K^+$ 的混合溶液通过强酸性阳离子交换树脂柱，三种离子都被树脂吸附，然后用 0.1mol·L$^{-1}$ 的 HCl 淋洗，三种离子都被洗脱。由于树脂对这三种离子亲和力的不同，所以 $Li^+$ 先被洗脱，然后是 $Na^+$，最后是 $K^+$，其淋洗曲线如图 8-4 所示。将含有 $Li^+$、$Na^+$、$K^+$ 的流出液分别用容器收集后，进行测定。

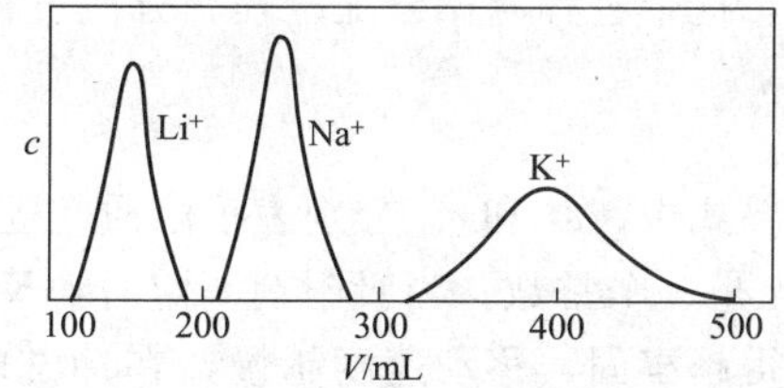


图 8-4　$Li^+$、$Na^+$、$K^+$ 的洗脱曲线

**5. 微量组分的富集**

大多数分析方法不能直接测定浓度低于 $10^{-5}$% 的组分，所以只有通过富集才能测定，离子交换法是富集微量组分的有效方法。例如，测定矿石中痕量的铂、钯时，可以先将矿石溶解后，加入 HCl 使 Pt(Ⅳ)、Pd(Ⅱ) 转化为 $PtCl_6^{2-}$ 或 $PdCl_4^{2-}$ 阴离子，再让试液通过装有 $Cl^-$ 型阴离子交换树脂的微型交换柱，将 $PtCl_6^{2-}$ 或 $PdCl_4^{2-}$ 吸附于交换树脂上。然后，取出树脂，高温灰化。再用王水浸取残渣，最后，定容后用分光光度法测定 Pt(Ⅳ)、Pd(Ⅱ)的含量。

## 第四节　常规色谱法

色谱法是利用混合物中各组分的物理化学性质的差异，使各组分不同程度地分布在两相中，其中一相为固定相，另一相为流动相，由于各组分受固定相作用所产生的阻力和受流动相作用所产生的推动力不同，从而使各组分以不同的速度移动，达到分离的目的。因而色谱法是一种物理化学分离方法，又称层析法或色层法。色谱法操作简便，不需要很复杂的设备，分离效率高，能将各种性质极相似的组分彼此分离。因此，在医药卫生、环境保护、生物化学等领域得到广泛使用。色谱分离法按其操作的形式不同，可分为柱色谱法、纸色谱法和薄层色谱法等。

### 一、柱色谱法

**1. 方法原理**

柱色谱是把吸附剂（固定相）如氧化铝、硅胶等装在一支玻璃管中，做成色谱柱，然后将待分离的试液从色谱柱上端加入。如试液中含有 A、B 两种组分，则 A 和 B 便均被吸附剂（固定相）吸附在柱的上端，形成一个环带，如图8-5(a)所示。然后，用一种洗脱剂（也叫做展开剂）进行冲洗，A、B 两组分随洗脱剂向下流动而移动。由于各种物质在吸附剂表面上的吸附选择性不同，在用展开剂冲洗的过程中，柱内连续不断地发生溶解、吸附、再溶解、再吸附的现象。又由于洗脱剂与吸附剂二者对 A、B 的溶解能力和吸附能力不同，因此，造成 A 和 B 的移动距离也不相同，吸附弱和溶解度大的组分 A 移动的距离较 B 大。当冲洗到一定程度时，两者即可以完全分开，形成两个环带，每一个带中是一种纯净的物质，如图 8-5(b) 所示。再继续冲洗，A 物质

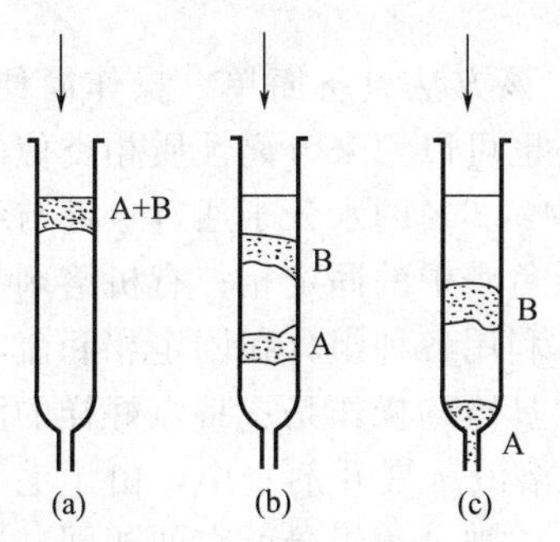


图 8-5　柱色谱的分离过程

便先从柱中流出来，如图 8-5(c) 所示，B 物质后被洗脱下来。用容器分别收集 A 和 B，便可将 A、B 两种物质分离。

色谱分离中，溶质在流动相和固定相中差速移动，它既能进入流动相，又能进入固定相，这个过程叫做分配过程。分配过程进行的程度用分配系数 $K_D$ 衡量：

$$K_D=\frac{c_s}{c_m}$$

式中，$c_s$ 和 $c_m$ 分别表示溶质在固定相和流动相中的浓度。一定温度下，当浓度不高时 $K_D$ 是一个常数。当吸附剂一定时，$K_D$ 值的大小取决于溶质的性质。$K_D$ 值越大的物质被吸附得越牢固，移动速度越慢，在冲洗时洗脱所需的时间越长；$K_D=0$，表示该物质不被吸附，将随流动相迅速流出。各组分之间的 $K_D$ 值差别越大，越容易使它们彼此分离。各种物质对于不同的吸附剂和洗脱剂有不同的 $K_D$ 值，因此为了达到完全分离的目的，必须根据被分离物质的结构和性质（极性）选择适宜的吸附剂和洗脱剂。

**2. 吸附剂的选择**

在具体操作中，选择吸附剂时需要注意：

① 具有较大的吸附表面和一定的吸附能力。

② 在所用的溶剂和洗脱剂中不溶解；不与试样各组分、溶剂和洗脱剂发生化学反应。

③ 吸附剂的颗粒要有一定的细度，并且粒度要均匀，在使用中不易破碎。

④ 具有较为可逆的吸附性，既能吸附试样组分，又易于解吸。

目前最常用的吸附剂是硅胶和氧化铝，其次是聚酰胺、硅酸镁等。

**3. 洗脱剂选择**

色谱分离法中，洗脱剂应满足一下要求：

① 对试样组分的溶解度要足够大；

② 不与试样组分和吸附剂发生化学反应；

③ 黏度小，易流动；

④ 有足够的纯度。

洗脱剂的选择与吸附剂吸附能力的强弱和被分离物质的极性大小有关。如使用吸附性弱的吸附剂分离极性较大的物质时，选择极性较大的洗脱剂容易洗脱；若使用吸附性强的吸附剂分离极性较小的物质时，则选择极性较小的洗脱剂容易洗脱。具体洗脱剂和其他分离条件的选择，还应该通过实验来确定。

常用的洗脱剂及其极性大小的次序如下：

水＞乙醇＞丙醇＞正丁醇＞乙酸乙酯＞氯仿＞乙醚＞甲苯＞苯＞四氯化碳＞环己烷＞石油醚。

## 二、纸色谱法

### 1. 方法原理

纸色谱法是在滤纸（又叫层析纸）上进行的色谱分析法。该方法设备简单、操作简便，广泛地应用在药物、染料、抗菌素、生物制品等的分析方面，也可以用来分离性质相类似的无机离子。滤纸中的纤维素通常吸收 20%～25%的水分，其中约 6%的水分子通过氢键与纤维素上的羟基结合，在分离过程中不随有机溶剂流动，形成纸色谱中的固定相；有机溶剂为流动相，又称展开剂。试液点在滤纸上，在色谱分析过程中，利用各种组分在固定相和流动相中溶解度的不同，即在两相中的分配系数不同而得以分离。具体的操作是：将点好样的滤纸悬挂在密闭的展开槽中，如图 8-6 所示。纸的末端插入有机溶液（展开剂）中，由于毛细管作用，流动相自下而上地不断上升。流动相与固定相相遇时，被分离组分就在两相间一次又一次地分配，由于不同组分的分配比不同，所以上升的速度不同。结果，在分离结束后，原来处于原点 3 处的混合组分就被分离，在滤纸上形成 6、7 两个斑点。

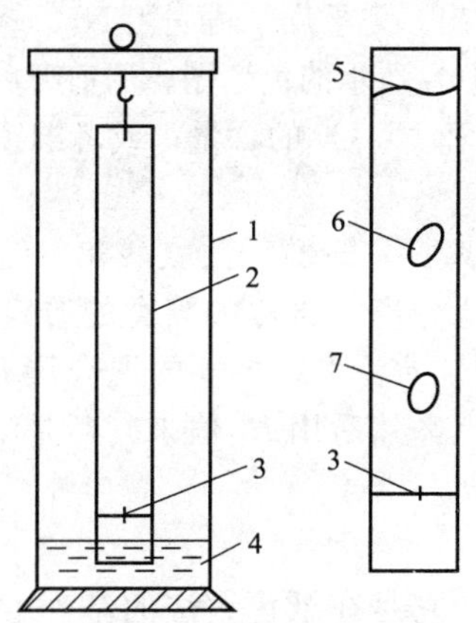


图 8-6　纸色谱分离法

1—展开槽；2—滤纸；3—原点；4—展开剂；5—前沿；6,7—斑点

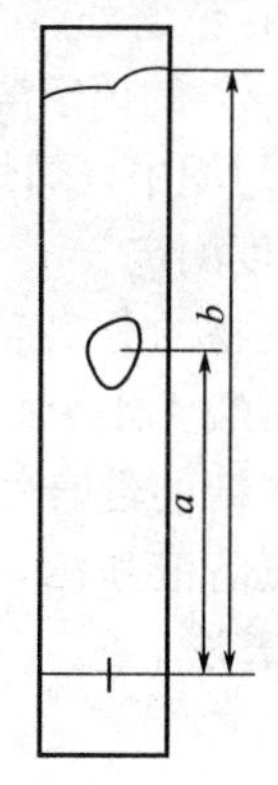


图 8-7　比移值的计算

在纸色谱中，各组分的分离情况一般用相对比值（比移值）$R_f$ 来衡量。根据图 8-7 得到：

$$R_f = \frac{a}{b}$$

式中，$a$ 为斑点中心到原点的距离，cm；$b$ 为溶剂前沿到原点的距离，cm。$R_f$ 值最大等于 1，即该组分随溶剂一起上升。$R_f$ 值与溶质在固定相和流动相间的分配系数有关。在一定的色谱条件下，对于一定的组分，$R_f$ 值是一定的。根据 $R_f$ 值可以进行定性鉴定，一般 $R_f$ 值只要相差 0.02 以上，就能彼此分离。

由于色谱分离条件对 $R_f$ 值有很大的影响，因此，要获得可靠的结果，必须严格控制色谱分离条件。包括：滤纸质地要纯净、松紧合适、组织均匀，并应使展开方向与纤维素的方向垂直；要适当选择和严格控制固定相和流动相的性能和组成；操作手续前后要一致，温度变化要小等。由于影响 $R_f$ 值的因素较多，要保证色谱分离条件完全一致比较困难，所以，文献上的 $R_f$ 值只能作为参考，进行定性鉴定时常常需用已知试剂作对照实验。

大多情况下，在纸色谱分离中滤纸不必预先处理，滤纸纤维素中吸附的水分就是固定相，用含水的有机溶剂作为展开剂，试样中的各种组分在纤维素中吸附的水和有机溶剂之间进行分配，以达到分离的目的。对于有色物质的色谱分离，分离后各个斑点可以清楚地看出来。如果是无色物质，则需要在色谱分离后用物理或化学的方法处理滤纸，使各斑点显现出来。由于很多有机化合物在紫外线照射下，显现其特有的荧光，因此可以在紫外光下观察，用铅笔圈出荧光斑点。可使用化学显色法，如氨熏、碘蒸气熏，或喷适当的显色剂溶液，使其与各组分反应显色，常用的显色剂有 $FeCl_3$ 水溶液、茚三酮正丁醇溶液等。

**2. 应用**

(1) 矿石中铌、钽的分离和测定　首先，将矿石试样用 HF-HCl-$HNO_3$ 分解，使其中的 Nb(Ⅴ) 和 Ta(Ⅴ) 转化成 $NbF_7^{2-}$ 和 $TaF_7^{2-}$ 的形式，并将试液蒸发至 1～2mL。然后，按图 8-8(a) 所示将试液均匀地涂布在色谱纸的原线上。干

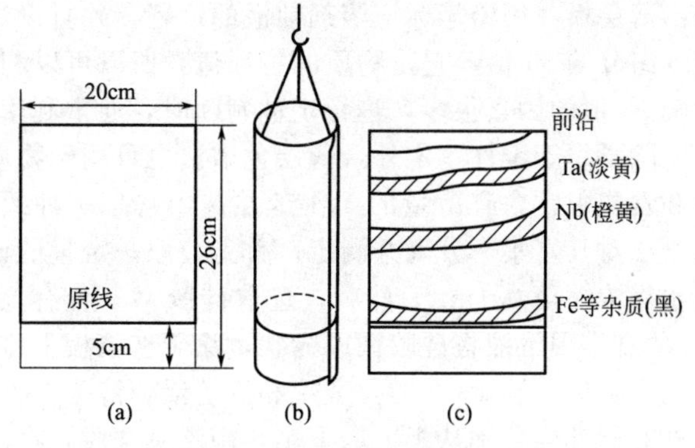


图 8-8　铌、钽的纸色谱分离

燥后，将色谱纸卷成筒状，如图 8-8(b) 所示。接着将色谱纸筒放入展开槽中，用丁酮：HF＝6：1作流动相，进行色谱分离。大约 2h 以后，将色谱纸取出。先干燥，再先用 $NH_3$ 熏，中和纸上的酸，然后喷上 2%的单宁溶液显色，即可得到如图 8-8(c) 所示的色谱图。用剪刀剪下铌、钽色带，分别放入瓷坩埚中，灼烧后称重，即可测得 $Ta_2O_5$ 和 $Nb_2O_5$ 的含量；或者继续用溶剂浸取残渣后，进行光度测定。

(2) 生物有机物的分离和鉴定　例如，氨基酸的分离：甘氨酸、丙氨酸和谷氨酸的混合物在正丁醇：冰醋酸：水＝4：1：2 的展开剂中能很好地分离。再比如糖类的鉴定：对于葡萄糖、麦芽糖和木糖的混合物，先采用正丁醇：冰醋酸：水＝4：1：5 的混合展开剂展开，风干后用硝酸银氨溶液喷洒，即可以出现 Ag 的褐色斑点，然后用 $R_f$ 值来判断是哪种糖。

## 三、薄层色谱法

### 1. 方法原理

薄层色谱是一种微量、快速、简便的分析分离方法。它是在纸色谱法的基础上发展起来的，兼有柱色谱和纸色谱两者的优点。它的展开方法和原理与纸色谱法基本相同。薄层色谱的示意图如图 8-9 所示，是把吸附剂均匀涂布在玻璃或塑料板上作为固定相，少量的试样点在固定相原点处的一端，然后置于密闭的容器中，用适当的溶剂作为展开剂。借助薄层板的毛细作用，展开剂由下向上移动。对于不同的物质，由于固定相对其的吸附能力和展开剂对其的溶解能力不同，当展开剂流动时，不同的溶质在固定相上移动的速度是不同的。容易被吸附或溶解度小的溶质移动速度慢，较难吸附或溶解度大的溶质移动速度快。经过一段时间展开，不同的物质在薄层板上形成相互分开的斑点，最终将各组分分开。

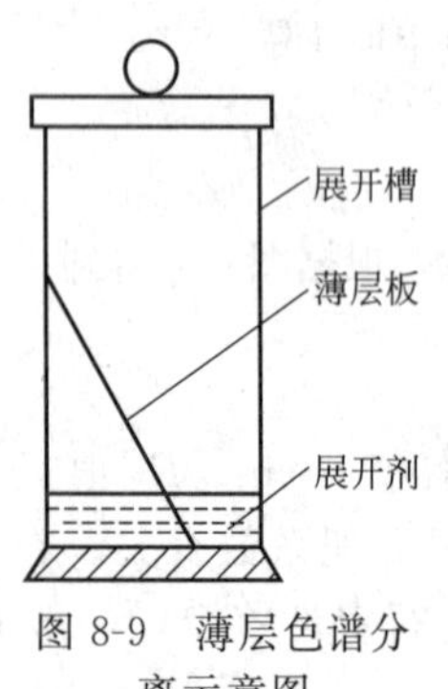

图 8-9　薄层色谱分离示意图

### 2. 薄层的制备和展开剂的选择

薄层色谱法中常用的吸附剂有硅胶、氧化铝、硅藻土、粉状纤维素等，其粒度都比较细，一般选择 100～250 目。使用时先在涂布器内用蒸馏水调成稠稀适当的糊状物，然后涂布在表面平整光洁的玻璃板面上，要求涂层厚度均匀，厚度一般在 0.15～2.0mm。涂布后需固化约 0.5h。吸附色谱法使用的薄层还需通过 110℃加热活化数小时；而分配色谱法用的薄层不需要干燥，残留水起固定相作用。

薄层色谱法对展开剂的选择，以溶剂的极性为依据。一般极性大的物质选用极性大的展开剂。实际分析过程中，展开剂的选择需经试验来确定。

### 3. 薄层色谱法的应用

薄层色谱法多用于天然产物和有机化合物的分离与鉴定。色谱分离结束后，从展开槽中取出薄层板，用铅笔标记溶剂前沿的位置，并且设法确定各种被分离组分的位置。可以计算出各组分的 $R_f$ 值，它是物质的特征值，所以可以利用 $R_f$ 值作为定性分析的依据。但是由于影响 $R_f$ 值的因素很多，进行定性判断时，通常利用已知的标准物质作对照。

除了用于定性鉴定外，薄层色谱法也可用于物质的富集、分离和定量测定。例如，在环境和食物中常含有微量的 3,4-苯并芘，它是一种致癌物质，要测定其含量时，可以用薄层色谱法对其富集、分离并测定。首先，取一定量的试样用环己酮或石油醚提取，并将提取液脱水后浓缩至 0.1mL。然后，选取硅胶 G（含有 5%～20%熟石膏的硅胶）为吸附剂，用 2%的咖啡因溶液将硅胶调成糊状，涂于玻璃板上制成薄层板。用毛细管将试样和标准样点在同一板上，选 1：2 的异辛烷和氯仿混合液为展开剂来分离待测组分。最后，将分离后的试样和标准样分别从板上取下来，用乙醚洗脱，将洗脱液在真空中蒸干后，将残渣用硫酸溶解，测定其荧光强度，根据标准样的荧光强度计算出待测试样的含量。

# 本章小结

本章介绍了沉淀分离法、液-液萃取分离法、离子交换分离法、常规色谱分离法等几种常见的分离方法。

沉淀分离法是指依据溶度积原理利用沉淀反应把被测组分和干扰组分分开的方法。可通过无机沉淀剂、有机沉淀剂和共沉淀等方式实现分离。操作比较简单，适于处理大批试样，在生产实际中被广泛应用。

液-液萃取分离法是将待测物质从一种液相（水相）转移到另一个液相（有机相）达到分离目的的方法，也称溶剂萃取分离法，简称萃取。萃取分离法具有设备简单、操作简便、快速、选择性好、回收率高、易于实现自动控制的特点。

离子交换分离是利用离子交换剂（固相）与溶液中的离子发生交换反应而使离子分离的方法。离子交换分离法既可用于带相反电荷的离子之间的分离，也可用于带相同电荷或性质相近的离子之间的分离，同时还可以广泛地应用于微量组分的富集和高纯物质的制备等。

色谱法是利用混合物中各组分的物理化学性质的差异，使各组分不同程度地分布在两相中，其中一相为固定相，另一相为流动相，由于各组分受固定相作用所产生的阻力和受流动相作用所产生的推动力不同，从而使各组分以不同的速度移动，达到分离的目的。色谱法操作简便，不需要很复杂的设备，分离效率高。按其操作的形式不同，可分为柱色谱法、纸色谱法和薄层色谱法等。

# 思考题与习题

1. 分离方法在定量分析中有什么重要性？分离时对常量和微量组分的回收率要求如何？

2. 用氢氧化物沉淀分离时，常有共沉淀现象，有什么方法可以减少沉淀对其他组分的吸附？

3. 沉淀富集痕量组分，对共沉淀剂有什么要求？有机共沉淀剂较无机共沉淀剂有何优点？

4. 何谓分配系数、分配比？萃取率与哪些因素有关？采用什么措施可提高萃取率？为什么在进行螯合萃取时，溶液酸度的控制显得很重要？

5. 离子交换树脂分几类，各有什么特点？什么是离子交换树脂的交联度，交换容量？

6. 为何在分析工作中常采用离子交换法制备水，但很少采用金属容器来制备蒸馏水？

7. 几种色谱分离方法（纸色谱、薄层色谱及柱色谱）的固定相和分离机理有何不同？

8. 以 Nb 和 Ta 纸色谱分离为例说明展开剂对各组分的作用和展开剂的选择。

9. 某纯的二元有机酸 $H_2A$，制备为纯的钡盐，称取 0.3460g 盐样，溶于 100.0mL 水中，将溶液通过强酸性阳离子交换树脂，并水洗，流出液以 0.09960mol·$L^{-1}$NaOH 溶液 20.20mL 滴至终点，求有机酸的摩尔质量。（208.64g·$mol^{-1}$）

10. 某溶液含 $Fe^{3+}$ 10mg，将它萃取加入某有机溶剂中时，分配比＝99。问用等体积溶剂萃取 1 次和 2 次，剩余 $Fe^{3+}$ 量各是多少？若在萃取 2 次后，分出有机层，用等体积水洗一次，会损失 $Fe^{3+}$ 多少毫克？（0.1mg，0.001mg，0.1mg）

11. 有一金属螯合物在 pH＝3 时从水相萃入甲基异丁基酮中，其分配比为 5.96，现取 50.0mL 含该金属离子的试液，每次用 25.0mL 甲基异丁基酮于 pH＝3 萃取，若萃取率达 99.9%。问一共要萃取多少次？（5 次）

12. 试剂（HR）与某金属离子 M 形成 $MR_2$ 后而被有机溶剂萃取，反应的平衡常数即为萃取平衡常数，已知 $K=K_D=0.15$。若 20.0mL 金属离子的水溶液被含有 $2.0\times10^{-2}$mol·$L^{-1}$ 的 HR 10.0mL 有机溶剂萃取，计算 pH＝3.50 时金属离子的萃取率。（99.7%）

13. 现有 0.1000mol·$L^{-1}$某有机一元弱酸（HA）100mL，用 25.00mL 苯萃取后，取水相 25.00mL，用 0.02000mol·$L^{-1}$ NaOH 溶液滴定至终点，消耗碱 20.00mL，计算此一元弱酸在两相中的分配系数 $K_D$。

(21.00)

14. 某含铜试样用二苯硫腙-$CHCl_3$ 光度法测定铜，称取试样 0.2000g 溶解后定容为 100mL，取出 10mL 显色并定容 25mL，用等体积的 $CHCl_3$ 萃取一次，有机相在最大吸收波长处以 1cm 比色皿测得吸光度为 0.380，在该波长下 $\varepsilon=3.8\times10^4 mol\cdot L^{-1}\cdot cm^{-1}$，若分配比 $D=10$，试计算：(1) 萃取百分率 $E$；(2) 试样中铜的质量分数。 (90.9%，0.087%)

15. 称取 1.5g $H^+$ 型阳离子交换树脂做交换柱，净化后用氯化钠溶液冲洗，至甲基橙呈橙色为止。收集流出液，用甲基橙为指示剂，以 0.1000$mol\cdot L^{-1}$ NaOH 标准溶液滴定，用去 24.51mL，计算该树脂的交换容量（$mmol\cdot g^{-1}$）。 (1.6$mmol\cdot g^{-1}$)

16. 设一含有 A，B 两组分的混合溶液，已知 $R_f(A)=0.40$，$R_f(B)=0.60$，如果色谱分离用的滤纸条长度为 20cm，则 A、B 组分色谱分离后的斑点中心相距最大距离为多少？ (4.0cm)

# 第九章　电势分析法

电势分析法是电化学分析法的一个重要组成部分，属于仪器分析。电化学分析法是基于物质在溶液中的电化学性质及其变化而建立起来的分析方法。该方法中试样溶液通常以适当的形式作为化学电池的一部分，根据被测组分的电化学性质，通过测量电极电势、电流、电阻、电导或电量等电参量来求得物质的含量。

电化学分析法具有仪器简单、灵敏度和准确度高、分析速度快、易与计算机联用、可实现自动化或连续分析等优点，为实时监控生物体内活性物质的变化提供了可能。所以，电化学分析方法已成为生产和科研中一种广泛应用的分析手段。

根据测量的参数不同，电化学分析法主要分为电势分析法、电导分析法、极谱分析法、库仑分析法和电解分析法等。本章重点讨论电势分析法。

## 第一节　电势分析法基本原理

电势分析法是通过测定原电池的电动势来求得被测组分含量的分析方法，包括直接电势法和电势滴定法两种方法。

### 一、直接电势法

直接电势法是通过测量原电池的电动势，利用 Nernst 方程直接求出被测物质含量的分析方法，其中应用最为普遍的是测定溶液 pH。近些年来，随着离子选择电极的发展，以其作为指示电极进行的电势分析，使得一些难以测量的物质的定量分析得以实现。因此，在土壤、食品、水质、环保等方面直接电势法均得到广泛的应用。

在电势分析法中，将两个电极浸入溶液中构成一个原电池，其中一个电极的电极电势能够指示被测离子活度（或浓度）的变化，称为指示电极；而另一个电极的电极电势不受试液组成变化的影响，具有恒定的数值，称为参比电极。通过测量原电池的电动势，即可求得被测离子的活度（或浓度）。溶液一般由被测试样及其他组分所组成。

Nernst 方程式可以反映电极电势与被测物质活度之间的关系。例如，某种金属 M 与其金属离子 $M^{n+}$ 组成的电极 $M^{n+}/M$，根据 Nernst 方程：

$$\varphi(M^{n+}/M)=\varphi^{\ominus}(M^{n+}/M)+\frac{RT}{nF}\ln a(M^{n+}) \tag{9-1}$$

式中，$a(M^{n+})$ 为金属离子 $M^{n+}$ 的活度，溶液浓度很小时可以用 $M^{n+}$ 的浓度代替活度。

由 Nernst 方程可知，电极电势 $\varphi(M^{n+}/M)$ 随着溶液中金属离子 $M^{n+}$ 的活度 $a(M^{n+})$ 变化而变化。因此，若测量出此电极的 $\varphi(M^{n+}/M)$，即可由式(9-1) 计算出 $a(M^{n+})$。但由于单一电极的电极电势是无法测量的，因而一般是测量该金属电极与参比电极所组成的原电池的电动势 $\varepsilon$，即：

$$\varepsilon=\varphi(\text{正})-\varphi(\text{负})=\varphi(\text{参比})-\varphi(\text{指示})=\varphi(\text{参比})-\left[\varphi^{\ominus}(M^{n+}/M)+\frac{RT}{nF}\ln a(M^{n+})\right]$$

在一定条件下，式中的 $\varphi$（参比）和 $\varphi^{\ominus}(M^{n+}/M)$ 为恒定值，可将它们合并为常数 $K$，则：

$$\varepsilon=K-\frac{RT}{nF}\ln a(M^{n+}) \tag{9-2}$$

式(9-2)表明，由指示电极与参比电极组成原电池的电池电动势是该金属离子活度的函数，因此只要测出原电池的电动势ε，就可求得$a(M^{n+})$。这就是直接电势分析法的理论依据。

## 二、电势滴定法

电势滴定法是利用原电池电动势的变化来指示滴定终点，再根据所需滴定试剂的量计算出被测物质含量的分析方法。与指示剂确定的终点相比，电势滴定法确定的滴定终点更为准确，但由于电势滴定法操作相对烦琐，并且需要借助仪器来完成，所以它一般用于缺乏合适的指示剂，或者待测液浑浊、有色，不能用指示剂指示滴定终点的滴定分析。

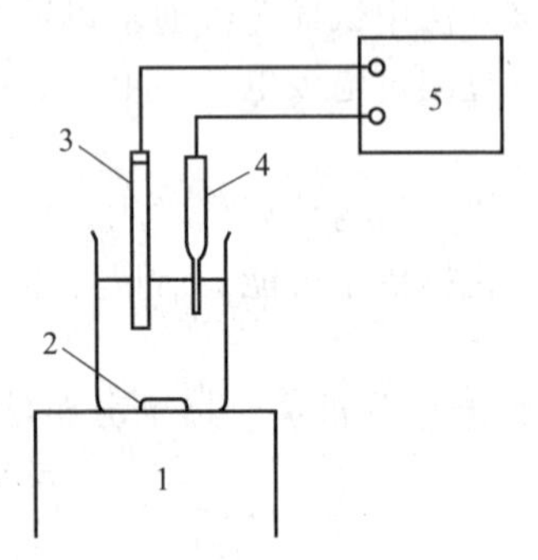

图 9-1　电池电动势测量装置

1—磁力搅拌器；2—转子；3—指示电极；4—参比电极；5—测量仪表

采用电势滴定法滴定金属离子$M^{n+}$时，在滴定过程中电极电势$\varphi(M^{n+}/M)$随$a(M^{n+})$的变化而变化，原电池电动势ε也随之变化。在化学计量点附近，由于$a(M^{n+})$发生突变，引起ε发生突变，从而可根据ε的突变确定滴定终点。然后根据消耗滴定剂的浓度和体积求出被测离子的浓度或含量。这就是电势滴定分析法的理论依据。

## 三、电池电动势的测量

在电势分析法中，将参比电极与指示电极一起浸入含有待测离子的溶液中组成原电池，在通过电路的电流接近于零的条件下测得电池的电动势，如图 9-1 所示。

该电池的电动势为：

$$\varepsilon=\varphi(\text{参比})-\varphi(\text{指示})+\varphi(\text{液接})+IR \tag{9-3}$$

式中，$\varphi$（液接）为液体接界电势，它是组成或活度不同的两种电解质溶液接触时，由于正、负离子的迁移速率不同，在液体接界处产生的电势差。实验时可利用盐桥的作用尽量减小$\varphi$（液接），并控制测量条件降低$IR$值，使上式最后两项数值小到可以忽略不计，近似简化为：

$$\varepsilon=\varphi(\text{参比})-\varphi(\text{指示}) \tag{9-4}$$

式(9-4)表明，如果测出电池的电动势ε，代入参比电极的$\varphi$值，便可求出待测电极的电极电势值。

一般的伏特计不能精确地测量电池的电动势，因为用一般伏特计测量时，有较大的电流通过原电池，此时电极反应会使相关的离子活度发生变化，根据 Nernst 方程，离子活度的变化会引起原电池电动势的改变。另外，当电流通过原电池时，电池本身的内阻也会引起电势降，所以伏特计上的读数低于原电池的电动势。

为了准确地测量原电池的电动势，必须在无显著电流通过的条件下即无电极反应发生时进行测定。常用测定电池电动势的方法主要有对消法（电势差计法）和高阻伏特计法。

# 第二节　参比电极和指示电极

## 一、参比电极

在电化学分析测试过程中，电极电势不受试液组成变化的影响，具有恒定数值的这一类电极称为参比电极。电势分析法中使用的参比电极，不仅要求其电极电势与试液组成无关，还要求其性能稳定、重现性好、使用寿命长并且易于制备。参比电极的一级标准是标准氢电极，它是一种气体电极，其电极电势值规定在任何温度下都是 0V。但是由于标准氢电极具有制备较麻烦、使用不方便、铂黑容易中毒等缺点，所以，在电化学分析中，一般不采用标准氢电极作为参比电极。通常采用的参比电极是制备容易、重现性比较好的甘汞电极、银-氯化银电极等。

### 1. 甘汞电极

甘汞电极是常用的二级标准参比电极，由金属汞、$Hg_2Cl_2$ 以及 KCl 溶液组成。甘汞电极的构造如图 9-2 所示，由两个玻璃套管组成。内管中封接一根铂丝，铂丝插入纯汞中（高度约为 0.5 ～ 1cm），下置一层甘汞（$Hg_2Cl_2$）和汞的糊状物构成内部电极，外管中装入内参比溶液（即 KCl 溶液），内部电极与内参比溶液接触部分，以及电极下端与被测溶液接触部分都是熔结陶瓷芯或玻璃砂芯等多孔物质。

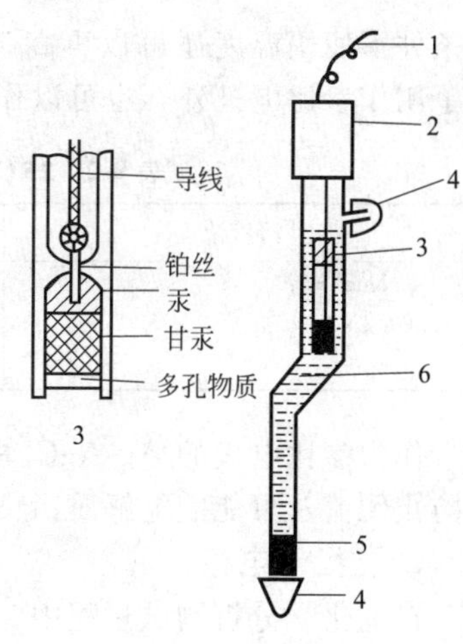

图 9-2 甘汞电极

1—导线；2—绝缘体；3—内部电极；4—橡皮帽；5—多孔物质；6—饱和 KCl 溶液

甘汞电极的电极符号为：Hg，$Hg_2Cl_2(s)$ | KCl($a$)

电极反应为：$Hg_2Cl_2(s) + 2e^- \longrightarrow 2Hg(l) + 2Cl^-$

电极电势为：

$$\varphi(Hg_2Cl_2/Hg)=\varphi^\ominus(Hg_2Cl_2/Hg)-\frac{2.303RT}{F}\lg a(Cl^-)$$

25℃时电极电势为：

$$\varphi(Hg_2Cl_2/Hg)=0.2676-0.059\lg a(Cl^-) \qquad (9\text{-}5)$$

由式(9-5) 可知，温度一定时，甘汞电极的电极电势主要取决于 $a(Cl^-)$，当 $a(Cl^-)$ 一定，其电极电势是恒定的。所以，KCl 溶液的浓度不同时，甘汞电极的电极电势具有不同的恒定值，见表 9-1。

**表 9-1 25℃时不同 KCl 浓度甘汞电极的电极电势**

| KCl 溶液浓度 | 电极名称 | 电极电势/V |
|---|---|---|
| $0.1mol \cdot L^{-1}$ | 0.1mol 甘汞电极 | +0.3365 |
| $1mol \cdot L^{-1}$ | 标准甘汞电极 | +0.2888 |
| 饱和 | 饱和甘汞电极(SCE) | +0.2438 |

常用的参比电极是饱和甘汞电极，在不同温度条件下，饱和甘汞电极的电极电势可以按式 $\varphi=0.2438-7.6\times10^{-4}(T-25)$（V）进行校正，由此可知，在温度变动不大的情况下，由温度变化而产生的误差可以忽略。当温度高于 80℃时，饱和甘汞电极的电极电势变得不再稳定，通常可用银-氯化银电极来代替。

### 2. 银-氯化银电极

银-氯化银电极是由 Ag-AgCl 和 KCl 溶液组成，其构造如图 9-3 所示。它是在银丝上覆盖一层氯化银，然后浸在一定浓度的 KCl 溶液中构成的。

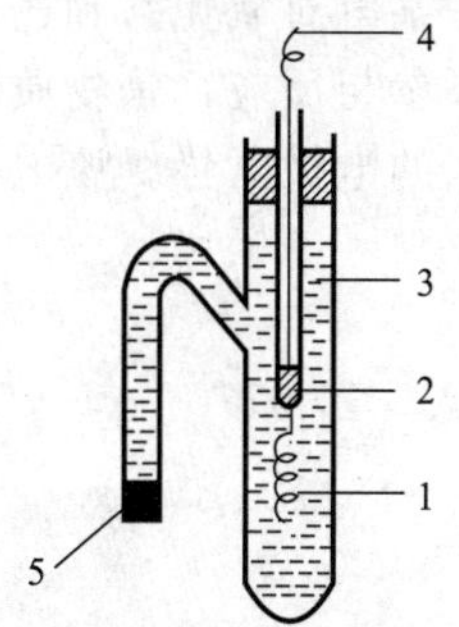

图 9-3 银-氯化银电极

1—镀 AgCl 的 Ag 丝；2—Hg；3—KCl 溶液；4—导线；5—多孔物质

银-氯化银的电极符号为：Ag,AgCl(s) | $Cl^-(a)$

电极反应为：$AgCl(s) + e^- \longrightarrow Ag(s) + Cl^-$

电极电势为：

$$\varphi(AgCl/Ag)=\varphi^\ominus(AgCl/Ag)-\frac{2.303RT}{F}\lg a(Cl^-)$$

25℃时电极电势为：

$$\varphi(AgCl/Ag)=\varphi^\ominus(AgCl/Ag)-0.059\lg a(Cl^-) \qquad (9\text{-}6)$$

由式(9-6) 可知，Ag-AgCl 电极的电极电势随 $a(Cl^-)$ 的变化而改变。如果把 KCl 溶液作为内参比溶液并固定 $a(Cl^-)$，Ag-AgCl 电极的电极电势就是恒定的，故可以作为参比电极使用。25℃时不同浓度的 KCl 溶液的 Ag-AgCl 电极的电极电势见表 9-2。由于 Ag-AgCl 电极的温度系数比甘汞电极要小，所以可以用于沸水中，在特殊条件下使用温度还可以再高，并且长时间使用后电极也比较稳定。而且，Ag-AgCl 电极除了用作参比电极外，也可以作为氯离子的指示电极使用。

**表 9-2　25℃时不同 KCl 浓度的银-氯化银电极的电极电势**

| KCl 溶液浓度 | 电极名称 | 电极电势/V |
|---|---|---|
| $0.1mol \cdot L^{-1}$ | 0.1mol 银-氯化银电极 | +0.2880 |
| $1mol \cdot L^{-1}$ | 标准银-氯化银电极 | +0.2223 |
| 饱和 | 饱和银-氯化银电极 | +0.2000 |

作为参比电极的 Ag-AgCl 电极，保存时要单独浸泡在 $0.1mol \cdot L^{-1}$ 的 KCl 溶液中，为了防止倒流及可能的电解质污染，参比电极中填充液高度必须高于试液和内电极的高度。

## 二、指示电极

在电化学分析测试过程中，电极电势随被测离子活度（或浓度）的变化而改变，并能反应出被测离子活度（或浓度）变化的一类电极称为指示电极。电势分析法中所使用的指示电极应具有选择性好、灵敏度高、响应快、重现性好等特点。

### 1. 金属基电极

（1）金属-金属离子电极　它是将金属（M）浸在含有相同金属离子（$M^{n+}$）溶液中，达到平衡后构成的电极。

电极符号为：　$M \mid M^{n+}(a)$

电极反应为：　$M^{n+} + ne^- = M$

电极电势为：　$\varphi = \varphi^{\ominus} + \frac{2.303RT}{nF} \lg a(M^{n+})$

25℃时电极电势为：　$\varphi = \varphi^{\ominus} + \frac{0.059}{n} \lg a(M^{n+})$　(9-7)

由式(9-7) 可知，金属-金属离子电极的电势决定于金属离子的活度（或浓度），并与金属离子活度的对数呈直线关系，因此可用作测定该金属离子活度（浓度）的指示电极。可构成这类电极的金属包括 Ag、Cu、Zn、Cd、Pb、Hg 等。

（2）金属-金属难溶盐电极　它是在一种金属丝上涂上该金属的难溶盐，并浸入含有难溶盐阴离子的溶液中构成的电极。

金属-金属难溶盐电极的电极电势与难溶盐阴离子的活度有关，可用作测定该阴离子活度（或浓度）的指示电极。例如 Ag-AgCl 电极可作为测定 $a(Cl^-)$ 的指示电极。这类电极制作简便，电极电势稳定，常用的还有 $Ag\text{-}Ag_2S$ 电极、Ag-AgI 电极等。

（3）惰性金属电极　它是由性质稳定的惰性金属（如铂或金）浸在某电对氧化态和还原态组成的溶液中所构成的电极。在溶液中，电极只作为导体，本身并不参与反应，是物质的氧化态和还原态交换电子的场所，通过它可以指示溶液中氧化还原体系的电极电势。该电极电势与溶液中对应离子的活度（或浓度）之间的关系为：

$$\varphi = \varphi^{\ominus} + \frac{2.303RT}{nF} \lg \frac{a(\text{氧化态})}{a(\text{还原态})}$$

例如，将铂丝浸入 $Fe^{3+}$ 和 $Fe^{2+}$ 混合溶液中构成的电极。

电极符号为：　$Pt \mid Fe^{3+}[a(Fe^{3+})], Fe^{2+}[a(Fe^{2+})]$

电极反应为：　$Fe^{3+} + e^- = Fe^{2+}$

电极电势为：　$\varphi(Fe^{3+}/Fe^{2+}) = \varphi^{\ominus}(Fe^{3+}/Fe^{2+}) + \frac{2.303RT}{F} \lg \frac{a(Fe^{3+})}{a(Fe^{2+})}$

25℃时电极电势为：　$\varphi(Fe^{3+}/Fe^{2+}) = \varphi^{\ominus}(Fe^{3+}/Fe^{2+}) + 0.059 \lg \frac{a(Fe^{3+})}{a(Fe^{2+})}$　(9-8)

### 2. 离子选择性电极

离子选择性电极也称膜电极，是一类电化学传感器。通常以固态或液态敏感膜为传感器，对溶液中某种离子产生选择性的响应，其电极电势与该离子活度（浓度）的对数呈线性关系，因而可以指示该离子的活度（浓度），在电势分析法中常被用作指示电极。应用离子选择性电极作为指示电极，进行电势分析，具有简便、快速和灵敏的特点。

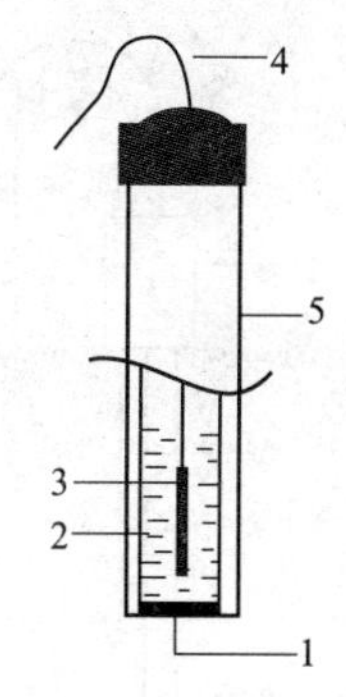


图 9-4　离子选择性电极的基本结构

1—敏感膜；2—内参比溶液；3—内参比电极；4—带屏蔽的导线；5—电极腔体

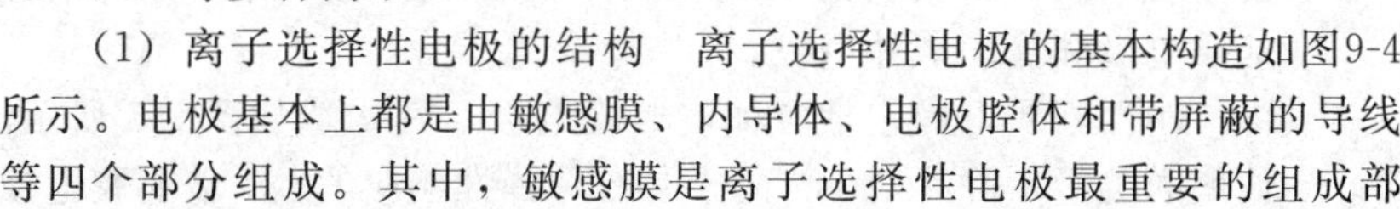

与金属基电极的电极电势产生机理不同，离子选择性电极上没有电子的转移，其电极电势是由敏感膜两侧的离子交换和扩散而产生的电势差。目前已制成的离子选择性电极有几十种，可直接或间接地用于测定 $Na^+$、$K^+$、$Ag^+$、$NH_4^+$、$Ca^{2+}$、$Cu^{2+}$、$Pb^{2+}$、$F^-$、$Cl^-$、$Br^-$、$I^-$ 等多种离子。

（1）离子选择性电极的结构　离子选择性电极的基本构造如图9-4所示。电极基本上都是由敏感膜、内导体、电极腔体和带屏蔽的导线等四个部分组成。其中，敏感膜是离子选择性电极最重要的组成部分，它的作用是将溶液中给定离子的活度转变为电势信号；内导体包括内参比溶液和内参比电极，其作用是将膜电势引出；电极腔体的作用是固定敏感膜，通常用高绝缘的、化学稳定性好的玻璃或塑料制成；带屏蔽导线的作用主要是将内导体传出的膜电势输送至仪器的输入端，并防止旁路漏电和外界电磁场以及静电感应的干扰。

（2）离子选择性电极的分类　根据离子选择性电极中敏感膜的响应机理、组成和结构等，1975 年国际纯粹与应用化学联合会（IUPAC）建议将离子选择性电极分为如表 9-3 所示的几类。

**表 9-3　离子选择性电极分类**

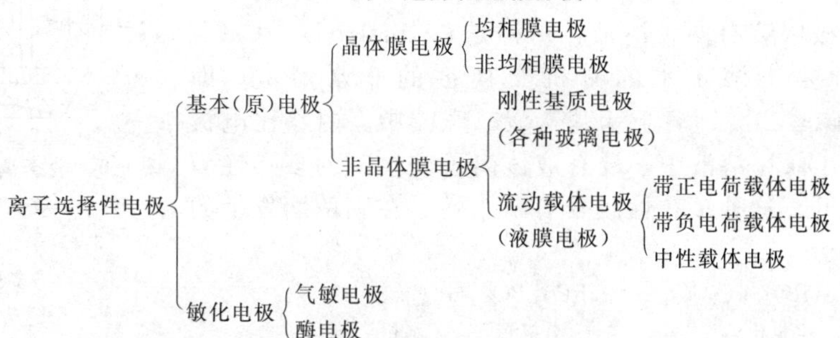

- 离子选择性电极
  - 基本（原）电极
    - 晶体膜电极
      - 均相膜电极
      - 非均相膜电极
    - 非晶体膜电极
      - 刚性基质电极（各种玻璃电极）
      - 流动载体电极（液膜电极）
        - 带正电荷载体电极
        - 带负电荷载体电极
        - 中性载体电极
  - 敏化电极
    - 气敏电极
    - 酶电极

基本电极是指敏感膜直接与试液接触的离子选择性电极，而敏化电极是以基本电极为基础装配成的覆膜电极。常见的离子选择性电极有以下几类。

① 晶体膜电极　该类电极的敏感膜通常是由具有导电性的难溶盐晶体组成，它对形成难溶盐的阳离子或阴离子有响应。根据活性物质在电极膜中的分布状况，晶体膜电极可分为均相膜电极和非均相膜电极。

均相膜电极包括单晶膜电极和多晶膜电极。单晶膜电极的敏感膜是由难溶盐的单晶切成薄片，经抛光制成的。如以 $LaF_3$ 晶体切片做成敏感膜的氟离子选择性电极，对浓度在 1～$10^{-6}mol \cdot L^{-1}$范围的 $F^-$ 有响应，若无干扰离子，其测量下限可达 $10^{-7}mol \cdot L^{-1}$。多晶膜电极的敏感膜是由难溶盐的沉淀粉末在高温下压制而成的。如以 AgCl、AgBr、AgI 和 $Ag_2S$ 沉淀粉末压制成敏感膜的离子选择性电极，对 $Cl^-$、$Br^-$、$I^-$ 和 $S^{2-}$ 有响应，其中 $Ag^+$ 起传递电荷的作用。为了增加卤化银电极的导电性和机械强度，减少对光的敏感性，常在卤化银中掺入硫化银。用 $Ag_2S$ 作为基底，掺入适当的金属硫化物（如 CuS、CdS、

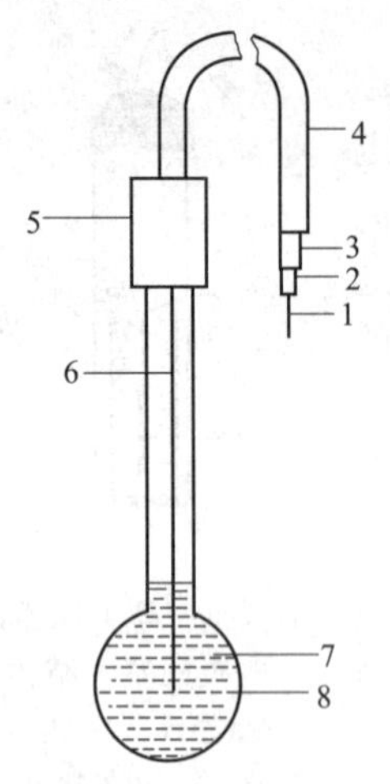


图 9-5 玻璃电极

1—导线；2—绝缘体；3—网状金属屏；4—外套管；5—电极帽；6—Ag/AgCl 内参比电极；7—内参比溶液；8—玻璃薄膜

PbS 等）压制成敏感膜，而制得的离子选择性电极，对阳离子（$Cu^{2+}$、$Cd^{2+}$、$Pb^{2+}$ 等）有响应。其测定浓度范围一般在 $10^{-1}$～$10^{-6}mol \cdot L^{-1}$。

非均相膜电极的敏感膜是将难溶盐分布在硅橡胶、聚氯乙烯、聚苯乙烯、石蜡等惰性材料中制成的。如 $I^-$ 选择性电极的敏感膜是由 AgI 分布在硅橡胶中而制成。

不是所有难溶盐都可以用来制备离子选择性电极，只有溶解度足够小、室温下有离子导电性、化学稳定性好并且机械强度较大的晶体，才可制成电阻不太大、电势稳定的敏感膜。

② 非晶体膜电极　该类电极的敏感膜是由一种含有离子型或电中性物质的支持体组成，支持体物质是多孔的塑料膜或无孔的玻璃膜。根据膜的物理状况，非晶体膜电极可区分为刚性基质电极和流动载体电极。

刚性基质电极包括各种玻璃膜电极，其构造如图 9-5 所示。玻璃膜电极中除了对 $H^+$ 离子具有选择性响应的 pH 玻璃膜电极外，还有 $K^+$、$Na^+$、$NH_4^+$、$Ag^+$、$Li^+$ 等玻璃膜电极，其选择性主要决定于玻璃的组成。例如一种钠电极的玻璃组成是 11% $Na_2O$、18% $Al_2O_3$ 和 71% $SiO_2$。

流动载体电极又称为液态膜电极，包括液态离子交换膜电极和中性载体膜电极两种。

液态离子交换膜电极：这类电极的敏感膜是采用浸有液体离子交换剂的惰性多孔膜制成的，通常是将含有活性物质的有机溶液浸透在烧结玻璃、聚乙烯、醋酸纤维等惰性材料制成的多孔膜内。液态离子交换膜电极的结构如图 9-6 所示。例如钙离子电极，电极内装有两种溶液，一种是 $0.1mol \cdot L^{-1}$ $CaCl_2$ 溶液；另一种是不溶于水的有机交换剂的非水溶液，即 $0.1mol \cdot L^{-1}$磷酸二癸钙溶于苯基磷酸二辛酯中。内参比电极 Ag-AgCl 插在 $CaCl_2$ 溶液中，浸有液体离子交换剂的多孔性膜与待测试液隔开，这种多孔性膜具有疏水性。在膜两面发生的离子交换反应为：

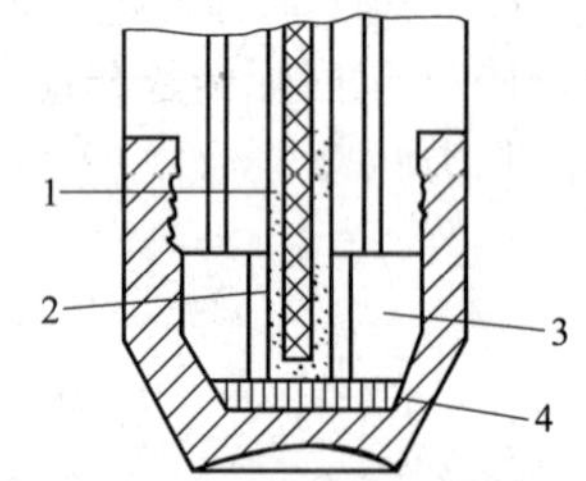


图 9-6 液态离子交换膜电极

1—内参比液；2—内参比电极；3—离子交换剂贮槽；4—多孔薄膜

$$\underset{\text{有机相}}{[(RO)_2PO_2]Ca} = \underset{\text{有机相}}{(RO)_2PO_2^{2-}} + \underset{\text{水相}}{Ca^{2+}}$$

式中，R 为 $C_8$～$C_{16}$，若为癸基则 R 为 $C_{10}$。因为这种液体离子交换剂对钙有选择性，所以当内部溶液与待测试液之间钙离子的浓度不同时就会产生一个电势差（膜电势）。

中性载体膜电极：在这种电极的液态膜中，产生离子交换作用的成分是溶于其中的中性载体。重要的中性载体膜电极有钾离子选择性电极和铵离子选择性电极。

③ 敏化电极　敏化电极包括气敏电极和酶电极两类。

气敏电极是一种气体传感器，它是利用待测气体与电解质溶液发生化学反应后，生成一种对电极有响应的离子，而该离子的活度（浓度）与溶解的气体量成正比，因此，电极响应直接与气体的活度（浓度）有关，所以可用来分析水溶液中所溶解的气体。与一般电极的不同之处在于，气敏电极实质上已经构成了一个电池。例如 $CO_2$ 气敏电极，它是由透气膜、内参比溶液、指示电极和内参比电极四部分组成。其中透气膜通常是由聚四氟乙烯、聚丙烯和硅橡胶等制作而成，该膜具有疏水性，但能透过气体，并且将内参比溶液和待测溶液分开。测定时，由于 $CO_2$ 在水中发生化学反应：

$$CO_2 + H_2O \rightleftharpoons HCO_3^- + H^+$$

将电极插入试液，试液中的 $CO_2$ 通过透气膜，与内参比溶液接触并发生反应，当透气膜内外的 $CO_2$ 活度（浓度）相等时，$CO_2$ 所引起的内参比溶液的 pH 值变化，可以由 pH 玻璃电极指示出来，从而测定出试样中的 $CO_2$ 的活度（浓度）。

根据同样的原理，还可以制成 $NH_3$、$NO_2$、$H_2S$、$SO_2$ 等气敏电极。

酶电极是通过实验的方法将某种蛋白酶附着在敏感膜上制成的。在这种蛋白酶的催化作用下，试液中的待测物质能产生被离子选择电极敏感膜所响应的离子，从而间接测定试液中物质的含量。例如，将脲酶固定在凝胶内，涂布在 $NH_4^+$ 玻璃电极的敏感膜上，就构成了脲酶电极。在测量时，将电极插入含有尿素的溶液，尿素经扩散进入酶层，受酶的催化发生如下的水解反应，生成 $NH_4^+$：

$$(NH_2)_2CO + H^+ + 2H_2O \rightleftharpoons 2NH_4^+ + HCO_3^-$$

$NH_4^+$ 可以被 $NH_4^+$ 玻璃电极响应，引起电极电势的变化，电势值在一定浓度范围内与尿素的浓度符合 Nernst 方程式。所以，通过测定电极的电势就可以间接测得溶液中尿素的含量。

(3) 离子选择性电极的电极电势　离子选择性电极种类很多，而且各类电极的敏感膜的材料和制备方法都不同，但所有的离子选择性电极有一个共同点，就是膜材料对溶液中某种特定离子有选择性响应而产生膜电势，利用膜电势与待测离子活度（浓度）之间的关系来指示该离子的活度（浓度）。在工作范围内各种电极的膜电势都符合 Nernst 方程式。

对阳离子 $M^{n+}$ 有响应的离子选择性电极，其电极电势与离子活度的关系为：

$$\varphi(\text{膜}) = K + \frac{2.303RT}{nF}\lg a(M^{n+}) \tag{9-9}$$

对阴离子 $R^{n-}$ 有响应的离子选择性电极，其电极电势与离子活度的关系为：

$$\varphi(\text{膜}) = K - \frac{2.303RT}{nF}\lg a(R^{n-}) \tag{9-10}$$

在一定条件下，离子选择性电极的膜电势与被测离子的活度（浓度）的对数值呈线性关系，斜率为 $\frac{2.303RT}{nF}$，这是离子选择性电极测定离子活度（浓度）的理论基础。下面以 pH 玻璃电极为例进一步说明离子选择性电极的电极电势。

pH 玻璃电极在使用之前需要在去离子水中浸泡 24h 左右。通过浸泡，在玻璃球的外表面形成很薄的水化层。在水化层中，由于硅酸盐结构中的 $SiO_3^{2-}$ 与 $H^+$ 结合所形成键的强度远大于 $SiO_3^{2-}$ 与 $Na^+$ 形成的键的强度（约为 $10^{14}$ 倍），所以玻璃中的 $Na^+$ 会从硅酸盐晶格的结点上向外流动，而水中的 $H^+$ 相应地进入水化层，因此在水化层存在下面的离子交换反应：

$$H^+ + Na^+Gl^- \rightleftharpoons Na^+ + H^+Gl^-$$

式中，Gl 表示玻璃膜的硅氧结构。由于该反应具有较大的平衡常数，所以反应达到平衡后，玻璃膜表面几乎全部由硅酸（$H^+Gl^-$）组成。

当水化层与待测溶液接触时，水化层中的 $H^+$ 与溶液中的 $H^+$ 将建立下面的平衡：

$$H^+(\text{水化层}) \rightleftharpoons H^+(\text{溶液})$$

图 9-7 是 pH 玻璃膜的电势示意图。因为水化层表面和待测溶液的 $H^+$ 活度不同，存在活度差，所以 $H^+$ 会从活度大的一方向活度小

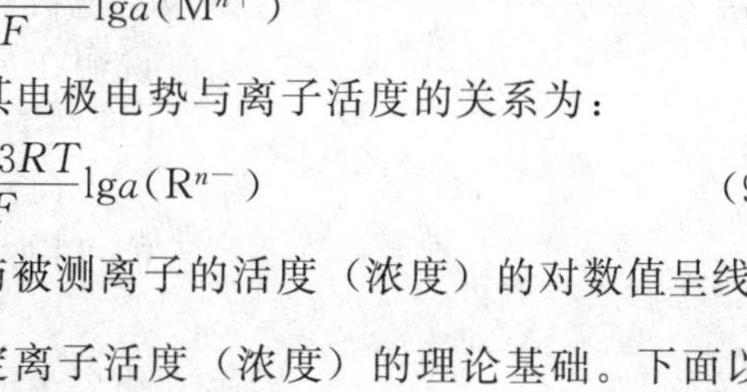

图 9-7　pH 玻璃膜电势示意图

的一方迁移，使得固-液两相界面上电荷的分布发生改变，从而产生相界电势 $\varphi$(外)。同理，在玻璃膜内侧也会因为水化层和内参比溶液的 $H^+$ 活度不同，而产生相界电势 $\varphi$(内)。在 25℃时，玻璃膜两侧产生的电势差即膜电势 $\varphi$(膜)，可表示为：

$$\varphi(\text{膜})=\varphi(\text{外})-\varphi(\text{内})=0.059\ \lg\frac{a(\text{H}^+,\text{试})}{a(\text{H}^+,\text{内})} \tag{9-11}$$

由于内参比溶液中 $H^+$ 活度是一定的，即 $a(H^+$，内）为常数，则

$$\varphi(\text{膜})=K+0.059\ \lg a(\text{H}^+,\text{试})=K-0.059\text{pH} \tag{9-12}$$

式中，$K$ 为常数，其值由玻璃电极本身的性质所决定；$\varphi$(膜）的大小仅与玻璃膜外溶液的 $a(H^+$，试）有关。由式(9-12）可知，在一定温度下，玻璃电极的膜电势与试液的 pH 呈直线关系。

根据式(9-11）可知，当 $a(H^+$，试）$=a(H^+$，内）时，膜电势 $\varphi$(膜）等于零。但实际上 $\varphi$(膜）并不等于零，在玻璃膜两侧仍存在一定的电势差，这种电势差称为不对称电势 $\varphi$(不)，它是由于膜内外两个表面的情况不同而引起的，如组成不均匀、表面张力不同、水化程度不同、由于吸附外界离子而使硅胶层的 $H^+$ 离子交换容量改变等。对于同一支玻璃电极，一定的条件下，$\varphi$(不）是一个常数。

对于整个 pH 玻璃电极来说，其电极电势应包括内参比电极的电极电势 $\varphi$(内参)、膜电势 $\varphi$(膜）和不对称电势 $\varphi$(不）三部分，即：

$$\varphi(\text{玻璃电极})=\varphi(\text{内参})+\varphi(\text{膜})+\varphi(\text{不})=\varphi(\text{内参})+K-0.0592\text{pH}+\varphi(\text{不})$$

对于给定的一支玻璃电极，一定条件下，$\varphi$(内参)、$\varphi$(不）和 $K$ 均为常数，所以：

令 $$\varphi(\text{内参})+K+\varphi(\text{不})=K'$$

则 25℃时 $$\varphi(\text{玻璃电极})=K'-0.059\text{pH} \tag{9-13}$$

说明在一定温度下，玻璃电极的电极电势与待测溶液的 pH 呈直线关系。

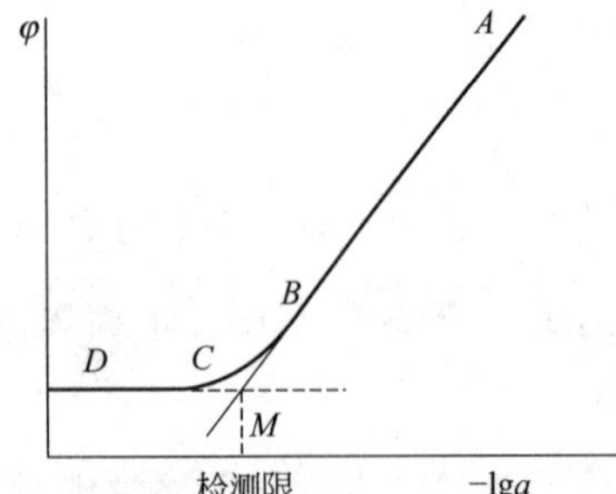

图 9-8　离子选择性电极校准曲线

（4）离子选择性电极的性能　离子选择性电极的性能可用以下特性参数来评价。

① Nernst 响应、线性范围、检测下限　电极电势随离子活度变化的特征称为响应，如果这种响应变化服从 Nernst 方程，则称为 Nernst 响应。利用电极的电极电势对响应离子的活度的对数作图，得到的曲线称为校准曲线，如图 9-8 所示。曲线中直线部分 $AB$ 段的斜率为实际的响应斜率，而理论的斜率 $S_{\text{理}}=\frac{2.303RT}{nF}$，用转换系数 $K_{\text{tr}}$表示实际斜率与理论斜率偏离的程度。

$$K_{\text{tr}}=\frac{S_{\text{实}}}{S_{\text{理}}}\times100\%=\frac{\varepsilon_1-\varepsilon_2}{S_{\text{理}}\lg\frac{a_1}{a_2}}\times100\% \tag{9-14}$$

式中，$\varepsilon_1$、$\varepsilon_2$ 分别为离子活度为 $a_1$、$a_2$时的实测电动势。当 $K_{\text{tr}}\geqslant90\%$时，电极有较好的 Nernst 响应。

图 9-8 中两直线 $AB$ 和 $DC$ 外推的交点 $M$ 所对应的待测离子的活度，为该电极的检测下限；A 点所对应的待测离子的活度，称为该电极的检测上限。检测上、下限之间，即直线 $AB$ 段，称为电极的线性范围。通常电极的线性范围在 $10^{-1}\sim10^{-6}$ mol・$^{-1}$之间。

② 离子选择性电极的选择性　理想的离子选择性电极只应该对待测离子有 Nernst 响应，但实际上当待测溶液中有其他离子共存时，也会有一定程度的响应，因而会对待测离子产生干扰。通常采用选择性系数来衡量电极的选择性。选择性系数表示干扰离子 $N^{n+}$ 对于

电极敏感离子 $M^{m+}$ 的干扰程度。一般对阳离子响应的选择性电极的选择性系数定义为：

$$\varphi(\text{膜})=K+\frac{2.303RT}{nF}\lg[a(M^{m+})+K_{M,N}a(N^{n+})^{m/n}] \tag{9-15}$$

式中，$K_{M,N}$ 为选择性系数。$K_{M,N}$ 越小，说明 $N^{n+}$ 对 $M^{m+}$ 的干扰越小。

③ 响应时间　离子选择性电极的响应时间是指从离子选择性电极接触试液的瞬间开始，到原电池电动势稳定在 1mV 以内所需要的时间。电极响应时间主要取决于敏感膜的性质，另外也与待测离子的浓度、共存干扰离子的浓度以及温度等因素有关。离子选择性电极的敏感膜越薄、光洁度越好、被测溶液浓度越大，响应时间就越短。通常在测定稀溶液时，采用搅拌溶液的办法来缩短电极的响应时间。

④ 稳定性、重现性和电极的使用寿命　稳定性是指电极保持在恒温条件下，其电极电势可在多长的时间内保持恒定。电极的稳定性用电极的漂移和重现性来衡量。

电极的漂移是指在温度和组成恒定的溶液中，离子选择性电极和参比电极组成的原电池的电动势，随时间缓慢而有序改变的程度。一般电极的漂移应小于 $2mV \cdot h^{-1}$。

电极的重现性是指电极在多次重复测定一系列浓度的溶液时，电势值重现的程度。重现性与电极的性能、电极的“滞后效应”和“记忆效应”有关。

电极的寿命是指电极能符合 Nernst 方程式响应电势的使用期限，与电极的稳定性和重现性直接相关。电极的寿命取决于电极的材料、结构和使用保管情况。此外，电极的寿命还与被测溶液浓度有关，高浓度溶液的测定会使电极寿命变短。一般玻璃电极和固体膜电极的使用寿命较长，可达 1～2 年以上，而液体膜电极的寿命只有几个月或更短。

⑤ pH 范围　电极的有效 pH 范围是指电极产生 Nernst 响应的 pH 范围。$H^+$ 或 $OH^-$ 能影响某些测定。每种离子选择性电极都有其有效 pH 范围。另外测定离子的线性范围与共存离子的干扰和溶液的 pH 有关。

⑥ 温度和等电势点　由于离子选择性电极的电极电势与温度有关，所以改变温度，会引起 ε-lga 校准曲线的斜率和截距的改变。大多数离子选择性电极在不同温度下测量所得到的校准曲线会相交于一点，该点称为电极的等电势点。在测量时，为了减少温度对测量的影响，最好选择在电极等电势点浓度及其相邻浓度范围进行测量。

**3. 其他指示电极**

除了金属电极和离子选择性电极外，化学修饰电极和超微电极也可作为指示电极。

化学修饰电极是利用化学或物理的方法，将具有优良化学性质的分子、离子、聚合物固定在电极表面，来改变或改善电极原有的性质，实现对电极功能的设计。化学修饰电极按照修饰方法的不同可分成共价键合型、吸附型和聚合物型三类。

超微电极是直径在 100μm 以下的电极，其直径小于常规电极扩散层的厚度。超微电极的种类很多，根据其材料不同，可分为铂、金、汞电极和碳纤维电极；根据其形状不同，又可分为微盘、微环、微球和组合式微电极。

# 第三节　直接电势法及应用

## 一、溶液 pH 值的测定

用直接电势法测定溶液的 pH 值，是以玻璃电极为指示电极，饱和甘汞电极为参比电极，将两者浸入待测试液中，组成原电池，其电池符号可表示为：

$$(-)\text{Ag} \mid \text{AgCl},\text{HCl} \mid \text{玻璃} \mid \text{试液} \parallel \text{KCl(饱和)},\text{Hg}_2\text{Cl}_2(+)$$

电池电动势为：ε＝φ(甘汞电极)＋φ(液)－φ(玻璃电极)

将式(9-13) 代入，可得

$$\varepsilon=\varphi(\text{甘汞电极})+\varphi(\text{液})-K'+0.059\text{pH} \tag{9-16}$$

式中，$\varphi$(液) 是液体接界电势，即两种组成或浓度不同的溶液接触时界面上产生的电势差，在一定条件下为常数。一般通过搅拌溶液，可减小液接电势。$\varphi$(甘汞电极) 和 $K'$在一定条件下也都是常数。所以

令 $$\varphi(\text{甘汞电极})+\varphi(\text{液})-K'=K$$

则，玻璃电极与饱和甘汞电极所组成的原电池的电动势（25℃时）：

$$\varepsilon=K+0.059\text{pH} \tag{9-17}$$

由上式可知，原电池电动势与溶液 pH 为一次函数关系。但由于 $K$ 值中的 $\varphi$(不) 和 $\varphi$(液) 都是难以测量和计算的，所以不能通过测量原电池电动势直接求溶液的 pH。

在实际工作中，先通过已知准确 pH 值的缓冲溶液来校准仪器，然后再测定待测液。测定原理可讨论如下。

若测得标准缓冲溶液（$\text{pH}_s$）的电动势为 $\varepsilon_s$，则：

$$\varepsilon_s=K+0.059\text{pH}_s$$

在相同条件下，测得待测溶液（$\text{pH}_x$）的电动势为 $\varepsilon_x$，则：

$$\varepsilon_x=K+0.059\text{pH}_x$$

两式相减可得：

$$\varepsilon_x-\varepsilon_s=0.059(\text{pH}_x-\text{pH}_s)$$

即（25℃时） $$\text{pH}_x=\frac{\varepsilon_x-\varepsilon_s}{0.059}+\text{pH}_s \tag{9-18}$$

以标准缓冲溶液（$\text{pH}_s$）为基准，通过测量 $\varepsilon_s$ 和 $\varepsilon_x$ 来得出待测液的 $\text{pH}_x$，这就是酸度计的工作原理。

在使用 pH 标准缓冲溶液校正酸度计时，为了减小测定误差，缓冲溶液和被测溶液的 pH 应尽量接近。当待测液 pH<7 时，应该用 pH=4.003 的标准缓冲溶液（0.05mol·$L^{-1}$ 邻苯二甲酸氢钾）进行校正；当待测液 pH>7 时，应该用 pH=6.864 的标准缓冲溶液（0.025mol·$L^{-1}$ $KH_2PO_4$ 和 0.025mol·$L^{-1}$ $Na_2HPO_4$）进行校正，常用的 pH 标准缓冲溶液见表 9-4。

**表 9-4 常用 pH 标准缓冲溶液的 pH 值**

| 温度/℃ | 0.05mol·$L^{-1}$ 四草酸氢钾 | 0.05mol·$L^{-1}$ 邻苯二甲酸氢钾 | 饱和酒石酸氢钾 | 0.025mol·$L^{-1}$ 磷酸二氢钾 0.025mol·$L^{-1}$ 磷酸氢二钠 | 0.01mol·$L^{-1}$ 硼砂 | 饱和氢氧化钙 |
|---|---|---|---|---|---|---|
| 0 | 1.668 | 4.006 | | 6.981 | 9.458 | 13.416 |
| 5 | 1.669 | 3.999 | | 6.949 | 9.391 | 13.210 |
| 10 | 1.671 | 3.996 | | 6.921 | 9.330 | 13.011 |
| 15 | 1.673 | 3.996 | | 6.898 | 9.276 | 12.820 |
| 20 | 1.676 | 3.998 | | 6.879 | 9.226 | 12.637 |
| 25 | 1.680 | 4.003 | 3.559 | 6.864 | 9.182 | 12.460 |
| 30 | 1.684 | 4.010 | 3.551 | 6.852 | 9.142 | 12.292 |
| 35 | 1.688 | 4.019 | 3.547 | 6.844 | 9.105 | 12.130 |
| 40 | 1.694 | 4.029 | 3.547 | 6.838 | 9.072 | 11.975 |
| 50 | 1.706 | 4.055 | 3.555 | 6.833 | 9.015 | 11.697 |
| 60 | 1.721 | 4.087 | 3.573 | 6.837 | 9.968 | 11.426 |

用玻璃电极测定溶液的 pH 值，当 pH 在 1～9 范围内时，电极响应正常。当溶液 pH>9 或溶液中的 $Na^+$ 浓度较高时，由于溶液中的 $H^+$ 浓度较小，在电极和溶液界面间进行离子

交换的不仅有 $H^+$，还有 $Na^+$，所以，在碱性较强时，测得的 pH 偏低，这种误差称为“碱差”或“钠差”。通过改变玻璃成分可以减小这种误差。例如用 $Li_2O$ 来取代 $Na_2O$，制成的玻璃电极，可测 pH 高达 13.5 的溶液。当溶液的 pH<1 时，玻璃电极的响应也有误差，这种误差称为“酸差”。其原因主要是由于 $H^+$ 是靠 $H_2O$ 传送的，而在强酸溶液中，水分子活度减小，导致达到电极表面的 $H^+$ 活度就小，所以测得的 pH 值偏高。

此外，在使用玻璃电极测定溶液 pH 值时，溶液的离子强度也不宜太大，一般不超过 $3mol \cdot L^{-1}$，否则会产生较大的测定误差。

## 二、离子活度（浓度）的测定

### 1. 基本原理

与 pH 玻璃电极相似，离子选择性电极的膜电势随被测离子的活度（浓度）不同而变化，符合 Nernst 方程式。所以，测定离子活度（浓度）时，将离子选择性电极作为指示电极，与合适的参比电极组成电池，由高输入阻抗的测量仪器测得电池电动势来确定待测离子的活度（浓度）。测定的基本装置如图 9-9 所示。下面以氟离子选择性电极测定 $F^-$ 活度（浓度）为例，介绍测量的原理。

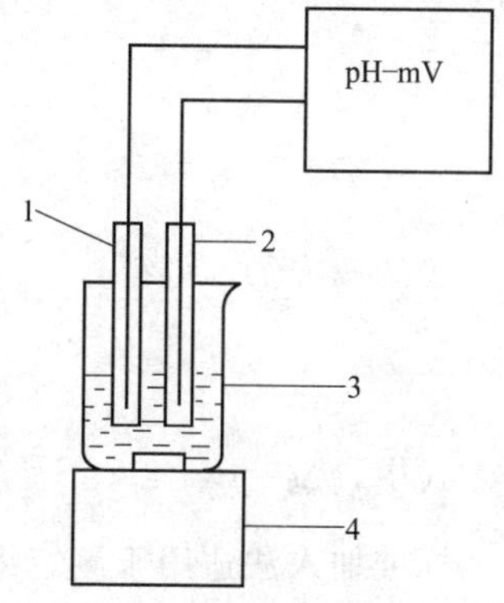

图 9-9　离子活度的测定装置
1—离子选择性电极；2—参比电极；3—试液；4—电磁搅拌器

测量时，使用氟离子电极和饱和甘汞电极组成如下的原电池：

(－)$Hg,Hg_2Cl_2$ | KCl(饱和) ‖ 试液 | $LaF_3$ 晶体 | NaF，NaCl 溶液 | AgCl,Ag(＋)

电池电动势为：

$$\varepsilon=\varphi(\text{氟})-\varphi(\text{甘汞})$$
$$=K-\frac{2.303RT}{F}\lg a(F^-)-\varphi(\text{甘汞电极})$$

式中，$K$ 和 $\varphi$(甘汞电极) 在一定条件下都是常数。

令 $K'=K-\varphi(\text{甘汞电极})$，即得：

$$\varepsilon=K'-\frac{2.303RT}{F}\lg a(F^-)$$

从上式可以看出，原电池的电动势与氟离子活度的对数呈线性关系，所以，只要测得原电池的电动势就可以确定氟离子活度。

对于任意离子选择性电极测定对应离子活度时，原电池电动势与该离子活度的关系可用下式表示：

$$\varepsilon=K'\pm\frac{2.303RT}{nF}\lg a_i \tag{9-19}$$

测量时，当指示电极作正极、参比电极作负极时，当待测离子为阳离子时，式(9-19) 中取“＋”；当待测离子为阴离子时，取“－”。而当参比电极作正极、指示电极作负极时，当待测离子为阴离子时，式(9-19) 中取“＋”；当待测离子为阳离子时，取“－”。

离子选择性电极响应的是离子活度而不是离子浓度，所以只有当溶液中离子活度系数保持不变时，Nernst 方程式中的活度才可用浓度代替。当离子浓度小于 $10^{-3}mol \cdot L^{-1}$时，活度系数近似等于 1，浓度与活度相等，可用浓度代替活度。但当离子浓度较大时，活度系数小于 1，且不是一个常数，这时可以把浓度很大的惰性电解质溶液，即总离子强度调节缓冲液（简称 TISAB），加到溶液中，使离子强度很高而且近似一致，从而使标准溶液和待测溶液的活度系数相近，这样就可以从标准曲线上查出待测溶液的浓度。总离子强度调节缓冲剂有时还能起到 pH 缓冲作用以及掩蔽干扰离子的作用。

### 2. 测量方法

(1) 标准比较法　与用玻璃电极测量溶液 pH 值的方法相似，先配制一个浓度尽可能接近待测溶液的标准溶液，并在标准溶液和待测溶液中分别加入一定的 TISAB，然后在相同的条件下测出标准溶液的电动势 $\varepsilon_s$ 和待测溶液的电动势 $\varepsilon_x$。根据下式即可求出待测离子的浓度：

$$\varepsilon_x-\varepsilon_s=\pm\frac{2.303RT}{nF}(\lg c_x-\lg c_s) \tag{9-20}$$

式(9-20) 中“±”的选取与式(9-19) 相同。

（2）标准曲线法　在相同条件下测定出系列标准溶液各浓度的电动势，作 $\varepsilon$-lg$a$ 或 $\varepsilon$-lg$c$ 标准曲线，标准曲线呈线性关系。然后，在相同条件下测得待测液的电动势，从标准曲线上查出待测液的浓度。

（3）标准加入法　将标准溶液加入到待测溶液中进行测定的方法。采用该方法可避免由于活度系数变化而造成测定误差。

假设待测溶液中某离子的浓度为 $c(\text{x})$，测定时溶液的体积为 $V$，测得电动势为 $\varepsilon_1$，而准确加入该离子的标准溶液后，其浓度增加为 $\Delta c$，测得电动势为 $\varepsilon_2$。假如增加的体积为 $\Delta V$，且 $\Delta V \ll V$，则根据 Nernst 方程式有：

$$\varepsilon_1=K+\frac{0.059}{n}\lg c(\text{x})\cdots\cdots\cdots\cdots\cdots ①$$

$$\varepsilon_2=K+\frac{0.059}{n}\lg[c(\text{x})+\Delta c]\cdots\cdots ②$$

式②－式①，可得：

$$c(\text{x})=\frac{\Delta c}{10^{\Delta\varepsilon/S}-1} \tag{9-21}$$

式中，$\Delta\varepsilon=\varepsilon_2-\varepsilon_1$；$S=\frac{0.059}{n}$。

标准加入法适用于测定组成不确定或复杂的试样，可以较好地消除试样中的干扰因素。但其操作时间长，不适用于大批试样的分析。

## 三、直接电势法的应用

近年来，随着各种类型的离子选择性电极相继出现，使某些阳离子和阴离子的活度（浓度）的测定也像测量溶液的 pH 值一样简单，大大扩展了直接电势分析法的应用范围。同时，由于电势分析法简便、快速和灵敏等优点，因而在土壤、食品、药物、水质、环境监测等方面均得到广泛的应用。

### 1. 卤素离子的测定

卤素离子选择性电极包括 $F^-$、$Cl^-$、$Br^-$、$I^-$ 等离子选择性电极。目前，在农业生产和科学研究中，卤离子选择性电极已用于植物提取物、天然水、土壤、牛奶中 $Cl^-$ 的测定；天然水中 $Br^-$ 的测定；有机物质中 $I^-$ 的测定等。

氟离子选择性电极是目前被广泛应用的离子选择性电极之一。它包括固态晶体和难溶盐硅橡胶不均态两种类型。利用氟离子选择性电极，可以测定自来水中的 $F^-$。另外氟离子选择性电极可作为气相色谱仪的检测器，对氟化物的响应比其他有机化合物大万倍，能够检测出 $5\times10^{-11}$ mol 的氟苯化合物。目前，利用氟离子选择性电极可以测定地质原料、土壤、天然水、饮水、海水、植物、空气、尿、血清、饮料等多种物质中的氟离子的含量。

### 2. 硝酸根离子的测定

硝酸根离子选择性电极可用于植物、土壤、水、食物、奶油等试样，以及空气中 $NO_2$、NO 等的分析测定。例如，利用缓冲溶液控制其他阴离子的干扰，用硝酸根离子选择性电极可测定棉花叶柄、土壤、河水中的硝态氮的含量。在上述试样的分析中，硝酸根离子选择性电极对其他离子的选择性常数（$K_{M,N}$）的排列顺序为 $NO_3^- \approx Br^- > S^{2-} > NO_2^- > CN^- > HCO_3^-$（约 $10^{-2}$）$> RCOO^- > Cl^- > CO_3^{2-} > SO_4^{2-} > H_2PO_4^- > F^-$（约 $10^{-4}$）。

3. **金属离子的测定**

随着金属离子选择性电极的出现，越来越多的金属离子可以采用直接电势法来测定。例如，采用钙离子选择性电极作指示电极可以测定海水中的 $Ca^{2+}$，甚至在 1000 倍的 $Na^{+}$、$K^{+}$ 存在的条件下也可以实现测定。而用 CuS-$Ag_2S$ 不均态离子选择性电极可直接测量 Cu 的含量，其电极响应范围为 $10^{-6}$～1mol·$L^{-1}$。铅离子选择性电极已经用于铅毒的检验和测定。银离子选择电极可用于感光胶片生产中对 KBr-KI 乳胶液的 $Ag^{+}$ 变化的实时监测，电极响应范围 pAg＝0～23，可检测到 $1.35\times10^{-8}$mol，平均误差 0.1%，最大误差 0.15%。

虽然，离子选择性电极在分析化学和生产应用方面已显示出一定的优点，但有些方面还不成熟。从现有的离子选择性电极来看，除了个别品种外，大多数离子选择性电极存在选择性不够好和电极稳定性较差的缺点。此外，为了消除某些离子的干扰，或者增加电极性能的稳定性，在直接电势测定前仍需对试样进行必要的处理，如调整酸度、加入适当的配位体等。因此，应用直接电势法测定时，一定要注意实验条件的选择。

## 第四节　电势滴定法

与普通滴定分析相比较，电势滴定法具有以下优点：①适用于反应平衡常数较小、滴定突跃不明显的滴定；②适用于没有合适指示剂的滴定；③适用于有色或浑浊溶液的滴定；④适用于非水体系的滴定；⑤可以实现连续滴定和自动滴定；⑥准确度和精密度较高。

### 一、电势滴定法的原理

电势滴定法是利用适当的指示电极和参比电极与待测溶液组成原电池，通过原电池电动势的突跃来指示滴定的终点。因为原电池的电动势与待测离子的浓度相关，所以进行电势滴定时，随着滴定剂的加入，待测离子的浓度不断发生变化，在化学计量点附近待测离子的浓度发生突变，原电池的电动势也会发生相应的突跃。通过测得滴定过程中原电池电动势和加入滴定剂的体积作图或计算，即可求出待测试样的含量。电势滴定法的基本装置如图 9-10 所示。

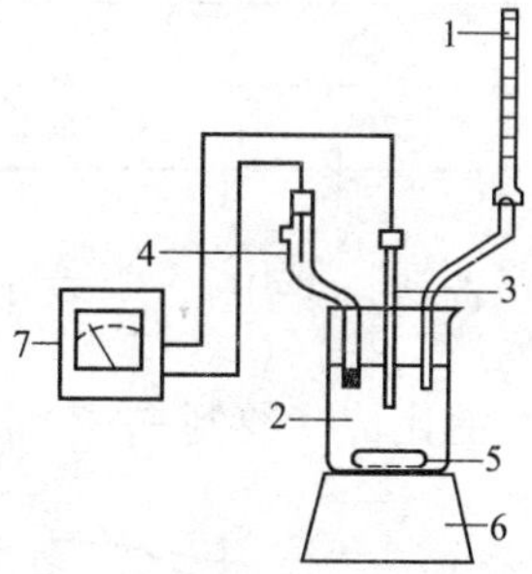

图 9-10　电势滴定法的基本装置图
1—滴定管；2—被测溶液；3—离子选择性电极；4—甘汞电极；5—电磁棒；6—电磁搅拌器；7—检流计

### 二、电势滴定终点的确定

在滴定过程中，每加入一定量的滴定剂，测量一次电动势，直到超过化学计量点为止。这样就可以得到一系列的滴定剂用量（$V$）和相应的原电池电动势（$\varepsilon$）数值。表 9-5 是以银电极为指示电极，饱和甘汞电极为参比电极，用 0.1000mol·$L^{-1}$ $AgNO_3$ 滴定 NaCl 溶液时所得到的实验数据。其滴定反应方程式为：

$$AgNO_3 + NaCl \longrightarrow NaNO_3 + AgCl\downarrow$$

利用原电池电动势对标准溶液的体积作图即可得到电势滴定法的滴定曲线。确定其滴定终点的方法有以下三种：

1. **滴定曲线法**

以加入标准溶液的体积 $V$ 为横坐标，原电池电动势 $\varepsilon$ 为纵坐标，根据表 9-5 中的数据即可绘制出图 9-11(a) 所示的 $\varepsilon$-$V$ 曲线，该曲线中的转折点即为滴定终点。

2. **一次微商曲线法**

当滴定曲线比较平坦，突跃不明显时，则可绘制一次微商曲线，即 $\frac{\Delta\varepsilon}{\Delta V}$-$V$ 曲线，也称作

表 9-5　0.1000mol·L$^{-1}$ $AgNO_3$ 滴定同浓度的 NaCl 溶液的数据

| $V(AgNO_3)$/mL | ε/mV | Δε/mV | $\Delta V(AgNO_3)$/mL | $\Delta\varepsilon/\Delta V$/(mV·mL$^{-1}$) | $\Delta^2\varepsilon/\Delta V^2$ |
|---|---|---|---|---|---|
| 5.00 | 62 | | | | |
| | | 23 | 10.00 | 2.3 | |
| 15.00 | 85 | | | | |
| | | 22 | 5.00 | 4.4 | |
| 20.00 | 107 | | | | |
| | | 16 | 2.00 | 8 | |
| 22.00 | 123 | | | | |
| | | 15 | 1.00 | 15 | |
| 23.00 | 138 | | | | |
| | | 8 | 0.50 | 16 | |
| 23.50 | 146 | | | | |
| | | 15 | 0.30 | 50 | |
| 23.80 | 161 | | | | |
| | | 13 | 0.20 | 65 | |
| 24.00 | 174 | | | | |
| | | 9 | 0.10 | 90 | |
| 24.10 | 183 | | | | |
| | | 11 | 0.10 | 110 | |
| 24.20 | 194 | | | | 2800 |
| | | 39 | 0.10 | 390 | |
| 24.30* | 233 | | | | 4400 |
| | | *83 | 0.10 | 830 | |
| 24.40 | 316 | | | | −5900 |
| | | 24 | 0.10 | 240 | |
| 24.50 | 340 | | | | −1300 |
| | | 11 | 0.10 | 110 | |
| 24.60 | 351 | | | | −400 |
| | | 7 | 0.10 | 70 | |
| 24.70 | 358 | | | | |

一次微商法。其中，$\frac{\Delta\varepsilon}{\Delta V}$表示原电池电动势的连续变化（Δε）与加入标准溶液体积的变化（ΔV）的比值。绘制$\frac{\Delta\varepsilon}{\Delta V}$-V 曲线时，首先需要根据实验数据分别计算出 Δε、ΔV 和$\frac{\Delta\varepsilon}{\Delta V}$。然后，以为 V 为横坐标，$\frac{\Delta\varepsilon}{\Delta V}$为纵坐标，即可绘制出如图 9-11(b) 所示的一次微商曲线。曲线上最高点所对应的体积值即为滴定终点时标准溶液的体积。用此作图法确定滴定终点较为准确，但作图比较麻烦，所以可以用二次微商法通过简单计算获得滴定终点。

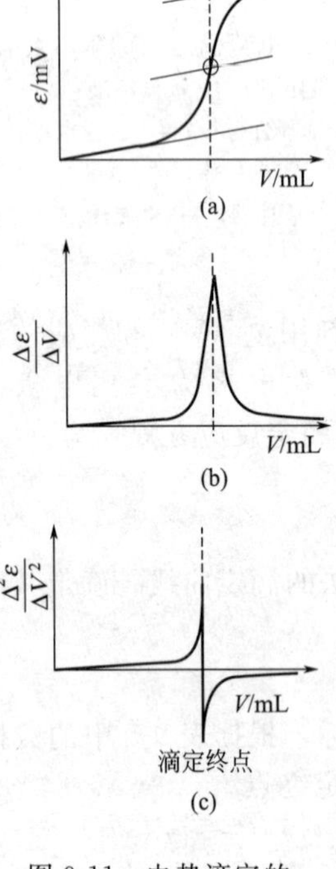

图 9-11　电势滴定的滴定曲线

3. 二次微商曲线法

也称作二次微商法，其曲线如图 9-11(c) 所示。因为一次微商曲线的最高点对应的是二次微商$\frac{\Delta^2\varepsilon}{\Delta V^2}=0$ 的点，因此，在二次微商曲线上当$\frac{\Delta^2\varepsilon}{\Delta V^2}=0$ 时，所对应的标准溶液体积 V 就是滴定终点的体积。

从表 9-5 中可知，加入 24.30mL 标准溶液时，$\frac{\Delta^2\varepsilon}{\Delta V^2}=4400$；加入 24.40mL 标准溶液时，$\frac{\Delta^2\varepsilon}{\Delta V^2}=-5900$。如设$\frac{\Delta^2\varepsilon}{\Delta V^2}=0$ 时，加入标准溶液的体积为 $x$，则可按下图进行比例计算：

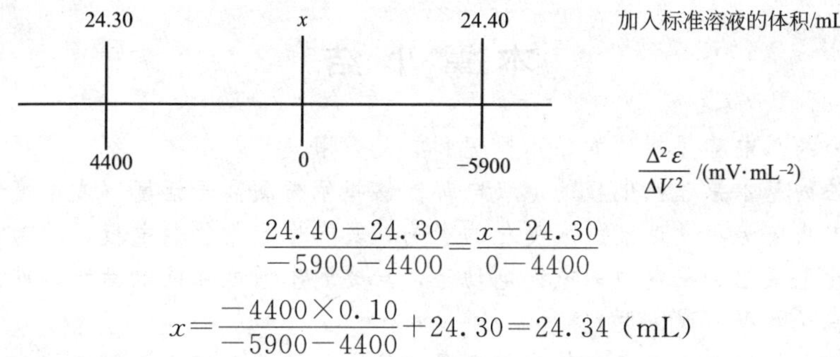


$$\frac{24.40-24.30}{-5900-4400}=\frac{x-24.30}{0-4400}$$

$$x=\frac{-4400\times 0.10}{-5900-4400}+24.30=24.34\ (\text{mL})$$

所以，滴定达到滴定终点时，消耗标准溶液的体积为 24.34mL。因此，二次微商法可以不经过绘制滴定曲线，而直接通过上述方法来计算滴定终点的体积。

## 三、电势滴定法的应用

电势滴定法能应用于各种类型的滴定分析。特别是对于有颜色、浑浊的试液，或者滴定突跃范围太小以及多组分共存的滴定体系，以及难以用指示剂确定滴定终点的体系，均可用电势滴定法获得较准确的滴定终点。

### 1. 酸碱滴定

一般酸碱滴定都可使用电势滴定法，特别是对于 $cK_a<10^{-8}$ 的弱酸或 $cK_b<10^{-8}$ 的弱碱，以及相邻两级电离平衡常数相差小于 $10^4$ 的多元酸碱或混合酸碱等。滴定中通常采用饱和甘汞电极作参比电极，pH 玻璃电极作指示电极。因为 pH 玻璃电极的电极电势与溶液的 pH 呈线性关系，所以在化学计量点附近，玻璃电极的电极电势随溶液 pH 的大幅度变化而产生突跃，据此可以确定滴定终点。

### 2. 配位滴定

在配位滴定过程中，溶液中的金属离子浓度会随着滴定剂的加入而发生变化。在化学计量点附近，金属离子浓度发生突跃，因此，可以选择合适的金属离子指示电极和参比电极通过电势滴定法测定待测离子的浓度。例如，$AgNO_3$ 和 $CN^-$ 发生配位反应生成 $Ag(CN)_2^-$ 配离子，可选用银电极作指示电极，饱和甘汞电极为参比电极组成原电池，通过电势滴定测定 $CN^-$ 的含量。

### 3. 氧化还原滴定

氧化还原反应的电势滴定通常以甘汞电极作参比电极，Pt 电极作指示电极。滴定过程中，被测物质的氧化态和还原态组成的共轭电对的电极电势为：

$$\varphi=\varphi^{\ominus}+\frac{2.303RT}{nF}\lg\frac{c_{\mathrm{r,e}}(\text{氧化态})}{c_{\mathrm{r,e}}(\text{还原态})}$$

在化学计量点附近，由于被滴定物质的氧化态和还原态相对平衡浓度发生突变，所以必然引起指示电极的电极电势突跃，从而可以确定滴定终点。氧化还原滴定法中的高锰酸钾法测定 $Fe^{2+}$、$AsO_3^{3-}$、$V^{4+}$、$Sn^{2+}$、$C_2O_4^{2-}$、$I^-$、$NO_2^-$、$Cu^{2+}$ 等，重铬酸钾法测定 $Fe^{2+}$、$Sn^{2+}$、$I^-$、$Ce^{3+}$ 等，碘量法测定 $AsO_3^{3-}$、$Sb^{3+}$、维生素 C、咖啡因等，都可以利用电势滴定法进行测定。

### 4. 沉淀滴定

与酸碱滴定、配位滴定和氧化还原滴定一样，电势滴定法也可用于沉淀滴定。例如，以银电极为指示电极，饱和甘汞电极为参比电极，可用 $AgNO_3$ 标准溶液滴定 $Cl^-$、$Br^-$、$I^-$、$CN^-$ 以及一些有机酸的阴离子等。用铂电极作指示电极，可用六氰合铁（Ⅱ）酸钾标准溶液直接滴定 $Pb^{2+}$、$Ca^{2+}$、$Zn^{2+}$、$Ba^{2+}$ 等，也可以间接测定 $SO_4^{2-}$。

## 本章小结

本章主要介绍了电势分析法的基本原理和有关应用。

电势分析法的基本原理：电极的电极电势能够指示被测离子活度（或浓度）的变化，称为指示电极；电极电势不受试液组成变化的影响，具有恒定数值的电极，称为参比电极。由指示电极与参比电极组成原电池的电池电动势，只要测出原电池的电动势，就可根据能斯特公式求得被测离子活度（或浓度）。

离子选择性电极的电极电势与特定的离子活度之间的关系亦符合能斯特公式。

pH 玻璃电极的膜电势是由于氢离子在玻璃膜表面进行离子交换和扩散形成的。在一定温度下，pH 玻璃电极的膜电势与试液的 pH 呈直线关系

直接电势法测定溶液 pH 的原电池为：

(－)Ag | AgCl,0.1mol·$L^{-1}$HCl | 玻璃膜 | 试液 ‖ KCl(饱和),$Hg_2Cl_2$,Hg(＋)

在一定温度下，电池电动势与溶液的 pH 呈直线关系。在实际工作中，先用标准缓冲溶液校准仪器，然后再测定待测液。

电势滴定法是电势分析法中的另一种定量分析方法。

## 思考题与习题

1. 什么是直接电势法和电势滴定法？
2. 电势分析法的基本原理是什么？
3. 什么是指示电极和参比电极？常用的指示电极和参比电极有哪些？举例说明。
4. 简述 pH 玻璃电极和饱和甘汞电极的基本构造、电极反应、电极符号以及电极电势的计算式。
5. 为何用直接电势法测定溶液 pH 值时，必须使用标准缓冲溶液进行校正？
6. 什么是碱差？什么是酸差？
7. 简述离子选择性电极的一般工作原理、种类、性能和应用。
8. 电势滴定法是如何确定化学计量点的，有何优点？举例说明。
9. 下列原电池（25℃）

(－) 玻璃电极 | 标准溶液或未知液 ‖ 饱和甘汞电极 (＋)

当标准缓冲溶液的 pH＝4.00 时电动势为 0.209V，当缓冲溶液由未知溶液代替时，测得下列电动势值（1）0.088V；（2）0.312V。求未知溶液的 pH 值。 [(1)1.95;(2)5.75]

10. 25℃时下列电池的电动势为 0.518V（忽略液接电势）

Pt | $H_2$($10^5$Pa),HA(0.01mol·$L^{-1}$),$A^-$(0.01mol·$L^{-1}$) ‖ SCE

($2.25\times10^{-5}$)

计算弱酸 HA 的 $K_a$ 值。

11. 用 pH 玻璃电极测定 pH＝5.0 的溶液，其电极电势为 43.5mV，测定另一未知溶液时，其电极电势为 14.5mV，若该电极的响应斜率 $S$ 为 58.0mV/pH，试求未知溶液的 pH 值。 (5.5)

12. 25℃时，用 $F^-$ 电极测定水中 $F^-$，取 25.00mL 水样，加入 10mL TISAB，定容到 50.00mL，测得电极电势为 0.1370V，加入 $1.00\times10^{-3}$mol·$L^{-1}$标准 $F^-$ 溶液 1.0mL 后，测得电极电势为 0.1170V，计算水样中 $F^-$ 含量。 ($3.22\times10^{-5}$mol·$L^{-1}$)

13. 在 0.1000mol·$L^{-1}$ $Fe^{2+}$ 溶液中，插入 Pt 电极（＋）和 SCE(－)，在 25℃ 测得电池电动势为 0.395V，问有多少 $Fe^{2+}$ 被氧化成 $Fe^{3+}$？ (0.585%)

14. 将钙离子选择电极和饱和甘汞电极插入 100.00mL 水样中，用直接电位法测定水样中的 $Ca^{2+}$。25℃时，测得钙离子电极电势为－0.0619V（对 SCE），加入 0.0731mol·$L^{-1}$ 的 $Ca(NO_3)_2$ 标准溶液 1.00mL，搅拌平衡后，测得钙离子电极电势为－0.0483V（对 SCE）。试计算原水样中 $Ca^{2+}$ 的浓度。

($3.87\times10^{-4}$mol·$L^{-1}$)

# 第十章　吸光光度分析法

吸光光度分析法是基于物质对光的选择性吸收而建立起来的分析方法，包括比色分析法、可见吸光光度法、紫外分光光度法以及红外分光光度法等。本章重点讨论可见光区的吸光光度法。与经典化学分析方法相比，吸光光度法具有以下几个特点：

(1) 灵敏度高　吸光光度法的测定下限可以达到 $10^{-5}$～$10^{-6}$mol·L$^{-1}$，可直接用于微量组分的测定。

(2) 准确度高　测定的相对误差为 2%～5%，若采用精密分光光度计测量，相对误差可减小至 1%～2%。

(3) 仪器简单　在仪器分析法中，吸光光度法的仪器相对简单，对实验室条件要求不高，是一般分析实验室的必备仪器。

(4) 应用广泛　既可测定无机物，也能测定具有生色团的有机物；既能进行定量分析，又能进行定性分析；既能用于含量很低的组分的测定，也能用于含量较高的组分的测定；既能用于测定试样中的某一组分，又能进行试样中多组分的同时测定。吸光光度法还可以用于测定有机酸（碱）及配合物的平衡常数等。

## 第一节　吸光光度法的基础知识

### 一、光的基本性质

光是一种与物质的内部运动有关的电磁辐射，具有波粒二象性。光的波动性可用光的波长 $\lambda$（或波数 $\sigma$）和频率 $\nu$ 来描述；光的粒子性可用光量子（简称光子）能量来描述。它们之间的关系遵循下式：

$$E=h\nu=h\frac{c}{\lambda}=hc\sigma \tag{10-1}$$

式中，$E$ 为单个光子的能量，J；$h$ 为普朗克（Planck）常数，$6.626\times10^{-34}$J·s；$c$ 为真空中的光速，$2.9979\times10^{8}$m·s$^{-1}$，约等于 $3\times10^{8}$m·s$^{-1}$；$\lambda$ 为波长，m。式(10-1) 的左端体现了光的粒子性，右端体现了光的波动性，它把光的波粒二象性联系和统一起来。不同波长的光（电磁辐射）具有不同的能量，波长越长（频率、波数越低），能量越低；反之，波长越短，能量越高。

电磁辐射按照波长的长短排列起来，称为电磁波谱。根据其波长（及能量）的不同，可以分为不同的辐射类型或波谱区，如表 10-1 所示。

**表 10-1　电磁波谱及相关信息表**

| 光谱名称 | 波长范围 | 跃迁类型 | 辐射源 | 分析方法 |
|---|---|---|---|---|
| X 射线 | 0.1～10nm | K 和 L 层电子 | X 射线管 | X 射线光谱法 |
| 远紫外光 | 10～200nm | 中层电子 | 氢、氘、氙灯 | 真空紫外分光光度法 |
| 近紫外光 | 200～400nm | 价电子 | 氢、氘、氙灯 | 紫外分光光度法 |
| 可见光 | 400～750nm | 价电子 | 钨灯 | 比色及可见光度法 |
| 近红外光 | 0.75～2.5μm | 分子振动 | 碳化硅热棒 | 近红外光度法 |
| 中红外光 | 2.5～5.0μm | 分子振动 | 碳化硅热棒 | 中红外光度法 |
| 远红外光 | 5.0～1000μm | 分子转动和振动 | 碳化硅热棒 | 远红外光度法 |
| 微波 | 0.1～100cm | 分子转动 | 电磁波发生器 | 微波光谱法 |
| 无线电波 | 1～1000m |  |  | 核磁共振光谱法 |
| 声波 | 1～1000m |  |  | 光声光谱法 |

通常所称的光，一般是指波长 $\lambda$ 在 400～750nm 的电磁波，是我们肉眼可感觉到的，所以叫做可见光。$\lambda$<400nm 的光称作紫外光，$\lambda$>750nm 的光称作红外光。

## 二、光的互补作用与溶液的颜色

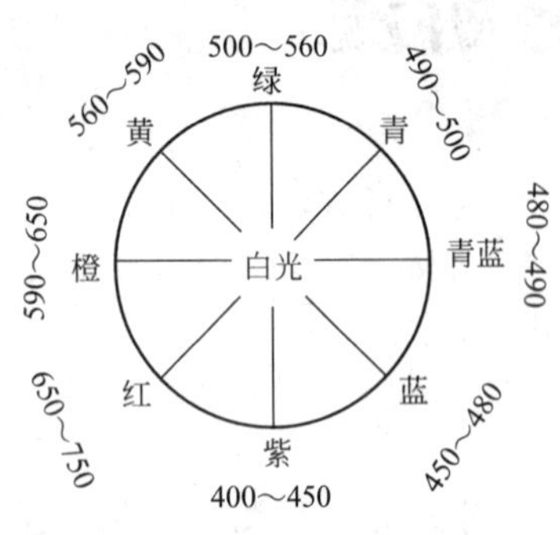


图 10-1 互补色与波长（nm）范围示意图

如果将两种特定颜色的光按照一定强度比例混合，可以得到白光，则将这两种颜色的单色光称为互补色光。图 10-1 为互补色光示意图，图中处于对角线的两种单色光为互补色光，例如绿色光和紫色光互补，黄色光和蓝色光互补。

物质所呈现的颜色跟其与光的相互作用之间有密切的关系。当光照射物质时，由于物质对不同波长的光的反射、散射、折射、吸收、透射的作用不同，因而使物质呈现不同的颜色。对于溶液，是由于该物质选择性地吸收了不同波长的光而引起的。例如，$KMnO_4$ 溶液因其选择吸收了白光中的绿色光，与绿色光互补的紫色光因未被吸收而透过溶液，所以呈现紫色。透过 $KMnO_4$ 溶液的光中除了紫色光外的其他部分因其仍然互补，故只给人们以白光的感觉，所以溶液的颜色就是被吸收光的互补色。又如，$CuSO_4$ 溶液因选择性地吸收了白光中的黄色光而显蓝色。因此，我们可以参照光的互补作用以及各种颜色的波长范围选择光度测定时入射光的波长范围。

## 三、光的吸收曲线

将不同波长的光通过某一固定浓度和厚度的溶液，测量每一波长下溶液吸收光的程度（即吸光度 $A$），然后以波长（$\lambda$）为横坐标，吸光度（$A$）为纵坐标作图，可得一条曲线，称为吸收光谱曲线或光吸收曲线。吸收曲线能更清楚地描述物质对光的吸收情况。图 10-2 是四种不同浓度的 $KMnO_4$ 溶液的吸收曲线。从图 10-2 中可以看出：

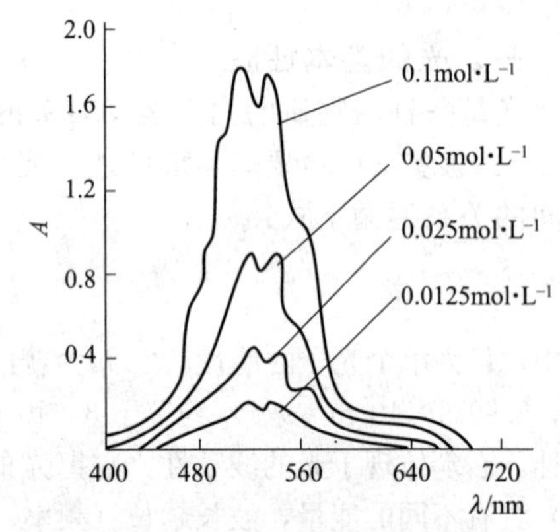


图 10-2 $KMnO_4$ 溶液的光吸收曲线

① $KMnO_4$ 溶液对不同波长光的吸收程度不同，对波长 525nm 附近的绿色光的吸收最强，有一吸收峰，其相应的波长称为最大吸收波长，用 $\lambda_{max}$ 表示；而对紫光和红光则吸收很弱，所以溶液呈现紫红色。

② 不同浓度的 $KMnO_4$ 溶液，其最大吸收波长不变。吸收曲线的形状取决于物质的结构，不同的吸光物质具有不同特征的吸收曲线，因而吸光物质的吸收曲线可作为物质定性分析的依据。

③ 不同浓度的同一物质溶液，在一定波长下其吸光度随溶液浓度的增大而增加。这个特性可作为物质定量分析的依据。测定时，由于不同波长处的吸光度不同，其灵敏度当然也不同，为了得到较高的灵敏度，一般选择 $\lambda_{max}$ 作为测定波长。因此，吸收曲线是吸光光度法中选择测量波长的主要依据。

# 第二节　光的吸收定律

## 一、朗伯-比耳定律

1760 年，朗伯（Lamber J H）发现当一束平行单色光通过浓度一定的、均匀的吸收溶液时，该溶液对光的吸收程度与入射光的强度以及液层厚度 $b$ 成正比，这种关系称为朗伯定律。

1852 年，比耳（Beer A）指出，在一定温度下当一束平行的单色光 $\lambda$ 通过液层厚度一定、吸收均匀的有色溶液时，该溶液对光的吸收程度与入射光的强度以及溶液中吸光物质的浓度 $c$ 成正比，这种关系称为比耳定律。

如果同时考虑溶液浓度与液层厚度对光吸收程度的影响，即将朗伯定律与比耳定律结合起来，则可得朗伯-比耳定律，其物理意义为：当一束单色光通过均匀的某吸收物质溶液时，溶液对光的吸收程度与入射光的强度以及光路中吸收物质的质点数成正比。朗伯-比耳定律是各类吸光光度法进行定量分析的理论依据，不仅适合于可见光区的吸光光度法，也适合于以紫外光、红外光等光进行测量的吸光光度法；它不仅适用于溶液，也适合于其他均匀的、非散射的吸光物质，包括固体和气体。

## 二、朗伯-比耳定律的推导

在光吸收示意图（图 10-3）中，一束波长为 $\lambda$ 的平行单色光通过吸光物质浓度为 $c$ 的有色溶液时，设入射光的强度为 $I_0$，透过光的强度为 $I_t$，溶液的液层厚度为 $b$，溶液中吸光物质的质点数目为 $N$。若光强为 $I$ 的单色光通过一个厚度为 $db$ 的无限薄层，薄层中吸光质点数量为 $dN$，光透过该薄层后，强度将减弱 $-dI$。根据朗伯-比耳定律，光照强度的减弱与入射光的强度以及光路中的质点数量成正比，即 $-dI$ 与 $I$ 和 $dN$ 成正比，因此可得：

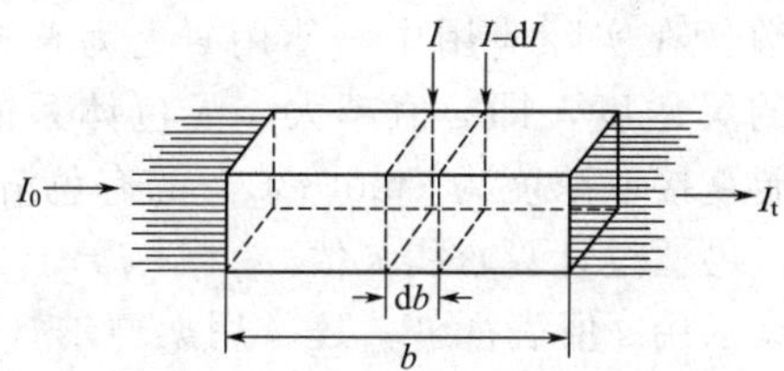


图 10-3 光吸收示意图

$$-dI = k_1 I dN \quad 或 \quad -\frac{dI}{I} = k_1 dN \tag{10-2}$$

式中，$k_1$ 为比例常数。对该式进行定积分得：

$$\ln\frac{I_0}{I_t} = k_1 N$$

$$\lg\frac{I_0}{I_t} = 0.434 k_1 N = k_2 N$$

又因为光路中吸光物质的质点数 $N$ 与溶液的浓度 $c$ 和液层厚度 $b$ 成正比，即：

$$N = k_3 bC$$

所以

$$\lg\frac{I_0}{I_t} = k_2 N = k_2 k_3 bC = kbC$$

或

$$A = \lg\frac{I_0}{I_t} = kbC \tag{10-3}$$

这个关系式称为光的吸收定律或朗伯-比耳定律的数学表达式。

## 三、吸光度与透光度

在式(10-3) 中，$A$ 为吸光度，表示溶液对光的吸收程度。吸光度具有加和性，即当某一波长的单色光通过这样一种多组分溶液时，由于各种吸光物质对光均有吸收作用，溶液的总吸光度应等于各吸光物质的吸光度之和。设体系中有 $n$ 个组分，则在任一波长处得总吸光度 $A_{总}$，可以表示为：

$$A_{总} = A_1 + A_2 + \cdots + A_n \tag{10-4}$$

与吸光度对应，透光度表示透射光强度 $I_t$ 与入射光强度 $I_0$ 的比值，用以度量物质透光程度大小，用 $T$ 表示，即：

$$T=\frac{I_t}{I_0} \tag{10-5}$$

很显然，吸光度 $A$ 与透光度 $T$ 的关系为：

$$A=\lg\frac{I_0}{I_t}=\lg\frac{1}{T}=-\lg T \tag{10-6}$$

**四、吸光系数、摩尔吸光系数及桑德尔灵敏度**

在朗伯-比耳定律的数学表达式中，比例系数 $k$ 的单位与数值随浓度 $c$ 和液层厚度 $b$ 所采取的单位有关。当浓度 $c$ 以 $g \cdot L^{-1}$ 为单位、液层厚度 $b$ 以 cm 为单位时，$k$ 以 $a$ 表示，称为吸光系数，单位为 $L \cdot g^{-1} \cdot cm^{-1}$。式(10-3) 可写为：

$$A=abc \tag{10-7}$$

若浓度 $c$ 的单位为 $mol \cdot L^{-1}$、$b$ 以 cm 为单位时，则比例系数 $k$ 用另一符号 ε 来表示，ε 称为摩尔吸光系数，其单位为 $L \cdot mol^{-1} \cdot cm^{-1}$。摩尔吸光系数表示浓度为 $1mol \cdot L^{-1}$，液层厚度为 1cm 时溶液的吸光度。式(10-3) 可写为：

$$A=\varepsilon bc \tag{10-8}$$

吸光系数 $a$ 和摩尔吸光系数 ε 都是吸光物质在特定条件（入射光的波长、溶剂、温度以及仪器性能等）下的特征常数。在实际应用中，使用 ε 更为普遍，它可作为定性分析的依据，也可用以估量显色体系的灵敏度，即 ε 值越大，显色体系的灵敏度越高。应该指出的是，在实际分析工作中，不能直接取浓度为 $1mol \cdot L^{-1}$ 的有色溶液来测定 ε 值，而是测定适当低浓度有色溶液的吸光度，再通过计算求得 ε 值。

吸光光度分析的灵敏度除了用 ε 值表征外，还常用桑德尔（Sandell）灵敏度（灵敏度指数）$S$ 来表征。桑德尔灵敏度原指人眼对有色质点在单位截面积液柱内能够检出物质的最低量，以 $\mu g \cdot cm^{-2}$ 表示；后将此概念推广到光度仪器，规定为当仪器所能检测的最低吸光度 $A=0.001$ 时，单位截面积光程内所能检测出来的吸光物质的最低量，单位仍以 $\mu g \cdot cm^{-2}$ 表示。$S$ 与 ε 及吸光物质摩尔质量的关系为：

$$S=\frac{M}{\varepsilon} \tag{10-9}$$

**【例 10-1】** 取浓度为 $5.00mg \cdot L^{-1}$ 的 $Fe^{2+}$ 离子溶液 1.00mL，用邻二氮杂菲显色后，定容为 10.0mL，取此溶液于 2cm 比色皿，在 580nm 波长处测得吸光度 $A=0.190$，计算其吸光系数 $a$、摩尔吸光系数 ε 和桑德尔灵敏度 $S$。

**解** 已知 $Fe^{2+}$ 的摩尔质量为 $55.85g \cdot mol^{-1}$，则

$$[Fe^{2+}]=\frac{5.00\times10^{-3}}{10.0\times55.85}=8.95\times10^{-6}\ (mol \cdot L^{-1})$$

$$\varepsilon=A/bc=\frac{0.190}{2\times8.95\times10^{-6}}=1.06\times10^{4}\ (L \cdot mol^{-1} \cdot cm^{-1})$$

$$S=M/\varepsilon=\frac{55.85}{1.06\times10^{4}}=0.00527\ (\mu g \cdot cm^{-2})$$

$$a=\varepsilon/M=\frac{1.06\times10^{4}}{55.85}=1.90\times10^{-6}\ (L \cdot g^{-1} \cdot cm^{-1})$$

值得注意的是，上面所求的 ε 值是把待测组分看作完全转变成有色化合物而计算的。实际上，溶液中有色物质的浓度常因副反应和显色平衡等因素而改变，并不完全符合这种计量关系，因此所求得的摩尔吸光系数应为表观摩尔吸光系数。在实际工作中，由于在相同条件下测定吸光度，可不考虑这种情况。

# 第三节　显色反应及影响因素

在进行比色分析或光度分析时，首先要把待测组分转变成有色化合物，然后进行比色或光度分析。将待测组分转变成有色化合物的反应叫显色反应，与待测组分形成有色化合物的试剂称为显色剂。在分析工作中选择合适的显色反应，并严格控制反应条件，是非常重要的。

## 一、吸光光度法对显色反应的要求

显色反应可分为配位反应和氧化还原反应，其中配位反应是最主要的显色反应。分析时，为了保证测定的灵敏度和准确性，常需对显色反应进行选择，选择原则是：

(1) 选择性好、干扰少　最好只有被测组分发生显色反应，如果其他干扰组分也显色，则要求被测组分所生成有色化合物与干扰组分所生成有色化合物的最大吸收峰的波长相距较远，彼此互不干扰。

(2) 灵敏度高　吸光光度法一般用于微量组分的测定，故一般选择灵敏度高的显色反应。但应注意的是灵敏度高的显色反应选择性不一定好，所以在选用显色反应时应综合考虑。

(3) 有色化合物组成要恒定，稳定性要好　有色化合物必须符合一定化学式，即生成一定组成的配合物，否则测定的重现性差。有色化合物的化学性质应该在一定时间内足够稳定，以保证吸光度测量过程正常完成。若有色化合物易受日光照射、与空气中 $O_2$ 和 $CO_2$ 作用等外界环境条件以及其他化学因素的影响，那么有色化合物稳定时间的长短就显得尤为重要。

(4) 有色化合物与显色剂之间的颜色差别要大　色差大，显色时的颜色变化明显，而且在这种情况下，试剂空白一般较小，从而可提高测定的准确度。一般要求两者的对比度 $\Delta\lambda$（最大吸收波长之差）在 60nm 以上。

## 二、影响显色反应的主要因素

在实际工作中，为了提高准确度，在选定显色剂后，必须了解影响显色反应的各种因素。这是因为吸光光度法测定的是显色反应达到平衡后溶液的吸光度，因此必须从研究显色反应平衡入手，了解影响显色反应的因素，控制适当的条件，使显色反应尽量完全和稳定。这些因素主要包括：溶液的酸度、显色剂用量、温度、时间、溶剂和共存离子的干扰等。一般由实验（称为条件实验）来确定。

### 1. 溶液的酸度

酸度对显色反应的影响是多方面的。大多数显色剂为有机弱酸或弱碱，溶液酸度的变化，将引起平衡移动，使显色剂浓度下降，配位不完全，或生成的有色化合物的稳定性降低等。某些能形成多级配合物的显色反应，产物的组成也会随介质酸度而改变。例如，$Fe^{3+}$ 与磺基水杨酸反应，在 pH=2～3 的溶液中，$Fe^{3+}$ 与试剂生成 1∶1 的紫红色配合物；pH=4～7 时，生成 1∶2 橙色配合物；如果 pH 继续升高到 8～11.5，又生成 1∶3 的黄色配合物，故测定时应使用 pH 缓冲溶液严格控制溶液的酸度。

许多显色剂还具有酸碱指示剂的性质，在不同酸度条件下，显色剂本身的颜色不同。例如二甲酚橙，当溶液的 pH 小于 6.3 时，它主要以黄色的 $H_3In^{3-}$ 形式存在；pH 大于 6.3 时，它主要以红色的 $H_2In^{4-}$ 形式存在。大多数金属离子与二甲酚橙生成紫红色配合物，因而应控制溶液 pH 小于 6.3 时进行测定。

另外，金属离子常常因酸度的降低发生水解，形成各种型体的多羟基配合物，甚至析出沉淀，无法进行光度测定。例如，$Fe^{3+}$、$Al^{3+}$ 等会生成 $Fe(OH)_3$ 和 $Al(OH)_3$ 沉淀，影响结果的准确度。

显色反应最适宜的酸度不是由计算确定的，这是因为许多常数都没有准确的测定值。最适宜的酸度可以通过实验来确定，其方法是固定待测组分及显色剂浓度，改变显色体系的pH值，分别测定吸光度，绘制A-pH关系曲线图，从图中找出适宜的酸度范围。

2. **显色剂用量**

显色反应可用下式来表示：

$$\underset{\text{待测组分}}{M} + \underset{\text{显色剂}}{R} \rightleftharpoons \underset{\text{有色化合物}}{MR}$$

一般显色反应在一定程度上是可逆的，为了确保显色反应进行完全，需要加入过量的显色剂。但是对于有些显色反应，加入太多显色剂，反而会引起副反应，对测定不利。另外，若显色剂本身有色，加入量太多会增大试剂空白，从而降低测定的灵敏度。显色剂的适宜用量一般是通过实验来确定的，其方法是将待测组分浓度及其他条件固定，分别加入不同量的显色剂，测定吸光度，绘制吸光度与显色剂浓度的关系曲线，如图10-4所示。

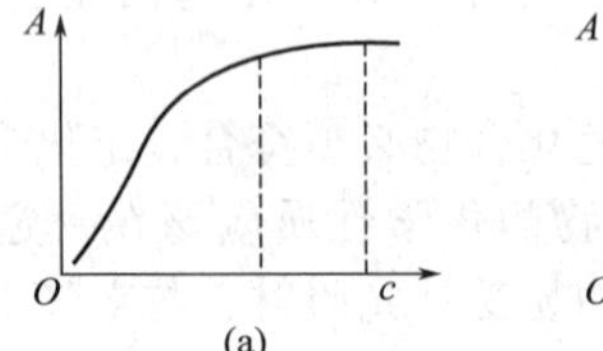

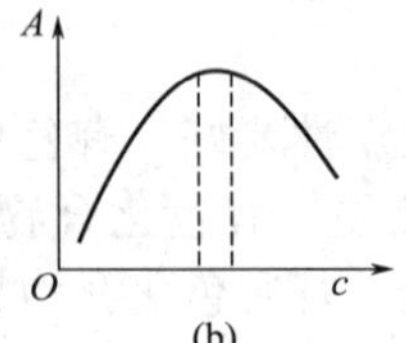

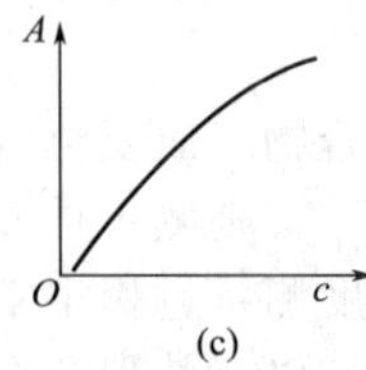


图10-4　试样吸光度与显色剂浓度的关系

图10-4(a) 表示随着显色剂浓度的增加，吸光度不断增大，但是当显色剂浓度达到某一数值时，吸光度不再增大，曲线上出现平坦区，说明显色剂用量已足够，可在平坦区域选择合适的显色剂用量进行测定。图10-4(b) 与图10-4(a) 的不同之处在于，平坦区域较窄，即当显色剂浓度进一步增大时，吸光度反而下降。硫氰酸盐光度法测定钼（Ⅴ）就是这种情况，随着显色剂 $c(SCN^-)$ 增大，生成一系列配位数不同的配合物：$Mo(SCN)_3^{2+}$（浅红）、$Mo(SCN)_5$（橙红）、$Mo(SCN)_6^-$（浅红）。因为 $Mo(SCN)_5$ 的吸光度最大，故显色剂浓度太高或太低，生成配位数高或低的配合物，吸光度都会降低。图10-4(c) 和图10-4(a)、(b) 完全不同，随显色剂浓度增大，吸光度也不断增大，不出现平坦区。以硫氰酸盐光度测 $Fe^{3+}$ 就是这种情况，当显色剂浓度增大时，逐级生成颜色不同的配合物 $Fe(SCN)^{2+}$……$Fe(SCN)_3$、$Fe(SCN)_4^-$、$Fe(SCN)_5^{2-}$ 等，溶液颜色逐渐由橙色变成红色。在这种情况下，应严格控制显色剂用量，才能得到准确的结果。

3. **显色时间和温度**

由于各种显色反应的反应速度不同，完成反应所需的时间也各异。有些显色反应瞬间完成，而且完成后有色化合物能稳定较长时间；有的显色反应虽然很快完成，但产物又迅速分解。对后一种情况，就应当在反应完成后立即测定其吸光度。一般显色反应在室温下进行，但有的显色反应则需要加热，以加速反应，使其进行完全。如以硅钼蓝法测定硅时，生成硅钼黄的反应在室温下需几十分钟才能完成，而在沸水浴中30s即可完成。因此，在实际工作中应根据具体情况通过实验方法来确定适宜的显色时间和显色温度。

4. **有机溶剂和表面活性剂**

有机溶剂常会降低有色配合物的离解度，从而提高显色反应的灵敏度及加快反应速率。例如，在 $Fe(SCN)_3^-$ 水溶液中加入丙酮，颜色明显加深。合适的溶剂及其用量一般亦需通过实验来确定。

表面活性剂的加入可以提高显色反应的灵敏度，增加有色化合物的稳定性。其作用原理一方面是胶束增溶；另一方面是可形成含有表面活性剂的多元配合物，增大吸光质点的体积，提高吸光效率，从而达到增敏的作用。合适的表面活性剂及其用量也要通过实验来确定。常用的有溴化十六烷基吡啶（CPB）、溴化十四烷基吡啶（TPB）、氯化十六烷基三甲基铵（CTMAC）和氯化十四烷基二甲基苄基铵（ZEPH）等阳离子表面活性剂，十二烷基苯磺酸钠（SDBS）、十二烷基磺酸钠（SDS）等阴离子表面活性剂和 OP、TritonX-100、吐温 80等非离子表面活性剂。

**5. 溶液中共存离子的影响**

溶液中除了待测组分外，往往含有其他共存离子。若共存离子本身有颜色或能与显色剂反应生成有色配合物，都将干扰测定。一般可采用下列方法消除共存离子的干扰。

(1) 控制酸度 提高溶液的酸度可使待测离子显色，而干扰离子则不与弱酸型显色剂作用。例如用二苯硫腙法测定 $Hg^{2+}$ 时，$Cd^{2+}$、$Cu^{2+}$、$Co^{2+}$、$Ni^{2+}$、$Sn^{2+}$、$Zn^{2+}$、$Pb^{2+}$、$Bi^{3+}$ 等均可能发生显色反应，如果在稀酸（$0.5mol \cdot L^{-1} H_2SO_4$）介质中进行萃取，则上述共存离子不再与二苯硫腙作用，从而消除其干扰。

(2) 加入掩蔽剂 在显色溶液中加入一种能与干扰离子生成配合物的试剂，以消除干扰。例如以硫氰酸盐作显色剂测定 $Co^{2+}$ 时，可以加入氟化物，使 $Fe^{3+}$ 与 $F^-$ 生成无色而稳定的配合物，即可消除其干扰。

(3) 利用氧化还原反应改变干扰离子的价态 例如，用铬天青 S 比色法测定钢中的铝，$Fe^{3+}$ 干扰测定。为此可加入抗坏血酸，将 $Fe^{3+}$ 还原为 $Fe^{2+}$，即可消除干扰。

(4) 分离干扰离子 若上述方法不宜采用时，可用沉淀、离子交换或溶剂萃取等分离方法除去干扰离子后再进行测定。

## 三、显色剂

**1. 无机显色剂**

许多无机试剂能与金属离子起显色反应，但是其显色灵敏度和选择性都不高，其中性能较好、有实用价值的只有钼酸铵法（测定 P、Si、W 等）、过氧化氢法（测定 $V^{5+}$、$Ti^{4+}$）等几种。

**2. 有机显色剂**

有机显色剂能与金属离子形成稳定的具有特征颜色的螯合物，显色反应的灵敏度和选择性也较无机显色剂高，因而广泛地应用于吸光光度法中。而且不断有新显色剂的合成和应用被报道，有力地推动了吸光光度法的发展。

有机显色剂的分子中一般含有一个或数个不饱和基团（称为生色团或发色团）；同时一般还含有带孤对电子的基团（称为助色团）。助色团与生色团上的不饱和键相互作用，可影响有机物对光的吸收，使其颜色加深或改变最大吸收波长的位置。有机显色剂的种类繁多，下面根据它们与金属离子形成配合物时提供电子的原子种类，简要介绍几种常见的显色剂。

1,10-邻二氮菲属于 NN 型螯合显色剂，是测定微量 $Fe^{2+}$ 的较好的显色剂。一般显色前用盐酸羟胺将 $Fe^{3+}$ 还原为 $Fe^{2+}$，在 pH5～6 的条件下，它与 $Fe^{2+}$ 生成极稳定的橙红色配合物。此反应较灵敏，其 $\varepsilon = 1.1 \times 10^4 L \cdot mol^{-1} \cdot cm^{-1}$，$\lambda_{max} = 510nm$。其结构式为：

N N

偶氮胂Ⅲ属于偶氮螯合显色剂，可在强酸性溶液中与 Th(Ⅳ)、U(Ⅳ)、Zr(Ⅳ) 等生成稳定的有色配合物，也可在弱酸性溶液中与稀土金属离子生成稳定的有色配合物。

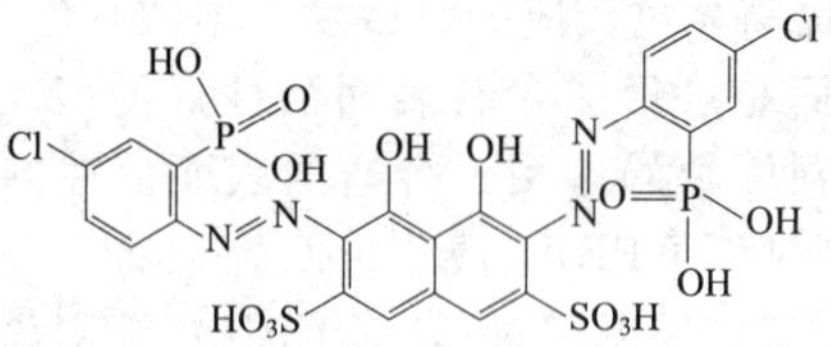

双硫腙属于含硫显色剂，能用于测定 $Cu^{2+}$、$Pb^{2+}$、$Zn^{2+}$、$Cd^{2+}$、$Hg^{2+}$ 等多种重金属离子。采用一致的酸度及加入掩蔽剂的办法，可以消除重金属离子之间的干扰，提高反应的选择性。反应灵敏度很高，如 $Pb^{2+}$ 的双硫腙配合物 $\lambda_{max}$ 为 520nm，$\varepsilon = 6.6 \times 10^4$ $L \cdot mol^{-1} \cdot cm^{-1}$。

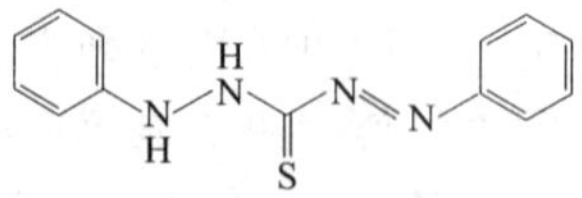

结晶紫属于非水溶液滴定指示剂，主要用于 As、Au、B、Ir、Si、Ta、Tc、Sb 和 Tl 等的测定。

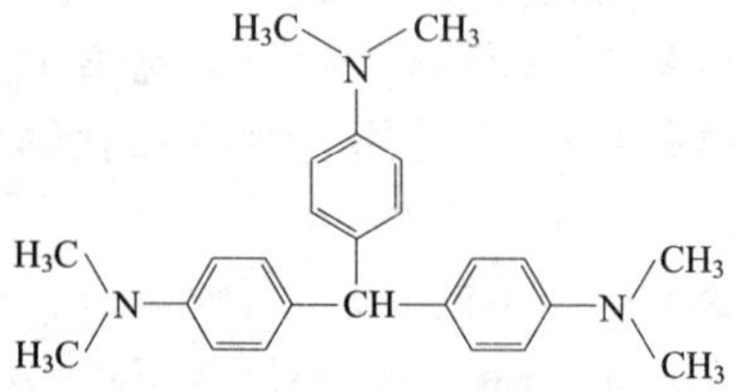

罗丹明 B 主要用于 Au、Ga、Hg、Sb、Tl、Sn、Nb、Ta 等的测定。

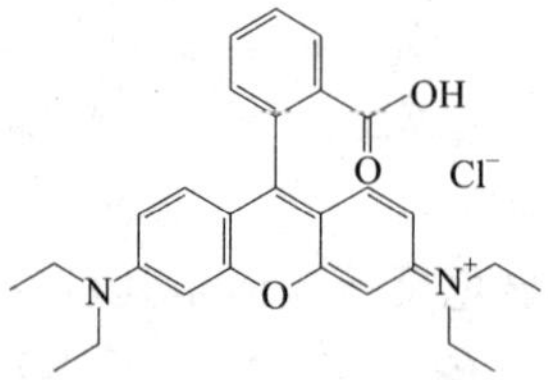

# 第四节 吸光光度分析法及仪器

## 一、吸光光度分析的类型

### 1. 目视比色法

用眼睛观察比较溶液颜色的深浅，以确定物质含量的分析方法称为目视比色法。常用的目视比色法是标准系列法，也叫标准色阶法。该方法使用一套由同种材料制成、大小形状相同的平底玻璃管（称为奈氏比色管，图 10-5），分别加入一系列不同量的标准溶液和待测溶液，在实验条件相同的情况下，再加入等量的显色剂和其他试剂，稀释至一定刻度，然后从管口垂直向下观察，比较待测溶液与标准溶液颜色的深浅。若待测液与某一标准溶液颜色一致，则说明两者浓度相等；若待测液颜色介于两标准溶液之间，则取其算术平均值作为待测液的浓度。

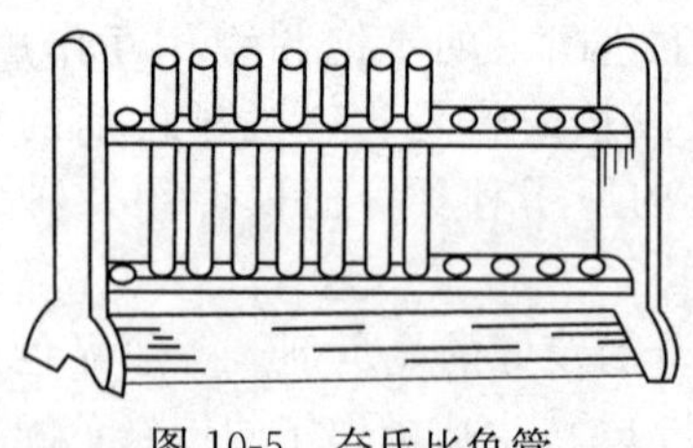

图 10-5 奈氏比色管

目视比色法的优点是仪器简单、操作简便、成本低廉。另外，因为是在复合光（白光）下进行测定的，所以某些显色反应不符合朗伯-比耳定律时，仍可用该法进行测定。其主要缺点是准确度不高，主观误差较大，相对误差为 5%～20%；标准系列不能久存，需要在测定时临时配制。该方法可用于准确度要求不高的半定量分析中，如土壤和植株中氮、磷、钾的速测等。

2. **吸光光度法**

吸光光度法是目前应用最为广泛的一种方法。与目视比色法原理不同，吸光光度法是比较有色溶液对某一波长光的吸收情况，而目视比色法则是比较透过光的强度。例如，测定溶液中 $KMnO_4$ 的含量时，吸光光度法测量的是 $KMnO_4$ 溶液对黄绿色光的吸收情况，目视比色法则是比较 $KMnO_4$ 溶液透过红紫色光的强度。吸光光度法所使用的分析仪器称为分光光度计。

## 二、吸光光度分析的定量分析方法

1. **标准曲线法**

标准曲线法又叫工作曲线法，应用最为广泛。具体的做法为：配制一系列浓度不同的标准溶液，在最大吸收波长处分别测量它们的吸光度。以标准溶液的浓度为横坐标，相应的吸光度为纵坐标作图，绘制工作曲线或标准曲线。然后在相同条件下测量待测溶液的吸光度，就可以从标准曲线上查得待测溶液的浓度（图10-6）。为了保证测定准确度，要求系列标准溶液与试样溶液组成基本一致，试样溶液的浓度应在标准曲线线性范围内。如果实验条件变动，如标准溶液更换、所用试剂重新配制、仪器经过修理、更换灯泡等，标准曲线应重新绘制。

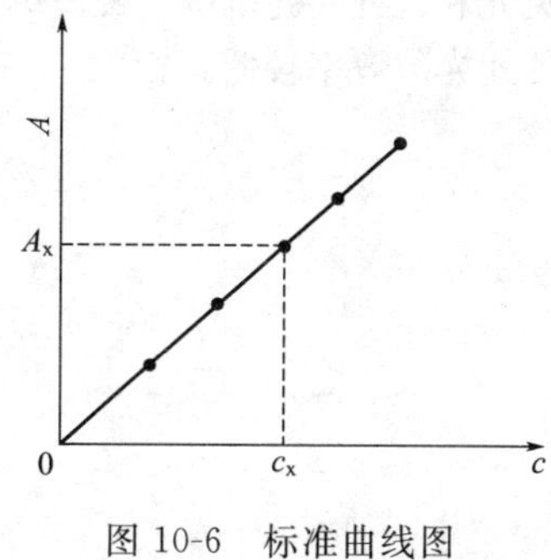

图 10-6 标准曲线图

标准曲线法基本消除了偶然误差的影响，因此测定结果比较可靠。在固定仪器和测定方法时，标准曲线可多次使用。该法适合于同一测定对象的大批试样的常规分析。

2. **比较法**

比较法是在相同条件下先配制与被测试液浓度 $c_x$ 相近的标准溶液 $c_s$，然后在相同条件下测其相应的吸光度 $A_x$ 和 $A_s$，根据朗伯-比耳定律：

$$A_s = \varepsilon b c_s ; A_x = \varepsilon b c_x$$

两式相比得

$$\frac{A_s}{A_x} = \frac{\varepsilon b c_s}{\varepsilon b c_x}$$

则有

$$c_x = \frac{A_x}{A_s} c_s \tag{10-10}$$

应当注意，利用式(10-10) 进行计算，只有当 $c_x$ 与 $c_s$ 相接近时，结果才可靠，否则将有较大误差。

## 三、分光光度计的构造

分光光度计一般按工作波长范围可分为紫外、可见和红外分光光度计三种类型。红外分光光度计主要用于结构分析，本书不予讨论。分光光度计有各种型号，但仪器的基本结构是相似的，通常由光源、单色器、吸收池、检测器和显示系统（信号处理及显示器）等组成，见图 10-7。

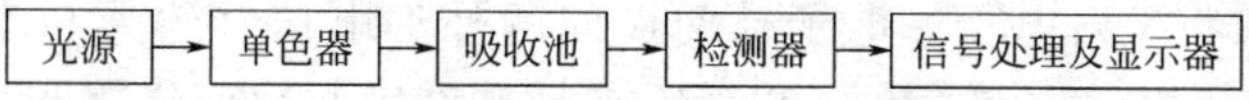

光源 → 单色器 → 吸收池 → 检测器 → 信号处理及显示器

图 10-7 分光光度计基本部件方框示意图

1. **光源**

光源的作用是提供有一定强度且稳定的各种波长的单色光。要求在所需的光谱区域内，发射连续的具有足够强度和稳定的可见及紫外光。通常用6～12V钨丝灯作为可见光区的光源，它可以发出波长范围为360～800nm的连续光谱。在近紫外区测定时常采用氢灯或氘灯产生180～400nm的连续光谱作为光源。其中氘灯的辐射强度大，稳定性好，寿命也长。

2. **单色器**

单色器的作用是将光源发出的复合光色散为单色光。单色器通常是由入射狭缝、出射狭缝、准直镜以及色散元件（如棱镜和光栅）等组成，其中色散元件起着关键作用。

（1）棱镜　由光学玻璃或石英玻璃制成。当复合光通过棱镜时，不同波长的光由于在棱镜材料中的折射率不同而产生色散（图10-8）。其中玻璃棱镜用于可见光范围，石英棱镜则用于紫外可见光和近红外光范围。棱镜单色器的缺点在于色散率随波长变化，得到的光谱呈非均匀排列，且传递光的效率较低。

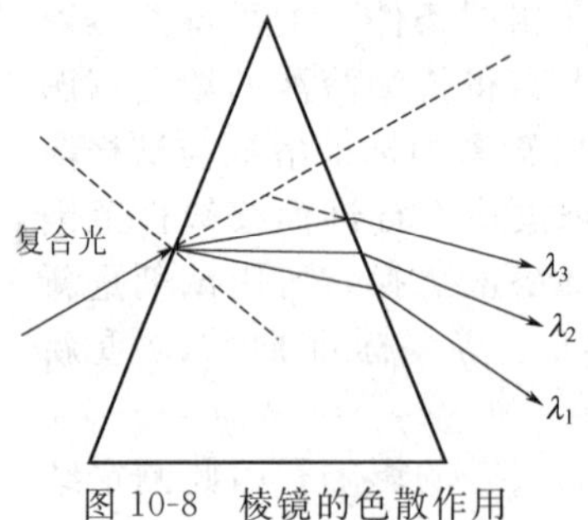

图10-8　棱镜的色散作用

（2）光栅　光栅有多种，光谱仪中多采用平面闪耀光栅（图10-9）。它由高度抛光的表面（如铝）上刻划许多根平行线槽而成。一般为600条/mm，1200条/mm，多的可达2400条/mm，甚至更多。当复合光照射到光栅上时，光栅的每条刻线都产生衍射作用，而每条刻线所衍射的光又会互相干涉而产生干涉条纹。光栅正是利用不同波长的入射光产生的干涉条纹的衍射角不同，波长长的衍射角大，波长短的衍射角小，从而使复合光色散成按波长顺序排列的单色光。

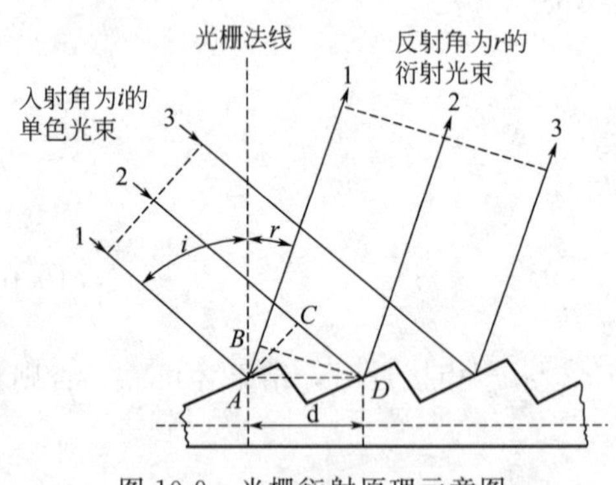

图10-9　光栅衍射原理示意图

3. **吸收池**

吸收池也称比色皿，是用于盛放待测试液的容器。一般由玻璃或石英制成。石英池适用于紫外和可见光区，玻璃池只能用于可见光区。大多数仪器配有厚度（即光程）为0.5cm、1cm、2cm、3cm等几种规格的比色皿，其中1cm的比色皿最常用。

4. **检测器**

检测器的作用是检测光信号并转换成电信号（利用光电效应）并进行测量。检测器的核心元件是光电管或光电倍增管。

（1）光电管　光电管是一个真空或充有少量惰性气体的二极管。其阴极为半圆筒形的金属片，其内弧形表面上涂有一层碱金属氧化物及其他材料组成的光敏材料，如氧化铯、氧化钾与氧化银等。阳极为镍环或镍片，电极被封在透明的真空玻璃或石英玻璃管中。在光的作用下，阴极光敏物质将发射电子，电子被两极间的外加电压（约为90V直流电压）加速，并被阳极收集而产生光电流。常用的光电管有蓝敏和红敏两种。蓝敏光电管为铯锑阴极，适用波长范围为220～625nm；红敏光电管为银和氧化铯阴极，适用波长范围为600～

1200nm。紫外-可见分光光度计同时配有红敏和蓝敏光电管。

(2) 光电倍增管　光电倍增管实际上是一种多级倍增电极的光电管。它由一个光电发射阴极，一个阳极以及若干级倍增极所组成。图 10-10 是光电倍增管的结构和光电倍增原理示意图。当阴极 K 受到光撞击时，发出光电子，K 释放的一次光电子再撞击倍增极，就可产生增加了若干倍的二次光电子，这些电子再与下一级倍增级撞击，电子数依次倍增，经过 9～16 级倍增，最后一次倍增极上产生的光电子可以比最初阴极放出的光电子多 $10^6$ 倍，最高可达成 $10^9$ 倍，最后倍增的光电子射向阳极 A 形成电流。阳极电流与入射光强度及光电倍增管的增益成正比，改变光电倍增管的工作电压，可改变其增益。光电流通过光电倍增管的负载电阻 $R$，即可变成电压信号，送入放大器进一步放大。

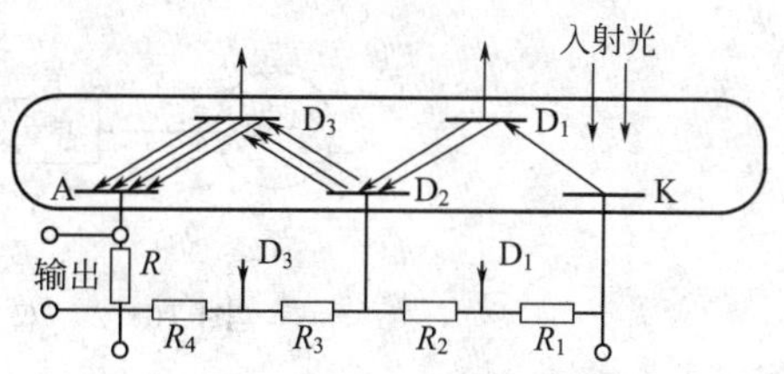

图 10-10　光电倍增管工作原理图

K—光阴极；$D_1$、$D_2$、$D_3$—倍增极；A—阳极

需要特别注意的是：光电倍增管被强光照射时容易损坏，即使是瞬间的强光照射也会使管的性能产生不可逆的变化。因此，必须将它装于暗盒之中。光电倍增管的暗电流是仪器噪声的主要来源。

(3) 光电二极管阵列检测器　该检测器是紫外可见光度检测器的一个重要进展。这类检测器用光电二极管阵列作检测元件，阵列由数百个光电二极管组成，各自测量一窄段（即十几微米）的光谱。通过单色器的光含有全部的吸收信息，在阵列上同时被检测，并用电子学方法及计算机技术对二极管阵列快速扫描采集数据，由于扫描速度非常快，可以得到（$A$，$\lambda$，$t$）光谱图。

### 5. 信号显示器

显示器的作用是将放大的信号以吸光度 $A$ 或透光度 $T$ 的方式显示或记录下来。常用的显示器有检流计、微安表、数字显示记录仪等。目前，很多型号的分光光度计配有微处理机，对分光光度计进行操作控制和进行数据处理。常用的可见分光光度计的结构和使用方法可参见相关仪器说明书。

## 四、分光光度计的类型

分光光度计的作用是测量溶液的吸光度或透光度。按其光路系统可大致分为单光束、双光束、单波长、双波长以及它们的各种组合方式等几种类型。

### 1. 单光束分光光度计

单光束分光光度计光路示意图如图 10-11 所示，一束经过单色器的光，轮流通过参比溶液和样品溶液来进行测定。这种分光光度计结构简单，价格便宜，主要用于定量分析。但这种仪器操作麻烦，如需在不同的波长范围内使用不同的光源、不同的吸收池，且每更换一次波长，都要用参比溶液校正等，也不适于作定性分析。国产的 751 型和 WFD-8A 型分光光度计都是单光束分光光度计。

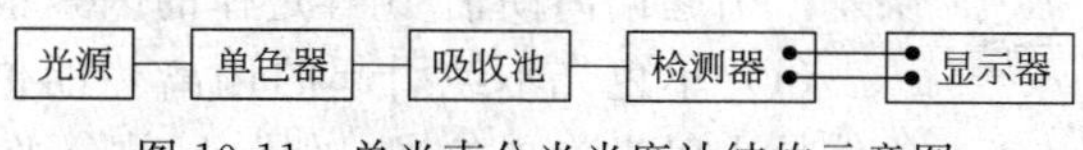

图 10-11　单光束分光光度计结构示意图

### 2. 双光束分光光度计

双光束分光光度计是指光源发出的光经单色器后，由斩光器（可旋转的扇形反射镜）分成两束强度相等的光，分别通过参比溶液和试样溶液，然后由检测系统测量即可得到样品溶液的吸光度（图 10-12）。由于采用双光路方式，两光束同时分别通过参比池和测量池，使得仪器操作简单，同时也消除了因光源强度变化而带来的误差。

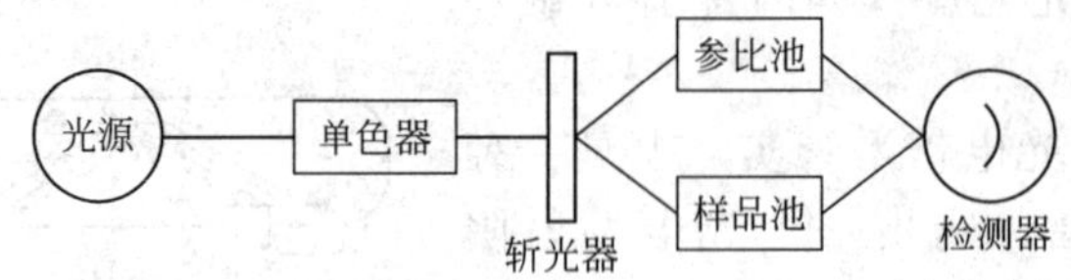


图 10-12 双光束分光光度计光路示意图

### 3. 双波长分光光度计

单光束和双光束分光光度计，就测量波长而言都是单波长的。双波长分光光度计是用两种不同波长（$\lambda_1$ 和 $\lambda_2$）的单色光交替照射样品溶液（不需使用参比溶液）。经光电倍增管和电子控制系统，测定的是样品溶液在两种波长 $\lambda_1$ 和 $\lambda_2$ 处的吸光度之差 $\Delta A$：

$$\Delta A = A_{\lambda_1} - A_{\lambda_2}$$

只要 $\lambda_1$ 和 $\lambda_2$ 选择适当，$\Delta A$ 就是扣除了背景吸收的吸光度。图 10-13 是双波长分光光度计的原理示意图。双波长分光光度计不仅能测定高浓度试样、多组分混合试样，而且能测定浑浊试样。

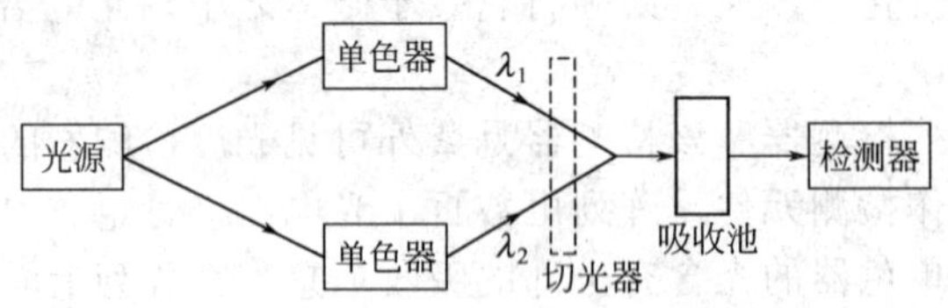


图 10-13 双波长分光光度计原理示意图

# 第五节 吸光光度法测量误差及测量条件的选择

## 一、吸光光度法的测量误差

吸光光度法的误差主要来自两个方面：一是偏离朗伯-比耳定律；二是光度测量误差。

### 1. 偏离朗伯-比耳定律

根据朗伯-比耳定律，在特定波长下，吸光物质溶液的浓度与其吸光度呈线性关系。即固定液层厚度及入射光波长和强度的情况下，测定一系列不同浓度标准溶液的吸光度，以吸光度为纵坐标，标准溶液浓度为横坐标作图，这时应得到一条通过原点的直线，称为标准曲线或工作曲线。在相同条件下测得试液的吸光度，从工作曲线上就可以查得试液的浓度。但在实际工作中，经常出现偏离线性关系的现象（如图 10-14 中的虚线所示），这种现象称为偏离朗伯-比耳定律。若在曲线弯曲部分定量分析，将会引起较大误差。引起偏离朗伯-比耳定律的因素很多，现简要讨论如下：

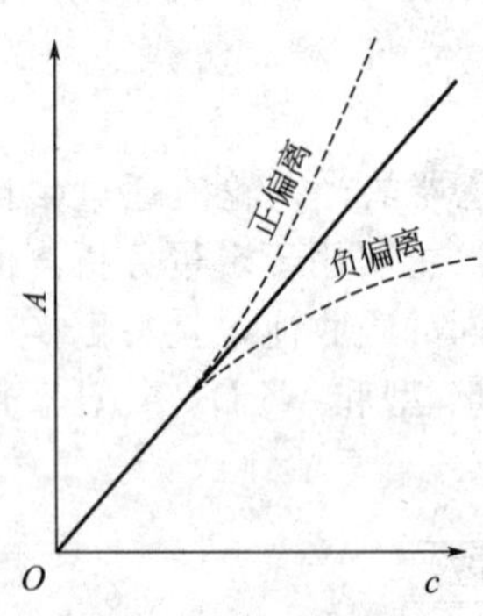


图 10-14 标准曲线及对朗伯-比耳定律的偏离

（1）单色光不纯引起的偏离　朗伯-比耳定律的基本假设条件是入射光为单色光。但是目前分光光度计所提供的入射光实际上是具有一定波长范围的复合光。由于物质对不同波长光的吸收程度不同，因而导致对朗伯-比耳定律的偏离。设有两个波长 $\lambda_1$、$\lambda_2$ 的复合光通过待测试液，其吸光度 $A$ 为：

$$A = \lg \frac{I_{0_1} + I_{0_2}}{I_1 + I_2}$$

$$A=\lg\frac{I_{0_1}+I_{0_2}}{I_{0_1}\times10^{-\varepsilon_1bc}+I_{0_2}\times10^{-\varepsilon_2bc}}$$

由上式可见，当 $\varepsilon_1=\varepsilon_2$ 时，$A=\varepsilon bc$，$A$ 与 $c$ 呈直线关系；当 $\varepsilon_1\neq\varepsilon_2$ 时，$A\neq\varepsilon bc$，$A$ 与 $c$ 不呈直线关系。$\varepsilon_1$ 与 $\varepsilon_2$ 相差越大，即 $\lambda_1$ 与 $\lambda_2$ 相差越大，对朗伯-比耳定律偏离就越严重。实验证明，只有在选用的入射光波带宽度较窄时，朗伯-比耳定律才成立。另一方面，应将入射光波长选择在吸光物质的 $\lambda_{max}$ 处，此处的吸收曲线较为平坦，在 $\lambda_{max}$ 附近各波长的光 $\varepsilon$ 值大体相等（图 10-15），非单色光引起的偏离比其他波长处小得多，而且还保证了测定有较高的灵敏度。

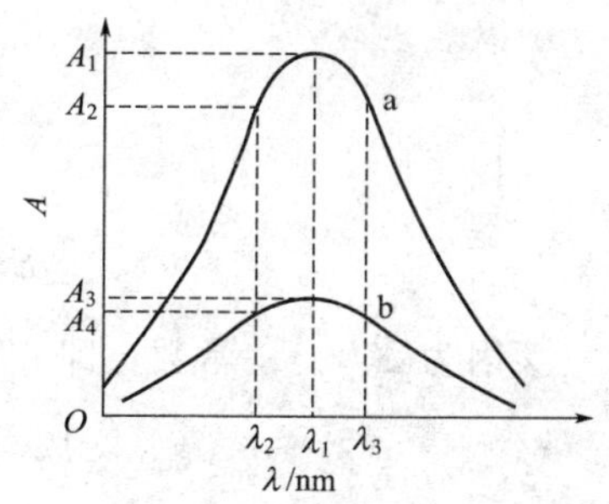

图 10-15　非单色光的影响

(2) 介质不均匀引起的偏离　朗伯-比耳定律的另一基本假设是吸光物质的溶液是均匀的，非散射的。若被测溶液不均匀，比如胶体溶液、悬浊液或乳浊液，当入射光通过溶液时，有一部分被吸收，还有一部分因散射现象而损失，使所测吸光度增加，标准曲线偏离直线向吸光度轴弯曲。

(3) 化学因素引起的偏离　溶液对光的吸收程度取决于吸光物质的性质和数目，但溶液中吸光物质常因解离、缔合、溶剂化反应、异构化以及形成新化合物等化学因素而改变其浓度，从而偏离朗伯-比耳定律。因此，在分析测定中，要控制溶液条件，使被测组分以一种形式存在，以克服化学因素的影响。

**2. 光度测量误差**

在吸光光度法分析中，仪器测量不准确也是误差的主要来源。这些误差可能来源于光源不稳定、实验条件的偶然变动、读数不准确及仪器噪声等。其中透光度与吸光度的读数误差是衡量测定结果的主要因素，也是衡量仪器精度的主要指标之一。

在分光光度计上，透光度的标尺刻度是均匀的。因吸光度与透光度成负对数关系，所以，吸光度的标尺是不均匀的（如图 10-16 所示）。因此，对于同一台分光光度计，透光度读数误差 $\Delta T$ 基本上为一常数，但在不同吸光度范围内的吸光度测量误差 $\Delta A$ 不为常数，而吸光度读数误差的大小却直接影响到浓度测量的相对误差 $\Delta c$ 的大小。

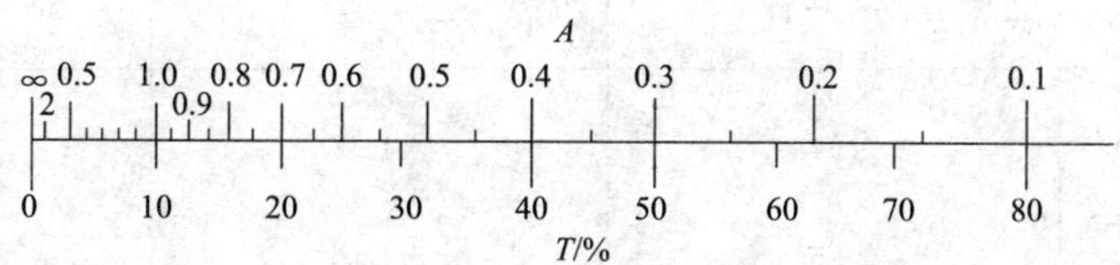

图 10-16　光度计标尺上吸光度和透光度的关系

因为根据朗伯-比耳定律：

$$A=\varepsilon bc$$

当 $b$ 值一定时，两边微分得：

$$\mathrm{d}A=\varepsilon b\mathrm{d}c$$

上两式相除得：

$$\frac{\mathrm{d}A}{A}=\frac{\mathrm{d}c}{c} \tag{10-11}$$

式(10-11) 表明，吸光度测量的相对误差 $\left(E_r=\frac{\mathrm{d}A}{A}\right)$ 与浓度测量的相对误差 $\left(\frac{\mathrm{d}c}{c}\right)$ 相等。

那么，吸光度（或透光度）究竟在什么范围内具有较小浓度测量误差呢？

因为 $$A=-\lg T=-0.434\ln T$$

则 $$dA=-0.434\frac{dT}{T}$$

两式相比得：

$$\frac{dA}{A}=\frac{dT}{T\ln T}$$

所以

$$E_r=\frac{dc}{c}=\frac{dA}{A}=\frac{dT}{T\ln T}=\frac{0.434dT}{T\lg T}$$

又因为 $\Delta T$ 是一常数，即 $dT=\Delta T$，故：

$$E_r=\frac{\Delta c}{c}\times 100\%=\frac{0.434\Delta T}{T\lg T}\times 100\% \tag{10-12}$$

由式(10-12) 可知，浓度测量的相对误差，不仅与透光度读数的绝对误差 $\Delta T$ 有关，还与透光度读数的大小有关。表 10-2 列出了不同 $\Delta T$ 和 $T$ 时计算的浓度相对误差。将表 10-2 中数据作图（$\Delta T=\pm 1.0\%$），可得图 10-17。

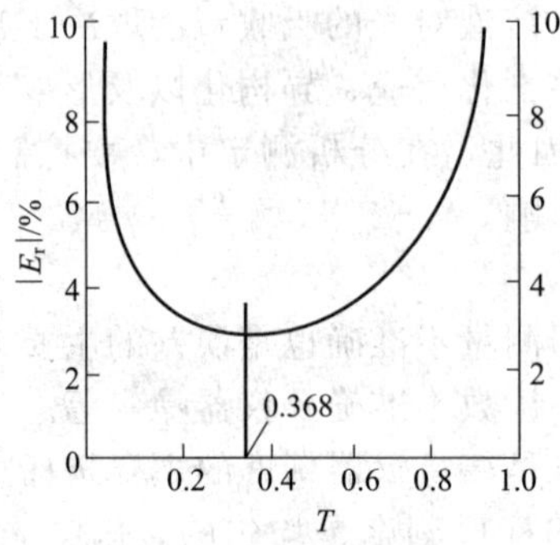


图 10-17 透光度与测定相对误差的关系

**表 10-2 不同 $T$（或 $A$）值时浓度测量的相对误差**

| 透光度 $T/\%$ | 吸光度 $A$ | 浓度相对误差 $E_r/\%$ | |
|---|---|---|---|
| | | $\Delta T=\pm 1.0\%$ | $\Delta T=\pm 0.5\%$ |
| 95 | 0.022 | ±20.5 | ±10.3 |
| 90 | 0.045 | ±10.6 | ±5.30 |
| 80 | 0.097 | ±5.60 | ±2.80 |
| 70 | 0.155 | ±4.01 | ±2.00 |
| 60 | 0.222 | ±3.26 | ±1.63 |
| 50 | 0.301 | ±2.88 | ±1.44 |
| 40 | 0.398 | ±2.73 | ±1.37 |
| 36.8 | 0.434 | ±2.72 | ±1.36 |
| 30 | 0.523 | ±2.77 | ±1.39 |
| 20 | 0.699 | ±3.11 | ±1.56 |
| 10 | 1.000 | ±4.34 | ±2.17 |
| 5 | 1.301 | ±6.70 | ±3.34 |

由表 10-2 和图 10-17 均可看出透光度很大或很小时浓度的相对误差都比较大，即光度测量最好选吸光度读数在刻度尺的中间，而不要落在标尺的两端。在实际测定时，只有使待测溶液的透光度 $T$ 在 15%～70%或使吸光度 $A$ 在 0.15～0.8 之间，才能保证测量的相对误差较小。当吸光度 $A=0.434$（或透光度 $T=36.8\%$）时，测量的相对误差最小。

## 二、测量条件的选择

为了提高分光光度法的灵敏度和准确度，在选择合适的显色反应条件基础上，还必须注意选择适当的测量条件。

### 1. 选择合适的入射光波长

入射光波长的选择应根据吸收曲线，通常以选择溶液具有最大吸收时的波长为宜。选用 $\lambda_{max}$ 的光作为测量波长，不仅灵敏度高，而且能够减少或消除由非单色光引起的对朗伯-比耳定律的偏离。但是若在 $\lambda_{max}$ 处有其他吸光物质干扰测定时，则应根据“吸收最大，干扰最小”的原则来选择测量波长，即可选用灵敏度稍低但能避开干扰的入射光进行测定。例如，利用丁二酮肟光度法测定钢铁中的镍元素时，丁二酮肟镍配合物的 $\lambda_{max}$ 在 470nm 处（图 10-18），但试样中的铁离子用酒石酸钠掩蔽后生成的酒石酸铁在此波长处也有一定的吸收。显然，若选 $\lambda_{max}$ 为镍的测定波长，则铁离子有干扰，因此选择波长时必须避开。

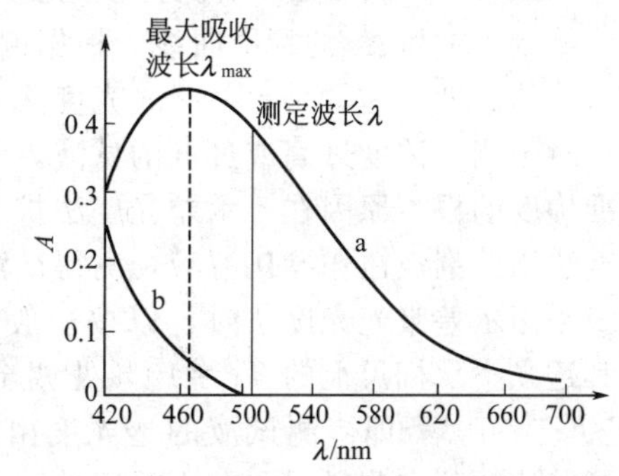


图 10-18　吸收曲线
a—丁二酮肟镍；b—酒石酸铁

### 2. 选择适当的参比溶液

参比溶液的作用是调节仪器的零点，即吸光度为零、透光率为 100%，以其作为测量的相对标准来消除由比色皿、溶剂、试剂、干扰离子等对入射光的吸收、反射、散射等产生的误差。在吸光光度分析中，参比溶液的选择方法如下：

① 如果待测试液、显色剂及所用的其他试剂在测定波长下均无吸收，则可用蒸馏水（即纯溶剂）作参比溶液。

② 当试液对入射光无吸收，但显色剂及其他试剂有吸收时，可用不加试液的显色剂及其他试剂作参比溶液，称为试剂空白。

③ 当试液中其他组分在测定波长处有吸收，而所用试剂和显色剂无色时，应采用不加显色剂及其他试剂的试液作参比溶液，称为样品空白。

④ 当显色剂和试液在测定波长处都有吸收，或显色剂与试液中共存组分的反应产物有吸收，可在一份试液中先加入适当的掩蔽剂将被测组分掩蔽起来，再按相同的操作方法加入显色剂和其他试剂，以此作为参比溶液进行测定。

# 第六节　吸光光度法的应用

吸光光度法广泛应用于微量或痕量组分的测定，也能用于常量组分和多组分的测定，同时还可用于研究化学平衡、配合物组成及酸碱离解常数的测定等。

## 一、示差吸光光度法

一般来说，吸光光度法只适用于微量组分的测定，当被测组分浓度过高或过低时，吸光度读数超出了准确测量的范围，这时即使不偏离朗伯-比耳定律，也会引起很大的测量误差，导致准确度降低。采用示差吸光光度法可以弥补这一不足，使测定误差降低至 0.5%以下。示差吸光光度法采用一个比待测溶液浓度稍低的标准溶液作参比溶液，测量待测溶液的吸光度，从测得的吸光度求出它的浓度。

设用作参比的标准溶液浓度为 $c_s$，待测试液浓度为 $c_x$，且 $c_x > c_s$。根据朗伯-比耳定律，可得：

$$A_x = \varepsilon c_x b \qquad A_s = \varepsilon c_s b$$

两式相减，得到相对吸光度为：

$$A_{相对}=\Delta A=A_x-A_s=\varepsilon c_x b-\varepsilon c_s b=\varepsilon b\Delta c=\varepsilon bc_{相对} \tag{10-13}$$

相应的示差透光度为：

$$T_{相对}=\frac{T_x}{T_s} \tag{10-14}$$

从式(10-13) 可知，所测得吸光度差与这两种溶液的浓度差成正比。这样便可用标准曲线法绘制 $\Delta A$ 和 $\Delta c$ 的标准曲线，根据测得的 $\Delta A$ 求出相应的 $\Delta c$ 值，从 $c_x=c_s+\Delta c$ 可求出待测试液的浓度，这就是示差吸光光度法定量分析的基本原理。

对于测定浓度过高或过低的试液，示差光度法比普通光度法的准确度要高得多。提高测量准确度的根本原因在于示差光度法扩展了读数标尺，这可从图 10-19 看出。设按一般吸光光度法用试剂空白作参比溶液，测得试液的透光度 $T_x=5\%$，显然，这时的测量误差是很大的。采用示差吸光光度法时，以按一般吸光光度法测得 $T_1=10\%$ 的标准溶液作参比溶液，使其透光率从标尺上的 $T_1=10\%$ 处调至 $T_2=100\%$ 处，相当于把标尺扩展到原来的 10 倍 ($T_2/T_1=10$)。即待测试液的透光度由原来的 5%（读数落在测量误差很大的区域）变为 50%（读数落在测量误差较小的区域)，从而提高了测定的准确度。因此，用示差吸光光度法测定浓度过高或过低的试液，所选择参比溶液的浓度越接近待测试液的浓度，测量误差就越小，最小测量误差可达 0.3%。

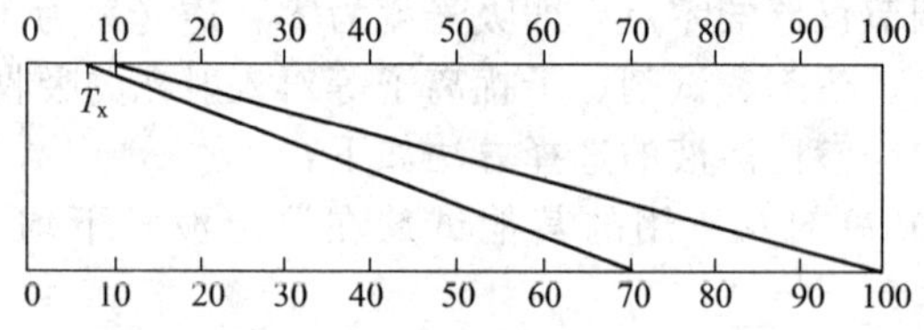


图 10-19 示差光度法标尺扩展原理

## 二、多组分的分析

在实际工作中所遇到的试样，往往是复杂的多组分体系。在多组分体系中若各吸光物质之间没有相互作用，且服从朗伯-比耳定律，这时体系的总吸光度等于各组分吸光度之和，即吸光度具有加和性。假设体系中存在两种吸光物质，其吸收曲线存在下列情况：

① 各组分的吸收曲线不相互重叠，即各组分的最大吸收波长或某些波段处不重叠，如图 10-20(a) 所示，x 组分最大吸收波长处 y 组分吸光度为零，y 组分最大吸收波长处 x 组分的吸光度为零，所以两组分互不干扰，这时就可在各个组分的最大吸收波长条件下，按单组分的测定方法分别测定其吸光度。

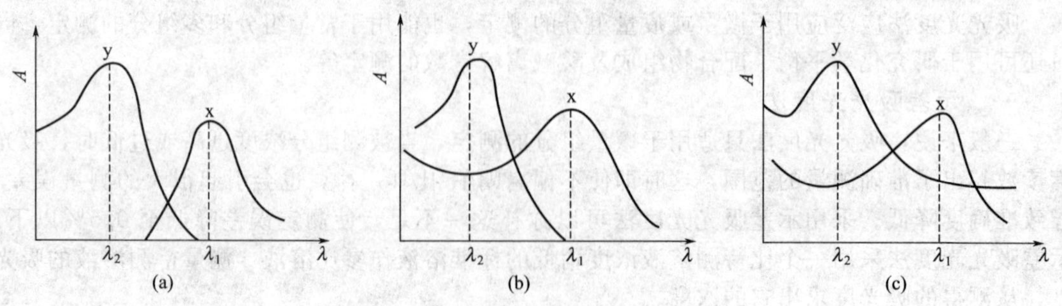


图 10-20 混合组分吸光光谱干扰情况示意图

② x、y 两组分的吸收光谱有部分重叠，如图 10-20(b) 所示，在 x 组分的吸收峰 $\lambda_1$ 处

y 组分没有吸收，而在 y 的吸收峰 $\lambda_2$ 处 x 组分有吸收，则可先在 $\lambda_1$ 处按单组分测定测得混合物溶液中 x 组分的浓度 $c_x$。至于 y 组分的测定，可在 $\lambda_2$ 处测得混合物溶液的吸光度 $A_{x+y}$，即可根据吸光度的加和性计算出 y 组分的浓度 $c_y$。即：

$$A_{y,\lambda_2}=A_{x+y,\lambda_2}-A_{x,\lambda_2} \tag{10-15}$$

$$A_{x,\lambda_2}=\varepsilon_{x,\lambda_2}bc_x \tag{10-16}$$

在式(10-16) 中，$b$ 为已知，$c_x$ 已求得，而 $\varepsilon_{x,\lambda_2}$ 可用 x 组分的标准溶液在波长 $\lambda_2$ 处测得。

③ 在混合物测定中更多遇到的情况是各组分的吸收光谱双向重叠，两者的吸收曲线在对方的吸收峰处都有吸收，如图 10-20(c) 所示。这种复杂情况需要根据吸光度的加和性求解联立方程组得出各组分的含量。在波长为 $\lambda_1$ 和 $\lambda_2$ 处分别测定吸光度 $A_1$ 和 $A_2$，由吸光度的加和性得联立方程：

$$A_1=\varepsilon_{x,\lambda_1}bc_x+\varepsilon_{y,\lambda_1}bc_y \tag{10-17}$$

$$A_2=\varepsilon_{x,\lambda_2}bc_x+\varepsilon_{y,\lambda_1}bc_y \tag{10-18}$$

式中，$\varepsilon_{x,\lambda_1}$、$\varepsilon_{y,\lambda_1}$ 分别为 x 组分和 y 组分在波长 $\lambda_1$ 处的摩尔吸光系数；$\varepsilon_{x,\lambda_2}$、$\varepsilon_{y,\lambda_2}$ 为两组分在 $\lambda_2$ 处的摩尔吸光系数。它们分别可用 x 和 y 的标准溶液在两波长处测得，解联立方程便可求得 x 和 y 两组分的浓度 $c_x$ 和 $c_y$。

理论上，对任何数目的组分都可以用此方法建立联立方程求解，但在实际应用中通常仅限于两个或三个组分的体系。因为尽管利用现代计算机技术解多元联立方程极为容易，但随着测量组分的增多，实验结果的误差也将显著增大。

## 三、配合物组成的测定

配合物形成后，常常比金属离子和配位体的吸光能力强，因此可通过测定配合物生成反应的吸光度变化，来确定配合物的组成，即确定中心离子与配位体之间的配位比。

### 1. 物质的量比法

首先固定金属离子的浓度 $c(\mathrm{M})$，选择不同的配位体浓度 $c(\mathrm{R})$，混合后得到一系列 $c(\mathrm{R})/c(\mathrm{M})$ 比值不同的溶液。以试剂为空白，在一定的波长下，可测得与之对应的一系列吸光度值。然后以吸光度值为纵坐标，以相应的 $c(\mathrm{R})/c(\mathrm{M})$ 比值为横坐标作图得到一条曲线，如图 10-21 所示。

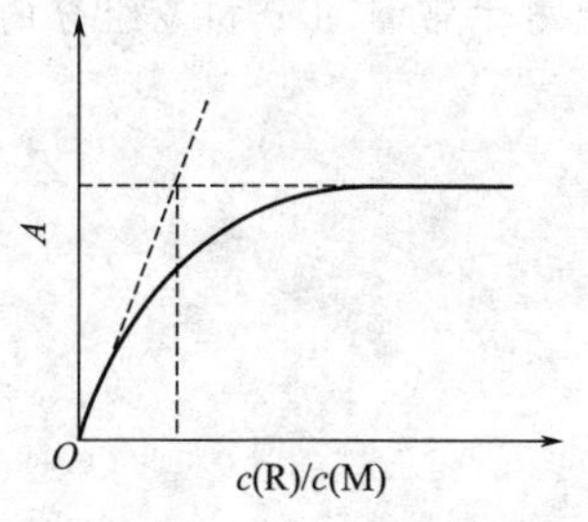


图 10-21 物质的量比法

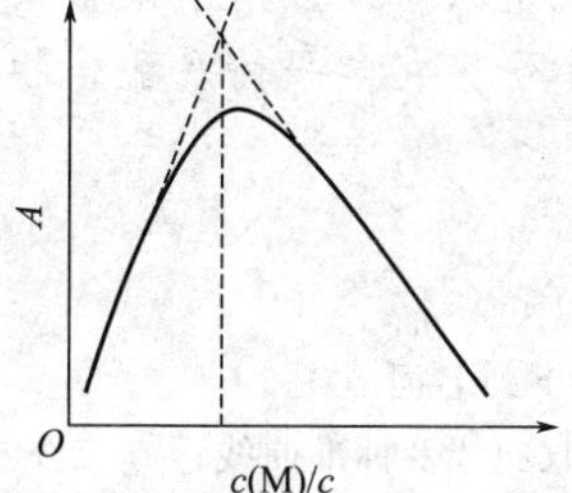


图 10-22 连续变化法

在未达到最大配位比前，当 $c(\mathrm{R})$ 增大时，配合物将不断生成，溶液的吸光度也随之增大。当中心离子全部形成配合物后，再增大 $c(\mathrm{R})$ 时，配合物的浓度不再变化，溶液的吸光度也不再增加，因此曲线成为与横轴平行的直线。曲线的转折点的横坐标，正好是金属离子与配位体恰好全部生成配合物时 $c(\mathrm{R})/c(\mathrm{M})$ 的数值，即为该配合物的配位比。

在实际测量过程中，由于配合物的离解，曲线的转折不够明显，可以用外推法使上升曲线与直线相交于一点，从交点作横轴的垂线与横轴相交，交点的 $c(\mathrm{R})/c(\mathrm{M})$ 数值即为配合物配位比。这种方法适合于配位比高、且离解度较小的配合物。

**2. 连续变化法**

首先，给定金属离子浓度和配位体浓度之和，并保持不变。然后，调配出一系列不同 $c(R)/c(M)$ 比值的溶液。在配合物的最大吸收波长处，测定这一系列溶液的吸光度。

当 $c(R)/c(M)$ 比值恰好与配位比相等时，配合物的浓度最大，溶液的吸光度也最大。以溶液的吸光度为纵坐标，以金属离子浓度 $c(M)$ 与总浓度 $c$ 之比为横坐标作图，得到一条曲线，如图 10-22 所示。将曲线两侧的直线部分向上延长相交于一点，由该点所对应的横坐标即可确定该配合物的配位比。

## 本章小结

光是一种与物质的内部运动有关的电磁辐射，物质所呈现的颜色跟其与光的相互作用密切相关。吸收曲线能更清楚地描述物质对光的吸收情况。

朗伯-比耳定律是本章的理论基础，它的数学表达式为：

$$A = \lg \frac{I_0}{I_t} = kbc$$

其物理意义为：当一束单色光通过均匀的某吸收物质溶液时，溶液对光的吸收程度与入射光的强度以及光路中吸光物质的质点数成正比。朗伯-比耳定律是各类吸光光度法进行定量分析的理论依据。

选择显色体系时应注意其灵敏度、选择性、稳定性及色差是否符合要求。显色条件的选择包括酸度、显色时间、温度、显色剂用量等因素的控制。

吸光光度分析的定量分析方法主要有标准曲线法和对比法。吸光光度法所使用的分析仪器称为分光光度计。分光光度计的基本部件包括光源、单色器、吸收池、检测器和显示系统。

吸光光度法的误差主要来自两个方面：一是偏离朗伯-比耳定律；二是光度测量误差。引起偏离朗伯-比耳定律的因素主要有：单色光不纯、介质不均匀以及化学因素。引起光度测量的误差主要是透光度与吸光度的读数误差。为了提高分光光度法的灵敏度和准确度，在选择合适的显色反应条件基础上，还必须注意选择合适的入射光波长、适当的参比溶液。

吸光光度法广泛应用于微量或痕量组分的测定，也能用于常量组分和多组分的测定，同时还可用于研究化学平衡及配合物组成等。

## 思考题与习题

1. 解释下列名词

(1) 吸收曲线及标准曲线；

(2) 互补色光及单色光；

(3) 吸光度及透光度。

2. 朗伯-比耳定律成立的前提条件是什么？

3. 何谓吸光系数、摩尔吸光系数及桑德尔灵敏度？三者之间有何联系？

4. 在光度法中导致朗伯-比耳定律偏离的主要因素有哪些？如何消除这些因素的影响？

5. 分光光度计的主要部件有哪些？各部件的具体作用是什么？

6. 吸光光度法对显色反应有何要求？如何选择或控制显色反应的条件？

7. 应如何选择或控制光度测量的条件？

8. 有一有色溶液，用 1cm 比色皿测量时，吸光度为 0.097。为了减小光度测量误差，提高测定准确

度，改用5cm比色皿。求入射光通过5cm液层后光强减弱为多少？（67.3%）

9. 含$Cu^{2+}$为0.51$\mu g \cdot mL^{-1}$的溶液，用双环己酮草酰二腙显色后，在600nm处用2cm比色皿测得$A=0.300$。求吸光系数$a$、摩尔吸光系数$\varepsilon$和桑德尔灵敏度$S$？

（$2.9\times10^{2} L\cdot g^{-1}\cdot cm^{-1}$；$1.9\times10^{4} L\cdot mol^{-1}\cdot cm^{-1}$；$3.4\times10^{-3} \mu g\cdot cm^{-2}$）

10. 将1.00g土样经消化处理后配成100.00mL溶液，移取10.00mL于50mL容量瓶中显色定容后稀释至刻度，用1cm比色皿测得此溶液的吸光度为0.250。吸取4.00mL浓度为10.00$\mu g \cdot mL^{-1}$的磷标准溶液于另一50mL容量瓶中，在同样条件下显色定容，测量吸光度为0.150。求该土样中磷的质量分数。

（0.067%）

11. 为测定有机胺的摩尔质量，常将其转变为1∶1的苦味酸胺的加合物。现有含某加合物0.0500g·$L^{-1}$的乙醇溶液，用1cm比色皿在最大吸收波长380nm处测得其吸光度为0.750。求该有机胺的摩尔质量。已知$M_r$(苦味酸)=229.11g·$mol^{-1}$，$\varepsilon=1.0\times10^{4} L\cdot mol^{-1}\cdot cm^{-1}$。（437.7g·$mol^{-1}$）

12. 某相对分子质量为314.47的化合物，其乙醇溶液在最大吸收波长$\lambda_{max}=240nm$处的摩尔吸光系数$\varepsilon$为$1.7\times10^{4} L\cdot mol^{-1}\cdot cm^{-1}$。拟用1cm比色皿进行该化合物的含量测定，试问配制多大浓度［g·$(100mL)^{-1}$］最为合适？［$8.02\times10^{-4}$g·$(100mL)^{-1}$］

13. 用磺基水杨酸光度法法测定微量铁。标准溶液是由0.2160g铁铵矾［$NH_4Fe(SO_4)_2\cdot12H_2O$］溶于水中稀释至500.00mL配成的。根据下列数据，绘制标准曲线。

| 标准铁溶液体积$V$/mL | 0.00 | 2.00 | 4.00 | 6.00 | 8.00 | 10.00 |
|---|---|---|---|---|---|---|
| 吸光度 | 0.00 | 0.165 | 0.320 | 0.480 | 0.630 | 0.790 |

取含铁试液5.00mL，稀释至250.00mL。取此稀释液2.00mL，在与绘制标准曲线相同条件下显色和测量吸光度，测得$A=0.500$。求此试液的含铁量（mg·$mL^{-1}$）。（7.9mg·$mL^{-1}$）

14. 用普通光度法测量0.0010mol·$L^{-1}$锌标准溶液和含锌试液，分别测得吸光度为0.700和1.000，那么两种溶液的透光度相差多少？若用0.0010mol·$L^{-1}$锌标准溶液作为参比溶液进行测量，则试液的吸光度为多少？示差光度法与用普通光度法比较，读数标尺放大了多少倍？（$\Delta T=10\%$；$A=0.301$；5倍）

15. 钴和镍与某显色剂的配合物有如下数据：

| $\lambda$/nm | 510 | 656 |
|---|---|---|
| $\varepsilon_{Co}/L\cdot mol^{-1}\cdot cm^{-1}$ | $3.64\times10^{4}$ | $1.24\times10^{3}$ |
| $\varepsilon_{Ni}/L\cdot mol^{-1}\cdot cm^{-1}$ | $5.52\times10^{3}$ | $1.75\times10^{4}$ |

将0.376g土壤试样溶解后配成50.00mL溶液，取25.00mL溶液经去干扰处理后加入显色剂，并将体积调至50.00mL。用1cm比色皿测定此溶液在510nm处的吸光度为0.476，在656nm处的吸光度为0.374。计算钴和镍在土壤中的含量（以$\mu g\cdot g^{-1}$表示）。（Co：$1.56\times10^{2}\mu g\cdot g^{-1}$，Ni：$3.22\times10^{2}\mu g\cdot g^{-1}$）

16. 某催眠药物浓度为$1.0\times10^{-3} mol\cdot L^{-1}$，用1cm比色皿于270nm处测得其吸光度为0.400，在345nm处测得其吸光度为0.010。已证明此药物在人体内的代谢产物浓度为$1.0\times10^{-4} mol\cdot L^{-1}$时，在270nm处无吸收，而在345nm处测得其吸光度为0.460。先取尿样10.00mL，稀释至100.00mL。同样条件下在270nm处测得$A=0.325$，在345nm处测得$A=0.720$。求在稀释后的尿样中该药物代谢产物的浓度。（$1.55\times10^{-4} mol\cdot L^{-1}$）

# 第十一章　原子吸收分光光度法

原子吸收分光光度法（atomic absorption spectrometry，AAS）又称原子吸收光谱法，是基于物质所产生的原子蒸气对待测元素特征谱线的吸收而进行定量分析的方法。方法选择性好，谱线干扰小；灵敏度高，其检测下限可达 $0.1\mu g \cdot L^{-1}$；测定结果准确度好，相对误差约为 1%～2%；应用范围广，可对 70 多种金属元素和某些非金属元素进行定量分析。该方法既可测定低含量和大量元素，又可测定微量、痕量元素；既可测定金属元素，又可测定某些非金属，也可以间接测定有机化合物；既可测定液态样品，也可测定固态样品和气态样品。

## 第一节　基本原理

### 一、共振发射线与吸收线

原子吸收光谱是由于原子的价电子在不同能级间发生跃迁而产生的。当处于基态的原子（能量为 $E_i$）接受一定频率 $\nu$ 的辐射能，根据能量的不同，其价电子会跃迁至不同的能级上。例如，当价电子由基态跃迁至能量最低的第一激发态（能量为 $E_j$）时会吸收一定的能量，同时由于第一激发态不稳定，又会在很短的时间内跃迁回基态，并且以光波的形式辐射出同样的能量。这种由激发态跃迁回基态所辐射的光谱线称为共振发射线；而使价电子由基态跃迁至激发态所产生的吸收谱线称为共振吸收线（图 11-1）。

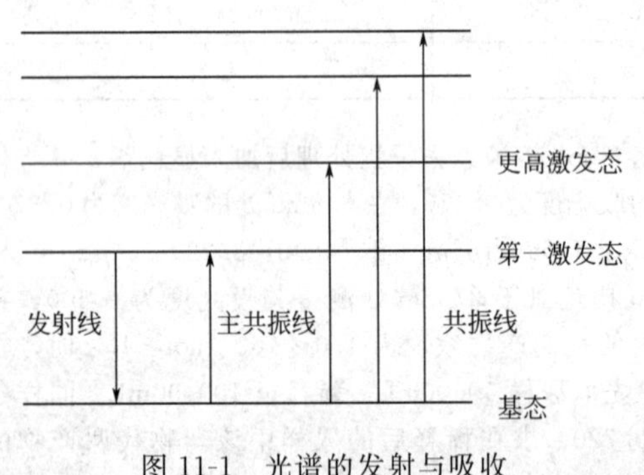

图 11-1　光谱的发射与吸收

各种元素的原子结构和外层电子排布不同，从基态激发到第一激发态时所吸收的能量也不同，同样，由第一激发态跃迁回基态时所发射的光波频率也不同，因此各种元素具有各自特征的共振线。又由于对于大多数的元素来讲，从基态跃迁至第一激发态的直接跃迁最容易发生，因此，这种共振吸收线或发射线被称为元素的主共振线，即元素的特征谱线。如 Mg 的特征谱线是 285.2nm，钠的特征谱线是 589.0nm 等。

对于大多数元素来说，主共振线是元素所有谱线中最灵敏的谱线，原子吸收分光光度法就是利用处于基态的待测原子蒸气对光源所辐射的共振线的吸收来进行分析的。

### 二、基态原子与激发态原子的关系

在原子吸收分光光度法中，使试样原子化的原子化器大都采用火焰作为能源。火焰中气态原子处于热激发状态，其中激发态原子数 $N_j$ 与基态原子数 $N_i$ 之间的关系可用玻耳兹曼方程表示：

$$\frac{N_j}{N_i}=\frac{g_j}{g_i}\times e^{-E_j/KT} \tag{11-1}$$

式中，$g_j$、$g_i$ 是激发态和基态的统计权重（表示能级的简并度，即相同能量能级的状态的数目），即原子量子能阶的多重度；$E_j$ 是激发能；$K$ 是玻耳兹曼常数，$1.83\times10^{-23}J \cdot K^{-1}$；$T$

是热力学温度。此式表明，随着温度的增加，$N_j$ 与 $N_i$ 之比将按指数关系增加。又因为共振线的波长与它的激发能成反比，所以随着共振线波长的增大，被激发的原子数目将按指数关系增加，如图 11-2 所示。

由图 11-2 可以看出，$N_j$ 与 $N_i$ 相比总是很小的，就是说，处于激发态的原子数与处于基态的原子数相比，可以忽略不计。所以，对于原子吸收来说，可以认为处于基态的原子数，近似地等于所生成的总原子数 $N$。

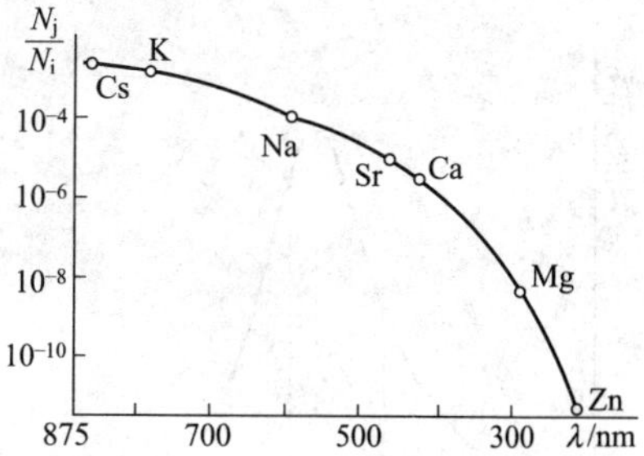

图 11-2 2500K 不同波长的共振线与激发原子数 $N_j$ 的关系曲线

### 三、原子吸收线的宽度

实验证明，原子共振吸收线往往不是一条线，而是占据着相当窄的频率或波长范围，即有一定的宽度，也就是说原子吸收线是具有一定宽度的谱线，其形状如图 11-3 所示。一般用中心频率和半宽度来表征。图 11-3 中 $\nu_0$ 为吸收线的中心频率，$I_0$ 为入射光的光照强度。

谱线的宽度常用半宽度来表示。谱线的半宽度是指最大吸收值的一半处的频率宽度，用 $\Delta\nu$ 表示，简称谱线宽度。其产生的原因如下：

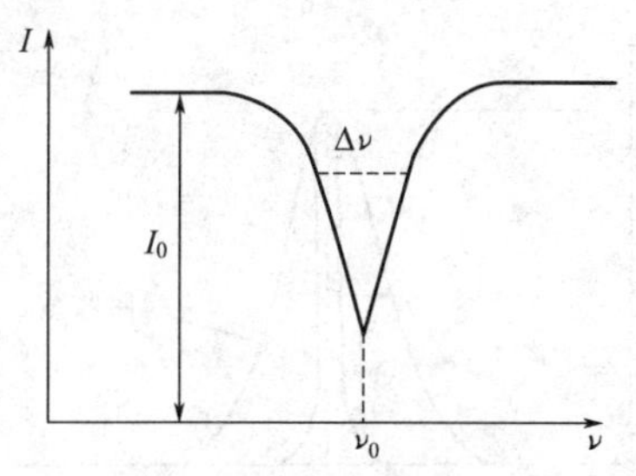


图 11-3 原子吸收谱线的宽度

**1. 谱线的自然宽度**

在没有外界条件影响时，谱线的固有宽度称为自然宽度。它是由原子处于激发态的时间来决定的，平均时间越长，谱线宽度越窄。谱线的自然宽度一般为 $10^{-2}$～$10^{-5}$ nm，由于非常窄，大多数情况下可以忽略。

**2. 多普勒宽度**

一个运动原子发射的光，如果运动方向离开观察者，在观察者看来，其发射频率比静止原子发射频率低；反之，如果向观察者运动时，其发射光的频率比静止原子发射光的频率高，这种现象称为多普勒效应。

由于辐射原子处于无规则的热运动状态，因此，辐射原子可以看作运动着的波源。这一不规则的热运动与观测器两者间形成相对位移运动，发生了多普勒效应，使谱线变宽。因为多普勒宽度是由于热运动产生的，所以又称为热变宽，一般可达 $10^{-3}$ nm 左右，是谱线变宽的主要因素。

**3. 压力变宽**

压力变宽是由同种辐射原子间或辐射原子与其他粒子间相互碰撞而产生的，因此压力变宽也叫碰撞变宽。由同种辐射原子间的碰撞引起的变宽称为赫尔兹马克变宽，或称为共振变宽；由辐射原子与其他粒子间相互碰撞而产生的变宽称为洛伦兹变宽。洛伦兹宽度与多普勒宽度有相近的数量级，一般为 $10^{-3}$ nm。压力变宽与气体压力有关，压力升高，粒子间相互碰撞越频繁，压力变宽越严重。

除上述自然宽度、多普勒变宽和压力变宽以外，能够导致原子谱线变宽的还有其他一些因素，例如场致变宽、自吸效应等。但在常规原子吸收实验条件下，影响谱线轮廓的主要因素是多普勒变宽和洛伦兹变宽。在实际测试工作中，谱线变宽往往会降低原子吸收分析的灵敏度。

### 四、原子吸收的测量

为了测定原子线中吸收原子的浓度，提出以下方法：

**1. 积分吸收**

在原子吸收分析中一般将原子蒸气所吸收的全部能量称为积分吸收。对于原子吸收线，

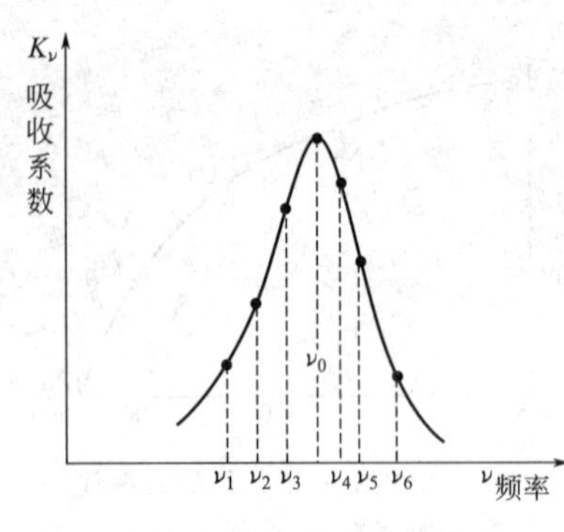


图 11-4　积分吸收曲线

由于谱线有一定宽度，如图 11-4 所示，图中整条曲线表示这条吸收谱线的轮廓。将这条曲线积分，即 $K_\nu d\nu$，就表示整个原子线的吸收，即积分吸收。积分吸收与单位体积原子蒸气中吸收辐射的原子数成正比，这是原子吸收分析方法的一个重要理论基础。如果能测得积分吸收值，即可求得待测元素的浓度。但要测量出半宽度只有 0.001～0.005nm 的原子谱线轮廓的积分值，对单色器的分辨率要求是非常高的，一般很难实现。即便是采用连续光源，但把半宽度如此窄的原子谱线叠加在光源发射线上，实际被吸收的能量相对于发射线的总能量是极其微小的，若要准确记录是十分困难的。

**2. 峰值吸收**

如果以锐线光源为激发光源，采用测量峰值吸收系数 $K_0$ 的方法来代替测量积分吸收，可解决上述原子吸收测量的难题。锐线光源是指发射线的半宽度比吸收线的半宽度窄得多的光源，而且发射线与吸收线的中心频率一致，如图 11-5 所示。

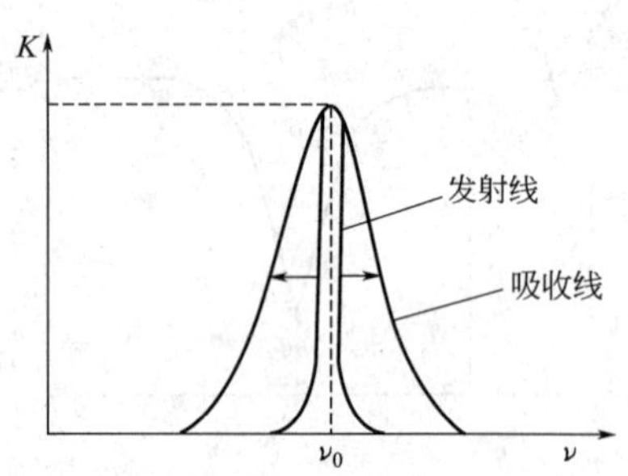


图 11-5　发射线与吸收线的关系

在实际工作中，对于原子吸收值的测量，是以一定光强的单色光 $I_0$ 通过原子蒸气，然后测出被吸收后的光强 $I_t$，此吸收过程符合朗伯-比耳定律，即：

$$I_t = I_0 e^{-KNL} \tag{11-2}$$

式中，$K$ 为吸收系数，$N$ 为自由原子总数（近似于基态原子数）；$L$ 为吸收层厚度。则吸光度 $A$ 可用下式表示：

$$A = \lg\frac{I_0}{I_t} = 2.303KNL \tag{11-3}$$

式(11-3) 表明，$A$ 与 $N$ 成正比。在实际分析过程中，当实验条件一定时，$N$ 正比于待测元素的浓度 $c$。因此，制得标准工作曲线后，即可从吸光度的大小，求得待测元素的含量，此为原子吸收分光光度法定量分析的依据。

## 五、灵敏度和检出限

**1. 灵敏度**

原子吸收分光光度法中的灵敏度 $S$ 包括相对灵敏度和绝对灵敏度（特征质量）。所谓相对灵敏度是指能够产生 1% 净吸收或吸光度为 0.00434 时所需待测元素的质量浓度（$\mu g \cdot mL^{-1}/1\%$）或质量分数（$\mu g \cdot g^{-1}/1\%$），也称为特征浓度。计算式如下：

$$S = \frac{c}{A} \times 0.00434 \tag{11-4}$$

式中，$S$ 为相对灵敏度；$c$ 为试液的浓度，$\mu g \cdot mL^{-1}$；$A$ 为浓度 $c$ 的试液的吸光度。

在非火焰原子吸收法（石墨炉原子吸收法）中，常用绝对灵敏度表示。所谓绝对灵敏度是指在给定条件下，某元素能够产生 1%净吸收所需元素的质量（$\mu g/1\%$），也称特征质量。计算式为：

$$S = \frac{cV}{A} \times 0.00434 = \frac{m}{A} \times 0.00434 \tag{11-5}$$

式中，$m$ 为待测元素的质量，$\mu g$。

原子吸收法产生的吸光度在 0.1～0.5 范围内，测量的准确度较高。由灵敏度定义可知，当吸光度在 0.1～0.5 范围内时，试液的浓度为灵敏度的 25～125 倍。灵敏度并不能反映可测元素的最低浓度或最小质量。

2. **检出限**

仪器所能检出的最低浓度或最小质量称为检出限。根据 IUPAC 规定，检出限定义为在给定的实验条件下，被测元素溶液能够给出的测量信号 3 倍于标准偏差时所对应的被测元素的最小浓度或质量。检出限可按下式计算：

$$D_L = \frac{c \times 3s}{\overline{A}} \tag{11-6}$$

式中，$s$ 为空白溶液吸光度的标准偏差（至少连续测定 10 次空白溶液，由所得的吸光度值来计算）；$c$ 为试液的浓度，$\mu g \cdot mL^{-1}$；$\overline{A}$ 为多次测量浓度为 $c$ 的试液的吸光度平均值。

待测元素含量只有高出检出限才有可能将有效信号与背景信号分开，“未检出”只是意味着试样中被测元素的含量低于检出限，而非不含有该待测元素。

灵敏度和检出限是衡量仪器性能和分析方法的两个重要参数。检出限考虑到了噪声（背景）的影响，其意义比灵敏度更加明确。从二者的定义可以看出，灵敏度越高，检出限越低。实际工作中，有时同一元素在不同仪器上的灵敏度相同，但检出限相差一个数量级以上。因此，降低仪器噪声水平，例如预热仪器、选择合适的灯电流、调试光电管的工作电压等措施，有利于降低仪器的检出限。

## 第二节　原子吸收分光光度计

原子吸收分光光度计由锐线光源、原子化器、单色器、检测器、数据处理及读出装置等部分组成（图 11-6）。

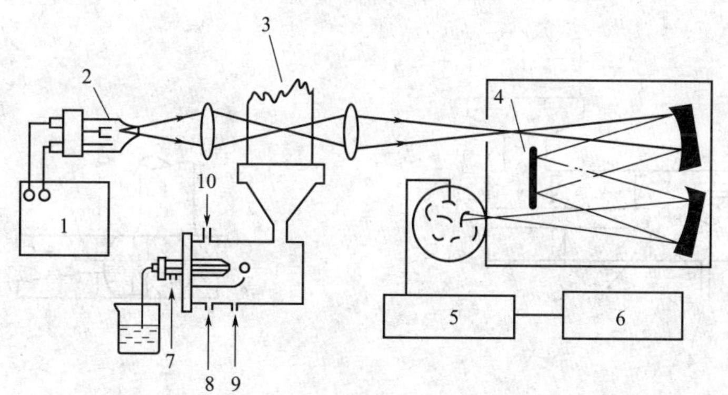


图 11-6　原子吸收分光光度计示意图

1—电源；2—空心阴极灯；3—火焰；4—单色器；5—检测器；6—记录仪；7,8—空气；9—废气；10—乙炔气

由光源发射的待测元素锐线光束（共振线），通过原子化器，被原子化器中的基态原子吸收，再射入单色器中进行分光后，被检测器接收，即可测得其吸收信号。

下面对各主要部件作简要介绍。

### 一、光源

原子吸收的半宽度很窄，因此，要求光源发射出比吸收线半宽度更窄的，强度大而稳定的锐线光谱，才能得到准确的结果。空心阴极灯、蒸气放电灯和高频无极放电灯等光源，均具备上述条件，目前广泛使用的是空心阴极灯。

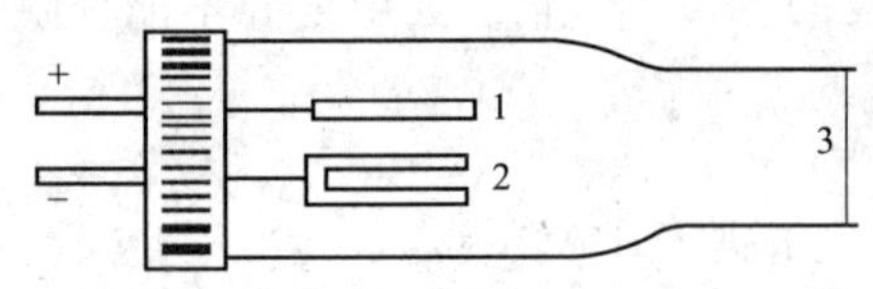

图 11-7 空心阴极灯结构示意图
1—阳极；2—阴极；3—石英窗

空心阴极灯是一种特殊的低压辉光放电灯。阳极采用钨棒，阴极为待测金属元素或者其合金制成的杯状体。密封在有石英窗的玻璃灯管内，管内充低压惰性气体（267～1333Pa），如图 11-7 所示。

空心阴极灯的发光机理是在阴极和阳极间加 300～500V 电压，电子由阴极向阳极运动，使充入的惰性气体电离，正离子以高速向阴极运动，撞击阴极内壁，引起阴极物质的溅射。溅射出来的原子与其他粒子相互碰撞而被激发。激发态的原子不稳定，立即退激到基态，发射出共振发射线。

空心阴极灯的主要指标是谱线的宽度、强度、稳定度和背景等。这些指标与充入惰性气体的种类、压力、阴极材料及放电条件等有关。空心阴极灯的工作电流小，一般仅几个毫安，灯内气体压力也小，所以辐射出特征光谱线半宽度很小。同时，材料单一，一般是一元素一灯，所以谱线纯度高。总之，空心阴极灯是比较理想的锐线光源，但每测一种元素换一个灯，很不方便。现已有多元素空心阴极灯上市。

## 二、原子化器

原子化器的主要作用是使试样中待测元素转变成处于基态的气态原子。入射光束在这里被基态原子吸收，因此，它可视为“吸收池”。原子化器主要有两大类：火焰原子化器和非火焰原子化器。

### 1. 火焰原子化器

用火焰使试样原子化是目前广泛应用的一种方式。它是将液体试样经喷雾器形成雾粒，这些雾粒在雾化室中与气体（燃气和助燃气）均匀混合，除去大液滴后，再进入燃烧器形成火焰，此时，试液便在火焰中产生原子蒸气。由此可见，火焰原子化器（图 11-8）实际上是由喷雾器、雾化室和燃烧器三部分组成的。

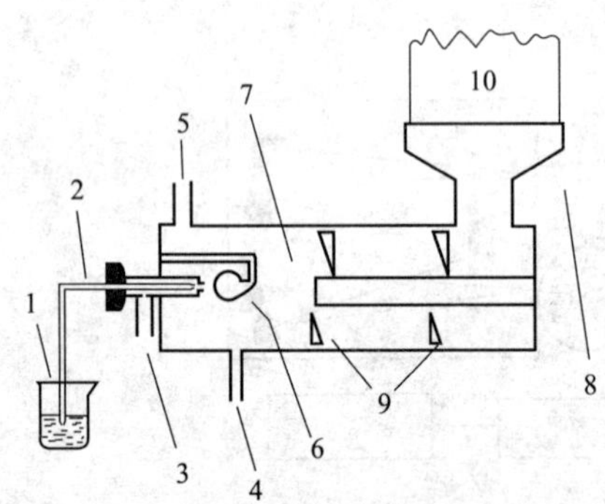

图 11-8 火焰原子化器结构示意图
1—试液；2—毛细管；3—喷雾和助燃气；4—废液排放口；5—燃料气；6—玻璃球；7—雾化室；8—燃烧器；9—扰流器；10—火焰

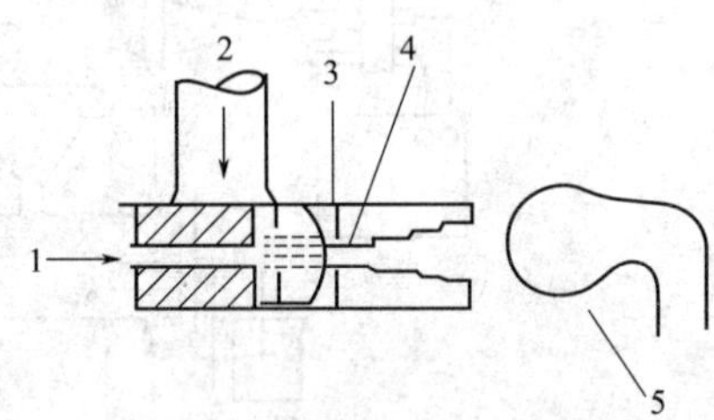

图 11-9 喷雾器
1—试液；2—空气；3—毛细管；4—出气口；5—玻璃球

（1）喷雾器 喷雾器是火焰原子化器中的重要部件，它的作用是将试液变成细雾。雾粒越细、越多，在火焰中生成的基态自由原子就越多。目前，应用最广的是气动同心型喷雾器，其构造见图 11-9。喷雾器喷出的雾滴碰到玻璃球上，可产生进一步细化的作用。生成的雾滴粒度和试液的吸入率，对测定的精密度和化学干扰的大小有一定影响。喷雾器多采用不锈钢、聚四氟乙烯和玻璃等制成。

（2）雾化室 雾化室的作用主要是除去大雾滴，并使燃气和助燃气充分混合，以便在燃烧时得到稳定的火焰。其中的扰流器可使雾滴变细，同时阻挡大的雾滴进入火焰。

（3）燃烧器　试液的细雾滴进入燃烧器，在火焰中经过干燥、熔化、蒸发和离解等过程后，产生大量的基态自由原子及少量的激发态原子、离子或分子。通常要求燃烧器原子化程度高、火焰稳定、吸收光程长、噪声小等。常用的预混合型燃烧器，可达到上述要求。

燃烧器中火焰的作用，是使待测物质分解形成基态自由原子。按照燃气和助燃气的不同比例，可将火焰分为三类，即富燃火焰、中性火焰、贫燃火焰。不同元素测定要求不同的火焰状态。燃助比与火焰状态见表 11-1。其中，贫燃性火焰呈蓝色，氧化性较强，是在助燃气气流量大、燃料气气流量小时形成的。富燃性火焰呈黄色，层次模糊，温度稍低，火焰的还原性较强，是助燃气气流量小或燃料气气流量大时产生的。中性火焰其性质介于上述二者之间。采用的火焰类型不同，测定的灵敏度也不同。其中，空气-乙炔火焰是原子吸收分光光度分析常用的一种火焰，能用于测定 30 多种元素。

**表 11-1　燃助比与火焰状态**

| 火焰 | 燃助比 | 火焰温度/℃ | 火焰状态 |
|---|---|---|---|
| 乙炔-空气 | 1∶6<br>1∶4<br>1∶3 | 2500 | 贫焰<br>中性焰<br>富焰 |
| 乙炔-笑气 | 3.5∶10<br>(3.5～4.5)∶10<br>4.5∶10 | 3200 | 贫焰<br>中性焰<br>富焰 |

由于火焰中的反应是复杂的，火焰温度、燃料气、火焰中存在的各组分等因素对其都有不同程度的影响。所以，在进行分析时，必须选择适宜条件，才能获得准确的分析结果。

**2. 非火焰原子化器**

非火焰原子化器是利用电热、阴极溅射、等离子体或激光等方法使试样中待测元素形成基态自由原子。目前应用较广的是高温石墨炉原子化器。它的结构简单，性能较好，使用方便。其结构如图 11-10 所示。石墨管长约 28～50mm，外径 8～9mm，内径 5～6mm，管上有 3 个小孔，其直径 1～2mm。中间小孔注入试样。惰性气体从三个小孔进入管内，从两端流出，防止石墨管氧化。两端有石英窗使光束通过。管外有水冷外套。由两端的电极通电加热。可先通小电流，在 100℃左右进行试样干燥，一般在 300～1500℃内进行灰化，除去基体，然后升温进行试样原子化，最高原子化温度可达 2900℃左右。进样量为 5～100$\mu$L，待测元素在极短时间内产生吸收信号，并由快速响应的记录器记录。测定后，须在下一试样进样前，将石墨管加高温，使前一试样所遗留的待测元素挥发掉，以减少或除去前一试样对下一试样所产生的记忆效应，此过程称清除或空烧。

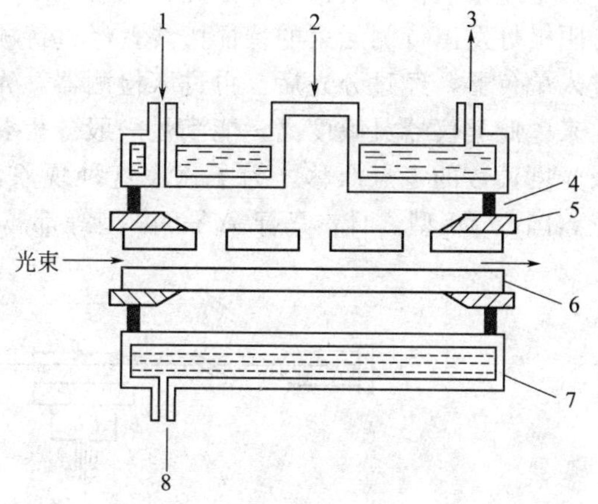

图 11-10　高温石墨炉原子化器

1—惰性气体；2—过样窗；3—冷却水出口；4—绝缘材料；5—电极；6—石墨管；7—金属外壳；8—冷却水进口

石墨炉原子化效率高，原子蒸气浓度比火焰法大数百倍，且原子蒸气在管中停留时间长，因此灵敏度高、取样少，固体试样和液体试样都可以直接原子化。此外，在石墨管中还可以选择灰化温度，蒸发试样基体组分，进行预分离，改变试样成分。不足之处在于操作条件不易控制，测量精度差，重现性及准确性不如火焰法好。

另一类非火焰原子化器是低温原子化器，它是指在特制原子化器中，一些元素在酸性溶液中可被还原剂还原为金属原子或氢化物，在低温条件下即可热解为自由原子。

## 三、分光系统

原子吸收分光光度法应用的波长范围，一般是紫外、可见光区，即从铯 852.1nm 至砷 193.7nm，常用的单色器为光栅。

原子吸收分光光度法的分光系统与分光光度法相同。它的主要作用是将空心阴极灯发射的被测元素的共振线与其他发射线分开。要分离的发射线包括光源所产生的在火焰中不被吸收的光谱线，还包括试样在火焰中燃烧时所发生的非检测谱线或分子的宽带光谱。一般单色器都位于原子化器之后。

由于采用空心阴极灯为光源，其发射的谱线大多为共振线，故比一般光源发射的光谱简单。

分光系统主要元件应包括入射狭缝、色散元件（光栅）、凹面镜和出射狭缝。

## 四、检测系统

检测系统包括光电元件、放大器。在火焰原子吸收分光光度法中，通常采用光电倍增管为检测器。为了提高测量灵敏度，消除待测元素火焰发射的干扰，需要使用交流放大器。电信号经放大后，即可用读数装置显示出来。

## 五、读数装置

最简单的装置是用刻有透光度和吸光度读数的指示器，有的仪器使用记录器、数字显示装置和打印机等。由于待测元素浓度与光源辐射强度及进入检测装置的透射光强度比的对数值（即 $A$）呈线性关系。所以在当今先进的仪器中，装有对数变换线路，可直接读出被测物质的浓度。

## 六、原子吸收分光光度计的类型

近年来，国内外各种新型号的原子吸收分光光度计不断出现。原子化系统及电子线路不断改进，测定的灵敏度和精密度也显著提高。有的仪器可以自动进样、自动调零、自动显示分析结果，使测定过程高度自动化。

根据光学系统的不同，原子吸收分光光度计有单光束、双光束和多波道型等。

### 1. 单光束原子吸收分光光度计

单光束型仪器结构简单，见图 11-11。单光束原子吸收分光光度计只有一个光束，由空心阴极灯发出待测元素的特征谱线，经过待测元素的原子蒸气吸收后，未被吸收的部分辐射进入单色器，经过分光后，再进入检测器，光信号经过转换、放大，最后在读数装置上显示出来。此类仪器灵敏度高，能满足一般分析要求。其缺点是光源或检测器的不稳定性会引起吸光度读数的零点漂移。为了克服这种现象，使用前要预热光源，并在测量时经常校正零点。国产 Y4 型、日本岛津 AA-640 型等都属于单光束型。

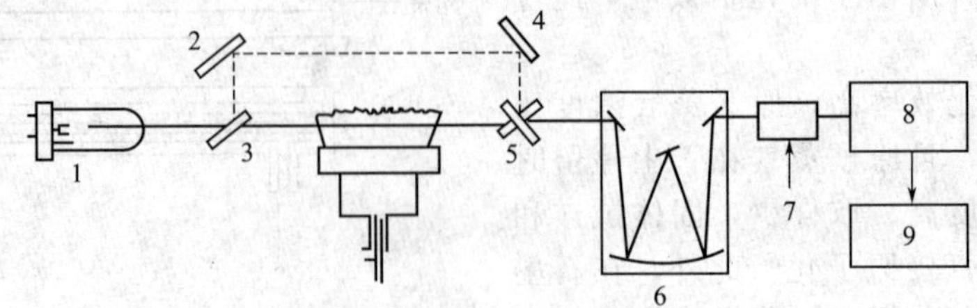


图 11-11　单光束原子吸收分光光度计示意图

1—空心阴极灯；2、4—反射镜；3—半透半反射镜；5—转光器；6—单色器；7—光电管；8—信号放大器；9—记录仪

2. **双光束原子吸收分光光度计**

在双光束型原子吸收光度计中，光源发射的共振线，被切光器分成两束光，一束通过试液被吸收，另一束作为参比，两束光在半透反射镜处，交替地进入单色器和检测器（图11-12）。

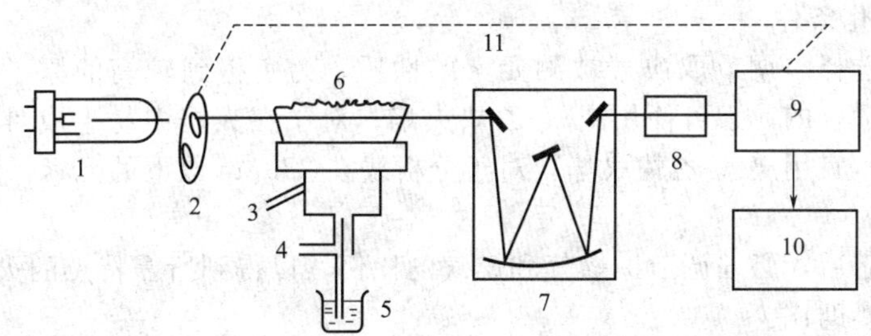


图 11-12 双光束原子吸收分光光度计示意图

1—空心阴极灯；2—切光器；3—燃料气体；4—助燃气体；5—试液；6—火焰；7—单色器；8—光电管；9—放大器；10—记录仪；11—产生与切光器同步信号

由于两光束由同一光源发出，并且所用检测器相同，因此可以消除光源和检测器不稳定的影响。但是，它不能消除火焰不稳定的影响。双光束仪器的稳定性和检测限均优于单光束型。

国产 310 型及 YXF-120 型、日本岛津 AA-650 型等都属于双光束原子吸收分光光度计。

3. **多波道型原子吸收分光光度计**

使用两种或多种空心阴极灯，使光辐射同时通过原子蒸气而被吸收，然后再分别引到不同的分光和检测系统，分别测定各个元素的吸光度。这类仪器准确度高，可采用内标法，也可同时测定两种以上的元素，但仪器装置复杂，价格昂贵。

# 第三节 仪器测量条件的选择

在实际测试中，测量条件影响到原子吸收分光光度法的灵敏度、检出限和准确度，因此应做好分析测试最佳条件的选择。

## 一、分析线的选择

在实际测定分析时，为了获得较高的灵敏度、稳定性和无干扰影响，应当选择合适的分析线。被测元素的特征谱线就是该元素的共振线，也称为被测元素的分析线或灵敏线。通常选择元素的共振线做分析线，可得到较高的灵敏度，但并非都如此选择。当被测组分含量较高或有干扰存在时，也可以选择元素的次灵敏线作分析线。例如砷、硒、汞等元素的灵敏线处于远紫外区，由于在远紫外区各种火焰都有较强烈的背景吸收干扰，显然选择这些元素的特征谱线做分析线是不合适的。再如，当被测元素含量比较高，若选择共振线为分析线，即便是没有干扰，吸收值有时会超出浓度的线性范围，给定量分析带来误差。最适宜的分析线通常由实验来确定，遵循“吸收最大，干扰最小”的原则。

## 二、灯电流的选择

空心阴极灯作为原子吸收分光光度计的光源，其作用是辐射出被测元素的特征谱线。但空心阴极灯的发射特征取决于加在灯上的电流，称为灯电流。灯电流小，发射强度不足；灯电流大，谱线变宽，灵敏度低，寿命缩短。因而灯电流的选择是一个重要的实验条件。灯电流的选择原则是：在保证空心阴极灯有稳定的辐射和合适的光强输出的情况下，尽量选择使用最低灯电流。一般空心阴极灯上都标注有允许使用的最大电流和可使用的电流范围。实际工作中，也可以根据绘制的灯电流与吸光度关系曲线来确定最适宜灯电流。通常选用最大电流的 1/2～1/3 为工作电流。另外，在使用空心阴极灯时，最好在工作电流下通电预热 30min 左右，以获得稳定的发射强度。

## 三、原子化条件的选择

### 1. 火焰原子化条件

火焰种类的选择与调节取决于被测元素的性质。为了得到较高的原子化效率，对于低温、中温火焰，适合的元素可使用空气-乙炔火焰；对于在火焰中易生成难离解化合物和难熔氧化物的元素，宜用笑气-乙炔火焰；对于分析线在 220nm 以下的元素，宜选用空气-氢气火焰。

火焰类型选定后，必须调节助燃气和燃气的比例，以得到所需特点的火焰。一般通过实验来确定合适的燃助比。

### 2. 非火焰原子化条件

非火焰原子化法要合理选择干燥、灰化及原子化等各个阶段的时间和温度。一般情况，干燥在 105～125℃进行；灰化要在能够除去试样基体组分而被测元素不损失前提下，选择尽可能高的温度；原子化条件可选择能够达到最大吸光度的最低温度。

## 四、燃烧器高度的选择

燃烧器高度是指光源所发射的谱线与燃烧器口的距离，也叫吸收高度。由于在火焰的不同部位（火焰高度），原子化蒸气的分布不均匀，密度不同，因此，测定时必须调节燃烧器的高度，使测量光束能够从基态原子密度大的区域内通过，可以得到较高的灵敏度。

## 五、进样量

实际测试时原子化器吸入试液的体积，即进样量的大小也会影响分析结果。进样量少，信号太弱；进样量多，对火焰会产生冷却效应。实际工作中，一般要通过测定吸光度值与进样量的关系曲线，选择合适的进样量。

## 六、单色器狭缝宽度与光谱通带的选择

狭缝宽度的选择原则是：在能够使邻近谱线分开的前提下，选用尽可能宽的狭缝。具体狭缝宽度一般由实验来确定：吸入试液，不断改变狭缝宽度，分别测定吸光度，最终选择不引起吸收值明显下降的最大狭缝宽度作为最佳狭缝宽度。

光谱通带可用下式表示：

$$W = DS \tag{11-7}$$

式中，$S$ 为狭缝宽度，mm；$W$ 为光谱通带，nm，它可理解为“仪器出射狭缝所能通过的谱线宽度”；$D$ 为倒线色散率，是线色散率的倒数，是单色器的性能指标之一。线色散率是指相差 $d\lambda$ 波长的两条光谱线经过单色器色散后，在焦面上相距的距离。所以倒线色散率可定义为：

$$\frac{1}{D} = \frac{d\lambda}{dL} \tag{11-8}$$

即焦面上单位距离内包括的波长，以 $nm \cdot mm^{-1}$ 表示。

在两相邻干扰线间距离小时，光谱通带要小，反之，光谱通带可增大。由于不同元素谱线的复杂程度不同，选用的光谱通带亦各不相同，如碱金属、碱土金属谱线简单，背景干扰小，可选用较大的光谱通带，而过渡族、稀土族元素谱线复杂，则应采用较小的光谱通带，一般在原子吸收分光光度法中，光谱带为 0.2nm 已可满足要求，故采用中等色散率的单色器。

如果单色器的色散率一定时，那么就可以通过选择合适的狭缝宽度（$S$）来达到谱线既不受干扰，吸收又处于最大值的工作条件。

# 第四节 定量分析方法

原子吸收的定量分析方法，可采用一般仪器分析法常用的标准工作曲线法、比较法和标准加入法等。

**一、标准工作曲线法**

配制一组浓度由小到大逐渐递增的待测元素标准溶液，在相同条件下分别测定吸光度 $A$，然后以吸光度为纵坐标，标准溶液浓度 $c$ 为横坐标在坐标纸上作图，就可以得到 $A$-$c$ 关系曲线，即标准工作曲线。在同一条件下测定待测试样的吸光度值，在标准工作曲线上查出待测元素的含量。

标准工作曲线法适用于大批试样分析，方法简便、快速，是最常用的分析方法。应用时必须注意以下几点：

① 标准溶液与试样溶液应用相同的试剂处理，使其组成尽可能一致。即配制标准系列溶液时，应使用与试样相同的基体成分。

② 分析过程应保持测量条件始终不变。如进样速度、火焰状态、石墨炉工作参数等。

③ 待测试样的浓度应在标准曲线的线性范围内。

**二、标准加入法**

如果试样的组成复杂、含量较低，或者很难配制组成相似的标准溶液，则可以使用标准加入法进行定量分析。

取两份相同量的被测试样，在一份中加入标准溶液，定容至相同的体积。用 $c_x$ 和 $c_s$ 分别表示待测试样和所加入标准溶液的浓度，$c_x+c_s$ 为加入标准溶液后的总浓度。$A_x$ 和 $A_s$ 分别表示待测试样和加入标准溶液后的吸光度值。根据朗伯-比耳定律：

$$A_x=Kc_x$$

$$A_s=K(c_x+c_s)$$

可以得到：

$$c_x=\frac{A_s}{A_s-A_x}\times c_s \tag{11-9}$$

实际工作中也常采用作图法确定被测试样的浓度。取几份相同量的被测试样中，依次分别加入由小到大的不同量的标准溶液，其中 1 份不加，定容至相同的体积，到仪器上分别测定其吸光度值。以吸光度对加入标准溶液的浓度作图，如图 11-13 所示。在图 11-13 中，延长标准曲线与横轴相交，则该交点与原点间的距离即为待测试样的浓度 $c_x$。

应用标准加入法时应注意以下几点：

① 至少应采用 5 个坐标点（包括 $c_x$）制作标准工作曲线后才能外推。所加入的标准溶液的浓度应大致和试样浓度相当，过高的加入量容易超出线性范围，而过低的加入量会使外推结果误差大。

② 测量应在标准曲线的线性范围内测定。

③ 标准加入法仅能消除基体干扰和一些化学干扰，并不能消除背景吸收干扰。因为相同的信号既加到待测试样的吸光度值上，也加到加入标准溶液后的吸光度上，所以只有扣除了背景之后才能得到被测试样的真实浓度，否则测定结果偏高。

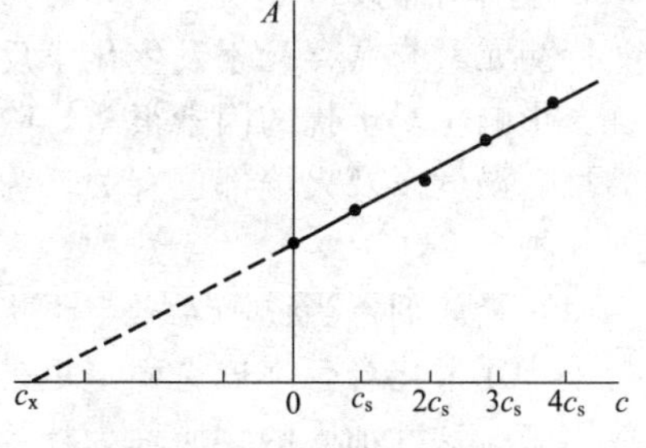

图 11-13 标准加入法

# 第五节　干扰及消除方法

原子吸收分光光度法与其他分析法相比，虽选择性好、干扰少，但仍不可忽视干扰的存在，因此应当了解产生干扰的原因及其消除方法。原子吸收分光光度法的主要干扰可分为以下两大类。

## 一、光谱干扰

光谱干扰，包括谱线干扰和背景吸收所产生的干扰。

### 1. 谱线干扰

谱线干扰包括光源的非吸收线干扰和原子化器发射谱线干扰。

（1）光源的非吸收线干扰　是指一灯多用或阴极材料纯度不高时，共存元素被激发，光源的发射谱线有一部分谱线频率与吸收线非常接近，有时甚至发生重叠，不能够被仪器单色器分开。如测定Pb时，选择217.0nm的共振线为分析线，其空心阴极灯中的痕量Cu能够发射216.5nm、217.8nm这两条谱线，干扰Pb的正常吸收；测定Cr时，选择357.9nm的发射线为分析线，其空心阴极灯内的惰性气体Ar可以发射357.7nm的谱线，会干扰Cr的正常吸收；还有一种情况，常见于多谱线元素（Fe、Co、Ni等），如测定Ni时，选择232.0nm的发射线作为分析线，在其附近有一条231.6nm的发射线会影响其正常吸收。对于光源非吸收线的干扰，通常采用提高单色器的分辨率、使用纯度较高的单元素灯、一灯一用或选择其他分析线等方法消除。

（2）原子化器发射线干扰　在原子化器中主要进行的是吸收，但是基态原子吸收共振线之后跃迁至激发态，不可避免地一部分激发态原子会通过发射谱线来释放多余能量，所发射的某些谱线和吸收线的频率非常接近甚至相等，单色器很难分离，会干扰测定。对于原子化器发射线干扰，可以在光源和检测器间建立交流放大系统，对吸收线进行波形调制，而原子化器所发射的谱线没有经过调制，不能进入检测器，从而消除干扰。

### 2. 背景干扰

背景干扰包括分子吸收和光散射，使吸收值增加，产生正误差。分子吸收是指原子化过程中生成的气体分子、氧化物、氢氧化物和盐类分子对辐射线的吸收，是一种宽带吸收。如KBr、KI、NaCl在200～400nm有吸收，对Zn、Cd、Ni、Fe、Hg、Mn、Pb、Mg、Cu的测定有干扰；$H_2SO_4$、$H_3PO_4$在250nm有强吸收、在空气-乙炔火焰中在小于250nm时有明显吸收，对As、Se、Te、Sb、Zn、Cd等元素的测定有干扰。分子吸收可以采用改变浓度或改变火焰温度来消除。光路中有很多微粒，它们对光产生散射作用，被散射的光偏离光路，不能被检测器所检测，引起虚假吸收，使吸光度增加，从而带来误差。光散射可用“调零”的方法来消除。

## 二、化学干扰、物理干扰及电离干扰

### 1. 化学干扰

待测元素与共存元素发生化学反应，引起原子化效率的改变所造成的影响，统称为化学干扰。影响化学干扰的因素很多，除与待测元素及共存元素的性质有关外，还与喷雾器、火焰类型、温度以及火焰部位有关。为了抑制化学干扰，可加入各种抑制剂，常用的抑制剂有下列几种：

（1）释放剂　当欲测元素与干扰元素在火焰中形成稳定的化合物时，加入另一种物质，使与干扰元素化合，生成更稳定更难挥发的化合物，从而使待测元素从干扰元素的化合物中释放出来。这种加入的物质称为释放剂。例如，测定植物中的钙时，加入镁和硫酸，可使钙从磷酸盐和铝的化合物中释放出来。

(2) 保护剂　保护剂大多是配位剂，与待测元素或干扰元素形成稳定的配合物，消除干扰。

(3) 缓冲剂　用一氧化二氮-乙炔焰测定 Ti 时，Al 抑制 Ti 的吸收。但是，当 Al 的浓度大于 $200mg \cdot L^{-1}$后，吸收趋于稳定。因此在试样和标样中均加入 $200mg \cdot L^{-1}$的干扰元素，则可以消除 Al 对 Ti 的干扰。这种加入的大量干扰物质，称为吸收缓冲剂。

另外，对于化学干扰亦可采用标准加入法或最直接分离的方法——萃取分离。

**2. 物理干扰**

物理干扰是指试样溶液在转移、蒸发和原子化过程中，由于溶质或溶剂的物理性质，如表面张力、黏度、密度及温度等发生变化时，引起原子吸收信号强度变化的效应。试样的黏度影响吸喷速度，进而影响雾化和雾化效率。毛细管的内径和长度以及空气的流量也会影响吸喷速度。试样的表面张力会影响雾滴的粒度、脱溶剂效率和蒸发效率，最终影响到原子化效率。

最常用的方法是配制与被测试样组成相近的标准溶液，也可采用标准加入法、稀释或者加入表面活性剂等措施，可消除物理干扰。

**3. 电离干扰**

很多元素在高温火焰中都会产生电离，使基态原子减少，灵敏度降低。这种现象称为电离干扰。若加入某些易电离物质，则可消除电离干扰。当然采用低温火焰，本身即可防止发生电离，但这种办法有时对金属的原子化不利。

## 第六节　原子吸收分光光度法的应用

原子吸收分光光度法首先是用于无机金属元素的测定，随着仪器分析技术的发展，也可以用于非金属元素和有机物的测定。现在，随着各种联用技术的发展，原子吸收分光光度法在生命科学和环境科学等领域也发挥着重要的作用。

### 一、测定生物样品中的化学元素

对于生物样品中多种微量元素的分析，由于原子吸收分光光度法的选择性和灵敏度高，并且测定手续简便快速，因此已得到广泛的使用。例如食品中微量元素 $Pb^{2+}$、$Cd^{2+}$、$Cu^{2+}$、$Sn^{2+}$、$Zn^{2+}$、$Hg^{2+}$、$Cr^{3+}$、$Ni^{2+}$、$Fe^{3+}$ 等离子的测定均可用原子吸收分光光度法。工作中遇到微量元素定量分析任务时，可查阅有关工具书。

综合各种微量金属元素的分析，一般采用的方法是，先对样品干灰化，将有机物质彻底分解后，加入硝酸使无机元素溶解，并定容在合适的容量瓶中。通过进样器直接吸入原子化器中，使待测元素转变成处于基态的气态原子，然后在光路中测定雾化的原子状态的元素对其空心阴极灯发射的谱线的吸收。因此，对一个试样中的几种元素的分析，只需预处理一份，在测定过程中更换不同的元素灯，即可达到分析目的。有时，也可对试样进行湿法消化处理，消化液定容后就可以直接上机测定。但应注意的是对于在火焰中稳定性差的元素，如 Sn、Hg 等，应采用非火焰原子化器进行测定。

另外，原子吸收分光光度法也可用于某些非金属元素的分析，例如砷的分析就是试样经硫酸、硝酸消化后，用碘化剂-抗坏血酸溶液将五价砷还原成三价砷，再经硼氢化钾溶液将三价砷还原为砷化氢，随即被导入无火焰原子化器中原子化，然后在光路中测定砷原子对砷灯发射的 193.7nm 谱线的吸收，确定出砷的含量。

### 二、有机物分析

使用原子吸收分光光度计，通过间接法可以测定多种有机化合物，如 8-羟基喹啉、醇类、醛类、酯类、酚类、联乙酰、肽、脂肪胺、氨基酸、维生素、甲酸奎宁、有机酸酐、苯甲基青霉素、葡萄糖、水解酶、有机卤素等多种有机化合物。一般通过与相应的金属元素之间的化学计量关系进行测定的。例如，半胱氨酸在适当的pH条件下可与铜离子生成沉淀，因此可通过原子吸收分光光度法测定样品被铜离子沉淀后上清液中剩余的铜离子含量，间接测定半胱氨酸的含量。

## 本章小结

原子吸收分光光度法是基于物质的原子蒸气（基态）对特征谱线的吸收来进行元素定量分析的方法。方法具有检出限低、干扰小、选择性好、准确度和精密度都比较好、应用范围广等特点。

原子吸收分光光度法的基本原理主要包括原子共振线，有共振发射线和共振吸收线两种。影响原子吸收谱线宽度的主要因素有：自然宽度、多普勒变宽和压力变宽等。

原子吸收分光光度法定量分析的基础是在一定实验条件下，使用锐线光源，通过测定基态原子的吸光度，就可求得试样中待测元素的浓度。常用的定量分析方法有标准工作曲线法和标准加入法等。

原子吸收分光光度计一般由锐线光源、原子化器、单色器、检测器、数据处理及读出装置等部分组成。原子化器可分为火焰原子化器和非火焰原子化器，各有其优缺点。测定条件的选择主要有分析线的选择、空心阴极灯灯电流和火焰的种类、燃烧器的高度、狭缝宽度以及单色器光谱宽带的选择等。

原子吸收分光光度法的主要干扰有光谱干扰、电离干扰、化学干扰、物理干扰和背景干扰等。应了解各种干扰产生的原因，以便实际工作中采取适当的措施来减小或消除干扰。

## 思考题与习题

1. 什么是锐线光源？在原子吸收分光光度法中为什么要使用锐线光源？
2. 如何计算原子吸收法的灵敏度和检测限？它们之间有什么联系？
3. 原子吸收法主要有哪些干扰？
4. 影响谱线宽度的主要因素有哪些？它们对原子吸收法的测定有何影响？
5. 积分吸收和峰值吸收是什么？测定峰值吸收的前提是什么？
6. 原子吸收分光光度计主要有哪几部分组成？
7. 测定植物样品中锌离子的含量，将3份0.500mL消化好的试样分别加水定容至5.00mL，然后在这3份溶液中分别加入0.0μL、10.0μL、20.0μL的浓度为0.0500mol·L$^{-1}$的锌离子标准溶液，在原子吸收分光光度计测得的吸光度分别为0.230、0.453、0.680。计算此植物样品中锌离子的质量浓度。

(6.07mg·mL$^{-1}$)

8. 两个含铜离子的标准溶液浓度分别为25μg·mL$^{-1}$、15μg·mL$^{-1}$，在原子吸收分光光度计测得的吸光度分别为0.543和0.428，在相同条件下测得土壤溶液的吸光度为0.480，计算土壤溶液中铜离子的含量。

(19.5μg·mL$^{-1}$)

9. 将0.30μg·mL$^{-1}$的$Fe^{2+}$标准溶液在一定条件下以AAS喷雾燃烧，所用的试液体积为0.10mL，测得吸光度为0.180，计算Fe在该条件下的相对灵敏度和绝对灵敏度。

($7.2\times10^{-3}$μg·mL$^{-1}$/1%；$7.2\times10^{-4}$μg/1%)

# 第十二章　气相色谱分析法

色谱法（chromatography），是一种物理或物理化学的分离分析方法。在分析化学、有机化学、生物化学等领域有着非常广泛的应用。自20世纪初由俄国植物学家 Tsweet M. 创立以来，已有百年的历史，现已发展成为一门新兴学科，并形成气相色谱、液相色谱、薄层色谱、离子色谱、亲和色谱、超临界流体色谱、毛细管电泳、电色谱等分支学科。各种色谱仪器与质谱、红外、核磁等技术联用创立了复杂混合物分析的新手段，成为发展最快、应用最广的分析方法之一。

## 第一节　色谱法概述

### 一、色谱法原理介绍

色谱法利用物质在固定相和流动相两相中的分配系数差异、吸附与解吸差异或其他差异而被分离。当两相相对运动时，样品中不同组分将在两相中多次分配，分配系数大的组分迁移速率慢，反之，分配系数小的组分迁移速度快，从而使得不同组分得以分离。色谱法中，进行色谱分离用的玻璃管、不锈钢管称为色谱柱（chromatographic column），管内起分离作用的填充物称为固定相（stationary phase），流经固定相的洗脱剂称为流动相（mobile phase）。

### 二、色谱法的分类

**1. 按两相所处的状态来分类**

根据流动相的聚集状态，将流动相为气体的称为气相色谱法（gas chromatography，GC）；流动相为液体的称为液相色谱法（liquid chromatography，LC）；流动相为超临界流体的称为超临界流体色谱法（supercritical fluid chromatography，SFC）。

根据固定相的聚集状态，将气相色谱法分为以固体吸附剂为固定相的气固色谱法（GSC）以及涂渍在固体载体上的液体作为固定相的气液色谱法（GLC），本章主要介绍GLC；同理，液相色谱法可分为液固法（LSC）和液液色谱法（LLC）。

**2. 按分离原理来分类**

按照色谱法所依据的物理或物理化学性质的不同，又可将其分为：

(1) 吸附色谱法（adsorption chromatography）　利用吸附剂表面对不同组分的物理吸附性能不同而使之分离的色谱法称为吸附色谱法。适于分离不同种类的化合物（例如，分离醇类与芳香烃）。

(2) 分配色谱法（partition chromatography）　利用固定液对不同组分的分配系数不同而使之分离的色谱法称为分配色谱法。

(3) 离子交换色谱法（ion exchange chromatography，IEC）　用离子交换树脂作为固定相，利用树脂上离子交换基团对样品离子交换能力的差别而使之分离的色谱法称为离子交换色谱法。它不仅广泛地应用于无机离子的分离，而且广泛地应用于有机物和生物物质，如氨基酸、核酸、蛋白质等的分离。

(4) 尺寸排阻色谱法（size exclusion chromatography，SEC）　用多孔凝胶作固定相，利用凝胶空穴对不同尺寸大小的分子排阻效应的差别使之分离的色谱方法叫尺寸排阻色谱法，此法被广泛应用于大分子分级，即用来分析大分子物质相对分子质量的分布。

(5) 亲和色谱法（affinity chromatography） 用具有生物活性的配位基（如抗体、酶等）键合到非活性载体或基质表面构成固定相，利用生物分子与配位基的专属亲和力使之分离的色谱法称为亲和色谱法。可用于分离活体高分子物质、过滤病毒及细胞，或用于对特异物质的相互作用进行研究。

(6) 毛细管电色谱法（capillary electro-chromatography，CEC） 是靠色谱与电场两种作用力，根据样品组分的分配系数及电泳速度的差别使之分离的色谱法称为毛细管电色谱法。它是最新的色谱法，特点是快速、经济、应用面广，是目前最有前途的应用方法。

## 第二节 气相色谱法的特点及基本原理

### 一、气相色谱法的特点

气相色谱法是以气体为流动相的色谱方法。气相色谱分离是基于样品在流动相和固定相之间的分配性能差异，其中固定相是由载体和涂渍在载体表面的高沸点液体组成，流动相则是通过固定相的一种惰性气体。气相色谱法是一种高效分离分析技术，具有以下特点：

(1) 分离效能高 气相色谱法在较短的时间内能够同时分离和测定极为复杂的混合物，如用毛细管柱一次可分析挥发油中的上百个组分。

(2) 选择性高 气相色谱法能够分离分析性质极为相近的物质，如烯烃的顺反异构体、苯环上两个取代基形成的邻、间、对三个同分异构体等。

(3) 灵敏度高 气相色谱法配合高灵敏度的检测器，可以检测出样品中含量为 $10^{-11}$～$10^{-12}$g 的物质，可广泛用于痕量杂质和超纯物质的分析。

(4) 分析速度快 气相色谱完成一次分析仅需几分钟时间或最多几十分钟。若根据组分特点设计特定的快速分析法，则时间更短。

(5) 应用范围较广 气相色谱法不仅可以分析气体，也可分析易转化为挥发物的液体或固体样品；不仅适于有机物，同时也适于可转化为金属卤化物或金属螯合物的部分无机物分析。

气相色谱法也有其缺点，主要是受样品的蒸气压限制以及定性鉴定较为困难。一般定性鉴定还需与质谱、红外等技术联用方可实现。

### 二、气相色谱法的基本原理

气相色谱的分离过程，是将待分离的多组分样品由一种惰性气体（载气）携带着通过色谱柱，样品中的混合组分在载气和固定液之间分配，根据样品的分配系数，固定液有选择地对它们加以阻滞，直到它们在载气中形成分离的谱带为止。这些谱带随着载气流出色谱柱，并按先后次序到达检测器，检测器再将载气中各组分的浓度变化转变为相应的电信号，作为时间函数，并以峰的形式记录下来，即为色谱图。

可以利用气相色谱各物质峰的保留时间进行定性分析，利用峰面积或峰高进行定量分析。本节介绍气相色谱分析法的两个重要理论：塔板理论及速率理论。

#### 1. 塔板理论

塔板理论是色谱学的基础理论，该理论引用了蒸馏过程中的概念、理论和方法，把连续的色谱过程看作是在蒸馏塔塔板间平衡过程的重复。色谱柱相当于蒸馏塔，可分成许多小段，每一小段相当于一层塔板，在每一块塔板内，一部分空间由固定相所占据，另一部分空间由流动相载气所占据。当被测组分随载气进入色谱柱后，各组分就在两相间进行分配，组分随着载气在向前流动，在到达下一块塔板时，瞬间达到新的气液平衡。就这样组分在塔板间隔的两相间不断地重复分配，经过多次这样的分配平衡后，分配系数小的组分最先流出色谱柱，分配系数大的组分后流出。由于色谱柱的塔板数量相当多，即使两组分的分配系数只有微小的差别，也可获得很好的分离效果。

塔板理论有以下几个前提：

① 在色谱柱的一段长度（$H$）内组分可瞬间在两相中达到分配平衡。$H$ 称为理论塔板高度或简称板高。

② 载气通过色谱柱，是间歇式地不连续地前进，而且每次进气为一个板体积。

③ 试样各组分开始都加在 0 号板上，组分的纵向扩散忽略不计。

④ 组分在所有塔板上分配系数相同，且为常数，即与组分的量无关。

塔板理论认为：一根柱子可以分成 $n$ 段，在每段内组分可在两相间很快达到分配平衡，每一段为一块理论塔板。若设柱长为 $L$，理论塔板高度为 $H$，则：

$$H=\frac{L}{n} \tag{12-1}$$

式中，$n$ 为理论塔板数

当理论塔板数 $n$ 足够大时，色谱柱流出曲线趋近于正态分布。理论塔板数可以根据色谱图上所得的保留时间 $t_r$ 和峰宽 $W$ 或半高峰宽 $W_{h/2}$ 计算：

$$n=16\left(\frac{t_r}{W}\right)^2 \tag{12-2a}$$

或

$$n=5.54\left(\frac{t_r}{W_{h/2}}\right)^2 \tag{12-2b}$$

$n$ 或 $H$ 是描述色谱柱效能的指标。一般来说，色谱柱的理论塔板数 $n$ 越大，理论塔板高 $H$ 越小，则表示色谱柱的柱效越高。

塔板理论的不足之处在于，实际色谱分离过程与塔板理论的描述并不完全相符。事实上，色谱体系没有真正的平衡状态；分配系数也只有在有限的浓度范围内才与浓度无关；组分的纵向扩散并不能忽略不计。而且塔板理论不能解释影响塔板高度 $H$ 的因素；也不能解释特定组分在不同的载气流速下可以测得不同的理论塔板数这一实验事实。

**2. 速率理论**

荷兰学者范第姆特（Van Deemeter）等吸收了塔板理论中的一些概念，并把色谱过程与分子扩散和气液两相中的传质过程联系起来，建立了色谱过程的动力学理论，即速率理论。速率理论认为，单个组分粒子在色谱柱内的固定相和流动相间要发生上千万次转移，加上分子扩散和运动途径等因素，它在柱内的运动是高度随机的，不规则的，在柱中随流动相前进的速率也不是均一的。速率理论提出了范第姆特方程式。它在塔板理论的基础上引入了影响板高的动力学因素，表明了塔板高度 $H$ 与载气线速 $u$ 以及影响 $H$ 的三项因素之间的关系，其简化式为

$$H=A+\frac{B}{u}+Cu \tag{12-3}$$

式中，$A$、$B$、$C$ 为常数；$A$ 项为涡流扩散项；$B/u$ 项为分子扩散项；$Cu$ 项为传质项；$u$ 为载气线速率，即单位时间内载气在色谱柱中的流动距离，$cm \cdot s^{-1}$。由式(12-3) 中关系可见，当 $u$ 一定时，只有当 $A$、$B$、$C$ 较小时，$H$ 才能有较小值，才能获得较高的柱效能；反之，色谱峰扩张，柱效能相应降低，因此 $A$、$B$、$C$ 为影响峰扩散的三项因素。

（1）涡流扩散项 $A$　在填充色谱中，当气流碰到填充物颗粒时，不断改变方向，使试样组分在气相中形成紊乱的类似涡流的流动，从而导致同一组分的粒子所通过的路途长短不一，因此在柱中停留的时间也不尽相同，最终因扩散而引起色谱峰的扩张。这种扩散称为涡流扩散（eddy diffusion）。

涡流扩散项 $A$，与填充物的平均颗粒直径及填充物的均匀性有关。

$$A=2\lambda d_p \tag{12-4}$$

式中，$\lambda$ 为填充不规则因子；$d_p$ 为填充物颗粒的平均直径。

由上式可见，$A$ 与载气性质、流速和组分无关。所以装柱时应尽量填充均匀，并使用粒度适当和颗粒大小均匀的载体，这是提高柱效能的有效途径。对于空心毛细管柱，由于无填充物，故 $A$ 等于零。

（2）分子扩散项 $B/u$　分子扩散又称为纵向扩散（longitudinal diffusion），是由于组分在色谱柱中的分布存在浓度梯度，浓度大的部分有向较稀区域扩散的倾向，因此运动着的分子形成纵向扩散。分子扩散相与载气的线速度 $u$ 呈反比，即载气流速越小，组分在气相中停留的时间越长，分子扩散就越严重，从而引起峰宽加大。为了减小峰扩张，可以采用较高的载气流速，通常为 $0.01\sim1.0\text{cm}\cdot\text{s}^{-1}$。

$B$ 称为分子扩散系数，与组分在载气中的扩散系数有关。

$$B=2\gamma D_g$$

式中，$\gamma$ 称为弯曲因子，表示因柱内填充物而引起气体扩散、路径弯曲的因素；$D_g$ 为组分在气相中的扩散系数。

$D_g$ 与载气相对分子质量的平方根成反比，对于既定的组分采用相对分子质量较大的载气，可以减少小分子扩散；对于选定的载气，则相对分子质量较大的组分会有较小的分子扩散。弯曲因子是与填充物有关的因素。在填充柱内，由于填充物的阻碍，不能自由扩散，使得扩散途径弯曲，扩散程度降低，故 $\gamma<1$。因此，在色谱操作时，应选用相对分子质量较大的载气、较高的载气流速、较低的柱温，这样才能减小 $B/u$ 值，提高柱效率。

（3）传质阻力项 $Cu$　在气液填充柱中，试样被载气带入色谱柱后，组分在气液两相中分配而达到平衡。由于载气流动，会破坏这种平衡，即当纯净载气或含有较少组分的载气遇到固定相时，固定相中一部分组分的分子又回到气液界面，并逸出而被载气带走，这种溶解、扩散、平衡和转移的过程称为传质过程。影响此过程进行速率的阻力，称为传质阻力(mass transfer resistance)。传质阻力包括气相传质阻力和液相传质阻力。

$$C=C_g+C_l$$

式中，$C$ 为传质阻力系数；$C_g$ 为气相传质阻力系数；$C_l$ 为液相传质阻力系数。

气相传质阻力系数 $C_g$ 与固定相的平均颗粒直径的平方成正比，与组分在载气中的扩散系数成反比。在实际色谱操作过程中，应采用细颗粒固定相和相对分子质量小的气体（如 $H_2$ 和 He）做载气，可降低气相传质阻力，提高柱效率。

液相传质阻力系数 $C_l$ 与固定相膜厚度的平方成正比，与组分在液相中的扩散系数成反比。实际操作时减小 $C_l$ 的主要方法为：①降低液膜厚度，在保证完全均匀覆盖载体表面的前提下，可适当减少固定液的用量，并尽量使液膜薄而均匀；②提高柱温，增大组分在液相中的扩散系数，以降低液相传质阻力，从而提高柱效。

从以上讨论可以看出，范第姆特方程式是色谱工作者选择色谱分离条件的主要理论依据，它阐明了色谱柱填充的均匀程度、载体粒度的大小、载体种类和流速、柱温、固定相的液膜厚度等因素对柱效能以及色谱峰扩张的影响，对于气相色谱分离条件的选择具有指导意义。

## 第三节　气相色谱的实验技术

### 一、色谱系统

气相色谱的基本装置由下列各部分组成：

#### 1. 气路系统

一般采用高压气瓶作为载气源，气体经减压阀、流量控制器、载气净化装置和压力调节器，流经色谱柱，由检测器排出，构成气路系统。整个气路系统是一个可供载气连续运行的密闭管路系统。系统要求载气纯净、流速稳定及流速测量准确。

2. **进样系统**

安装在色谱柱的进气口之前，由两部分组成，一个是进样口（图 12-1），用于注射样品；另一个是加热系统，以保证样品在汽化室的迅速汽化。液体进样器为不同规格的专用注射器，填充柱色谱常用 10μL 进样器，毛细管色谱常用 1μL 进样器；新型仪器带有全自动液体进样器，清洗、润冲、取样、进样、换样等过程自动完成，一次可放置数十个试样。

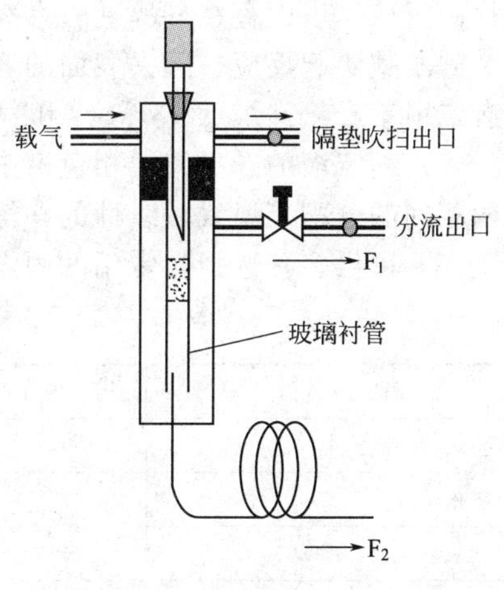

图 12-1　气相色谱进样口示意图

3. **色谱分离系统**

由色谱柱和柱温箱组成，是气相色谱仪的核心部件。

4. **检测系统**

检测系统是色谱仪的眼睛，通常由检测元件、放大器、显示记录三部分组成。被色谱柱分离后的组分依次进入检测器，按其浓度或质量随时间的变化，转化成相应电信号，经放大后记录和显示，给出色谱图。

5. **数据处理系统**

对色谱图包含的信息进行分析处理。目前主要是应用色谱工作站对色谱操作条件进行设定，对试样中的组分进行定性或定量分析。

6. **温度控制系统**

温度是色谱分离条件的重要选择参数。温度控制系统可对进样口、色谱分离室（柱温箱）、检测室等处进行加热，并能自动控制温度的变化。当试样复杂时，分离室温度需要按一定程序控制温度变化，使各组分在最佳温度下分离。

## 二、实验技术要点

### 1. 色谱柱的选择和制备

在气相色谱分析中，样品中各组分的分离是在色谱柱内完成的，能否准确而快速地完成某一特定样品的分离分析任务，在很大程度上取决于色谱柱的选择。

色谱柱是由柱体、固体载体和固定液三部分组成。

（1）柱体的选择　色谱柱材质可以是不锈钢、铝或玻璃。柱体形状主要根据控制室的形状和大小而定，有直形、U 形或螺旋形。玻璃柱的优点是化学惰性，不与任何物质起作用，在填充时能直接观察填充是否均匀，缺点是易断。金属柱比较牢固，常用不锈钢柱。一般直形柱易填充均匀，螺旋柱易得到合适的长度，但螺旋柱的螺旋直径必须是柱体内径的十倍以上，这样才能把扩散和跑道效应降到最低。

填充柱的长度可以为 0.1～20m，普通分析柱长 0.1～3m。理论上讲，柱越长，理论塔板数越高，分离效果越好。但由于载气流经柱子时速度是变化的，因此处于最佳流速下操作的柱子只有一小段，也就是说，柱若太长，分离效果将随柱长而递减。另外，长的色谱柱需要很高的进口压力，使得注射进样和防气体渗漏等方面的工作更加困难。

（2）固体载体的选择　固体载体又称为担体，它提供了一个大而均匀的惰性表面，用于涂渍固定相使其成为均匀的薄膜，有利于气液平衡。理想的载体应具有下列性质：比表面积大；有适宜的孔隙结构；化学惰性且无吸附性；热稳定性和机械强度好；抗破碎强度高；颗粒形状规整，大小均匀；固定液对其有湿润性，涂后易于填充。载体的品种很多，应用最广的载体很大部分是以硅藻土（红、白）为原料。

由于载体表面存在硅醇基，具有形成氢键的能力，因而常用硅烷化试剂与载体表面的硅醇、硅醚基团起反应，除去表面的氢键结合能力，以改进载体的表面性能。常用的硅烷化试剂有二甲基二氯硅烷（DMCS）和六甲基二硅胺（HNDS）。

（3）固定液的选择　气相色谱中液体固定相称为固定液，使用液体固定相可以保证组分在两相间的分配等温线是线性的，得到的色谱峰对称性较好，有广泛的适用性。固定液的种类繁多，可供多种选择，常用的固定液见表 12-1。

**表 12-1　常用固定液**

<table>
<tr><th>固定液名称</th><th>相对极性</th><th>最高使用温度/℃</th><th>稀释溶剂</th><th>适用被分离物质</th></tr>
<tr><td>角鲨烷</td><td>0</td><td>300</td><td>三氯甲烷、乙醚</td><td>烃类</td></tr>
<tr><td>阿皮松 L</td><td>+</td><td>300</td><td>三氯甲烷、苯</td><td>高沸点物质</td></tr>
<tr><td>甲基聚硅氧烷(SE-30)</td><td>+</td><td>300</td><td>三氯甲烷、甲苯</td><td rowspan="2">甾体、生物碱、酯类</td></tr>
<tr><td>甲基聚硅氧烷(OV-1)</td><td>+</td><td>350</td><td>三氯甲烷</td></tr>
<tr><td>甲基苯基聚硅氧烷(OV-17)</td><td>++</td><td>300</td><td>三氯甲烷</td><td>药品、核酸、氨基酸</td></tr>
<tr><td>氟聚硅氧烷(QF-1)</td><td>+++</td><td>200</td><td>丙酮</td><td>药品、甾体化合物</td></tr>
<tr><td>Carbowax-20M</td><td>++++</td><td>250</td><td>三氯甲烷</td><td rowspan="3">生物碱、挥发油</td></tr>
<tr><td>Carbowax-6000</td><td>++++</td><td>200</td><td>三氯甲烷</td></tr>
<tr><td>Carbowax-400</td><td>++++</td><td>125</td><td>三氯甲烷</td></tr>
</table>

固定液的选择一般是根据被分离物质的性质而定，在开始分析前需要了解被分离物质中可能含有的组分类型。对被分离物质的结构、沸程和性质了解得越多，就越容易选择合适的固定液。

固定液选择根据“相似性原则”。固定液的化学结构与被分离组分的化学结构越相似，它们之间的色散力、诱导力、静电力和氢键结合力等就越强，被分离组分在固定液中的分配系数也越大，因而在柱内的保留时间长；反之，组分就会被很快洗脱出色谱柱。

固定液的选择在很大程度上仍然取决于经验，对于复杂混合物的分离，可使用混合固定液，即将两种性质不同的固定液按适当比例混合，使固定液的极性或氢键结合能力调节到所需的要求。这样，对混合物的分离既有较满意的选择性，又能使分析时间不致过长。

（4）色谱柱的制备方法　色谱柱制备时，首先将固定液涂布于载体上，涂布方法有蒸发法、过滤法和综合法。前两种方法各有优缺点，目前较常用的是综合法。综合法克服了前两种方法的缺点。准确称取一定量的固定液，置于烧杯中，溶于适宜的溶剂中，使固定液溶液的体积为白色载体重量的 2 倍，缓缓注入置于抽滤瓶中的载体上，同时摇动抽滤瓶使均匀。减压使溶剂部分挥发后，移至蒸发皿中，晾干大部分溶剂后，100℃下干燥。如用红色载体，所用固定液的体积与载体重量相同。

填好的色谱柱应进行老化处理，目的是除去填充物中残留的挥发性成分并促使固定液涂渍更加均匀、更加牢固地分布在载体表面。处理方法是将色谱柱入口端接入气相色谱仪中，使载气缓缓通过色谱柱，保持在高于正常操作温度 20～50℃的温度下，且不超过固定液最高使用温度，加热几小时或过夜。注意：为防止污染检测器，柱出口可不与检测器相接。

**2. 检测器的选择**

检测器的作用是即时测量载气中已分离的各种组分。常用的检测器有以下几种。

（1）热导检测器（thermal conductivity detector，TCD）　组分的热导率与载气不同，当组分遇到通电加热的金属丝时，金属丝的电阻值发生变化破坏了测量电桥的平衡，产生电流输出信号，通过记录仪记录下来。热导检测器简易，线性范围宽且通用，至今仍为主要的检测器，缺点是灵敏度偏低，可用于测一般化合物和永久性气体。

（2）火焰离子化检测器（flame ionization detector，FID）　FID是以氢气和空气燃烧生成的火焰为能源。当有机化合物进入氢火焰，在高温下产生化学电离形成离子流，离子流经过放大成为电信号。信号强度与进入火焰的有机化合物量成正比的，因此可以根据信号的大小对有机物进行定量分析。FID可用于检测一般有机化合物。

（3）火焰光度检测器（flame photometric detector，FPD）　是利用含磷、硫的有机化合物在氢火焰中燃烧时会发射出波长为394nm及526nm的特征光，通过光学滤光片来测定其发光强度。因此FPD为磷、硫化合物的专用检测器，可用于农药残留量和大气污染分析。

（4）电子俘获离子化检测器（electron capture ionization detector，ECD）　从色谱柱流出的组分进入ECD池，在放射源（$^{65}Ni$或$^{3}H$）放出的β射线的轰击下被电离，产生大量电子。检测器俘获池内电子，产生电信号，通过放大器放大，即为响应信号。其大小与进入池中组分量成正比。主要用于有机卤素药物和农药残留量分析。

（5）光电离子化检测器（photoionization detector，PID）　主要由紫外光源和电离室两部分组成。紫外线将有机物打成可被检测器检测到的正负离子（离子化）。检测器测量离子化气体的电荷并将其转化为电流信号，电流被放大并显示出浓度值。在被检测后，离子重新复合成为原来的气体。因此PID是一种非破坏性检测器，经过PID检测的气体仍可被收集做进一步的测定。PID对于大多数有机物，包括芳香族化合物、卤代烃、胺、脂肪酸等，都有反应。

（6）电导检测器（conductivity detector，CD）　由电导池、测量电导率所需的电子线路、变换灵敏度的装置和数字显示仪等几部分组成。测量原理是基于离子性物质的溶液具有导电性，其电导率与离子的性质和浓度相关。当含硫、氨及卤素等元素的有机化合物与氢、氧等气体在反应器内生成$SO_2$或$SO_3$、$NH_3$及HCl等酸性或碱性气体时，被特定的溶剂吸收后，使溶剂的电导率发生突变而获得分析信号。

（7）离子阱检测器（iron trap detector，ITD）　由色谱柱流出的组分，进入离子贮存区用电子轰击使样品离子化，生成的离子贮存在离子阱中，当ITD扫描时，离子由低质量至高质量，依次从离子贮存区进入质量分析器形成质谱。该检测器可与其他分析仪器联用，如气相色谱-离子阱质谱联用仪（GC-ITMS）。

**3. 操作温度的确定**

操作温度的选择应根据样品的沸点、极性、固定液的配比、进样量和检测器灵敏度等综合考虑。气相色谱操作温度的幅度范围较宽，在实际使用时要考虑固定液的最高和最低使用温度。最高操作温度应比所选择的固定液的沸点大约低150～200℃，比其规定的最高使用温度低50～100℃。选择柱温时要权衡各方面得失，既不能太高有损于分离，又不能太低使保留时间过长，可使温度约等于样品组分的平均沸点。

一般说来，使用较低的柱温能改善分离效果。柱温选择的基本原则是：在使得最难分离的组分有尽可能好的分离度的前提下，采用较低柱温。

**4. 载气的选择和流量调节**

气相色谱中的载气，一般认为其作用仅仅是推动样品沿色谱柱向前运动，为样品的分配提供一个相空间而已，但并不是任何气体均可作为载气。载气的化学性质必须是惰性的，既不能与样品也不能与固定相相互作用，例如氦、氢、氮、氩等，目前氮气较为常用。

在使用载气及检测器所需辅助气体时，应注意载气纯化，如氦、氢、高纯氩、高纯氮等，纯度若达99.99%可直接使用，而普通氮气或氢气需经脱水、除油、净化处理方可使用。在使用氢火焰离子化检测器时，要除去载气中的羟类，以免信号噪声过大影响测定。

### 三、程序升温和衍生物制备

#### 1. 程序升温技术

程序升温是气相色谱重要的技术之一，它是指色谱柱的温度随时间变化，使柱温与组分的沸点相互对应，以使低沸点组分和高沸点组分在色谱柱中都有适宜的保留时间，色谱峰分布均匀且峰形对称。目前较好的气相色谱仪大都带有程序升温控制器，使其应用范围更广。

柱温固定的色谱过程称为恒温色谱（IGC）或等温色谱。对于一个样品中的各组分都有一个最佳柱温，对于填充柱，大约为该组分的平均沸点；对毛细管柱，大约比沸点低 50℃为最佳柱温。如果样品组分较少，沸程范围不大，一般都采用恒温色谱，效果较好。恒温色谱在分析复杂混合物和宽沸程样品时，有很大的局限性。在恒温情况下，低沸点组分出峰很快，形成了尖锐的重叠峰，而高沸点物质则形成平顶峰，无法定位保留时间。在有些情况下，高沸点组分干脆不能流出，而表现为后续分析中的基线噪声。

采用程序升温色谱法（PTGC），即柱温按预定的加热速度，随时间呈线性或非线性增加，则混合物中的所有组分将在其最佳柱温下流出色谱柱。在柱温较低时，低沸点组分首先出峰，当温度逐渐增加时，沸点较高的组分按沸点先低后高的顺序逐一流出色谱柱，高沸点组分也能在最佳温度下出现尖锐峰形。

一般说来，如果样品的沸点范围，即样品中组分的最低沸点与组分最高沸点之差，大于 100℃，就需要使用程序升温法。程序升温法既可用于制备色谱，又可用于痕量分析、气固色谱和毛细管色谱分析。

进行程序升温，必须满足以下要求：

① 进样口、柱温箱炉和检测器的加热系统必须相互独立，三者之间须很好地绝热。因为在程序升温中要求色谱柱的加热炉能迅速加热或冷却，而又不希望进样口和检测器的温度发生改变。特别是热导检测器，如温度不恒定，会造成基线漂移和检测器响应值的改变。火焰离子化检测器在程序升温时非常稳定，因为它对温度的微小变化并不敏感。

② 要有一个稳定精确的程序温控器，能以 0.25～20℃ · $min^{-1}$的速率范围加热柱温箱，其目的是使程序速率在一定范围内能精确地重现，而这是用保留时间定性、峰高定量的基础。峰面积则几乎不受柱温影响。

③ 高效的加热和冷却装置，便于迅速加热和冷却柱子。此外温度控制精度要在 10℃以内，炉内各处温度梯度都不超过 20℃。

在程序升温气相色谱中柱温的增加方式，可分为线性升温和非线性升温。

（1）线性升温　柱温 $T$ 随时间 $t$ 成比例增加，即

$$T=T_0+rt \tag{12-5}$$

式中，$T_0$ 为起始温度，℃；$r$ 为加热或升温速率，℃ · $min^{-1}$。

（2）非线性升温　柱温（$T$）与时间（$t$）呈非线性关系，有下列几种方法。

① 线性-恒温加热　首先线性升温到最佳分离温度，然后保持此温度一段时间，将样品内各组分洗出，适于高沸点样品的分离。

② 恒温-线性加热　先恒温至某一温度分离低沸点组分，再线性升温分离高沸点组分，适于样品中低沸点组分较多的情况。

③ 恒温-线性-恒温加热　先恒温分离低沸点组分，中间线性升温分离中等沸点组分，再恒温将高沸点组分洗出，适于沸点范围很宽的样品。

④ 多种速度交替升温　分段用不同速度升温，适于沸点间隔较大、成分较多、性质不同的样品。

在程序升温色谱中，某一组分的浓度极大值对应的柱温，称为该组分的保留温度，以 $T_R$ 表示，它是程序升温的基本参数。由于程序升温的重现性不如恒温色谱，故常用保留温

度来代替保留时间或保留体积作为定性数据。因为加热速率、载气流速、柱长和起始温度变化不大时，对 $T_R$ 数值并不造成显著影响。

2. **衍生物的制备**

由于气相色谱的操作温度＜450℃，在此温度下被分析组分的蒸气压必须在 26.66Pa（0.2～10mmHg）以上，才能保证充分汽化进入色谱柱；同时被分析组分在此温度下应具有良好的热稳定性，才能进行气相色谱的分析。满足以上条件的有机物，约占全部有机物的 20%。对于难挥发的高级醇、氨基酸、生物碱和苷类，很难用气相色谱进行分析。为了克服这些困难，可采用衍生物制备的办法来解决部分问题。对一些难于分离的组分，转化成衍生物就便于分离和进行定性分析。衍生物制备可在色谱以外进行，也可在注射器针筒内、柱前微型反应器内或直接在色谱柱中进行。

通过制备衍生物，可达到以下目的：

① 改进被测化合物的色谱性能，使本来不挥发的或挥发性差的化合物变为具有一定挥发性的化合物，即降低了其熔点或沸点，同时增加了热稳定性，避免加热时分解；封闭极性基团，使极性降低，减小出峰拖尾和柱内强吸附。

② 提高化合物在检测器上的灵敏度，例如引入卤素原子，可以在电子捕获检测器上将灵敏度提高几个数量级。

③ 用于测定未知类型的化合物。

常用的衍生化试剂有：三甲基硅烷化试剂（TMS 化试剂）；甲酯化试剂；卤素试剂；环化试剂等。

# 第四节　气相色谱法的应用

## 一、定性分析

气相色谱作为一种分离技术，能从复杂的混合物中分离出许多组分，但对于分离出的各组分尚无法直接给出相关的化合物结构信息。所以在定性分析方面还必须兼用色谱和非色谱的技术，即配合化学分析或其他仪器分析的方法。由于各种物质在一定的色谱条件下有确定不变的保留时间，故对于分离出的各组分峰通常根据其保留值来定性。

1. **直接利用保留时间定性**

特定物质在一定的色谱操作条件下，有特定的保留时间。若仪器性能好，保留时间具有高度重现性。可通过比较被测组分与标准品的保留时间是否一致，或将标准品与样品混合后进样，查看对应的色谱峰是否增大，对化合物加以鉴别。

但必须注意到，不同的化合物可能具有相近的保留时间。在这种情况下，应改变色谱条件再次检测，或者用气相色谱与质谱（MS）、气相色谱与红外光谱（IR）联用来获得更多的化合物结构信息。

2. **相对保留值**

相对保留值是以被测定组分的校正保留时间与基准物质的校正保留时间的比值来表示。只要柱温和固定相确定，即使柱长、柱径、填柱情况及载气流速等有所变化，该比值均不受影响。相对保留值的对数与柱温的倒数有线性关系，用内推或外推法可得到不同温度下的相对保留值。因此，通过测定某一成分的相对保留值，与文献中各化合物的相对保留值比较进行定性，不必使用组分的纯物质即可做出鉴别。

3. **保留指数**

保留指数又称科瓦茨（Kovats）指数。以两个相邻的正构烷烃为基准物质，分别测定它们的校正保留时间，使未知组分的校正保留时间正好处于两个正构烷烃的保留时间之间，按下式计算未知组分的保留指数（$I_x$）：

$$I_x = 100\left(Z + \frac{\log a_{x,Z}}{\log a_{Z+1,Z}}\right) \tag{12-6}$$

式中，$Z$ 为正构烷烃的碳原子数；$a_{x,Z}$ 为未知组分 $x$ 对正构烷（$Z$）的相对保留值；$a_{Z+1,Z}$ 为正构烷（$Z+1$）对正构烷（$Z$）的相对保留值。

正构烷烃的保留指数规定为该烷烃分子中碳原子数的 100 倍。例如正己烷的 $I_x$ 为 600，正庚烷为 700，正十五烷为 1500。正构烷烃的 $I_x$ 与所用的色谱柱、柱温及其他操作条件无关。

**二、定量分析**

**1. 峰面积的测量方法**

气相色谱定量分析的依据是组分的量与检测的峰面积响应值成正比，即：

$$W = f \times A \tag{12-7}$$

式中，$W$ 为组分的量；$A$ 为色谱峰峰面积；$f$ 为比例常数。

色谱峰峰面积的计算方法有：

（1）峰高乘以半峰宽法

$$A = 1.065h \times W_{h/2}$$

测得的面积为真实面积的 0.94 倍，故需乘上校正系数 1.065。此法对非对称峰或很窄的峰，测量误差大，不宜采用。

（2）峰宽乘以峰高法　亦称三角形法。

$$A = \frac{1}{2}W \times h$$

此法对于矮而宽的色谱峰较为准确。

（3）峰高乘以平均峰宽法　平均峰宽是指峰高的 0.15 和 0.85 处所测得峰宽的平均值。

$$A = \frac{1}{2}(W_{0.15} + W_{0.85}) \times h$$

此法对非对称峰的测量较准确。

（4）峰高定量法　当峰形为对称峰时，峰高可代替峰面积来作为定量指标。当操作条件严格不变时，在一定的进样量范围内，峰的半峰高是不变的，因此，峰高可直接代表组分的含量。

**2. 重叠峰面积测量法**

（1）含量大体相同的组分　两个色谱峰重叠，当重叠峰的交点位于小峰的半峰高之下时［图 12-2(a)］，可用前面所述方法测量峰高（$h$）和半高峰宽（$W_{h/2}$），然后由峰高乘半高峰宽来计算峰面积，误差不大。当重叠峰的交点位于小峰的半峰高之上时［图 12-2(b)］，通常是由交点 $Y$ 作基线的垂直线，交基线于 $X$，然后可用面积仪或用剪纸称重法测量由 $YX$ 分开的两个峰的峰面积。自动积分仪也是采用此分割法进行峰面积积分计算的。应当注意的是，只有在两峰等高时，这种测量色谱峰峰面积的方法所产生的误差较小。当峰高相差较大时，小峰面积测量的相对误差将随着大峰与小峰的峰高比的增大而显著增大。

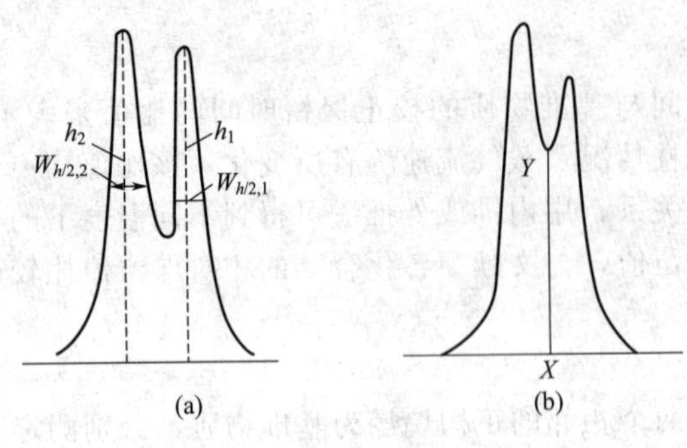


图 12-2　重叠峰面积测量法

（2）在主峰尾部上的痕量组分　在痕

量分析中，应优化色谱柱和各种操作条件，使小峰在主峰前流出，这样可用峰高定量。但有时要达到以上目的较困难，在进行痕量分析时经常遇到主峰还未回到基线时杂质就开始出峰了，或在主峰前沿上出现一个杂质小峰，如图 12-3 所示。测量附在主峰上的杂质小峰峰面积的关键在于峰高的确定，可延长主峰的拖尾线，并把它看作小峰的基线，再测定面积。

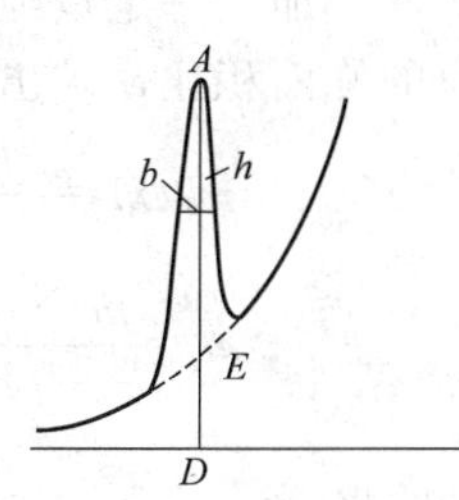

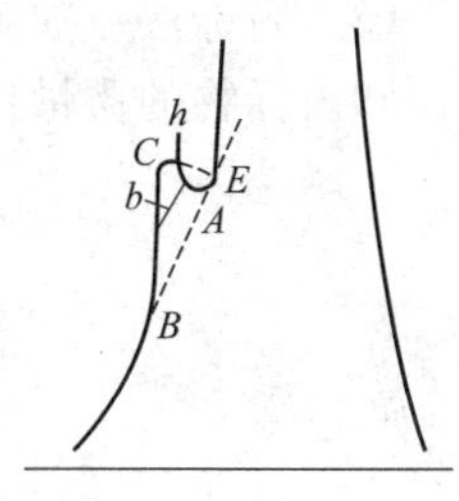


图 12-3　主峰尾部痕量组分面积测量法

(3) 基线漂移的色谱面积测定法　当基线漂移较大、色谱峰较宽时，用前两种方法测量色谱峰峰面积时，误差较大。基线漂移的处理方法有三种，第一种如图 12-4(a) 所示，基线的漂移程度不大、色谱峰比较窄时，可先画出漂移基线 $AB$，过峰顶点 $E$ 作时间坐标 ($t$) 的垂直线，交 $AB$ 于 $F$，$EF$ 即为峰高 $h$。过 $EF$ 中点作时间坐标 ($t$) 的平行线，与峰两边相交的线段为半高峰宽 $W_{h/2}$，可以用直尺或卡尺准确测量。这时就可以用峰高乘以半峰宽的方法计算峰面积了。

第二种如图 12-4(b) 所示，基线 $AB$ 漂移较大、色谱峰较宽，此时由峰顶点 $E$ 作 $AB$ 的垂直线且相交于 $G$，$EG$ 为峰高 $h$。过 $EG$ 中点作漂移基线的平行线，截取峰两边的线段 $FH$ 为半高峰宽 ($W_{h/2}$)，同样也可以用峰高乘以半峰宽的方法计算峰面积。

第三种如图 12-4(c) 所示，基线 $AB$ 漂移较大、色谱峰较宽，此时由峰顶点 $E$ 作时间坐标 ($t$) 的垂直线，交 $AB$ 于 $G$，则 $EG$ 为峰高 $h$。取 $EG$ 中点，作 $AB$ 的平行线，与色谱峰两边相交于 $F$ 和 $H$，由 $F$ 和 $H$ 两点作时间坐标 ($t$) 的垂直线，交时间坐标 ($t$) 于 $K$、$L$ 两点，此时 $KL$ 为半高峰宽 $W_{h/2}$，也可以用直尺和卡尺准确测量。这时可认为该色谱峰的峰面积为 $A=EG\times KL$。

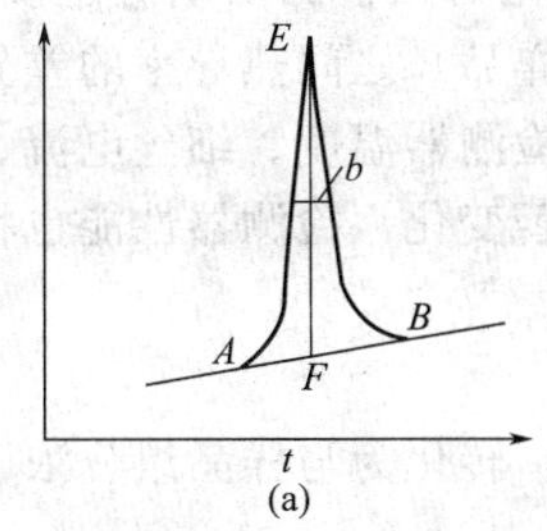

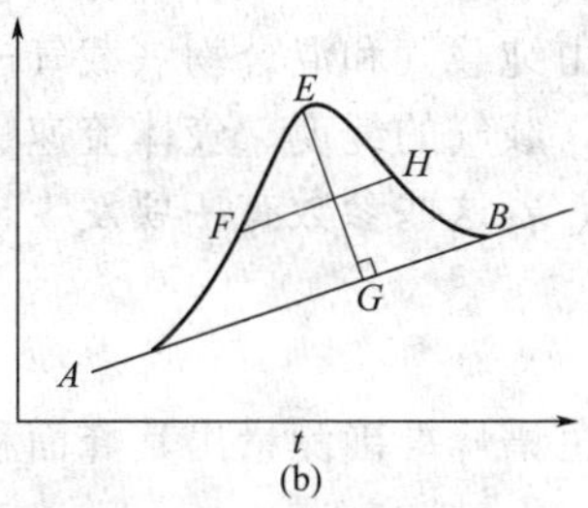

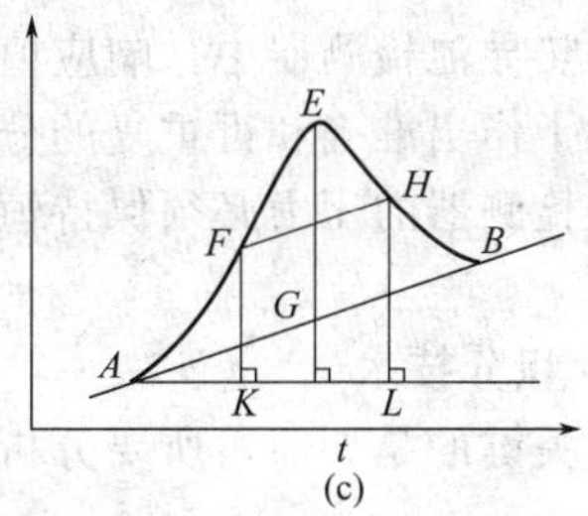


图 12-4　基线漂移的色谱面积测量法

3. **定量分析方法**

(1) 外标法　配制一系列已知浓度的标准液，在同一色谱条件下，按同量注入色谱柱，测量其峰面积（或峰高），绘制峰面积（或峰高）与浓度的标准曲线。然后同条件下，注入样品，测量其峰面积（或峰高），根据标准曲线，计算样品中该成分的浓度。此法简单，但要求准确的进样量，故适用于气体样品分析。

(2) 归一法　测量每一个色谱峰的面积，单个峰面积除以所有峰的面积之和，就得到组分的百分数。

$$w(\mathrm{A})=\frac{\mathrm{A}\text{的面积}}{\text{总面积}}\times 100\%$$

这是一种简便定量方法，但要求样品中所有组分都必须出峰，而且要扣除溶剂峰的面积。若操作条件稳定，在一定进样量范围内，也可用峰高归一法。

（3）内标法　准确称取试样，加入一定量纯物质作为内标物，然后进行 GC 分析，根据试样和内标物的质量比和相应的峰面积比，求出某组分含量。

$$m_i/m_s=\frac{f_i\times A_i}{f_s\times A_s}$$

$$m_i=\frac{m_s\times f_i\times A_i}{f_s\times A_s}$$

$$w_i=m_i/m_m\times 100\% =\frac{m_s\times f_i\times A_i}{m_m\times f_s\times A_s}\times 100\% \qquad (12\text{-}8)$$

式中，$m_s$、$m_m$ 为内标物和样品质量；$m_i$ 为组分 i 的质量。

此法要求筛选一个适宜的内标物，且样品中不能含有该内标物。内标物与样品各组分需完全分离；其峰与被测组分的峰靠近，而且内标物的量与被测组分的量接近。

### 三、气相色谱分析误差产生的原因

在气相色谱技术中，可能产生误差的原因按先后顺序依次为：取样技术；样品在色谱柱中的吸附或分解；检测器的性能；积分技术及计算。

#### 1. 取样技术

取样技术误差来源于两方面：一是来源于取样的代表性、准确度与精度；二是来源于所取样品是否真正进入气相色谱仪，即从取样到样品进入气相色谱仪这段时间内，样品是否发生分解、蒸发或发生某些化学反应。

#### 2. 样品的吸附或分解

化合物可能在进样口、色谱柱或检测器里被分解或吸附，这样就使得注射进去的样品不能完全被检测到，造成了计算上的误差。如果误差具有重现性，则可通过校正曲线的方法来补偿这种误差。

#### 3. 检测器的性能

每一种检测器对不同的化合物有敏感响应，如操作条件变化，则检测器响应也要变化。例如在热导池检测器中，响应值是由纯载气和混合物（载气＋样品）之间热导率的差异造成的。为了作出准确和可重复的分析，载气的纯度、气体流速、检测器温度、细丝电流、细丝电阻和检测器的压力必须保持恒定，若这些参数有一项发生显著变化，检测器性能也将发生变化。

#### 4. 积分技术

最关键的是如何对所要分析的色谱峰准确测量出其峰面积，转化为与样品组分浓度相关的数值。

## 第五节　气相色谱法的新进展

### 一、顶空气相色谱

气相色谱顶空分析（gas chromatography headspace analysis，GCHS）也叫做液上气相色谱分析。它是一种对液体或固体样品中所含的挥发性成分进行气相色谱分析的方法。即将被分析样品放入一个密闭容器中，在恒定的温度下达到热力学平衡后，对容器上部空间的蒸气进行色谱分析。随着气相色谱联用技术的发展，顶空分析迅速取代了经典方法。顶空技术具备许多优势：它有效地减少了样品的前处理环节，同时避免了非挥发成分对色谱分析的影响；另外，顶空分析法随样品注入的溶剂量也少得多，从而大大减少溶剂峰对目标组分的干扰。

现代顶空分析法已经形成了一个较为完善的分析体系，主要分为 3 类，包括静态顶空分析、动态顶空分析及固相微萃取分析。

1. **静态顶空分析法**

静态顶空分析法是将液态或固态样品置于一个恒温密闭的容器中，使其中的挥发性成分逸出，当达到气-液或气-固平衡后，采集蒸气相进行气相色谱分析的方法。它主要用于测量那些在 200℃下可挥发的物质。静态顶空分析法作为一种新技术已经得到广泛的应用，包括顶空气体直接进样模式、平衡加压采样模式和加压定容采样进样模式。

顶空气体直接进样模式配有气密性的气体取样针，在取样针的外部套有温控装置，这种模式适用性广且易于清洗，用于分析含量较大的香精、香料和烟草等挥发性样品。为减少注射器中挥发物质的冷凝，操作时需将注射器加热到适宜的温度，而且进样前必须用气体清洗进样器，以消除系统的记忆效应。此模式在加热时由于顶空气体的压力大，拔出注射器的瞬间会造成挥发性成分的损失，在定量分析时容易造成误差。

平衡加压采样模式由压力控制阀和气体进样针组成，样品中的挥发物质达到分配平衡后，对顶空瓶内施加一定的气压，将顶空气体直接压入载气流中。这种模式靠时间程序来控制分析过程，所以很难计算出具体的进样量。但平衡加压采样模式的系统死体积小，重现性较好。同样需对管壁和注射器加热，以减少挥发物质在管壁和注射器中的冷凝，而且每次进样前也要用气体清洗进样针。

加压定容采样进样模式由气体定量环、压力控制阀和气体传输管路组成。该模式是对顶空瓶内施加一定的气压，再将顶空气体压入到六通阀的定量环中，随后载气将定量环中的顶空成分带入色谱柱。该法重现性好，适于顶空气体的定量分析。但由于系统管路较长，挥发物易在管壁上吸附，需将管路和注射器加热到较高的温度。

对于挥发性较差的物质，由于静态顶空分析需要大体积的进样量，容易造成挥发物质的色谱峰初始展宽，影响色谱的分离效能，这是它的主要缺点。如果待分析组分的含量不是很低时，即较少的气体进样量就可满足分析需要，那么静态法仍是一种非常简便而有效的分析方法。

2. **动态顶空分析法**

动态顶空分析是用惰性气体连续不断通过液态的待测样品，将挥发物组分从液态的基质中“吹扫”出来，并随气流进入捕集器，捕集器中含有吸附剂，或者采用低温冷阱的方法进行捕集，最后将抽提物进行脱附分析。因其包括了吹扫和捕集两个主要环节，故也称吹扫-捕集（purge trap）法。

3. **固相微萃取分析法**

固相微萃取（space solid-phase microextraction，SPME）是近年来兴起并迅速发展的新分析技术，其显著优点是将萃取、浓缩一并完成，实现了样品的在线浓缩与捕集，避免了溶剂提取和浓缩的烦琐。固相微萃取的装置通过萃取头的涂层对顶空中的有机挥发性物质的吸附和随后的解脱吸附完成整个分析过程。

固相微萃取的典型装置由手柄（holder）和萃取头（fiber）两部分构成，类似一支色谱注射器。萃取头是一根涂有不同色谱固定相或吸附剂的熔融石英纤维，接不锈钢丝，外面套上细的不锈钢管，以保护石英纤维不被折断，纤维头可在针管内伸缩。手柄用于安装萃取头，可永久使用。操作时，先将 SPME 针管穿透样品瓶隔垫，插入瓶中；推手柄杆使纤维头伸出针管，纤维头即可置于样品上部空间，萃取时间大约 2～30min；缩回纤维头，然后将针管退出样品瓶。再将 SPEM 针管插入 GC 仪进样口，推手柄杆伸出纤维头，热脱附样品进入色谱柱分析。

## 二、气相色谱-质谱联用技术

气相色谱-质谱联用（GC-MS）是联用技术中最活跃的方法之一，它将色谱的分离性能与质谱的检测性能集于一体，为组成复杂的试样提供了较理想的微量分析方法。GC-MS 联用系统主要由色谱单元、接口和质谱单元组成。

**1. 质谱单元**

用于 GC-MS 联用的质谱仪主要由离子源、质量分析器、检测器和数据处理系统组成。

(1) 离子源　常用的离子源主要有电子轰击源（EI）和化学电离源（CI），此外还有场致离子源（FI）、场解吸附源（FD）、解析化学电离源（DCI）等。有机分子在离子源中被一束电子流轰击，失去一个外层电子，形成带正电荷的分子离子，再进一步碎裂成各种不同的碎片离子、中性离子或游离基，通过质量分析即可得到相应的分子离子与碎片离子峰。

(2) 质量分析器　质量分析器的作用是将电离室中形成的离子按其质荷比（$m/z$）的大小分开，以进行质谱检测。联用系统中常用的质量分析器主要有两种。

第一种质量分析器是四极杆质量分析器，由四根平行的圆柱形电极组成。电极分为两组，分别加上直流电压和具有一定振幅、频率的交流电压。当样品离子沿电极间轴向进入电场后，会在极性相反的电极间产生振荡，只有 $m/z$ 在一定范围内的离子，才可能沿轴线作稳定振荡运动，最终达到检测器，其他离子则因振幅不断增大而与电极相撞，放电后被抽走。这样，按一定规律改变所加电压或频率，即可使不同 $m/z$ 的离子依次达到检测器而分离。

第二种质量分析器是磁式质量分析器，它的原理在于，被电场加速的离子在进入磁场后发生偏转。通常离子在磁场中的轨道半径是固定的，因此，在进行磁场扫描时，有规律地变化磁场强度，便可使具有不同质荷比的离子依次达到接收器。此类分析器结构简单，操作方便，但对质量相同、能量不同的离子分辨率较低。

**2. 接口技术**

MS 离子源的真空度一般在 $10^{-3}$ Pa，而 GC 出口压为 $10^5$ Pa，所以接口技术是联用系统的关键，它可以使色谱柱出口压力与 MS 离子源的压力相匹配；还能排除大量载气，使待测的组分经浓缩后适量地进入离子源。

(1) 直接偶合法　最简单的一种接口是直接偶合法，即利用真空密封法兰盘将色谱柱出口直接插入质谱仪的离子源中，这种接口没有富集装置，灵敏度不高，但装置简单，适用于具有典型流速 1～2mL・$min^{-1}$的小口径毛细管柱，现代 MS 仪采用的真空系统即可与之相匹配。

(2) 浓缩型接口　浓缩型接口又称分子分离器，既是载气和试样的分离器，又是富集装置。最适合 GC 填充柱，也可用于毛细管柱。

(3) 开口分流型接口　这种接口技术通过设置旁路，排除过量的色谱流出物。色谱柱和进入质谱离子源的限流管通过一“T”形三通玻璃管连接。这种接口对联机运行过程中色谱柱更换非常方便，适合小径或中径的毛细管柱。

**3. 色谱单元**

用于联用系统的色谱仪除应满足高效分离的要求外，还必须兼顾质谱仪的某些要求。

(1) 色谱柱　色谱柱有填充柱和毛细管柱。若样品不太复杂，对分离效果要求不太高时，可采用内径 2mm 的填充柱。若样品比较复杂，样品量又很少时，则应使用毛细管柱。固定相不得含有干扰质谱检测的成分，以防灵敏度降低。

(2) 载气　所用的载气应是化学惰性，对 MS 检测无干扰。选择时主要从分子量、电离势、接口方式等方面考虑，常用氦气，最好不用氮气。为了减少载气总量，常采用较低的载气流量和较高的柱温或程序升温。

(3) 样品量　正常的样品量应以不超载为限，但有时为了对小组分检测，也可过量进样。

（4）接口温度　一般略低于柱温，且使接口整体任何部位均不应出现“冷区”。

**4. 质谱分析方法**

（1）未知物的MS图解析　首先验证最高$m/z$峰是否为分子离子峰，由分子离子峰和主要碎片离子推断分子具有的特征基团和基本骨架，拟出可能的结构式，最后再与标准谱图进行对照。目前，一些检索系统已开始由单纯检索向人工智能结构解析系统发展，这无疑将给联用分析带来极大的方便。

（2）定量分析　大多数质谱定量分析是基于比较样品中待测组分的离子流和内标物的离子流强度，通常采用选择性离子检测。此法灵敏度很高，可达到pg级水平，测定时选用的信号离子碎片应具有特征性，并尽可能有强峰。

## 三、气相色谱-红外光谱联用技术

由于傅里叶变换红外（FTIR）光谱仪的出现，以及高灵敏度的汞镉碲检测器的问世，使气相色谱-红外光谱的联用（GC-FTIR）得到很快的发展，并成为GC-MS的互补技术。GC-FTIR联用方法简便、快速，特别是在没有标准品而需要定性未知物时，可在谱库检索中得到特征官能团的信息。

GC-FTIR系统由色谱单元、接口和傅里叶变换红外光谱仪三部分组成。

**1. 红外光谱仪器及原理**

当一束具有连续波长的红外光通过某物质，物质分子中某个基团的振动频率或转动频率和红外光的频率一样时，该波长的红外光就被物质吸收，分子能量就由原来的基态振（转）动能级跃迁到能量较高的振（转）动能级。将分子吸收红外光的情况用仪器记录下来，就得到红外光谱图。红外光谱图通常用波长$\lambda$或波数$\sigma$为横坐标，表示吸收峰的位置，用透光率$T$或者吸光度$A$为纵坐标，表示吸收强度。

傅里叶变换红外光谱仪是由光源、吸收池、迈克尔逊干涉仪、检测器以及记录系统等单元组成。

（1）光源　常用的光源是能斯特灯和硅碳棒。

能斯特灯是由氧化锆、氧化钇和氧化钍等稀土元素氧化物和混合物加压烧结而成。工作温度1750℃，使用波数范围为400～5000cm$^{-1}$。优点是：发光强度大、稳定性较好。缺点是：机械强度较差、寿命短、价格昂贵及使用时要预热。

硅碳棒由碳化硅烧结而成，为一实心棒。中间为发光部分，工作温度1200～1400℃，使用波数范围400～5000cm$^{-1}$。特点是机械强度好、坚固、寿命长、发光面积大且工作前不需要预热。

（2）吸收池　石英和玻璃对红外光都有吸收。所以吸收池窗口用一些盐类的单晶制作，如NaCl、KBr。要求在特定的恒湿环境下工作，注意防止和减少吸收池窗口侵蚀，被测试样力求干燥。

（3）迈克尔逊干涉仪　FTIR仪器的核心部分是迈克尔逊干涉仪，它的作用是将复色光变为干涉光。中红外干涉仪中的分束器主要是由溴化钾材料制成的；近红外干涉仪的分束器一般以石英和$CaF_2$为材料；远红外干涉仪的分束器一般由Mylar膜和网络固体材料制成。

（4）检测器　一般可分为热检测器和光检测器两大类。热检测器的工作原理是：把某些热电材料的晶体放在两块金属板中，当光照射到晶体上时，晶体表面的电荷分布发生变化，由此可以测量红外辐射的功率。热检测器有氘化硫酸三甘肽（DTGS）、钽酸锂（$LiTaO_3$）等类型。光检测器的工作原理是：某些材料受光照射后，导电性能发生变化，由此可以测量红外辐射的变化。最常用的光检测器有锑化铟、汞镉碲（MCT）等类型。

（5）记录系统　傅里叶变换红外光谱仪红外谱图的记录、处理一般都是在计算机上进行的。目前国内外都有比较好的工作软件。如美国PE公司的spectrum v3.01，它可以在软件上直接进行扫描操作，可以对红外谱图进行优化、保存、比较、打印等。此外，仪器上的各项参数可以在工作软件上直接调整。

2. **接口技术**

由于GC通常所用的流动相在中红外区无吸收，因此以流通池进行直接偶合是可行的。目前有多种用于GC-FTIR的接口技术，下面介绍两种常用方法。

(1) 流通池接口　这是一种多反射流通池，对于FTIR检测，只能提供中等的灵敏度。它通过加热的传输线将色谱柱接到一个光导管（流通池）上。光导管是一个被加热的、内壁涂金的玻璃管，两端各有KBr或ZnSe作为窗口。经调制的红外光束，被聚焦到光导管入射窗口上，经光导管内壁多次反射后，由出射窗口到达检测器。当一个色谱峰通过光导管时，所产生的红外吸收信号便被记录下来。光导管最重要的设计参数是长度与直径之比（$L/D$）。

(2) 冷阱接口　这种技术是基于在分析之前将待测物进行冷捕获，即色谱流出物通过毛细管连续地沉积到ZnSe片（利用液氮冷却到77K）上，移动此ZnSe片，可将样品送到专用FTIR显微镜上。聚焦滤光束使之与样品斑点大小相应（大约100$\mu$m），这样就可作近于实时的检测，这种方法灵敏度很高，样品量可小到20～50pg。

3. **色谱单元**

(1) 色谱柱　填充柱是GC-FTIR最先采用的柱型，虽分辨率较差，但柱容量大，可在痕量分析时弥补红外检测灵敏度不高之不足，故常被采用。为了提高分辨率，目前还广泛采用粗内径、厚涂膜的弹性石英毛细管柱。

(2) 进样　为了克服红外检测灵敏度较低、大量溶剂可能带来干扰等因素的影响，进样时往往采用一些辅助技术，如双冷阱进样和预柱进样，以保证混合物中每种组分进入色谱柱的绝对量在0.01～1$\mu$g范围。

① 双冷阱进样　冷阱的功能是低温捕获样品组分，使痕量组分得到浓缩，挥发除去溶剂使进样量大大增加，满足光谱检测要求，但要防止水冷凝而影响联机分析。使用的制冷剂，一般一级冷阱用干冰（−25℃），二级冷阱用液氮（−150℃）。

② 预柱进样　这种技术是通过预柱采集感兴趣的痕量组分，以满足光谱检测的要求。

(3) 载气　氦气无红外吸收，是GC-FTIR的理想气体。对填充柱来说，适宜的流速为30～50mL·min$^{-1}$；对毛细管柱来说，粗内径为2～5mL·min$^{-1}$，细内径为0.5～2mL·min$^{-1}$。

(4) 柱温　在联机系统中，色谱柱温度一般应略低于混合物中各组分沸点温度或采用程序升温。

4. **GC-FTIR分析**

(1) 色谱保留值　单纯IR光谱对含有相同官能团的化合物难以鉴别，而它们的色谱保留值常有很大差异，可作为IR光谱鉴定的辅助参数，对同系物尤为有效。色谱保留值可在GC-FTIR系统中配置色谱检测器而获得。

(2) 重建色谱图　从色谱分离出来的组分经联用FTIR检测，所得数据以干涉图形式存储起来，经计算机处理后即可得到重建色谱图。利用重建色谱图可以进行精确的定量分析。也可以将有价值的干涉图文件选择出来，取出响应馏分的存储数据，变换成红外光谱进行进一步解析。

联机分析时，一般采用以下方法对所得IR光谱图进行分析。

① 窗口分析法　从重建色谱图中对有关组分作属性的初步分析，即从计算机采集的全部信息中只选出预定的官能团信息加以显示。

② 连续观察法　通过随时间连续显示在仪器屏幕上的各文件区的谱图或计算机再现的实时三维（波数、强度、保留时间）图来观察分析，以得出各组分的流出情况和光谱特征。

③ 库谱检索法　即利用计算机专用软件，将样品光谱同库谱中每一个光谱进行比较来获得检出结果，此法亦受库中标准图谱数量的限制。由于 IR 标注图谱都是凝聚相谱，而 GC-FTIR 给出的是气相光谱图，二者有一定差异，特别是含极性基团的化合物更为明显，所以 GC-FTIR 库谱图也远不及 GC-MS 库谱图那么丰富。

④ 混合峰的分析法　由于联用系统的分辨能力常小于色谱的分辨能力，所以重建色谱图中的混合峰往往多于色谱图中的混合峰。对于这些混合峰一般采用光谱分离法或光谱剥离技术（差谱法）进行分析。

## 本章小结

色谱法首先是一种分离方法，是利用物质在固定相和流动相两相中的分配系数差异、吸附与解吸差异而被分离。根据流动相的聚集状态，将流动相为气体的称为气相色谱法；流动相为液体的称为液相色谱法。

气相色谱分析法的两个重要理论，即塔板理论及速率理论。

色谱分离系统是色谱仪的核心部件，在气相色谱分析中，样品中各组分的分离是在色谱柱内完成。是否能准确而快速地完成样品的分离分析任务，在很大程度上取决于色谱柱的选择。

温度是色谱分离条件的重要选择参数，汽化室、分离室、检测器三部分在色谱仪操作时均需控制温度。准确控制分离需要的温度。当试样复杂时，分离室温度需要按一定程序控制温度变化，使各组分在最佳温度下分离。

气相色谱分析可用作定性分析和定量分析。定性分析是基于比较组分和标准化合物的保留时间、相对保留值和保留指数。其中，保留指数与柱温及操作条件无关，可查阅文献记载的各物质保留指数来定性鉴别化合物。定量分析是基于组分的量与组分的峰面积成正比。采用一定量纯物质作为基准物，通过外标法、内标法，追加法及归一法对混合物中的组分进行定量分析。

## 思考题与习题

1. 简要说明气相色谱分析的基本原理。
2. 气相色谱仪的基本设备包括哪几部分？各有什么作用？
3. 色谱定性的依据是什么？主要有那些定性方法？
4. 在色谱内标法定量分析中，内标物该如何选择？
5. 比较气相色谱法中归一法、内标法、外标法三种定量方法的优缺点。
6. 简述氢火焰检测器的原理及其应用范围。

# 第十三章　高效液相色谱法

高效液相色谱法（high performance liquid chromatograph，HPLC）源于经典的液相色谱法，是现代分析化学中一种重要的分离分析手段。经典液相色谱法由于用粗颗粒填料作为固定相，液体流动相靠其重力作用向下流动，所以其柱效低，分离周期长，目前仅作为分离手段用于复杂化合物的分离制备。20 世纪 60 年代末，J. C. Giddings 等人将气相色谱理论和实验方法与经典液相色谱法相结合，采用高效填充剂，高压泵输送流动相，以及实时检测器等新技术，使高效液相色谱法迅速地发展起来。

HPLC 具有以下主要特点：

(1) 柱效高　使用细粒度的高效填充剂和均匀填充技术，柱效一般可达每米 $10^4$ 理论塔板数。近年来新出现的微型填充柱和毛细管液相色谱，柱效甚至超过了每米 $10^5$ 理论塔板数，能够实现更为有效的分离。

(2) 分析速度快　采用高压泵输送流动相、梯度洗脱装置及柱后检测器直接检测组分等手段，HPLC 完成分离分析的时间仅需几到几十分钟，比传统液相色谱法要快得多。

(3) 灵敏度高　配合紫外、荧光、电化学、二极管阵列检测器等高灵敏度的检测器，使 HPLC 的灵敏度大为增加。

(4) 自动化程度高　现代先进的高效液相色谱仪均配套有色谱工作站，不仅能够自动处理数据、绘图和打印分析结果，而且对仪器的全部操作诸如分离模式、最佳固定相、最佳流动相、最佳流速等参数实施全自动控制。

气相色谱法虽然也具有以上优点，但由于要求试样必须汽化，使它的应用受到一定限制。高效液相色谱法应用较气相色谱范围广，表现在：①HPLC 不受试样挥发性和相对分子质量的限制，可用于分离沸点高、相对分子质量大、热稳定性差的有机化合物；②HPLC 可利用被分离组分的极性差别、分子大小的差别、离子交换能力的差别以及分子间亲和力的差别进行分离，可以利用多种溶剂作为流动相，对于分离结构和性质类似的物质比气相色谱法更加有效；③HPLC 易于收集流出物组分，可利用制备色谱柱进行大量的制备。

任何一种仪器分析方法都不是完美无缺的。HPLC 在色谱法中占有日益重要的地位，但其柱填充剂和流动相费用高、设备昂贵，因此，它的普及也同样也受到限制。作为一种分析方法，在定性分析上，HPLC 尚需与质谱、核磁共振谱及红外光谱等技术联用。

## 第一节　高效液相色谱法的技术参数

高效液相色谱法的理论基础与气相色谱法基本相同，但因为流动相是液体而不是气体，二者之间也存在一些不同之处。

### 一、速率理论

图 13-1 为高效液相色谱法和气相色谱法的 $H$-$u$ 曲线图，两者形状明显不同。HPLC 法更接近于直线形，而气相色谱法呈“对勾”状，有一极小值。在气相色谱法中，我们曾用范第姆特（Van Deemter）方程（$H=A+B/u+Cu$）描述理论板高（$H$）与载气线速（$u$）之间的关系来说明影响气相色谱柱效的因素。在 HPLC 中，流动相是液相，所以影响柱效的因素与 GC 不完全相同。在范第姆特方程中，HPLC 与 GC 的涡流扩散项完全相同。HPLC

的分子扩散项是因同种组分分子由高浓度谱带中心向低浓度区域扩散而引起的。它与组分分子流动相中的扩散系数（$D_m$）成正比，与流动相的平均线速（$u$）成反比。

$$\frac{B}{u}=\frac{C_d D_m}{u} \tag{13-1}$$

式中，$C_d$ 为常数。

液相中扩散系数要比气相中小 4～5 个数量级，因此，HPLC 中液相对于谱带扩张的影响可忽略不计。这就是 HPLC 曲线没有极小值的原因。

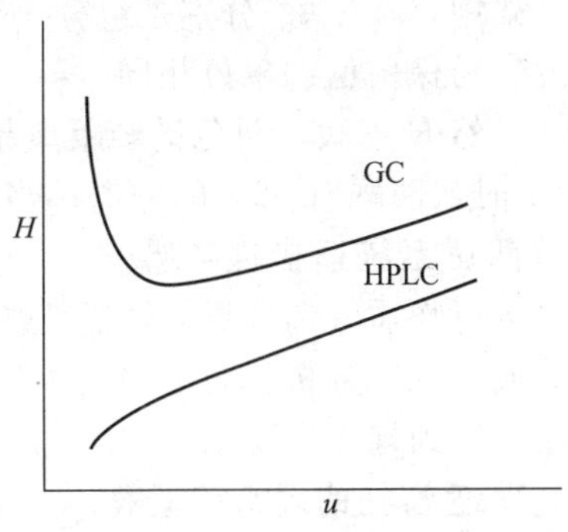


图 13-1 气相色谱法和高效液相色谱法的 $H$-$u$ 曲线

HPLC 的传质阻力是由于组分在两相之间的传质过程中不能达到瞬间平衡而引起的，其传质阻力相包括三项：固定相传质阻力（$H_s$）、移动流动相传质阻力（$H_m$）和滞留流动相传质阻力（$H_{sm}$），即：

$$Cu=H_s+H_m+H_{sm} \tag{13-2}$$

综上所述，要提高液相色谱法的柱效，必须用颗粒小而均匀的固定相且要填充均匀，来减小涡流扩散和流动相传质阻力。改进固定相的结构，对于减小滞留流动相传质阻力及固定相的传质阻力至关重要。另外，选用低黏度的流动相也有利于减小传质阻力，提高柱效。

## 二、柱外效应

柱外效应（extra column effect）是指色谱柱外的因素所引起的峰展宽，又称柱外展宽。分为柱前和柱后两种。

柱前展宽主要是由进样引起的。HPLC 进样采用阀门进样和注射进样两种方式。阀门进样时，试样由流动相带入柱内，进样阀存在死体积，会导致峰的展宽；注射进样时，进样器内的死体积和进样中液体扰动引起的扩散，均会导致峰的展宽。因此，减小进样阀的死体积，或将试样直接注射到填料顶端中心点，可以减少柱前的扩散，使柱效显著提高。

柱后展宽是由连接管、检测器流通池以及检测器响应时间等因素引起。流动相在连接管中心的流速较大，而在管壁附近的流速较慢，使得管中心处组分比管壁部分优先到达检测器，会引起峰的展宽。因此，要尽可能使用短的连接管，以减少流通池体积，可以提高柱效。

另外，检测器、放大器和记录仪响应速度较慢，也会使色谱峰宽增加、峰高降低，对于保留值较小的组分影响更加明显。所以，改进检测器和记录系统的响应速度也是克服柱后展宽的一个重要手段。

## 三、分离度

难以分离组分的分离问题是色谱法的关键问题之一。虽然有效塔板数（$n_{eff}$）和相对保留值（$r_{is}$）是衡量色谱柱柱效的两项主要指标，但不能真实地反映出难分离组分的分离效果。液相色谱法的分离效果可直接表现在色谱峰之间的距离和峰宽上，只有相邻两个色谱峰的距离较大、峰宽较窄时，两组分才能得到理想的分离。考虑到保留值的差值与峰宽对柱效率的影响，常用分离度作为色谱柱的总分离效能指标，以判断难以分离物质对在色谱柱中的分离效果。

分离度用 $R$ 表示，其定义为：相邻两色谱峰的保留值之差与两组分色谱峰峰宽平均值比值。即：

$$R=\frac{2(t_{R2}-t_{R1})}{W_2+W_1} \tag{13-3}$$

式中，$t_{R1}$、$t_{R2}$分别是组分 1 和组分 2 的保留时间；$W_1$、$W_2$ 是相应组分色谱峰峰底的宽度，与保留值的单位相同。

显然 $R$ 越大，两色谱峰距离越远，分离效果就越好。当 $R<1$ 时，两峰有部分重叠；当 $R=1$ 时，两峰有 98%的分离；当 $R=1.5$ 时，相邻两峰完全分离。

### 四、系统适应性实验

进行物质分离分析时，需要按照各品种项下要求对仪器进行适用性试验，即用规定的对照品或者规定分析状态下的最小理论塔板数、分离度、重复因子和拖尾因子，对仪器进行调整，以达到规定的要求。

#### 1. 色谱柱的理论塔板数

在选定的条件下，测量供试品溶液或内标物质溶液保留时间 $t_R$ 和半峰宽 $W_{1/2}$，按 $n=5.54(t_R/W_{1/2})^2$ 计算色谱柱的理论塔板数（$n$），若理论塔板数过低，则要改变色谱柱的某些条件（如柱长、载体性能和柱填充等），使理论塔板数达到要求。

#### 2. 分离度 *R*

定量分析时，为便于准确测量，要求用于定量分析的峰与其他峰或内标峰之间有较好的分离度，一般需 $R\geqslant1.5$。

#### 3. 重复性

取各品种项下的对照溶液，连续进样 5 次以上，其峰面积测量值的相对标准偏差应不大于 2.0%。

#### 4. 拖尾因子 *T*

为保证测量精密度，特别是当采用峰高法测量时，应检查待测峰的拖尾因子 $T$ 是否符合各品种项下的规定。拖尾因子计算公式为：

$$T=W_{0.05h}/2d_1 \tag{13-4}$$

式中，$W_{0.05h}$为 0.05 峰高处的峰宽；$d_1$ 为峰极大至峰前沿之间的距离。除了另有规定之外，$T$ 应在 0.95～1.05 之间。

## 第二节　高效液相色谱法的色谱系统

高效液相色谱仪由输液系统、梯度洗脱装置、进样器、色谱柱、检测器、组分收集和数据处理系统等部分组成。

### 一、高压泵

高压泵是输液系统最重要的部件。理想的高压泵应具备以下条件：①输出流量恒定、无流动脉冲及有较大的可调范围；②输出压力高且平稳；③死体积小，便于迅速更换溶剂和采用梯度洗脱；④耐腐蚀、保养维修简便及寿命长。

常用的泵按输出液体的情况分为恒压泵和恒流泵两类：

#### 1. 恒压泵

恒压泵是以高压气瓶为动力源，输出压力恒定，流量则随外界阻力的变化而变化，有直接气压泵和气动放大泵等。

#### 2. 恒流泵

又称机械泵，输出流量恒定，压力则随外界阻力变化而变化，有机械注射泵和机械往复泵两种。应用较多的是机械往复泵，它具有流量不受流动相黏度和柱渗透性的影响，易调节控制，死体积小，便于清洗和更换流动相等优点。由于机械往复泵输液时存在脉动现象，通常利用两个泵头并配置加脉冲阻尼器以克服脉动。机械往复泵输出压力可达 30MPa 以上。现代仪器装有检测装置，在压力超过设定值时能自动停泵，以防损坏仪器。由于液体不易被压缩，且液体内能较低，使用高压不会有爆炸性危险。

### 二、梯度洗脱装置

HPLC有等度洗脱和梯度洗脱两种洗脱方式。等度洗脱是保持流动相组成配比不变；梯度洗脱则在洗脱过程中连续或阶段性改变流动相组成，它需要配有梯度洗脱装置。梯度洗脱装置有两类。

#### 1. 低压梯度

又称外梯度，多种洗脱剂先混合后再加压，即按一定程序在常压下预先将溶剂混合后，再用泵加压输入色谱柱。其优点是只需一台泵，价格低廉。缺点是低压（常压）下容易形成气泡，所以需在线脱气。

#### 2. 高压梯度

又称内梯度，先加压后混合，即几台泵分别将不同溶剂加压，再按程序规定的流量比例混合，再使之进入色谱柱。其优点是高压下无需严格脱气，能得到任意类型的梯度曲线，易于自动化；缺点是至少需要两台泵，价格较高。

### 三、进样器

进样器的作用是将试样引入色谱柱，目前常见的有两类进样装置。

#### 1. 膜注射进样器

即在色谱柱顶端装一耐压弹性隔膜，进样时用微量注射器刺穿隔膜可将试样注入色谱柱。其优点是装置简单，价格低，死体积小；缺点是允许进样量小，重复性差，而且压力高于10MPa时，必须停止进样，否则会影响保留值和峰形。

#### 2. 高压进样阀

进样阀的种类很多，常用的有六通阀和双路进样阀等。其手柄有两个位置：一个为装载，可用微量注射器将试样注入进样阀的贮样管中；另一个为注入，其手柄转至此位置时，贮样管与流路接通，试样就被流动相带入色谱柱。进样阀能在高压下进样，其优点为定量准确度高，重现性好，能进较大量试样，且易于自动化；其缺点为有一定死体积，会多少引起峰形变宽。现代化仪器装有自动进样阀，操作十分简便。

### 四、色谱柱

色谱柱是HPLC最重要的部件，由柱管和固定相构成，起分离作用。

HPLC的色谱柱管通常为内壁抛光的不锈钢管，几乎全为直形。近年来由于微粒填料和高压匀浆装柱技术的应用，大大提高了柱效。色谱柱都比较短（5～30cm），柱内径根据需要而定；一般分析柱，内径需4～5mm；凝胶色谱柱，内径需3～12mm；制备柱内径较大，可达25mm以上。

HPLC装柱是一项技术性很强的工作。粒度大于20μm的填料，可用与气相色谱柱相同的干式装柱法，或用半干装柱。所谓半干装法，就是将填料用适当溶剂润湿，溶剂的量以充满填料空隙不使结块为宜，然后用与干装法相同的方法装柱。溶剂进入空隙，增加了填料的相对密度，且不荷电，所以易于装实。粒度小于20μm的填料，需用匀浆填充法装柱，又称为湿式装柱法。步骤为：先将填料加入匀浆剂，调成匀浆后，装入与色谱柱相连的匀浆罐中，然后用泵将顶替液打进匀浆罐，把匀浆压进色谱柱中。

除购买填充剂、自己填充或请厂家填充色谱柱外，还可购买厂家已装好的商品色谱柱。HPLC色谱柱及填充剂价格较高，应注意使用和保存。初次使用的柱，应先用厂家规定的溶剂冲洗一定时间，然后再改用分析用的流动相，至基线平稳方可进样。色谱柱每次用完需用适当溶剂将其仔细冲洗一定时间，取下钢柱后要将两端塞紧密封，使之在干燥的条件下保存。有一种径向加压柱，可以干燥保存。某些仪器在色谱柱前装有前置柱，内有与分析柱相同的填充物，颗粒稍大，以防止分析柱被污染或堵塞，起保护分析柱的作用，前置柱需经常更换。

## 五、检测器

由于气相色谱法的流动相与试样的物理性质十分相似，目前尚无理想的通用检测器，只能根据试样性质使用合适的检测器。这里介绍几种常用的检测器。

### 1. 紫外-可见光检测器

有固定波长型和可调波长型两类。固定波长紫外检测器常用汞灯的 254nm 或 280nm 等谱线，在这些波长下，许多有机官能团有吸收；可调波长的紫外-可见光检测器实际上是用紫外-可见分光光度计作为检测器。近年来，已有可以快速扫描的紫外检测器，其不仅可以选择适当的检测波长，还可以记录组分的紫外吸收光谱。紫外检测器灵敏度高，要求试样必须有紫外吸收，而且溶剂必须能透过所选波长的光，选择的波长须不低于溶剂的最低使用波长。

### 2. 示差折光检测器

示差折光检测器（different refractive index detector）是利用流动相中出现试样组分时引起折射率的变化原理进行检测的。它有偏转式和反射式两种类型：偏转式示差折光检测器常用于尺寸排阻色谱法。其参比池和试样池用玻璃片分开，角度应在两溶液折射率有差别时使入射光束发生弯曲。此时，光束聚焦点的位置发生变化，光电管输出信号，被放大得到色谱图。示差折光检测器是通用性的，对所有溶质都适用，其缺点是不能用于梯度洗脱，且灵敏度很低。由于折射率随温度变化，示差折光检测器须保持恒温，一般用于无紫外吸收物质分析。

### 3. 荧光检测器

荧光检测器是利用试样的荧光特性来检测的，因此，它适用于具有荧光特性的有机化合物（如多环芳烃、氨基酸、胺类、维生素和某些蛋白质等）的测定，其灵敏度很高（检测下限为 $10^{-12} \sim 10^{-14} g \cdot mL^{-1}$），且选择性高及样品用量少。但由于相当多的物质不产生荧光，其应用受到一定的限制。对于不产生荧光的试样也可用荧光试剂在柱前或柱后衍生化，以扩大其应用范围。

### 4. 电化学检测器

电化学检测器（electrochemical detector）是一薄层电解池。电极活性组分流进检测器发生电解，产生的电流经放大从而被检测。非电极活性物质不干扰测定，选择性很高。检出限可达 pg 级。

### 5. 电导检测器

电导检测器（conductivity detector）是离子色谱法应用较多的检测器。它的主要部件是电导池。洗出液中组分离子在流经电导池时引起电导率改变，致使电流强度发生变化而被检测。它与抑制柱组合被称为一致型电导检测器。对于分子不响应，对于离子则是通用的。电导检测器要求温度恒定，需放在恒温箱中。一种双示差电导检测器消除了温度变化的影响，可测定 $10^{-9} mol \cdot L^{-1}$ 的阴离子，也可编程控制温度。

### 6. 蒸发光散射检测器

蒸发光散射检测器（evaporative light-scatter detector，ELSD）是一种新型的通用质量检测器。是利用在一定条件下，粒子的数量不变，光散射强度正比于溶质浓度决定的粒子大小而进行测量的。蒸发光散射检测器运行分为三个过程：①雾化过程，即用惰性气体或纯净空气将色谱柱的流出物进行雾化；②蒸发过程，将加热的漂移管中色谱柱流出物中的流动相挥发，只剩下挥发性较小的被检测物质的粒子；③检测过程，测定不挥发粒子对光的散射，记录光散射信号。ELSD 可作为高效液相色谱（HPLC）、高速逆流色谱（HSCCC）、超临界流体色谱（SFC）等色谱的检测器。

作为新型的通用型检测器，它具有以下优点：首先，ELSD 检测不依赖于样品的光学性质，只要挥发性小于流动相都可以在 ELSD 上产生响应；其次，可以很好地支持梯度洗脱，蒸发光散射检测可以消除流动相配比变化对基线产生的影响；另外，ELSD 具有较好的灵敏度。但是，相对于 UV 检测器，ELSD 检测也有一定的特殊性，即要求流动相及流动相中加入的修饰剂必须有良好的挥发性，使得非挥发性的各种缓冲剂的应用受到了限制。ELSD 还是一种破坏性检测器，样品无法回收，因此，对于比较珍贵的样品无法回收再利用，而且不能作为制备型 HPLC 的检测器。

目前，ELSD 已经被广泛应用于药物、化工、食品分析等领域，同时，ELSD 也被应用于未衍生化氨基酸、胆酸类成分、甾醇类成分等其他成分的分析测定中。

**六、数据处理系统和结果处理**

HPLC 仪器一般带有数据处理系统或色谱工作站，除了能记录色谱图外，还能够自动记录峰的时间，自动积分求算峰面积，自动按预定程序计算，最后报告分析结果。

HPLC 定性方法与气相色谱法类似，可由采用以下方法：

(1) 保留值定性　由于 HPLC 洗脱条件较多，只有以纯物质对照的方法较为常用。

(2) 收集组分　用吸收光谱法或官能团分类法定性。

(3) 采用两谱联用技术　HPLC 定量方法也与气相色谱法类似，用峰面积或峰高来定量。由于 HPLC 条件变化较多，缺乏校正因子数据，一般很少用归一法，多用内标法或外标标准曲线法。

## 第三节　高效液相色谱法的分离方式

高效液相色谱法按其分离原理可分为吸附色谱法、分配色谱法、离子色谱法、尺寸排阻色谱法、亲和色谱法等主要类型。

### 一、吸附色谱法

**1. 基本原理**

吸附色谱法（absorption chromatography）又称液-固色谱法（liquid-solid chromatography，LSC)，是以固定吸附剂为固定相，吸附剂表面的活性中心具有吸附能力。当试样分子被流动相带入柱内，将与流动相中的溶剂分子在吸附剂表面发生竞争吸附。

一定温度下，被吸附溶质的量随溶液浓度变化可用吸附等温线（absorption isotherm）来表示，它的横坐标和纵坐标分别为溶液中溶质的量和被吸附溶质的量。吸附等温线通常有直线型、凸线型和凹线型三种类型。其色谱峰形状分别为正常峰、拖尾峰和前伸峰。

吸附色谱法中凹线型的情况比较多。这是因为吸附剂表面常有几种吸附力不同的吸附位点，溶质分子总是先占据吸附力强的位点，然后占据吸附力弱的。因此，溶质在浓度低时被吸附较牢固，而浓度高时吸附力减弱，造成了色谱中心部分前进较快。其前延部分吸附较牢，难于洗脱，这就是拖尾现象。凸线型等温线的开始部分，即低浓度时，它近似为一条直线，也就是说，在低浓度下可获得较好的峰形。因此，为了防止拖尾，改善分离效果，吸附色谱法应控制较小的进样量。

**2. 固定相**

吸附色谱法用的吸附剂有硅胶、氧化铝、聚酰胺等，其中以硅胶最为常用。硅胶的优点较多，如线型容量较高、机械性能好、不溶胀及与大多数试样不发生化学反应等。

硅胶的吸附活性是由硅胶表面的硅醇基产生的。硅胶如吸附水后，一部分硅醇基与水分子形成氢键而失去活性，吸附力降低。升温可以除去吸附剂里的水，使硅胶活化。但温度不可过高，否则会使硅醇基脱去结构水变成硅醚基，减低甚至失去吸附力。通常硅胶在 125～

150℃干燥 8～16h，在干燥器中放冷后，加入一定量的重蒸馏水来调节活度，然后装柱。为了能有适当的保留值并得到较好的分离，极性较弱的试样应使用活性较高的吸附剂，极性较强的试样应使用活性较低的吸附剂。

HPLC 用的吸附剂填料有薄壳珠和全多孔微粒两类。薄壳珠是在直径 35μm 左右的坚实玻璃核外，覆盖一层 1～2μm 厚的多孔色谱材料而成，其透过性好，利于快速分析。但由于其比表面积小，试样容量低，柱效不够高，现在较少使用薄壳珠。全多孔微粒有 3μm、5μm、10μm 等规格，有球形和不规则两种形状，它们的柱效都很高，可达每米 $10^5$ 理论塔板数，其中球形的还具透过性较好的优点。

**3. 流动相**

流动相的选择是影响 HPLC 分离效果的主要因素。HPLC 用的流动相称为洗脱剂（eluant）。

吸附色谱法选择流动相的原则是：极性较强的试样需要用极性强的洗脱剂，极性较弱的试样应用极性弱的洗脱剂。

在分离复杂试样时，可按一定程序连续性地或阶段性地改变流动相的组成，这就是梯度洗脱（gradient elution），类似于气相色谱法中程序升温所起的作用，能够提高分离效率，改善峰形，加快分析速度。

选择流动相还要注意以下要求（也适用于其他类型的 HPLC）：

① 不允许使用能引起柱损失或柱保留特性变化的溶剂。如吸附色谱的流动相不能含水，使用硅胶做填料的色谱柱不能使用碱性溶剂。

② 溶剂纯度高。使用前应过滤，除去尘埃微粒，以免堵塞，还应除去溶解的气体（称脱气），以免在柱中或检测器中产生气泡而影响分离和检测。

③ 溶剂对于试样要有适量的溶解度，以免试样在柱中沉淀从而造成堵塞。更换流动相时必须保证互溶。

④ 流动相应与检测器匹配。如用紫外检测器时，流动相在检测波长处应当无吸收。

⑤ 尽量使用低黏度溶剂，如甲醇、乙腈等，可以提高柱效，还能降低色谱柱的阻力。

## 二、分配色谱法

**1. 基本原理**

分配色谱法（partition chromatography）又称为液-液色谱法（liquid-liquid chromatography，LLC），是根据物质在两种互不相溶（或部分相溶）的液体中有着不同的分配系数，即溶解度不同，从而实现分离的方法。分配系数较大的组分，保留值也较大。

根据固定相和流动相之间相对极性的大小，可将其分为两类：

① 流动相极性低而固定相极性高，称为正相分配色谱法（normal phase partition chromatography）。对于极性强的组分有较大的保留值，常用于分离极性强的化合物。

② 流动相极性大于固定相极性的，称为反相分配色谱法（reversed phase partition chromatography）。对于极性弱的组分有较大的保留值，适应于分离极性弱的化合物。

**2. 固定相**

分配色谱法的固定相由载体和固定液构成。载体的材料可以是惰性的玻璃微球，也可以是吸附剂。早期的固定相将固定液涂渍在载体上，极性固定液直接涂渍在亲水的多孔载体上。对于非极性固定液，则需要先将载体制成疏水性吸附剂，然后涂渍。固定液有易被流动相逐渐溶解而流失的缺点。为了防止固定液流失，一般需让流动相先通过一个与分析柱有相同固定相的前置柱（pre-column），让流动相预先被固定液饱和。即使这样，流动相的流速仍不能高，同时也不能用梯度洗脱。目前多用化学键合相色谱，克服了以上缺点，并可用于梯度洗脱。

**3. 流动相**

分配色谱法所用流动相的极性必须与固定相显著地不同。选择流动相一般靠实验来确定。可用单一的溶剂，更常用混合溶剂。正相色谱法中，常用低极性溶剂如烃类，加入适量极性溶剂如三氯甲烷、醇类，来调节溶剂极性参数，其溶剂系统的选择与吸附色谱法相同；反相色谱法中，溶剂的洗脱能力用溶剂强度因子表示，其大小顺序与正相色谱的相反。通常以水或无机盐缓冲溶液为主体，加入甲醇、乙腈等来调节极性。梯度洗脱时，正相色谱法通常逐渐增大洗脱剂中极性溶剂的比例。

### 三、离子色谱法

离子色谱法（ion chromatography，IC）是经典离子交换色谱法（ion exchange chromatography，IEC）派生出来的。它们都是用能交换离子的材料（如离子交换树脂）作为固定相，利用它与流动相中试样离子进行可逆的离子交换来分离离子型化合物。

经典离子交换色谱法采用高分子聚合物为基质的离子交换树脂来作为固定相。如苯乙烯树脂，它是以苯乙烯为单体、二乙烯苯为交联剂，聚合成球形网状结构，引入能交换离子的活性基团制成的。

树脂中交联剂的含量称为交联度，通常用合成树脂时原料中交联剂的质量分数来表示。交联度大的树脂结构紧密，网眼小，对离子进出有阻碍作用，达到交换平衡的速率较慢；但是，它能使体积较大的离子难以进入树脂，具一定的选择性。分离相对分子质量较高的物质，则选用较低交联度的树脂。

HPLC 常用的离子交换填料有以下几种：

(1) 多孔树脂　直径 10～20μm。其交换容量较高，但有溶胀性，不耐高压，且表面微孔结构影响传质，柱效较低。

(2) 薄层树脂　在 30～40μm 直径的玻璃珠表面涂一层离子交换树脂。柱效高，耐压，但交换容量低。

(3) 离子键键合固定相　在硅胶基体表面用键合离子交换基团制成 5μm 或 10μm 直径的全多孔微粒。其机械强度较高，化学稳定和热稳定性较好，柱效高，交换容量能符合要求，较为理想。

### 四、尺寸排阻色谱法

#### 1. 基本原理

尺寸排阻色谱法（size exclusion chromatography，SEC），又称凝胶色谱法、凝胶过滤色谱法（gel filtration chromatography，GFC）、凝胶渗透色谱法（gel permeation chromatography，GPC）或空间排阻色谱法，主要用于分离较大分子。固定相为化学惰性多孔物质——凝胶，不具有吸附、分配和离子交换作用。凝胶的孔径与被分离组分分子大小相应，当试样中大小不同的组分分子随流动相经过凝胶颗粒时，它们渗入凝胶微孔的程度不同；大分子受排阻不能进入微孔，小分子则进入微孔较深，因而滞留时间不同。

#### 2. 固定相和流动相

凝胶种类很多，按强度分软质、半硬质和硬质凝胶 3 类。

(1) 软质凝胶　如葡聚糖凝胶、琼脂糖凝胶，适用于水作流动相，具有较大的溶胀性，只能在常压下使用。

(2) 半硬质胶　如交联聚苯乙烯，比软质胶稍耐压，是亲油性的，宜用有机溶剂作流动相。

(3) 硬质胶　如多孔硅胶、多孔玻璃等，可在较高压强和较高流速下操作。但是，由于凝胶孔径对于分离极其重要，用硬质胶时应注意压强不宜过高，应小于 7MPa，流速不宜过快，应小于 $1mL \cdot min^{-1}$，而且必须缓缓增加，否则会影响凝胶孔径和分离效果。

选择流动相时应注意必须与凝胶本身有相似性，这样才能润湿凝胶，防止吸附作用。当使用软质胶时，应注意溶剂能溶胀凝胶。此外，溶剂黏度需小，高黏度的溶剂会抑制扩散作用而影响分离度。常用的流动相为缓冲剂水溶液（用于 GFC）或有机溶剂（GPC）。

### 五、亲和色谱法

#### 1. 基本原理

亲和色谱法（affinity chromatography）是利用生物分子亲和力来进行色谱分离的技术。生物中许多大分子化合物具有一种特性，能与结构对应的某种专一分子可逆性地结合，如酶与底物、抗原与抗体、激素与受体、RNA 与和它互补的 DNA 等。生物分子间的这种结合力称为亲和力。该方法将可亲和的一对分子的一方，即配基，通过间隔基手臂以共价键形式结合到载体上作为固定相；另一方面，亲和物则在试样中。当含亲和物的复杂混合试样流经固定相时，亲和物就与配基结合而与其他组分分离。在其他组分洗脱后，改变条件来降低亲和物与配基的亲和力，或使间隔基手臂断裂，就能使被分离的物质洗脱下来。亲和色谱法特别适用于生物化学，用于各种酶、辅酶、激素和免疫球蛋白等生物分子的分离。

#### 2. 固定相

亲和色谱法的固定相又称亲和吸附剂，由载体和配基构成。载体要求：

① 具有多孔网状结构，易被大分子渗透；

② 具有相当数量的可供偶联集团，能结合配基；

③ 没有吸附性，不发生非专一吸附；

④ 均一，有一定的硬度，性质稳定以及亲水等。

应用最多的载体是琼脂糖凝胶。琼脂糖凝胶在 pH4～9 稳定，通过交联剂处理的凝胶适用范围可以扩大到 pH3～12。其他常用的载体还有聚丙烯酰胺载体、葡聚糖凝胶及多孔玻璃等。载体需要经过活化才能结合配基或间隔基。

#### 3. 吸附与洗脱

亲和色谱法一般的操作方法是将亲和吸附柱装柱，用缓冲溶液平衡色谱柱，再将待分离的溶液过柱。为使亲和物能紧密结合在配基上，应选择适当的 pH、离子强度和化学组成一定的平衡缓冲液，并且需适当控制温度。试样上柱后，可用平衡缓冲液或较高离子强度的溶液淋洗，除去非专一吸附的杂质。最后，进行亲和物的洗脱。

当亲和物和配基结合不强时，可以联合用大体积的平衡缓冲液洗脱亲和物，更常用的是改变 pH、离子强度、缓冲液的组成，以便更有效地将亲和物洗脱下来。当亲和物和配基结合力强时，也可用较强的酸碱洗脱或添加尿素等破坏蛋白结构的试剂。此外，洗脱常会使亲和物失去生物活性，因此，洗脱后应立即中和、稀释或透析，使它迅速恢复天然构型。

## 第四节　样品预处理与色谱柱的保护

高效液相色谱法不受被分离物质的挥发性、热稳定性及相对分子质量的限制，因此其应用越来越广。该技术有分离效率高、分析速度快、灵敏度高、重现性好的特点，同时具有分离和分析两种功能。

### 一、样品预处理

随着科技的发展 HPLC 的分析速度、灵敏度及专属性均比以往有了很大提高，相应地对样品预处理过程及结果的要求也越来越高。

#### 1. 柱污染来源

（1）某些难流出组分　如在某一强度的流动相下，某些组分的吸附平衡常数 $K$ 值很大，容易被固定相吸附，难以洗脱下来，随着样品量的增加，难流出组分在柱中逐渐富集，柱子被污染。采取的对策就是把难流出组分与待测样品组分分开，然后进样。如果把复杂的样品（即极性范围很大，含大量难流出组分）直接送入柱内，期待它们全部出峰是不明智的。

（2）流动相的杂质　前面已介绍。

（3）样品中杂质　杂质是指干扰正常分析的物质。如在分析生物碱时，那些非生物碱物质，如多糖、植物蛋白和脂溶性物质，等干扰正常分析，因此，必须设法将其除去。

**2. 样品预处理的方法**

通常样品预处理的原则是处理后的样品极性范围越窄越好，但需要保证待测组分的最大回收率。如 ODS 反相柱，要求尽可能去掉 $K$ 值大的脂溶性杂质；硅胶柱要求尽可能去掉极性大，即与硅胶吸附大的杂质。其方法如下：

（1）过滤或离心方法　采用微孔滤膜、高速离心、超滤等方法，可以方便快速地清除不溶性物质以及大分子的植物蛋白、多糖、树脂等杂质。

（2）溶剂提取方法　例如对于生物碱、有机酸和中性化合物，首选酸碱提取或利用离子对的方法处理生物碱和有机酸；其次可选用适当强度的溶剂，用不同方式提取（索氏、冷浸、渗滤、超声等）精制。

（3）色谱法　当不适用于溶剂提取时，可采用下列方法：

① TLC 法　该法具净化彻底、操作简单和条件选择方便等优点，其缺点是回收率不稳定且偏低。

② 柱色谱　选择不同的吸附剂，如硅胶、氧化铝、聚酰胺、硅藻土、大孔树脂、纤维素和 Sephdex $LH_{20}$ 等，用不同的洗脱液处理。该方法的优点是样品回收率高且回收率值稳定，缺点是操作较麻烦。通常情况下，中性氧化铝填料适于处理生物碱、强心苷；硅藻土适于处理生物碱、有机酸和中性物质；硅酸镁适于溶质性物质；聚酰胺适于黄酮；大孔树脂适于皂苷、多糖；纤维素适于多糖；Sephdex $LH_{20}$ 适于上述所有化合物按分子量大小进行分级。以上净化过程均是保留预测组分，洗脱除去干扰物质。

③ 固相萃取　固相填料同上，把填料做成商品小柱，使用极为方便，但成本相对较高。使用时应遵循色谱基本原理和样品的具体情况来选择合适的萃取柱和洗脱液。

总之，在实际应用过程中，应统筹利用上述 3 种方法，多快好省地把样品处理好，防止保留组分在分离柱上形成永久吸附而降低柱子的效率。

### 二、色谱柱的保护

色谱柱为高效液相色谱法的关键部分。在具体应用过程中，对色谱柱的保护是一项重要内容。对色谱柱的保护包括以下几个方面：

① 保护柱是连接进样器和分离柱之间的短柱（长度通常为 30～50mm）。为了保证分离柱的效率，保护柱应具有与分离柱相同的要求，使用的填料应与分离柱相同或相似，其可在匀浆填浆时与分离柱一起填装。由于保护柱经常需更换，使用薄壳填料来填装保护柱是方便的，这时应采取干法填装。保护柱只对 $K\approx 0$ 的组合有柱外效应，从而能降低分离柱的理论塔板数。当 $K$ 值在增大时，由于洗脱体积的增大，保护柱对柱效的影响减小。同样，高效柱给出 $K$ 大的组分峰，如峰扩展不明显时，保护柱对柱效的影响并不重要。

② 净化样品。

③ 流动相应过滤处理。

④ 防止柱中细菌的生长。

⑤ 柱压应比填充压力小。

⑥ 防止柱子的震动和撞击。

## 第五节　液相色谱分析技术的新进展

### 一、液相色谱-质谱联用技术概述

液相色谱与质谱的联用（LC-MS）集高效分离、多组分同时定性和定量为一体，是分析混合物最为有效的工具。特别适用于那些高极性、热不稳定性、高相对分析质量和低挥发性的有机化合物。

液相色谱-质谱联用技术的研究开始于 20 世纪 70 年代，与 GC-MS 联用技术不同的是液相色谱-质谱联用技术似乎经历了一个更长的实践和研究过程，直到 20 世纪 90 年代才出现了被广泛接受的商品接口和配套的仪器。

除真空匹配之外，液质联用技术发展可以说就是接口技术的发展。扩大 LC-MS 应用范围以使热不稳定和强极性化合物在不需衍生化的情况下得以直接分析并将质谱分析用于生物大分子，是液质接口技术的发展方向。LC-MS 各种“软”离子化接口的开发正是迎合了这个方向。

液质联用技术在发展过程中曾有多种接口提出，这些接口都有自己的开发和完善过程，都有各自的长处和缺点，有的最终形成了被广泛接受的商品接口，有的则仅在某些领域，在有限的范围内被使用。这里我们仅介绍目前应用最为广泛的电喷雾接口技术。

1984 年 Fenn 等人发表了他们在电喷雾技术方面的研究工作，这些开创性工作引起了质谱界极大的重视，在其后的十几年内开发出的电喷雾电离（electron-spray ionization，ESI）及大气压化学电离（atmospheric pressure chemical ionization，APCI）商品接口是非常实用、高效的“软”离子化技术，被称为 LC-MS 技术乃至质谱技术的革命性突破。目前的电喷雾接口可以安装在磁扇形（magnetic sector）质谱、四极杆（quadrupole，Q）质谱、离子阱（ion trap，IP）质谱和飞行时间（time of flight，TOF）质谱上。

ESI 具有极为广泛的应用领域，如小分子药物及其各种体液内代谢产物的测定，农药及化工产品的中间体和杂质鉴定，大分子的蛋白质和肽类的分子量测定，氨基酸测序及结构研究以及分子生物学等许多重要的研究和生产领域，并显示出其突出的优势。重要表现在：

① 高的离子化效率，如对蛋白质而言接近 100%；

② 多种离子化模式供选择，如 ESI(＋)、ESI(－)，APCI(＋)、APCI(－)；

③ 对蛋白质而言，稳定的多电荷离子的产生使蛋白质分子量测定范围可高达几十万甚至上百万单位；

④“软”离子化方式使热不稳定化合物得以分析并产生高峰度的分子离子峰；

⑤ 气动辅助电喷雾技术的在线接口的采用使得接口可与大流量（约 $1mL \cdot min^{-1}$）的 HPLC 联机使用；

⑥ 仪器专用化学工作站的开发使得仪器在调试、操作、HPLC-MS 联机控制、故障自诊断等方面都变得简单可靠。

## 二、超临界流体色谱法概述

超临界流体色谱（supercritical fluid chromatography，SFC）是以超临界流体作为流动相的一种色谱法。所谓超临界流体，是指既不是气体也不是液体的一些物质，它们的物理性质介于气体和液体之间。超临界流体色谱技术是 20 世纪 80 年代发展起来的一种崭新的色谱技术。由于它具有气相和液相色谱所没有的优点，并能分离和分析气相和液相色谱不能解决的一些对象，应用广泛，发展十分迅速。一些过去 HPLC 与 GC 难以分离分析的物质，通过超临界流体色谱都能取得较为满意的结果。

### 1. 超临界流体色谱仪

1985 年出现第一台商品型的超临界流体色谱仪，有很多部分类似于高效液相色谱仪，但有两点重要差别：

① 具有一根恒温的色谱柱。这点类似于气相色谱中的色谱柱，目的是为了提供对流动相的精确温度控制。

② 带有一根限流器（或称反压装置）。目的是用以对柱维持一个合适的压力，并且通过

它使流体转换为气体后，进入检测器进行测量。实际上，可把限流器看作柱末端延伸部分。

**2. 固定相和流动相**

用于SFC中色谱柱可以是填充柱也可以是毛细管柱，目前，毛细管柱超临界流体色谱（CSFC）由于具有特别高的分离效率，备受人们的关注。

SFC中，最广泛使用的流动相主要是$CO_2$液体，它无色、无味、无毒，易获得且廉价，对各类有机分子都是极好的溶剂。它在紫外区是透明的，临界温度31℃，临界压力7.39MPa。在色谱分离中，$CO_2$流体允许对温度和压力有较宽的选择范围。有时可以在流体中引入1%～5%甲醇，以改进分离的选择因子。除$CO_2$流体外，可做流动相的还有乙烷、戊烷、氨、氧化亚氮、二氯二氟甲烷、二乙基醚和四氢呋喃。

**3. 超临界流体色谱法与其他色谱法比较**

(1) 与高效液相色谱法比较　实验证明，SFC法的柱效比HPLC法要高，当平均线速度为$0.6cm \cdot s^{-1}$时，SFC法的分离时间也比HPLC法短。这是由于超临界流体的低黏度使其流动速度比HPLC法快，有利于缩短有效分离时间。

(2) 与气相色谱法比较　由于超临界流体的扩散系数与黏度系数介于气体与液体之间，因此SFC的谱带展宽比GC小。另外，SFC中流动相的作用类似LC中的流动相，超临界流体做流动相不仅载溶质移动，而且与溶质会产生相互作用，参与选择竞争。还有，若把溶质分子溶解在超临界流体中看做“挥发”，这样大分子物质的分压很大，因此可应用比GC低得多的温度实现对大分子物质、热不稳定化合物、高聚物的分离。

## 三、高效毛细管液相色谱法概述

随着色谱理论研究的不断深入发展和液相色谱时间日益普及，毛细管高效液相色谱（色谱柱内径为0.1～0.5mm）及其质谱联用技术（cHPLC，cHPLC-MS），以其独特的优点，引起全世界范围内的广泛关注。

毛细管高效液相色谱使用的毛细管色谱柱较常规色谱柱内径更小，对于同样的进样量峰高与柱横断面积呈反比，因此，可以得到更高的峰值，而更高的峰值对于质谱（或者其他检测器）便有更低的检测限，即提高了灵敏度。

微量进样使一系列高灵敏度的检测器，包括光敏二极管阵列检测器、质谱仪、激光诱导荧光检测器，能够与毛细管高效液相色谱联用，可以使样品检测浓度达到ng水平或者更低。由于毛细管高效液相对于极低浓度的样品的高度灵敏性，现在已广泛应用于蛋白水解液双向凝胶分离、微量DNA加合物分析等。

**1. 毛细管色谱柱**

液相毛细管色谱柱主要有四种类型，壁涂渍开管（wall coated open tubular）；多孔层开管（porous layer open tubular）；支持涂渍开管（support coated open tubular）；填充微毛细管柱（packed microcapillary columns）。其中填充毛细柱较为特殊，其吸附物质是在毛细管制作过程中被牵引进内壁的。自Tsuda与Novotny在1978年发表第一篇填充液相毛细管柱文章至今，毛细管柱的制备方法仍主要采用填充方式。

填充毛细管柱的多种填充技术包括应用气体、超临界流体和液体。微型LC柱最常用的是用液体填充。而主要填充技术的基本原理没有大的改变：用熔融玻璃原料（包括金属保护屏障、玻璃绒毛、高分子膜或聚集二氧化硅颗粒）将一根未填充的色谱柱封固，粒子由对侧推进柱内。

微柱的分离效率影响参数众多，不仅包括填充参数（比如溶剂选择性、填充压力、匀浆密度、表面活性剂的应用等），还包括色谱柱参数（空柱材料、选择性）。

目前柱内径大于2mm或小于0.32mm时，柱效均可达到或接近理论值，唯独宽口径的cHPLC商品柱柱效只有理论值的25%～50%。为使填充毛细管液相色谱柱的优点得以充分发挥，很多科学家致力于内径在0.5～1.0mm不锈钢宽口径填充毛细管高效液相色谱柱的制备研究。

近年来，整体毛细管柱发展极为迅速，其制备方法更为简单，无需填料，可以由共价键永久键合在毛细柱的内表面。如前所述，整体毛细柱填充方法也是由CEC毛细柱发展而来。色谱填充床的pH稳定（使用范围pH8或8以上），由烧结填料引起的不良影响降低（比如气泡的形成、吸附引起的拖尾以及附加柱谱带展宽）。

Pavel Coufal、Martin Cihak等制备的直径为320μm的整体毛细管液相色谱柱对极性、非极性样品均能达到满意的分离效果。此毛细管制备是以硅烷化溶剂填充。

**2. 泵**

微型化液相色谱仪与通用液相色谱仪最主要差别是泵。通用泵的流速为0.1～1.0mL·$min^{-1}$，而配合微型柱的泵流速范围为5～500μL·$min^{-1}$。因此毛细柱要求输液泵达到高精度、高准确度和无脉冲。

微型化溶剂传递装置近年来成为微流控制系统的研究热点，对于填充毛细管高效液相色谱而言，流速为0.5～5.0μL·$min^{-1}$时操作压力就超过5MPa。目前商业化低流量泵的造价非常高，并且由于止回阀、动态活塞密封垫在5MPa压力以上时会泄露，造成溶液传递的不稳定，目前大部分微泵的研究着眼于减小压力以及膨胀泵的研制。

填充床电渗流泵（EOP）包括并联的3个毛细柱、气体发生装置、Pt电极、高压电源。此泵可以产生5.0MPa的压力，可提供纯水、纯甲醇、2mmol·$L^{-1}$磷酸二氢钾缓冲液、缓冲盐-甲醇混合溶剂、水-甲醇混合溶剂nL·$min^{-1}$～μL·$min^{-1}$范围的恒定流速。而溶剂在进柱前后的组成由火焰离子检测器和热导检测器GC检测，结果表明成分及相对浓度没有显著性变化。

**3. 检测器**

UV吸收检测器是最常见、应用最广的检测器。除此之外，荧光检测器、电化学检测器、屈光指数检测器、电子捕获检测器等的使用亦有报道。

（1）紫外吸收检测器　由于使用简单、使用范围广，UV吸收检测器成为最为普及的检测器。毛细管液相色谱常用的流动池通常有两种，垂直/交叉流动池与纵向/平行流动池。

垂直流动池引起的谱带展宽可以忽略不计，因为有效检测池容积已经减至最小，但如此短的路径又导致浓度灵敏度的降低。纵向流动池的光程较长，灵敏度较高，但色散又较严重。扩充光程池检测器解决了这一矛盾，具有高灵敏度和较低的色散，Agilent、Waldbronn公司的毛细管电泳已经采用，此法同样适用于毛细管高效液相。扩充光程检测池上有一小部分狭窄的内径用腐蚀法扩大了2～3倍光程（气泡池）。气泡流通池不仅可以用于单波长检测，也可用于二极管阵列检测器，测定苯甲酸和硫脲的线性范围为3～4个数量级。

（2）荧光检测器　自微柱发明后荧光检测器的研究就从未间断。但微柱液相色谱荧光检测器灵敏度的提高始终不及普通HPLC。检测限受限是因为检测光程较短、柱上流通池的激发区域过小。如果能获得更高的激发能，荧光发射强度则会提高。但这不能直接导致检测限的降低，因为还存在与激发光源强度无关的噪声，例如散射光、检测池或检测窗壁的荧光、流动相引发的荧光与拉曼散射。通过选用平行激光作光源，大多噪声（特别是源于流动相的荧光与拉曼散射）会降低。荧光检测器还能用于填充柱内，即所谓的柱内检测器。柱内检测器中被分析物处于隔离区。可推论柱内检测器的灵敏度较柱上检测器度高（$1+k$）倍。通过提高吸收态的荧光量子产率可将信噪比大幅提升。这一效应在反相、手性拆分中均有证实。

（3）蒸发光散射检测器（ELSD）　检测器对谱带展宽的影响很小，ELSD更适用于毛细管HPLC，因此，ELSD的结构改造便逐渐成为热点。ELSD的非线性响应通常被视为定量分析的一大缺点，但很多文献研究结果表明应用于毛细管 HPLC 时的线性关系良好。这可能与流量的减小而使得液滴大小更为均一有关。

**4. 高效毛细管液相色谱与质谱联用技术**

由于一般液相色谱的流速较高，大于 200μL，在 MS（流速小于 50μL）进样前需要分流，大部分部分样品被浪费。在微量分析时采用柱径大的色谱分离柱，则会稀释样品，降低质谱的检测灵敏度，难以达到鉴定要求。因此 cLC-MS 的联用很快成为微量分离鉴定领域的热点。恒流快原子轰击（FAB）、大气压电离源（API）、电喷射离子化（ESI）、大气压化学离子化（APCI）的出现使质谱非常易于实现在线液质联用。

## 本章小结

高效液相色谱是以液体为流动相，采用高压输液系统，将具有不同极性的混合溶剂、缓冲液等流动相泵入装有固定相的色谱柱，各成分在柱内被分离后，进入检测器产生信号，从而实现对试样的分析。高效液相色谱具有柱效高、分析速度快、灵敏度高和自动化程度高等特点。

HPLC 有等度洗脱和梯度洗脱两种洗脱方式：等度洗脱是保持流动相组成配比不变；梯度洗脱则在洗脱过程中连续或阶段性改变流动相组成，它需要配有梯度洗脱装置。

分配色谱又称为液-液色谱，是根据物质在两种互不相溶的液体中有不同的分配系数，从而实现分离的方法。根据固定相和流动相之间的相对极性的大小，可将其分为两类：

① 流动相极性低而固定相极性高，称为正相分配色谱法，对于极性强的组分有较大的保留值，常用于分离极性强的化合物。

② 流动相极性大于固定相极性的，称为反相分配色谱法，对于极性弱的组分有较大的保留值，适应于分离极性弱的化合物。

## 思考题与习题

1. 简要比较气相色谱及液相色谱的异同点
2. 在液-液分配色谱中，为什么可分为正相色谱及反相色谱？
3. 何谓梯度洗脱？它与气相色谱中的程序升温有何异同之处？
4. 化学键合色谱的保留机理是什么？最适宜分离哪些物质？
5. 简述液-液分配色谱与液-固分配色谱的异同点。
6. 空间排阻色谱的分离原理是什么？最适宜分离的物质是什么？

# 第十四章　现代仪器分析简介

仪器分析是指利用物理或物理化学性质的参数及其变化确定待测物质组成、结构、状态的方法。仪器分析是相对于化学分析而言的，二者之间并没有绝对的分界线。一般来说化学分析的原理是化学反应及其计量关系，或者说就是化学方程式；仪器分析的原理则是物理性质参数（如谱线频率、谱线强度、电势等）及其变化。

本章主要介绍用于定量分析的原子发射、原子荧光、分子荧光磷光以及化合物结构分析的核磁共振光谱等内容，应用最广泛的吸光光度法与色谱法在本书前面章节已经介绍。

## 第一节　光分析法导论

光分析法是指基于检测能量作用于待测物质后产生辐射信号或引起一些参数变化的一类分析方法。所谓检测能量，就是各种电磁波；所谓产生辐射信号，是指发射一定频率、一定强度的电磁波；所谓某些参数变化，是指强度、折射率、偏振度等的变化。

### 一、电磁波的辐射能特性

光分析法的基础是电磁波和待测物质之间的相互作用。电磁波具有波粒二象性。所谓波粒二象性是指电磁波既具有连续的波动性，又具有不连续的微粒性。电磁波的波动性表现为折射、衍射、偏振、干涉等波的特性，其粒子性表现为吸收、发射、散射等光子的性质。

在介绍辐射能特性之前，有两个重要的概念必须介绍，这就是能态和跃迁。

能态也叫能级，是指电子等结构单元在稳定状态所具有的能量状态，能态又分为基态和激发态。所谓基态，是指电子没有接收外界能量的情况下所处的能态，光谱学规定该能态的能量为零；所谓激发态是指电子接收外界能量后，到达较高的能量状态。例如 Na 原子的最外层电子是 $3s^1$，则 3s 就是该电子的基态，当这个电子接收能量之后，可能会向外运动至 3p、4s 等其他轨道，则 3p、4s 为该电子的激发态。基态和激发态是相对于特定的电子而言的，如 Na 原子 2p 轨道的电子，2p 轨道是基态，3s 则是激发态。

跃迁是指电子在能量增加或者减少的情况下，在两个能态之间的运动。从低能态到高能态的跃迁，需要从外界接收能量，这种跃迁又称为激发。从高能态到低能态的跃迁，则需要向外界释放能量，这种跃迁又称为弛豫，如果额外的能量不能有效释放，则弛豫受阻。

#### 1. 吸收

辐射能作用于粒子后，粒子选择性地吸收某些频率的辐射能，并从低能态跃迁至高能态（一般情况下，大多数粒子都处于基态，所以我们主要研究的是从基态到激发态之间的跃迁），这种现象称为吸收。可用式子表示为：

$$X + h\nu = X^{*} \tag{14-1}$$

式中，X 为基态粒子；$X^{*}$ 为激发态粒子；$h\nu$ 为粒子选择性地吸收的特定频率光子的能量。

#### 2. 发射

粒子一般都处于基态，当它们吸收能量后（可以是光能、电能、热能、化学能等其他形式的能量），从基态跃迁至激发态（该过程称为激发）。处于激发态的粒子极不稳定，其寿命很短，大约 $10^{-8}$s，也就是说，激发态的粒子很快会跃迁回较低能态或者直接跃迁回基态，同时释放多余的能量。如果以光的形式释放能量，就会发射一定频率的光，称为发射。可用式子表示为：

$$X + 能量 \longrightarrow X^*$$

$$X^* \longrightarrow X + h\nu \qquad (14\text{-}2)$$

吸收和发射是光分析诸多方法中应用最多的两个特性，也可用图 14-1 表示。

3. **散射**

光子和体系中其他粒子发生碰撞，当能量状态的变化不足以引起能级间跃迁时，表现为改变方向，称为散射。

散射分为两种，一种是光子和粒子弹性碰撞，没有能量交换，光子的能量没有改变，对应的频率也没有改变，只表现为改变方向，这种散射称为拉曼散射；另外一种是光子和粒子的碰撞伴随着能量交换，光子的能量比原来增高或者降低，对应的频率也增加或者降低，这种散射称为瑞利散射。

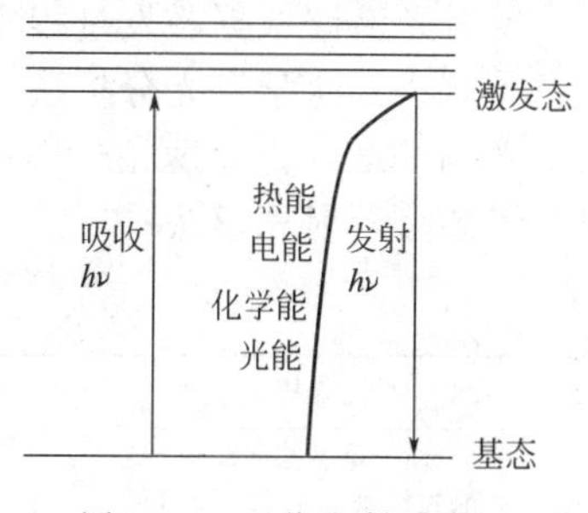


图 14-1　吸收发射示意图

4. **折射**

光从一种介质斜射入另一种介质时，传播方向发生改变，且不同波长的光改变的程度也不同，这种现象称为折射。

5. **衍射**

光在传播过程中遇到障碍，它的波阵面受到限制，光波会绕过障碍物，改变直线传播，称为衍射。

6. **干涉**

两列频率相同的光波在空中相遇时发生叠加，在某些区域总加强，在另外一些区域总减弱，出现明暗相间的条纹或者是彩色条纹，称为干涉。

7. **偏振**

振动方向对传播方向的不对称性称为偏振。

## 二、光分析法的分类

光分析法种类繁多，可以按照光的辐射能特性分类，可以按照作用对象分类，也可以按照光源来分类。实际上一种光分析法的名称通常都包含着上面的部分信息。例如，原子吸收光谱法作用对象是原子，辐射能特性是吸收；红外吸收光谱法光源是红外光，辐射能特性是吸收。

### 1. 光分析法按照光源分类

光分析法的光源就是各种电磁波。有的电磁波波长很短（$\lambda<10$nm），因其光子能量很高，此谱区称为能谱，该谱区的电磁波包括 X 射线和 $\gamma$ 射线，以该谱区为基础的分析技术称为能谱分析，所用仪器主要是射线仪器；有的电磁波波长很长（$\lambda>1$mm），因其光子能量很低，此谱区称为波谱，包括微波和射频，以该谱区为基础的技术称为波谱分析，所用仪器主要是电子器件；介于能谱和波谱之间的区域统称为光学谱区，包括紫外光、可见光和红外光，以该谱区为基础的技术称为光学谱区分析，所用仪器主要是光学器件（包括棱镜、光栅以及各种透镜）。

按照光源来分，光分析法可以分为能谱分析、光学谱区分析、波谱分析三类，这三类光分析法又可细分为 X 射线、$\gamma$ 射线、紫外可见、红外、核磁共振等分析法。

### 2. 按照辐射能特性分类

前面提到，电磁波谱的辐射能特性包括吸收、发射、散射、折射、干涉、衍射、偏振等。其中吸收、发射、散射表明光的微粒性，涉及能级的变化，凡涉及能级变化的光分析法统称为光谱法；折射、衍射、干涉、偏振等特性则表明光的波动性，不涉及能级变化，凡不涉及能级变化的光分析法统称为非光谱法。

(1) 光谱法　光谱法通过检测光谱的波长（或频率）来进行定性分析，通过检测光谱的强度进行定量分析。光谱法可分为三种基本类型：吸收光谱法、发射光谱法、拉曼散射(Raman 散射）光谱法。

发射光谱法根据激发过程中使用的能量不同，又可分为一般意义上的发射光谱法、荧光磷光光谱法、化学发光分析法。一般意义上的发射光谱法是用电能和热能激发，荧光和磷光是用光能激发，化学发光分析则是用化学能激发。表 14-1 列出了部分吸收光谱法，表 14-2 列出了部分发射光谱法。

**表 14-1　部分吸收光谱法**

| 吸收分析法名称 | 相应的辐射 | 吸收辐射的部位 |
|---|---|---|
| 莫斯鲍尔光谱法 | $\gamma$ 射线 | 原子核 |
| X 射线吸收光谱法 | X 射线 | 内层电子 |
| 原子吸收光谱法 | 紫外可见光 | 原子外层电子 |
| 紫外可见吸收光谱法 | 紫外可见光 | 分子外层电子 |
| 红外吸收光谱法 | 中红外光 | 分子中的键 |
| 核磁共振波谱法 | 射频 | 有机化合物中的质子 |
| 激光吸收光谱法 | 激光 | 分子 |

**表 14-2　部分发射光谱法**

| 发射分析法名称 | 能　源 | 作用物质 | 检测信号 |
|---|---|---|---|
| 原子发射光谱法 | 电能、火焰 | 原子外层电子 | 紫外可见光 |
| X 荧光光谱法 | X 射线 | 原子内层电子 | 特征 X 荧光 |
| 原子荧光光谱法 | 高强度紫外可见光 | 原子外层电子 | 原子荧光 |
| 荧光光度法 | 紫外可见光 | 分子 | 分子荧光 |
| 磷光光度法 | 紫外可见光 | 分子 | 分子磷光 |
| 化学发光法 | 化学能 | 分子 | 可见光 |

分子的吸收光谱法用于定量分析时，又称为光度法，其中以紫外可见光度法使用仪器最为简便，应用最为广泛。

(2) 非光谱法　非光谱法方法较少，应用也不如光谱法广泛。非光谱法主要有折射法、旋光法、比浊法、衍射法等，它们的理论依据和应用领域见表 14-3。

**表 14-3　部分非光谱法**

| 分析方法 | 理论依据 | 应用领域 |
|---|---|---|
| 折射法 | 折射率 | 定性、纯度、二元混合物定量 |
| 旋光法 | 偏振性 | 鉴定结构、研究立体构型、纯度鉴定 |
| X 射线衍射法 | X 射线衍射 | 确定晶体化合物结构 |
| 透射电子显微镜 | 电子衍射 | 研究物质表面形貌和内部组织结构 |

## 第二节　原子发射光谱法

原子发射光谱法是一种成分分析法，可以对除气态非金属（H、F、Cl 等）和放射性元素以外的约 70 多种元素（主要是金属元素和 C、Si、P、S 等固态非金属元素）进行分析。这种方法常用于定性、半定量、定量分析。在一般情况下，用于 1%以下含量组分的测定，检出限可达 $\mu g \cdot g^{-1}$，精密度 10%左右，线性范围 2 个数量级；如果采用电感耦合等离子体作光源，可使检出限达到 $ng \cdot g^{-1}$，甚至更低，精密度达到 1%以下，线性范围延伸至 7 个数量级。这种方法已成为同时测定多种无机元素的有力工具。

## 一、基本原理

原子发射光谱是由于被电或热能激发而处在激发态的原子外层电子极不稳定，在很短时间内就跃迁回较低的能态甚至直接跃迁回基态，以光的形式释放多余的能量，宏观表现就是发射一定频率、一定强度的电磁波谱，称为原子发射光谱。谱线的频率是进行定性分析的依据，强度是进行定量分析的依据。

原子发射光谱的频率与原子本身的结构有关，取决于发生跃迁的两个能级之间的能量差，受元素的浓度及外部条件影响不大。每种元素都有自己的特征谱线，找到某种元素的几条特征谱线，就可以确定该元素的存在，这就是原子发射光谱进行定性分析的基本依据。

原子发射光谱的强度除了和原子本身结构有关外，很大程度上还受外部条件尤其是温度和浓度等因素的影响。谱线强度的影响因素和测定方法，对光谱法的定量分析起着决定作用。

如果某原子从激发态 $E_i$ 跃迁到基态 $E_0$ 产生的发射谱线强度以 $I$ 表示，则：

$$I = N_i A_i h\nu \tag{14-3}$$

式中，$N_i$ 为处于激发态 $E_i$ 的原子数；$A_i$ 为两个能级之间的跃迁概率；$h$ 为普朗克常数；$\nu$ 为实际发射谱线的频率。

若激发过程是处于热力学平衡状态的，那么分配在激发态和基态的原子数，就应该遵循统计力学中的麦克斯韦-玻耳兹曼分布定律：

$$N_i = N_0 \frac{g_i}{g_0} e^{\frac{-E}{KT}} \tag{14-4}$$

式中，$N_0$ 为处于基态 $E_0$ 的原子数；$g_i$ 和 $g_0$ 为激发态和基态的统计权重；e 为自然常数；$E$ 为激发电位（即两个能级之间的能量差）；$K$ 为玻耳兹曼常数；$T$ 为激发时的热力学温度。

将式(14-4) 代入式(14-3)，则谱线强度可以表示为：

$$I = \frac{g_i}{g_0} A_i h\nu N_0 e^{-\frac{E}{KT}} \tag{14-5}$$

由上式可以看出，影响谱线强度的因素有激发电位、跃迁概率、统计权重、激发温度、基态原子数。

(1) 激发电位　激发电位是发生跃迁两个能级间的能量差。激发电位与谱线强度之间是负指数关系[1]，激发电位越大，谱线强度越小。这是由于随着激发电位的增加，要到达该能态所需吸收的能量非常大，处在该能级上的原子就非常少，跃迁到低能态后发射的光子数也非常少，谱线的强度自然就低。

(2) 跃迁概率　跃迁概率是指两能级之间的跃迁在所有可能发生跃迁中的概率。根据量子力学的原理，并不是任意两个能级之间都可以跃迁的，有些能级之间的跃迁是禁阻的，几乎不可能发生，而有些能级之间的跃迁是很容易的，也就是说，所有可能发生的跃迁的概率并不相同。不难理解，相同条件下，概率大的跃迁所对应的原子数要多，谱线强度自然就大。跃迁概率可通过实验数据计算得到，它与谱线强度成正比。

(3) 统计权重　在磁场中，有时一条谱线会分裂成几条谱线，所分裂的数目称为统计权重，有的文献也称作简并度，与内量子数有关，可以计算，与谱线强度成正比。

---

[1] 式中的 $\nu$ 是实际测得的发射谱线频率，$h\nu$ 等于实际发射谱线的光子能量，受能级分裂等因素的影响，$h\nu$ 和激发电位 $E$ 并不完全相同。

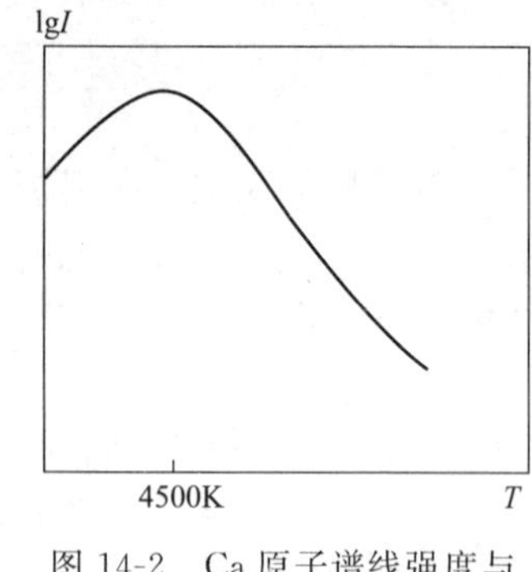


图 14-2 Ca原子谱线强度与温度的关系

对于某一次具体的测定，选择好所分析的谱线之后，所对应的两个能级也就确定了，激发电位、跃迁概率、统计权重也随之确定，成为常数。

（4）激发温度 随着温度升高，谱线强度增大。这是因为，随着激发温度的升高，体系提供的能量增多，被激发的原子数也增多，谱线强度也随之增大。但是，当温度升高到一定程度之后，体系所提供的能量足以让原子的外层电子脱离原子核的束缚，从而电离产生离子。温度再增加，被电离的原子数目将大幅增多，中性原子数目随之减少，原子线的强度将被削弱。实际上，谱线强度与激发温度之间的关系比较复杂，可以用图 14-2 表示。

具体测定中，我们应该注意选择合适的激发温度，使激发效果达到最佳，尽量减少电离的影响，此时温度也成为常数。

（5）基态原子数 谱线强度与基态原子数成正比。基态原子数越多，被激发的原子数也越多，释放的光子也就越多，谱线强度就越大。一定条件下，基态原子数又与浓度成正比，因此，谱线强度与浓度也成正比关系，这个正比关系就是原子发射光谱法定量分析的依据。

## 二、原子发射光谱仪

原子发射光谱仪的主要组成有三个部分：光源、色散系统和检测系统。色散系统又称分光仪、单色器，它的作用是把分析线和其他谱线分离开来，减少干扰，提高分析的准确性。检测系统的作用是把光信号转变为可测定的信号并检测记录。

### 1. 光源

原子发射光谱仪光源的主要作用是提供足够的能量，使处于化合态的待测元素转化为原子并激发至激发态，在很短的时间内发射特征谱线。

最初用于原子激发的光源是电弧和火花光源。1920 年，这些技术开始取代经典的重量分析和容量分析来分析元素，当时可以定性定量测定不同试样中的金属元素，至今在定性和半定量分析中仍有相当大的用途。目前原子发射光谱仪定量分析时多用等离子体光源。

在电弧和火花光源中，样品的激发是发生在一对电极之间的空隙中，通过电极及其间隙的电流提供能量，对样品进行原子化和激发。一般来说电极用炭作材料，一方面因为容易获得炭的纯品，不会干扰待测样品；另一方面，炭是一种良导体，具有好的热阻并易于加工成形。电弧和火花的阳极有一个凹孔，分析时，固体样品可直接放在凹孔中，液体样品则需要转化成粉末或者薄膜，也可把电极在溶液中浸泡后进行激发。常用的光源有直流电弧、交流电弧、电火花和等离子体光源。

（1）直流电弧 一般采用可控硅整流器作电源，产生 220～300V 的低压直流电。低压直流电不能击穿两个电极之间的空隙形成回路，需要借助高频电压击穿引燃。直流电弧的温度约在 4000～7000K，电极温度较低，一般为 3000～4000K。直流电弧工作时，电子受到阴极电场的加速，不断以高速轰击阳极，使阳极产生高温，因此一般将样品放在阳极。直流电弧电极头温度高，样品蒸发快，检测限低，干扰小，常用于熔点较高的岩石矿物等样品中的极低含量元素的定性和定量分析。但是直流电弧稳定性差，再现性差，实际分析中，需用内标法消除影响。

（2）交流电弧 采用 220V 交流电作为电源。电源电压也不能击穿电极间隙，需要采用引燃装置。与直流电弧不同的是，交流电弧利用自身附带的变压线圈产生高频高压交流电来引燃，并用低压低频交流电来维持放电。交流电弧燃烧稳定，电流密度较大，弧焰温度较高，常用于中低含量元素的定量测定。但是交流电弧电极头温度低，激发效果不如直流电弧，检测限较低。

（3）电火花　是用8000～10000V以上的高压交流电向电容器充电，待充电达到一定程度后，电容器迅速向电极间隙放电，激发样品。电火花是不连续的放电，其放电时间短、速度快，瞬间电流密度很大，可以产生10000K以上的弧焰温度，激发能力很强，电极温度很低，适宜分析低熔点的金属。电火花的缺陷是检测限差，不易测定微量元素，背景干扰较大。

（4）等离子体光源　是20世纪60年代发展起来的一类新型发射光谱光源。等离子体是指含有相同浓度阴、阳离子的气体混合物。通常用氩等离子体进行发射光谱分析。在等离子体中形成的氩离子能从外光源吸收足够的能量，将温度保持在支撑电导等离子体进一步离子化的程度，一般可达10000K以上。高温等离子体主要有三种类型：电感耦合等离子体（简称ICP）、微波感生等离子体（MIP）、直流等离子体（DCP）。其中应用最广泛的是电感耦合等离子体。电感耦合等离子体由高频电磁场、氩气和石英炬管组成，以氩气作为工作气体，高频电磁场电离氩气，形成等离子体，石英炬管用来维持气体稳定放电。电感耦合等离子体具有检出限低、稳定性好、基体效应和背景干扰小、准确度高、线性范围宽、检测范围广等诸多优点，已经成为同时精确定量测定多种元素的必备光源。

**2. 色散系统**

色散系统常用的元件是棱镜和光栅，所制作的光谱仪分别称作棱镜光谱仪和光栅光谱仪。棱镜是根据不同波长的光在同一介质中折射率不同，从而把复合光分解为单色光。光栅是用玻璃片或金属片制成，上面准确地刻有大量宽度和距离都相等的平行线条，称为刻痕，相当于一系列等宽等距的透光狭缝。光线通过光栅时，衍射形成大量的相干光，经多缝干涉使不同波长的光处在不同的空间位置，从而进行分光。常用的光栅有定向光栅、中阶梯光栅和全息光栅。

衡量色散系统色散能力大小的指标包括色散率和分辨率。

色散率分为角色散率和线色散率。角色散率是指波长相差 $d\lambda$ 的光线被分开的角度大小。线色散率是指波长相差 $d\lambda$ 的两条光线在光谱焦面上分开的距离。色散率越大，分光效果越好。棱镜的色散率不均匀，随波长的增加而降低；而光栅的色散则均匀排列。

两条光线的平均波长为 $\lambda$，若波长差为 $\Delta\lambda$ 时刚好能够分辨开来，则分辨率可定义为：

$$R=\frac{\lambda}{\Delta\lambda}$$

$R$ 值越大，分辨能力越强。棱镜的分辨率一般在5000～60000之间。光栅的分辨率则可通过增加刻痕数来达到增大的目的，目前有些光谱仪采用254mm尺寸大的光栅，分辨率可以达到 $6\times10^5$。

**3. 检测器**

原子发射光谱法目前常用的检测方法包括摄谱法和光电法，使用不同的检测器，应用范围也不同。

摄谱法是用感光板来记录光谱，再经过显影、定影等过程，制得光谱底片，观察谱线的位置和强度进行测定。可用于定性、半定量、定量分析。感光板上有很多黑度不同的谱线，在定性分析和半定量分析中，用映谱仪观察谱线的位置和大致强度；在定量分析中，用测微光度计测定谱线的黑度，建立乳剂特性曲线，进行定量测定。在实际应用中，摄谱法多用于定性分析和半定量分析。

光电法是光谱定量分析常用的检测方法，所用的元件包括光电管和光电倍增管。光电管由光敏阴极和阳极组成，光敏阴极上涂有钾和铯等光敏材料。光电倍增管工作时，先通过光敏物质把光信号转变为电信号，再通过电场把电信号进一步放大，进行测定。光电法可以很好地用于定量分析。

## 三、应用

原子发射光谱法可以用于无机元素的定性、半定量、定量分析。

### 1. 定性分析

元素的原子结构不同，其电子能级不同，发射谱线涉及的两个能级之间的能量差不同，所对应的电磁波频率也不同，这是原子发射光谱法定性分析的依据。在测定中，对于被检定的元素，不可能也不需要找到其所有的发射谱线，只是找出几条特征谱线就可以确定该元素的存在。

实际测定时常用标准光谱图比较法。所谓标准光谱图，是指在放大 20 倍的不同波段铁的光谱图上，准确标出 68 种元素的主要特征谱线的图片（图 14-3）。这主要是因为铁的发射光谱非常丰富，在各个波段均有容易记忆的特征谱线，故可以作为波长的参照。在使用标准光谱图进行定性分析时，将样品和纯铁并列摄谱，实际测得的谱图和标准光谱图进行比对，可从标准光谱图上找出试样中的谱线是哪些元素产生的。

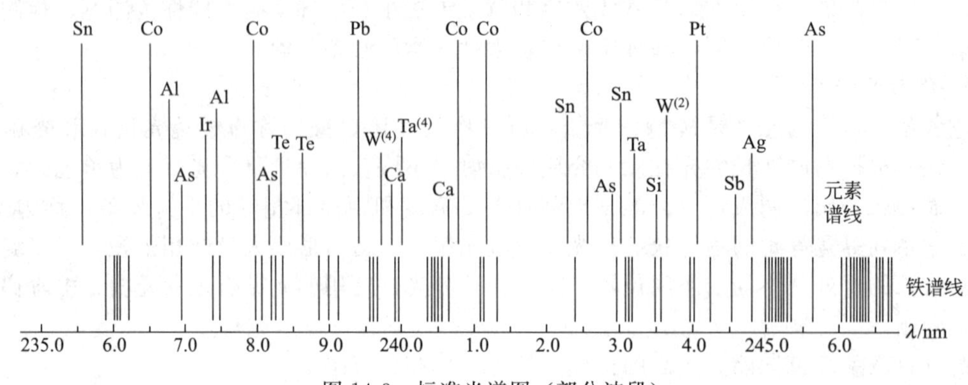


图 14-3　标准光谱图（部分波段）

### 2. 半定量分析

有些试样的分析，对结果的要求并不是很准确，只需要有一个范围，比如说钢材与合金的分类，矿产等次的大致估计，地质普查中要求对数以万计的试样中各种元素的大概含量迅速得出结果等等。这些分析任务都有两个共同特点：一是对准确度要求不高，二是样品数量比较多。如果采用比较精确的定量分析，非常耗时耗力，就需进行半定量分析。

光谱半定量分析时，一般采用摄谱法中的黑度比较法。具体操作是：配制被测元素的一系列标准溶液，在同一块感光板上将标样与试样并列摄谱，然后在映谱仪上观察，比较试样和标样同一条灵敏线的黑度，即可得出该元素在样品中的大致含量。

例如，对矿石中 Pb 进行半定量分析，选择 Pb 283.3nm 的谱线为分析线，将试样的该谱线黑度和标样该谱线黑度进行比较（图 14-4）。如果试样的黑度介于 0.01%标样和 0.001%标样的黑度之间，而且接近于 0.01%，那么该矿石样品中 Pb 的含量就表示为 0.01%～0.001%。

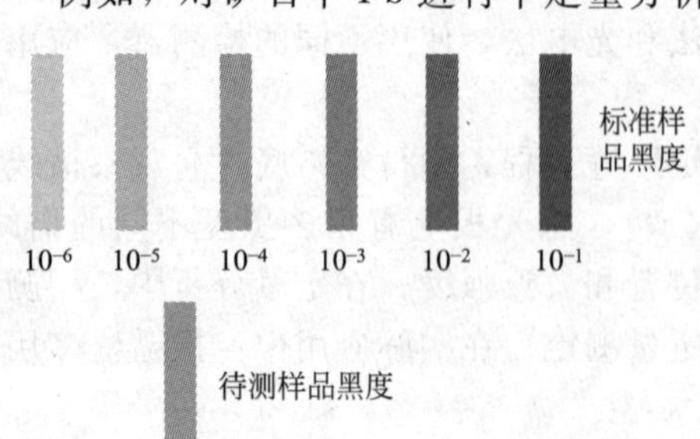


图 14-4　黑度比较法半定量分析矿石样品中的 Pb

### 3. 定量分析

原子发射光谱法的定量分析一般采用光电法。即依据谱线强度与元素浓度的线性关系进行测定。

一定条件下发射谱线的强度与待测元素的浓度成正比，但是谱线大都存在自吸现象。所谓自吸可以这样理解，如果一个原子吸收一定的能量，到达激发态，然后在很短的时间内发射一个光子，并返回基态，那么这个光子所具有的能量，应该等于该元素激发态和基态之间的能量差。如果正好有一个基态原子和这个光子发生碰撞，就可能吸收这个光子的能量，跃迁到激发态，这就是自吸。在自吸的过程中，激发态原子释放的光子，并没有参与到发射光谱，而是转移到其他的基态原子，这样就会导致两个以上的基态原子共同发射一个光子，宏观效果就是导致谱线强度下降。

自吸现象破坏了谱线强度和浓度之间的正比关系。实验证明，大多数情况下，谱线强度与待测元素的浓度之间的关系，可以用下面的公式表示：

$$I=ac^{b} \tag{14-6}$$

式中，$I$ 是谱线强度；$c$ 是待测元素的浓度；$a$ 是常数；$b$ 是自吸因子。当谱线无自吸时，$b=1$。当谱线有自吸时，$b<1$。不过谱线一旦确定下来，$b$ 也就是一个常数了。这就是发射光谱定量分析的基本关系式。对上述基本关系两边取对数，可得

$$\lg I=\lg a+b\lg c \tag{14-7}$$

配制待测元素的标准系列，在相同条件下分别测定其同一条灵敏线的强度，以 $\lg I$ 为纵坐标，$\lg c$ 为横坐标，绘制工作曲线。在相同条件下测定样品中待测元素同一条谱线的强度，计算 $\lg I_{x}$，在工作曲线中找出相应的 $\lg c_{x}$，并计算样品中待测元素的浓度 $c_{x}$。

但是实际测定中，$a$ 受试样的组成、形态、放电等条件的影响，很难保持为常数，故通常不采用谱线的绝对强度进行定量分析，而是采用“内标法”来消除这些影响。

**4. 内标法**

内标法是通过测定谱线的相对强度进行定量分析的方法。具体操作是：在待测元素的谱线中选一条分析线，然后在基体元素的谱线中选一条没有自吸的谱线作为内标线，两条谱线组成分析线对进行分析。没有合适的基体元素谱线时，也可在标样和试样中都加入相同浓度的内标元素，并选择合适的谱线。内标法在很大程度上可以消除光源不稳定带来的影响。内标法的公式推导如下。

设分析线和内标线的强度分别为 $I_1$ 和 $I_2$，则：

$$I_1=a_1c_1^{b_1} \qquad I_2=a_2c_2^{b_2} \tag{14-8}$$

当内标元素的含量一定时，$c_2$ 为常数，内标线无自吸，$b_2=1$。令 $R=I_1/I_2$，则：

$$R=\frac{I_1}{I_2}=\frac{a_1c_1^{b_1}}{a_2c_2^{b_2}}=\frac{a_1}{a_2c_2}c_1^{b_1}=kc^{b} \tag{14-9}$$

取对数得：

$$\lg R=\lg k+b\lg c \tag{14-10}$$

具体测定时，配置待测元素不同浓度的标准溶液，加入一定量浓度相同的内标元素，在相同条件下测得不同浓度标样的 $\lg R$，以 $\lg R$ 对 $\lg c$ 作图，得到相应的工作曲线（图 14-5）。在相同条件下测定试样的 $\lg R_{x}$，在工作曲线中对应找出 $\lg c_{x}$，并计算待测元素的 $c_{x}$。

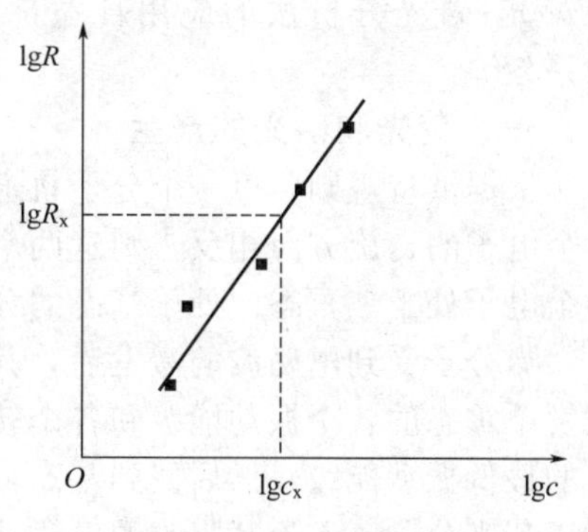


图 14-5　内标法工作曲线

采用内标法进行定量分析时需注意以下几点：内标元素的浓度为固定值；内标线和分析线的激发电位应尽可能接近；内标线无自吸（即 $b_2=1$）。

## 第三节　原子荧光光谱法

### 一、基本原理

荧光是用波长较低、能量较高的电磁波激发待测微粒至较高能态，高能态微粒再弛豫至

较低能态，并发射一定频率的电磁波。荧光又称光致发光。

对于不同的原子，其电子排布不同，产生的荧光光谱不同，因此可以通过测定特征荧光频率进行无机元素的定性分析。

对于特定原子，当浓度很低时，其荧光强度和浓度成正比，因此可以建立荧光强度和浓度的标准曲线进行无机元素的定量分析。

### 二、原子荧光光谱仪

原子荧光光谱仪的构造和原子吸收光谱仪大体相同。所用光源为空心阴极灯和无极放电灯，其中无极放电灯使用较为广泛；原子荧光光谱比较简单，有时可不用色散装置。目前大多数原子荧光的测定使用改装的原子吸收光谱仪。

### 三、应用

原子荧光光谱法测定简便，但是相对于原子发射光谱法和原子吸收光谱法，大多数元素的原子荧光光谱法灵敏度差、线性范围小，仪器较为复杂，所以原子荧光光谱法的应用比较局限，目前多用于痕量的 Ag、Cu、Fe、Mg、Ca、K、Mn、Zn、Al 等的测定。

原子荧光光谱法测定过程中所遇到的干扰和原子吸收光谱法中的干扰类型相同、大小相近，在此不作介绍。

## 第四节　分子荧光和磷光分析法

分子荧光和分子磷光都属于分子发光中的光致发光，二者区别在于：荧光的产生过程中，电子能量的转移不涉及电子自旋方向的改变；而磷光的产生则伴随着电子自旋方向的改变，寿命较荧光长。

自然界只有少数分子能够产生光致发光现象，而很多物质会产生紫外可见吸收，因此从应用领域来讲，荧光/磷光分析法要远远逊色于吸光光度法。但是荧光/磷光分析法又有灵敏度高、线性范围宽等出色的优点，加之色谱、电泳等分离技术水平不断提高，完全可以克服荧光/磷光分析法的高灵敏度带来的严重的基体干扰。因此目前荧光/磷光分析法的应用日益广泛，尤其是应用于高效液相色谱和毛细管电泳的检测系统。

### 一、荧光和磷光的产生

根据洪特规则，每一个分子轨道上可以容纳两个电子，每个电子有两种自旋方向。如果两个电子的自旋方向相反，则这两个电子处于单重态；如果两个电子的自旋方向相同，则这两个电子处于三重态。处于基态的分子，一般处于单重态。

当分子受到电磁波的激发后，其中一个电子跃迁至某激发单重态，同时分子可以处于该激发单重态的各个振动能级和各个转动能级，在很短的时间内，分子会降落到第一激发单重态的最低振动能级，然后回到基态，同时以光的形式释放多余能量，所发射的光称为荧光。对于荧光分子，无论其吸收的电磁波频率高低，所发射荧光都是从第一激发单重态的最低振动能级跃迁到基态，因此，荧光波长与激发波长无关。

对于同一激发态，其三重态的能量略低于单重态，处于第一激发单重态最低振动能级的分子，可能发生系间窜越，到达第一激发三重态的某一振动能级上，然后降落至第一激发三重态的最低振动能级上，再跃迁回基态，所发射的光称为磷光，磷光波长同样和激发波长无关。

一般说来，具有刚性结构和平面结构的 $\pi$-$\pi$ 共轭体系的分子能产生较强的荧光和磷光。其中，$\pi \rightarrow \pi^*$ 跃迁强度大、寿命短，能产生较强的荧光；$n \rightarrow \pi^*$ 跃迁容易发生系间窜越，能产生较强的磷光。

## 二、荧光和磷光强度的影响因素

### 1. 系间能级差

当激发单重态和三重态之间的能级差较大时，不利于系间窜越，对产生荧光有利，而对产生磷光不利；能级差较小时则对磷光有利而对荧光不利。

### 2. 待测物浓度

当浓度较低时，荧光/磷光强度和浓度成正比；而当浓度较高时，由于自吸收和自熄灭等原因，荧光/磷光强度与分子浓度关系复杂。因此荧光/磷光分析法多用于低含量组分的测定。

### 3. 溶剂效应

随着溶剂极性增加，荧光波长增大，强度增强。在含有重原子的溶剂如碘乙烷中，由于重原子效应增加系间窜越速度，荧光减弱磷光增强。

### 4. 温度

大多数荧光物质的荧光效率随温度增加而降低，荧光强度随之降低。

### 5. pH 值

对于某些荧光分子，当体系处于不同的 pH 值时，它们会以分子和离子等不同形态存在，随着结构的改变而显著改变荧光强度。

### 6. 荧光的熄灭

荧光分子与体系内其他分子相互作用引起荧光强度下降的现象称为荧光熄灭，引起荧光强度下降的物质称为熄灭剂。引起荧光熄灭的原因很多，主要包括碰撞熄灭、能量转移、氧熄灭和自熄灭。

（1）碰撞熄灭　碰撞熄灭是指单重激发态荧光分子与熄灭剂碰撞后，使激发态分子以热的形式释放多余能量，不能发射电磁波，引起荧光强度下降。碰撞熄灭是荧光熄灭的主要原因。溶液黏度较大时，碰撞熄灭效应较小；温度升高时，碰撞熄灭增加。

（2）能量转移　激发态荧光分子与熄灭剂作用后，将自身多余能量转移至熄灭剂分子上，将熄灭剂分子激发，荧光分子不能发射荧光，荧光强度下降。

（3）氧熄灭　氧分子具有顺磁性，溶解在溶液中的少量氧可以与单重激发态的荧光分子作用，加速系间窜越，引起荧光强度下降，或可引起磷光强度增加。

（4）自熄灭和自吸收　激发态分子互相碰撞引起某些分子能量损失，低于发射荧光的能量，引起荧光强度下降，称为自熄灭。已发射的荧光能量被基态分子吸收，无法被检测到，引起荧光强度下降，称为自吸收。

## 三、荧光/磷光分析仪器

荧光/磷光分析仪器由光源、第一单色器、样品池、第二单色器、检测器组成。

### 1. 光源

光源应能提供强度大且稳定、波长范围宽的电磁波，目前常用的光源包括高压汞灯和氙弧灯。高压汞灯是不连续光源，可提供荧光分析常用的 365nm、405nm、436nm 三条谱线。氙弧灯是连续光源，发射光束强度大，且比较稳定，在 200～400nm 光谱强度几乎没有波动。

### 2. 第一单色器和样品池

第一单色器和吸光光度法中的单色器功能相同，就是选择入射波长（即激发波长）。样品池用来放置待测样品，相当于吸光光度法中的吸收池。

### 3. 第二单色器

第二单色器的作用是消除其他谱线对荧光的干扰。

### 4. 检测器

荧光仪常用的检测器包括光电倍增管、二极管阵列和电荷转移检测器。磷光仪与荧光仪构造基本相同，仅有两点差异：一是试样需在液氮温度下进行分析，以减少熄灭带来的影响；二是激发时须控制好时间，在没有荧光的情况下才能对磷光进行较为精确的测定。

**四、荧光/磷光分析法应用**

荧光和磷光多用于有机分子的定量分析。由于荧光和磷光并不普遍，应用远不如吸光光度法广泛；但因其灵敏度高，因此多用于低含量物质的测定。

荧光和磷光定量分析大致可以分为三种：本身能够产生荧光或者磷光的物质，即自源性荧光/磷光物质；本身不能发光，但是与发光物质反应可以转化为发光物；本身不发光也不能转化为发光物质，但是可以线性增强或者熄灭某发光物质的荧光或磷光。

荧光/磷光具体测定方法采用标准曲线法。吸光光度法中，检测信号吸光度实质上是入射光强度和透射光强度的差别，当待测物浓度很低时，吸收不显著，入射光强度和透射光强度大而二者差异小，测定并不准确。而对于荧光分析法，检测信号是很小背景上的荧光强度及其变化，易于准确测定，因此荧光分析法的灵敏度一般比吸光光度法高 2～4 个数量级。磷光物质本身很少，加之测定需在液氮条件下进行，因此磷光分析法应用远不如荧光分析。但是一般来说荧光弱时磷光强，荧光强时磷光弱，二者可以互相补充。

## 第五节　红外分光光度法

红外分光光度法或称红外吸收光谱法（IR）。红外光谱是由电子的振-转能级跃迁产生的吸收光谱。自然界中，有共价键的化合物都有其特征的红外光谱，根据红外光谱的峰位、峰强及峰形，可以判断化合物中可能存在的官能团，进而推断化合物的结构。除了光学异构体及长链的烷烃同系物外，几乎没有两个化合物具有相同的红外光谱，即红外光谱具有“指纹性”。因此红外光谱在有机药物结构鉴定中也是重要方法之一。

红外光是指波长 0.76～1000$\mu$m 或波数 13158～10$cm^{-1}$区域的光，红外光区可分为近红外区、中红外区和远红外区。在有机化合物结构分析中，中红外区（4000～400$cm^{-1}$）应用最为广泛。

**一、分子的红外吸收**

分子的红外吸收是由键的振动产生的，除了单原子分子和同核双原子分子之外，其他分子的振动会产生红外吸收。

**1. 分子的振动类型**

双原子分子只有一个键，其振动比较简单，只产生伸缩振动。多原子分子的振动比较复杂，大体可以分为两类：伸缩振动和变形振动。

伸缩振动是指相关原子沿键轴方向振动，振动时键长改变、键角不变。伸缩振动又可分为两种：对称伸缩振动和不对称伸缩振动。对称伸缩振动是指两个末端原子同时离开或同时靠近中心原子，用 $\nu_s$ 表示；不对称伸缩振动是指一个末端原子离开中心原子，另一个末端原子靠近中心原子，用 $\nu_{as}$ 表示。

变形振动又称变角振动、弯曲振动等，是指绕中心原子发生，键长不变、键角改变的一类振动。变形振动分为面内变形振动和面外变形振动，面内变形振动发生在三个原子所在的平面内，包括剪式振动和平面摇摆；面外变形振动发生在三个原子所在平面之外，包括扭曲振动和面外摇摆。剪式振动是指两个键在平面内，一个向左、另一个向右振动，用 $\delta_s$ 表示；平面摇摆是两个键在平面内同时向左或同时向右振动，用 $\rho$ 表示；扭曲振动是两个键一个向平面前、另一个向平面后振动，用 $\tau$ 表示；面外摇摆是两个键同时向平面前或同时向平面后振动，用 $\omega$ 表示。

**2. 红外吸收的条件**

红外吸收由分子振动产生，但并不是每一个分子振动都会产生红外吸收。红外吸收还有一个必要条件，就是振动需伴随偶极矩的变化。所谓偶极矩的变化，是指振动过程中，相关基团正负电荷中心偏离了原来的空间位置，可以是正电荷中心偏离，也可以是负电荷中心偏离，还可以是正负中心均发生偏离。

偶极矩的变化和偶极矩是两个不同的概念。偶极矩是指正负电荷中心是否重合，偶极矩的变化则是指振动过程中正负电荷中心的位移，二者没有必然联系。例如 $CO_2$ 分子的正负电荷中心重合，分子本身没有偶极矩；发生对称伸缩振动时，正负电荷中心均没有位移，没有偶极矩的变化，不产生红外吸收；发生不对称伸缩振动及变形振动时，负电荷中心发生位移，有偶极矩的变化，产生红外吸收。

偶极矩变化的大小会影响到吸收峰的强度，一般说来，键两端的元素电负性相差越大，振动吸收的强度越大。C≡N 的吸收峰为中等强峰，C≡C 的吸收峰则为弱峰。

**3. 红外谱区的划分**

红外谱区的频率一般用波数表示。所谓波数，是指每厘米内的振动次数。红外谱区的波长范围是 2.5～15μm，换算成波数，就是 4000～670cm$^{-1}$。红外谱区按照吸收的特征可以划分为两段：4000～1500cm$^{-1}$和 1500～670cm$^{-1}$。4000～1500cm$^{-1}$主要是伸缩振动产生的吸收，该波段吸收峰比较稀疏，容易辨认，且该区内的振动频率较高，受分子中其余部分的影响较小，各种化合物的官能团的特征峰均位于此区，可以作为官能团定性的主要依据，称为官能团区，也称特征区。1500～670cm$^{-1}$主要是变形振动产生的吸收，此区域内各官能团的特征频率不具有鲜明性，峰特别密集，而且分子结构的微小变化，在该区的吸收就会有差异，就像每个人的指纹，该区域可以用来鉴别取代基团，称为指纹区。

（1）官能团区　按照发生振动的键的不同，又可以分为三个波段：

① 4000～2500cm$^{-1}$，主要是含氢原子团的伸缩振动，包括 O—H、COO—H、N—H、C≡C—H、C≡C—H、Ar—H、N≡C—H、醛基、甲基、亚甲基等基团。

② 2500～2000cm$^{-1}$，主要是叁键和累积双键的伸缩振动，包括 C≡C、C≡N、C═C═C、C═C═O、O═C═O、N═C═O、C═C═N、N═N═N、N═C═N 等基团。另外 S—H、Si—H、P—H、B—H 的伸缩也在此区。

③ 2000～1500cm$^{-1}$，主要是双键的伸缩振动区，包括，醛、酮、羧酸、酰卤、酰胺、酸酐、酯、C═O、C═C、C═N、N═N、N═O 等基团。

（2）指纹区　也可分为两个波段：

① 1500～1000cm$^{-1}$，主要是非氢单键的伸缩和含氢单键的面内变形，包括 C—O、C—N、C—F、C—P、C—S、P—O、Si—O 的伸缩和各种面内变形。另外，C═S、S═O、P═O 的伸缩也在该区域。

② 1000～670cm$^{-1}$，主要是 C—H 单键的面外变形振动。

**4. 基团的红外吸收频率**

基团频率主要是由原子质量和键的力常数决定，但是分子内部结构和外部环境的改变常会使其频率发生改变，了解影响基团频率的因素，对红外光谱图的解析非常有用。基团频率的影响因素主要有五个：电子诱导效应、电子共轭效应、振动偶合、费米（Fermi）共振和氢键缔合。

（1）电子诱导效应　取代基具有不同的电负性，引起分子中电子分布的变化，从而改变键的力常数，使基团特征频率向高波数方向位移。元素电负性越强，诱导效应越明显，吸收峰位移越显著。例如酮的 C═O 伸缩振动在 1715cm$^{-1}$附近，醛的 C═O 伸缩振动在 1730cm$^{-1}$附近，酰氯 C═O 伸缩振动在 1800cm$^{-1}$附近，酰氟 C═O 伸缩振动在 1920cm$^{-1}$附近。对于三种杂化轨道的C原子，可以看作电负性不同的元素，它们的电负性是 $sp^3<sp^2<sp$。

（2）电子共轭效应　电子共轭效应包括 p-π 共轭和 π-π 共轭两种。p-π 共轭是指孤对电子和双键的共轭；π-π 共轭是指两个双键共轭。共轭效应使得双键略微伸长，其基团频率向低波数方向位移。例如酮的 C═O 伸缩振动在 $1715cm^{-1}$ 附近，α,β-不饱和酮的 C═O 伸缩振动在 $1670cm^{-1}$ 附近。p-π 共轭是和电子诱导效应共同存在的，二者存在竞争关系。例如酮的 C═O 伸缩振动在 $1715cm^{-1}$ 附近，酯的 C═O 伸缩振动在 $1730cm^{-1}$ 附近，酰胺的 C═O伸缩振动在 $1680cm^{-1}$ 附近。

（3）振动偶合　两个化学键振动频率相等或者相近，而且共同连接在一个原子上时，其中一个键的振动通过共接原子使另一个键的长度发生变化，从而形成振动偶合，一个移向高波数，一个移向低波数。例如酸酐的 C═O 伸缩振动偶合成两个峰，$1820cm^{-1}$ 和 $1760cm^{-1}$。

（4）费米共振　弱的倍频峰或组合频峰会影响较强的基频峰，使峰增强或者发生分裂。

（5）氢键缔合　基团通过氢键缔合作用使分子变大，电子云密度整体下降，振动频率移向低波数。

**5. 各种有机官能团的主要特征吸收频率**

（1）烷烃　C—H 伸缩振动 $2975\sim2845cm^{-1}$，C—H 面外变形振动约 $1460cm^{-1}$（亚甲基）和 $1370cm^{-1}$（端甲基）。

（2）烯烃　═C—H 伸缩振动 $3000\sim3100cm^{-1}$，C═C 伸缩振动 $1670\sim1620cm^{-1}$，═C—H 面外变形 $1000\sim700cm^{-1}$。

（3）炔烃　≡C—H 伸缩振动 $3300\sim3310cm^{-1}$，C≡C 伸缩振动 $2200cm^{-1}$ 附近，≡C—H 面外变形 $680\sim610cm^{-1}$。

（4）芳香烃　C═C 伸缩振动正常情况下出现四条谱带，$1600cm^{-1}$、$1580cm^{-1}$、$1500cm^{-1}$、$1450cm^{-1}$（鉴定苯环的重要标志），Ar—H 面外变形 $900\sim650cm^{-1}$。

（5）卤化物　C—X 伸缩振动吸收峰频率易受干扰，位置变化较大，因此红外光谱法对含卤素化合物的测定有一定局限性。

（6）醇和酚　O—H 伸缩振动 $3640\sim3610cm^{-1}$，C—O 伸缩振动和 O—H 面内变形重合在 $1410\sim1100cm^{-1}$。

（7）醚　C—O—C 伸缩振动 $1150\sim1060cm^{-1}$。

（8）醛和酮　C═O 伸缩振动 $1750\sim1680cm^{-1}$，醛 $2700cm^{-1}$、$2800cm^{-1}$ 各有一个中强吸收峰。

（9）羧酸　O—H 伸缩振动 $3550cm^{-1}$，C═O 伸缩振动 $1760cm^{-1}$，发生共轭则在 $1680cm^{-1}$ 附近，C—O 伸缩振动和 O—H 面内变形振动重合在 $1250cm^{-1}$。

（10）酯　C—O 伸缩振动 $1300\sim1100cm^{-1}$，C═O 伸缩 $1740cm^{-1}$。

（11）酰卤　C═O 伸缩 $1800cm^{-1}$。

（12）酸酐　C═O 伸缩偶合成两个峰，$1820cm^{-1}$ 和 $1760cm^{-1}$，C—O 伸缩振动 $1175\sim1045cm^{-1}$（开链），$1310\sim1210cm^{-1}$（环状）。

（13）酰胺　C═O 伸缩振动 $1690\sim1630cm^{-1}$，N—H 伸缩振动 $3500\sim3100cm^{-1}$，N—H 面内变形振动 $1600cm^{-1}$（伯酰胺）和 $1500cm^{-1}$（仲酰胺），C—N 伸缩振动 $1400cm^{-1}$（伯酰胺）和 $1300cm^{-1}$（仲酰胺）。

（14）胺　N—H 伸缩振动 $3500\sim3300cm^{-1}$，C—N 伸缩振动 $1230\sim1030cm^{-1}$（脂肪胺）和 $1300\sim1260cm^{-1}$（芳香胺）。

## 二、红外光谱解析程序

测得样品的红外光谱以后，要对谱图进行解析，以确定化合物的结构。习惯上将中红外光谱区分为特征区和指纹区两个区域。

1. **特征区**

波数在 $4000\sim1250cm^{-1}$ 之间为特征吸收谱带区，简称特征区。特征区吸收峰比较稀疏，容易辨认，可用于鉴定官能团的存在。此区域主要包括含氢单键、各种叁键及双键的伸缩振动基频峰。主要提供以下信息：

① 确定化合物的官能团。

② 确定化合物是芳香族、脂肪族饱和或不饱和化合物。$\nu_{C-H}$ 出现在 $3000cm^{-1}$ 左右，大体以 $3000cm^{-1}$ 为界。如 $\nu_{C-H}$ 高于 $3000cm^{-1}$ 时为不饱和碳氢伸缩振动；$\nu_{C-H}$ 低于 $3000cm^{-1}$ 时为饱和碳氢伸缩振动。根据芳环骨架振动 $\nu_{C=C}$ 吸收峰的出现与否，判断是否含有苯环。苯环的骨架振动出现在 $1650\sim1430cm^{-1}$ 范围。非共轭环出现 2 个吸收峰，共轭环有 3～4 个吸收峰。$(1600\pm20)cm^{-1}$ 及 $(1500\pm25)cm^{-1}$ 为最主要，一般前者较后者弱，但有时相反。这两个峰是鉴别有无芳环存在的标志之一。

2. **指纹区**

波数在 $1250\sim400cm^{-1}$ 区域内吸收峰相当多，主要是单键的伸缩振动以及各种弯曲振动。化合物的分子结构稍有不同，该区域的吸收峰就会出现差别，具有指纹性。故称之为指纹区。指纹区对鉴定化合物很有价值。主要提供以下信息：

① 可作为化合物含有鉴定基团的旁证。因为化合物的绝大多数相关吸收峰的在指纹区出现。

② 可以确定化合物较细微的结构。如判断芳香环上的取代位置和类型、判断几何异构体等。

3. **解析程序**

谱图解析主要依靠对光谱与化学结构关系的理解和经验积累，灵活运用基团特征吸收峰及其变化规律，逐步推出正确的结构。

① 先特征区，后指纹区；先最强峰，后次强峰。以最强峰为线索找到相对应的主要相关峰。例如，在 $1695cm^{-1}$ 的强峰是由于 $\nu_{C=O}$ 引起的，它可能是醛或酮，也可能是酸或酯等的 $\nu_{C=O}$ 峰。这时就必须根据相关峰来确定该 $\nu_{C=O}$ 峰是属于什么羰基。若认为是羧酸羰基的吸收峰，则同时在 $3200\sim2500cm^{-1}$ 要找到 $\nu_{O-H}$ 的强而宽的峰作为旁证。如是酯，则要在 $1300\sim1000cm^{-1}$ 找到强的 $\nu_{C-O-C}^{as}$ 和 $\nu_{C-O-C}^{s}$ 两个吸收峰作为旁证。如是醛，则在 $2830cm^{-1}$ 和 $2730cm^{-1}$ 出现 $\nu_{C-H}$(CHO) 的双峰。

② 先粗查后细找。根据吸收峰的峰位，找到该峰的振动形式及可能含的官能团，再按工具表细找主要基团特征峰。

③ 一抓一组相关峰。同一官能团由于存在对称伸缩振动、不对称伸缩振动和多种弯曲振动，因此，在红外谱图的不同区域出现多个相关吸收峰。所以，只有当几乎所有相关吸收峰都找到时，方能确定官能团的存在。以甲基 $CH_3$ 为例，在 $2960cm^{-1}$、$2870cm^{-1}$、$1460cm^{-1}$、$1380cm^{-1}$ 处同时找到 C—H 的吸收峰时，方能确定 $CH_3$ 的存在；确定长链 $CH_2$ 时，必须在 $2920cm^{-1}$、$2850cm^{-1}$、$1470cm^{-1}$、$720cm^{-1}$ 处同时找到吸收峰。

上述程序较适用于比较简单的光谱。由于多官能团的相互作用而使解析很困难时，可粗略解析而后查对标准光谱定性，或进行综合光谱解析。

## 第六节　核磁共振波谱法

当无线电波（60cm～300m）照射静磁场中的自旋原子核时，核的自旋能级发生跃迁所得到的吸收光谱就叫核磁共振波谱。用其进行结构测定、定性、定量分析的方法即为核磁共振波谱法（NMR）。核磁共振波谱法是进行有机物结构分析的一种强有力手段。目前，研究最多的是 $^{1}H$-核磁共振波谱（$^{1}$HNMR）和 $^{13}C$-核磁共振波谱（$^{13}$CNMR），这两种元素恰是构成有机化合物的基础。借助于 $^{1}$HNMR，可以确定分子中氢原子所处的位置以及在各种官能团和骨架上氢原子的相对数目。借助于$^{13}$CNMR，可以确定分子的骨架和碳原子的相对数目。

## 一、基本原理

原子核是带电粒子，在量子力学中用自旋量子数$I$来描述核的自旋运动。自旋量子数$I=0$的核，其质量数与核电荷数（原子序数）均为偶数，如$^{12}_{6}$C、$^{16}_{8}$O等，这类核没有自旋、核磁矩等于零，在磁场中不能产生核磁共振信号。$I=1/2$或其他半整数的核，其质量数为奇数，如$^{1}_{1}$H、$^{13}_{6}$C、$^{19}_{9}$F、$^{31}_{15}$P、$^{15}_{7}$N等，这类核有自旋、有磁矩，在磁场中能产生核磁共振信号，从化学角度考虑，这类核是最重要的。$I$等于整数的核，其质量数为偶数，但电荷数为奇数，如$^{2}_{1}$H、$^{14}_{7}$N这类核有自旋和磁矩，但因为较复杂，故目前研究得较少。

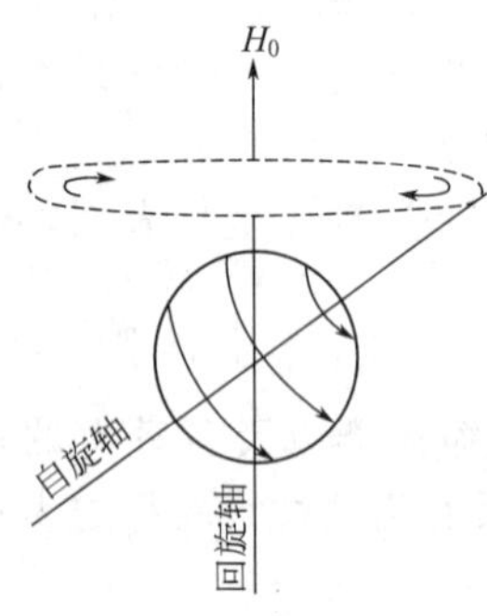

图 14-6 原子核的运动

如上所述，核$^1$H和$^{13}$C的$I=1/2$，都是自旋核，这些自旋核沿自旋轴旋转的同时即产生磁矩。在无磁场时，核磁矩的取向是无序的。在外加磁场中，核磁矩形成两种特定取向，用磁量子数$m$表示：一种与外磁场的方向同向，能级较低（$m=+1/2$），另一种与外磁场的方向反向，能级较高($m=-1/2$)。

根据经典力学，置于磁场中的核，像重力场中陀螺的运动一样，除自身的自旋运动外，还产生一个绕外磁场方向的进动，叫Larmor运动（图 14-6）。

进动频率为：

$$\nu=\frac{\gamma}{2\pi}H_0 \tag{14-11}$$

式中，$\nu$为进动频率；$H_0$为外加磁场强度；$\gamma$为磁旋比（核磁矩与自旋角动量之比，是核的特征常数）。这种关系称为Larmor方程。

由上式可知：外加磁场强度越大，核的进动频率越大。当磁场强度一定而采用频率等于进动频率的电磁波照射进动核时，就会发生$m=+1/2$到$m=-1/2$自旋核的能级跃迁，这就是共振吸收，这种方法得到的核磁共振称为扫频。同理，如果固定照射频率，可以改变外加磁场强度$H_0$而引发核磁共振，这种方法称为扫场。

## 二、$^1$HNMR谱的解析

由Larmor方程和前面知识可知，有机分子中的磁性核共振频率，不仅由外磁场和磁旋比决定，而且还受磁性核周围化学环境（核外电子云和周围其他核的分布情况）的影响。分子结构中处在不同化学环境中的同种核具有不同的振动频率。

从一张$^1$HNMR谱上可以得到哪些结构信息呢?

### 1. 信号的多少反映了氢核的种类

在化合物中，化学环境相同的氢核在相同的磁场强度下发生共振吸收，而化学环境不同的氢核则在不同的磁场强度下发生共振吸收。把处于同一化学环境的一类氢核叫作化学等价核，所以，在核磁共振氢谱中，信号数目多少说明在一个有机分子中包括几种化学等价的氢，即有多少“种类”的氢。

### 2. 信号位置反映了化学环境与化学位移

在图谱中，信号的位置代表了某一相同化学环境的磁性核，即同一官能团的磁性核。通过各吸收峰位置可初步判断未知物中有哪些含氢的结构单元。

### 3. 信号的积分反映了氢核的数目

在核磁共振氢谱中，每个吸收峰的面积正比于产生该峰的氢核的数目，故由信号峰的强弱可以推测出氢核的数目。对信号峰积分时，在每个峰上绘出一条几乎垂直上升的陡线，称之为积分线，其高度与峰面积成正比（图 14-7）。因此，我们通过比较各峰和积分线高度便可知道产生各峰的氢核数目的相对比例，然后再借助分子式或其中某个确定基团的氢核数目就可以计算出各峰所代表的氢的数目。这个数目又称为氢分布。如一个分子式为$C_8H_{10}$的化合物，在$^1$HNMR谱上，有三个（组）吸收峰（图14-7），其积分线高度为：a峰1.2单位，b峰0.8单位，c峰2.0单位，则其氢分布的求法为：

每单位高度代表氢的个数＝10/(1.2＋0.8＋2.0)＝2.5

a峰的氢数＝2.5×1.2＝3，b峰的氢数＝2.5×0.8＝2，c峰的氢数＝2.5×2.0＝5。

有了氢分布，再加上δ值和不饱和度等信息，就可以初步确定分子中的一些结构单元了。在图14-7中，δ＝7.1的峰c为芳香环上氢的特征峰，有5个氢说明是单取代。

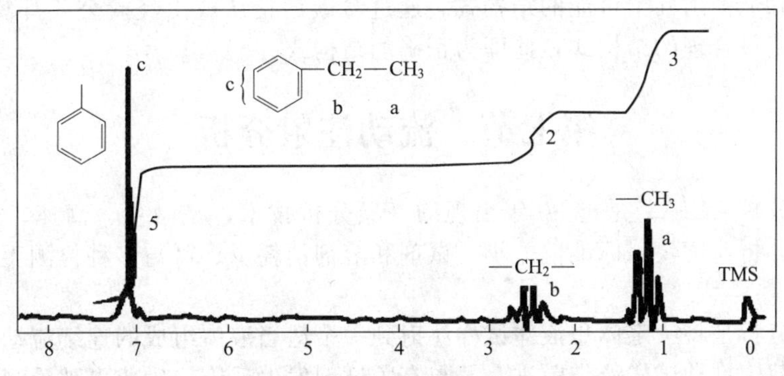


图14-7　乙苯的核磁共振谱

另外，信号的分裂反映了相邻氢核的自旋偶合作用

## 三、$^{13}$CNMR谱的特点与解析

$^{13}$C核磁共振波谱的原理与$^1$H核磁共振波谱基本相同。在20世纪70年代，$^{13}$C核磁共振波谱法得到了迅速的发展。$^{13}$C谱在检测无氢官能团，如羰基、氰基和季碳等时，具有独特的优点。在无数个有机分子中，$^{13}$C出现在碳骨架的任何位置上的概率是相等的，因此碳谱可以完整地反映出分子中各类碳核的信息。但是，与氢谱相比，存在以下问题：

① $^{13}$C的自然丰度只有1.1%，$^{13}$C磁旋比$\gamma$只有$^1$H的1/4，信号强度与$\gamma^3$成正比，因此其固有灵敏度远低于氢谱，仅是$^1$H谱的1/5800。

② 有机化合物碳核的化学位移范围很宽，磁场扫描时间长，这是由于碳核外的p电子云呈非球状对称性质，因此使$^{13}$C核主要受顺磁屏蔽的影响，而使化学位移值远大于$^1$H核。$^{13}$C谱的化学位移一般在0～250，因而在$^{13}$C谱中谱线很少重叠，可以分别观察到每个碳原子的吸收信号。通过$^{13}$C谱能得知未知物分子中含有的碳原子级数（伯、仲、叔、季）和个数，以及各个碳原子的归属基团。

③ $^{13}$C核与附近质子的磁矩作用而引起信号裂分，使谱图十分复杂。

④ $^{13}$C核磁共振的缺点是要求样品浓度高、仪器灵敏度高，在噪声去偶谱中信号的面积与碳数不成比例，须采取相应措施才能用于定量测定。而且积累碳谱数据速度较氢谱慢很多。

如前所述，$^{13}$C谱的测定十分困难，脉冲傅里叶变换核磁共振（PFT-NMR）的出现才使$^{13}$C NMR的测定成为可能。脉冲傅里叶变换方法是将射频以脉冲的方式作用于样品，代替了连续变化频率的射频波，它能同时激发所需频率范围内所有核的共振，脉冲后得到的是一个呈指数衰减的时间响应函数，称作“自由感应衰减”（free induced delay，FID）。FID信号不容易解析，然而如果对FID数据进行傅里叶变换（Fourier transformation）就可得到通常的频率谱。

$^{13}$C谱解析的一般程序分以下几步进行：

① 根据分子式计算不饱和度。

② 鉴别谱图中的真实谱峰，消除溶剂峰和杂质峰的影响。

③ 根据谱线的数目与分子中含碳数目的比较确定分子的对称性。当谱线数目等于分子组成中碳原子数目时，分子无对称性；若谱线数目小于分子组成中碳原子数目时，说明分子有一定的对称性。

④ 由谱线中的碳原子的化学位移值 $\delta$，推断分子中可能含有的官能团。

⑤ 碳原子级数的确定。由偏共振技术可确定碳原子的级数，由此可计算化合物中与碳原子相连的氢原子个数。

⑥ 综合分析写出分子中可能的结构单元，并将这些结构单元进行合理的排列组合。

⑦ 对碳谱进行指认。

从上述步骤能推出几个可能的结构式。通过对碳谱指认或由经验公式计算出化学位移，从它们中间找出最合理的结构式，此即为正确的结构式。

## 第七节　流动注射分析

流动注射分析（FIA）是近 20 年出现的一项分析技术，是微量、高速、自动化的分析技术。其具有分析速度快、标准偏差小、试剂和溶剂消耗少、可与多种检测手段联用、易自动化等优点。

流动注射分析是将一定体积液体试样注射到一个适当液体组成的连续流动的载流中，形成试样液带，载流推动试样液带前进，并与有关试剂发生反应，生成可被检测的物质，并最终被带入检测器，连续检测相关参数如吸光度等。

流动注射分析仪器主要由蠕动泵、进样阀及反应盘管等组成。蠕动泵的作用是将载流抽吸到管中，并以一定流速流动。进样阀由转子和旁路管组成，转子上有钻孔称为定容腔。注样时，载流从旁路管中流过，注样完毕，进样阀转至注入位置，载流将试样带走。反应盘管则是提供场所进行相关反应，产生待测信号。

流动注射分析技术可以与吸光光度法、原子光谱法、电位法、伏安法等测定技术联用，进行测定。

## 本章小结

仪器分析是指利用物理或物理化学性质的参数及其变化确定待测物质组成、结构、状态的方法。

光分析法是指基于检测能量作用于待测物质后产生辐射信号或引起一些参数变化的一类分析方法。本章在前面吸光光度分析、原子吸收分光光度法之后，介绍了原子发射光谱法、原子荧光光谱法、分子荧光/磷光光谱法、红外分光光度法和核磁共振波谱法等现代仪器分析方法。在前面气相色谱法和液相色谱法之后，介绍了流动注射分析。

## 思考题与习题

1. 电磁波的辐射能特性有哪些？
2. 原子发射光谱法中影响谱线强度的因素有哪些？它们与谱线强度的关系是怎样的？
3. 原子发射光谱仪中常用的光源有哪些？它们各有什么特点？
4. 原子荧光光谱法有什么优缺点？
5. 分子荧光/磷光强度受哪些因素影响？
6. 核磁共振光谱如何解析？

# 第十五章　样品分析的一般过程

在实际分析工作中，分析的试样种类很多，成分复杂，分析目的和要求也不尽相同。但是，不论哪种类型的试样，试样的分析过程一般包括试样采集和制备、试样分解、干扰组分的分离、分析测定、分析结果的计算以及对分析结果的评价和表示等一系列具体步骤。本章结合农业生物样品的特点，介绍试样分析的一般过程。

## 第一节　试样采集和制备

在分析实践中，经常需要测定大量物料中某种组分的平均含量，而分析时一般只能称取几克，甚至更少的试样来进行分析。显然，要从大量并非均匀一致的被测物料中选取极少量的分析试样，而且这样少的试样所得的分析结果必须能够反映整批物料的真实情况。因此，必须严格按照一定的科学方法进行采集和制备，以确保所采集的试样具有高度的代表性，否则，无论分析工作做得多么认真、准确，仪器方法多么先进都毫无意义，甚至会因得出错误结论而导致失误或误导，给生产或科研带来不必要的损失。因此，采用正确的方法进行样品的采集和制备是非常重要的。

试样的采集和制备是指从大量物料中抽取一定数量，并将有代表性的一部分样品作为检验样品，也叫原始试样，然后再制备成供分析用的最终样品，也叫分析试样。

### 一、试样的采集

分析的首项工作就是采集试样，也叫取样。取样一般可分为三步：收集原始试样、将所收集的原始试样混合或粉碎、缩分至适合分析所需的数量。为了保证取样有足够的代表性和准确性，又不致花费过多的人力和物力。试样采集应符合以下几个要求：

① 大批试样中所有组成部分都有同等的被采集的概率；

② 根据准确度要求，采取随机采样法，但最好有一定次序使费用尽可能低；

③ 将多个取样单元的试样彻底混合后，再分成若干份，作为重复。

通常遇到的分析对象多种多样，种类繁多，形态各异，试样的性质和均匀程度也各不相同。对于不同形态和不同种类的物料，应采取不同的取样方法。

#### 1. 组成分布比较均匀的试样采集

组成分布比较均匀的物料有气体、液体和某些固体。对于组成比较均匀的气体和液体的分析对象来说，其采样方法相对比较简单。任意取一部分或稍加搅匀后取一部分即成为具有代表性的试样，但应力求避免可能产生不均匀性的一些因素。另外还应该注意的是采集样品前，必须先把容器，如样瓶或管道等，清洗干净，并用被采集的气体或液体冲洗 3～5 次，然后再取样，以免混入杂质。

(1) 对于气体试样的采集　例如，大气样品的采集，通常选择距离地面 0.5～1.8m 的高度采样，尽量使大气样品与人畜呼吸的空气相同。再如采集工农业生产的废气，若是常压或负压，即废气气体压力等于或小于大气压，可用气泵等将样品瓶和吸气管道抽成真空，再使其吸入废气试样；若是正压，即废气压力大于大气压，则可用气囊、样品瓶或吸气管道等直接承接试样。一般气体样品体积不少于 1000mL。样品瓶口封闭严密后，贴好标签，标明试样名称、编号、采样日期、采样人和单位等，将其送往实验室或安全保存，待分析。

(2) 对于液体试样的采集　如果是盛装在大容器里的液体物料，则可以在大容器的不同深度、不同部位分别取样后，经均匀混合即可作为分析试样。例如，采取水样时，在保证样品的代表性的前提下，可视具体情况，采用不同的方法。当采取水管中的水样时，取样前需要将水龙头或阀门打开，先放水 10min 左右，然后再用干净的瓶子收集水样，收集时最好在水龙头处连接乳胶管，另一端插入瓶底，使水样自下而上充满样品瓶，当样品瓶盛满水溢出一段时间后，取出乳胶管，塞好瓶塞。当采集池、河中的水样时，可将干净的空样品瓶盖上塞子，塞子上拴一根绳，瓶底缀一铁砣或石头，沉入所需要的深度，然后拉绳拔开塞子，让水样灌满瓶后拿出水面，立即盖好瓶塞。按不同深度或部位取几份样品混合后，取体积不少于 500mL 的样品作为分析试样。

**2. 组成分布不均匀的试样采集**

组成和分布不均匀的试样多为固体试样，农业生产经常遇到的有土壤、肥料、食品、饲料、动植物组织等。

对于种类繁多、颗粒大小不等的非均匀的固体物料来说，选取具有代表性的合理试样是一项复杂而艰难的工作。通常使用的取样方法是，从大批物料中的不同部位和深度，选取多个取样点取样，取出一定数量大小不同的颗粒，作为平均试样。

平均试样的采集量按照物料性质、均匀程度、数量、易破碎程度及分析项目的不同而异。通常按下述经验公式计算：

$$Q \geqslant Kd^a \tag{15-1}$$

式中，$Q$ 为平均试样的最低质量，kg；$d$ 为平均粒径，mm；$a$、$K$ 为经验常数，通常由实验求得。通常 $K$ 值一般在 0.02～1 之间；$a$ 值一般为 1.8～2.5。例如，地质部门将 $a$ 值规定为 2，则式(15-1) 为：

$$Q \geqslant Kd^2 \tag{15-2}$$

对于土壤试样的采取，由于土壤的差异很大，采样造成的误差往往要比分析方法带来的误差大得多。因此采集土壤样品时，必须按照一定的采集路线，按多点随机混合的原则进行。比较常用的采样路线有锯齿形、棋盘式、对角线法等。一般是在 20～30 个采样点采集小样加以混合。采样时，按照不同的深度，垂直于地面切取土样。采集到的小样，每份大约 0.5～1kg，将其全部放在平整的牛皮纸上，除去石块、草根、树皮等杂物，混匀后按四分法缩分到最后重量不少于 1kg。装入样品袋，贴好标签，送往实验室。

对于农药、化肥、饲料以及精矿等，属于粉状松散的物料，其组成一般比较均匀，所以可以减少取样点。物料一般以堆、袋、包、桶、箱等方式存放，无论采用哪种存放方式，一般使用探针采集样品。将取样钻（探针）插入物料中，旋转数圈，使物料充满探针中间管道后拔出，即得一份小样。将多次取得的小样合并成一个平均样。对同一批号的固体物料，采样点数（$s$）可按下式计算：

$$s = \sqrt{\frac{N}{2}} \tag{15-3}$$

式中，$N$ 代表被检物质的数目（件、袋、桶、包、箱等）。

**3. 生物试样的采集**

对于植物试样的采集，首先应选定样株。样株的选择与土壤样品的选择相似，必须具有代表性，采集时也是按照一定线路随机多点采集，组成平均样。平均样的数量要根据植物种类、株型、生育期以及分析的准确度来定。但是，如果分析任务具有特定目标时，采样时就需要注意典型性植株，同时必须另选有对照意义的典型植株。对大田或试验区进行整体分析时，采样应注意植株的长势，不要采集那些有机械损伤的、受病虫害的、生长不良或过于旺盛的植株。

例如对植株的养分分析，采样部位应选择植物上最能灵敏地反映养分多少的部位，但是一定要结合相关专业知识，注意植物的种类、发育期等。除此以外，由于植物养分含量每天随时间变化而不同，因而尽可能在相同的时间或具有代表性的时间采集样品。

对于动物或食品试样的采集，例如肌肉、肝、肾、皮肤、血液、蛋奶、尿液、血浆、粪便等，可根据不同的目的和要求来定。有时从不同部位取样，混合后代表该有机体；有时从一个或多个有机体的同一部位取样。

以上简单介绍了试样采集时的一般过程，而一些专业性样品的采集还应根据专业工具书或行业标准来取样。这里还应该指出的是，一切取样工具，如取样器、容器等都应清洁，不能把任何影响分析的物质带入样品中，分析前要保证样品原有的理化特性，不得污染。

## 二、试样的制备

组成分布比较均匀的试样一般在样品采集好后就可以直接作为分析试样。试样的制备一般是指固体试样和生物试样的制备。

### 1. 固体试样的制备

固体试样往往质量大且很不均匀，必须经过多次破碎、过筛、混匀和缩分等过程步骤才能制备成分析试样。

破碎是通过机械方法进行的，一般可分为粗碎、中碎和细碎三个阶段。

(1) 粗碎　用颚式破碎机将试样破碎至能够全部通过 10 目的筛孔。

(2) 中碎　一般用盘式破碎机或对辊式破碎机把粗碎后的试样粉碎至能通过 20 目筛孔。

(3) 细碎　用盘式粉碎机或研钵进一步磨碎，直至能通过方法所要求的 100～200 目的筛孔。

应该指出的是，在破碎和过筛的过程中，每次都应该使样品全部通过标准筛筛孔，不可弃去大颗粒样品，否则会削弱分析样品的代表性，影响分析结果的可靠性。再者，粉碎时应避免混入杂质。

过筛所用的标准筛是用细铜合金丝编织成的，筛孔的大小习惯上以标准筛号来表示，标准筛号就是每英寸长度内的筛孔数，例如 100 号标准筛即 1in(2.54cm) 长度内有 100 个筛孔。标准筛孔的对照表见表 15-1。

**表 15-1　标准筛孔对照表**

| 筛号/目 | 5 | 10 | 20 | 30 | 40 | 50 | 60 | 80 | 100 | 200 |
|---|---|---|---|---|---|---|---|---|---|---|
| 筛孔直径/mm | 4.00 | 2.00 | 0.84 | 0.59 | 0.42 | 0.30 | 0.25 | 0.177 | 0.149 | 0.074 |
| 孔径/in | 0.157 | 0.079 | 0.0331 | 0.0234 | 0.0166 | 0.0117 | 0.0098 | 0.0070 | 0.0059 | 0.0029 |
| 筛孔数/$cm^{-1}$ | 2 | 3.5 | 8 | 11 | 15 | 20 | 24 | 34 | 40 | 79 |

试样每经过一次破碎，都应该充分混匀，用机械或人工的方法留取出一部分有代表性的试样再进行下一次处理，而弃去另一部分，这样就可以将试样量逐渐缩小，这个过程称为缩分。

缩分的目的是使粉碎试样的量减少，便于分析，同时又不失去其代表性。缩分可用手工或机械（分样器）进行。常用的手工缩分方法为“四分法”。所谓四分法，就是将粉碎混匀的样品堆成圆锥形（图 15-1），从顶点垂直向下挤压成圆台，通过中心将其分割成十字形四等份，弃去任一对角的两份（例如图 15-1 中的阴影部分），将留下的部分混合均匀，这样样品就完成了第一次缩分。将剩下的样品进行如此重复操作，连续缩分，直到所剩样品稍大于分析测定所需量为止。然后将所留样品进一步粉碎、缩分，最后制备成 100～300g 的分析试样待用。

但应注意的是，缩分的次数不是任意的，每次缩分后所需保留的质量应符合采样公式

(15-1)，另外，也可以根据所要求的 $K$ 值和原始样品的质量算出缩分次数。

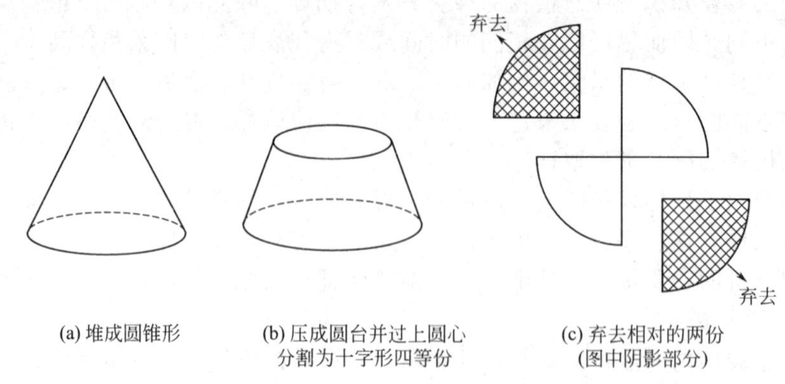


图 15-1 四分法示意图

**【例 15-1】** 有固体原始试样 20kg，已经确定 $K$ 值为 0.2，若要破碎至能够通过 10 目的筛孔时，最低可靠质量是多少？用四分法缩分需要连续缩分几次？最终可得到的分析样品的质量是多少？

**解** 查表 15-1 可知，10 目试样筛的筛孔直径为 2.0mm，因此最低可靠质量为

$$Q=Kd^2=0.2\times(2.0)^2=0.8\ (\text{kg})$$

设可以缩分的次数为 $n$，则

$$20\times\left(\frac{1}{2}\right)^n=0.8$$

$$n\lg\frac{1}{2}=\lg 0.04$$

$$n=4.64$$

因此，该试样可连续缩分 5 次，最后得到

$$20\times\left(\frac{1}{2}\right)^5=0.625\ (\text{kg})$$

最大颗粒直径为 2.0mm 的分析试样。

**2. 生物试样的制备**

生物试样采样后为防止有机体的物质运转或变质，为保证分析结果的可靠性和准确度，必须对生物试样采用相应的方法进行制备或保存。

生物试样的制备首先是根据实际情况进行正确洗涤，否则会引起污染。例如植物组织试样在采集后必须洗涤，否则可能由泥土、施肥、农药等带入污染。洗涤应在植物尚未萎蔫时刷洗，先用自来水刷洗表面杂物，再用蒸馏水冲洗，最后用滤纸吸干。

采集的植株试样如果要进行不同器官的测定分析，则采集样品后，应立即将其剪开，以免物质运转。若剪碎的试样较多时，可在混匀后经四分法缩分至所需要的质量。

鲜样分析的样品，应立即进行处理和分析。如要测定生物试样中的酚、亚硝酸、有机农药、维生素、氨基酸等在生物体内易发生转化、降解或者不稳定的成分，一般应采用新鲜样品进行分析。如需短期保存，必须按要求在低温下冷藏，以抑制其变化。对于不易变化的成分常用干燥试样来测试分析。生物试样的干燥有多种方法，例如新鲜的植物试样要分两步干燥，即先将洗涤干净的样品在 80～90℃ 的干燥箱中保持 1.5～3h，然后降温至 60～70℃，除去水分。对于水样的浓缩，植物、动物血清和其他含有易挥发组分样品的干燥可采用冷冻干燥法：样品放在冷冻干燥室内，抽真空至 1.3～6.5bar(0.13～0.65MPa)，水变成冰，2～3天后冰全部升华。

干燥的试样可用研钵或带有刀片的粉碎机粉碎，并全部过筛。分析试样的细度要根据称取量的大小来定。一般用筛孔直径为 1mm 的试样筛，若称样量小于 1g 时，就需要使用 0.25mm 的筛子。样品过筛后要充分混匀，保存好，必要时内外各放一个试样标签。贮存生物材料的容器材料有塑料和玻璃，注意贮存期间的吸附：塑料易吸附脂溶性组分，玻璃易吸附碱性物质。

生物样品的制备除上述洗涤、干燥、粉碎、过筛等一般程序外，有时还有离心、过滤、防腐和抑制降解等。例如血样（血浆、血清、血液）和尿样等要注意防止酸败和细菌污染，一般在 4℃冷藏和加入氯仿或甲苯防腐。

**3. 湿存水的处理**

一般固体试样往往含有湿存水。湿存水是指试样表面及孔隙中吸附的空气中的水分，其含量随样品的粉碎程度和放置时间而改变，因而试样各组分的相对含量也随湿存水的多少而变化。在实际工作中，为了比较多数试样中的各组分相对含量，一般是相对于干物质而言的。因此，在进行分析之前，必须将试样在 100～105℃的温度下烘干至恒重，以除去湿存水。湿存水的含量可根据烘干前后试样的质量计算。除去湿存水的试样应置于装有干燥剂的干燥器中自然冷却至室温。

## 第二节 试样的分解与处理

在化学分析中，通常需要先将试样分解，使被测组分定量地进入溶液，然后才能进行分析。因此，试样的分解工作是分析工作的重要步骤之一，直接关系到待测物质转变为适合的测定形态，也关系到以后的分离和测定。分解处理试样的要求：一是试样分解必须完全，处理后的溶液中不得残留原试样的细屑或粉末；二是试样分解过程中待测组分不应挥发损失；三是不应引入被测组分和干扰物质。常用的分解方法有溶解法、干灰化法和熔融法等。由于试样的性质不同，分解的方法也有所不同。通常将试样分为无机试样和有机试样两大类，对于无机试样的分解常用溶解法、熔融法或烧结法等；而对于有机试样的分解常用湿式消化法或干式灰化法等。在实际分解试样时，有时不同方法联用，才能达到分解试样的目的。

### 一、无机试样的分解处理

**1. 溶解分解法**

采用适当的溶剂将试样溶解制成溶液，这种方法比较简单、快速。常用的溶剂有水、各种酸和碱等。

(1) 水溶法　对于可溶性无机盐，如碱金属盐、铵盐、硝酸盐、大多数碱土金属盐、卤化物和硫酸盐等，可以用蒸馏水为溶剂制备试液供分析测定用。

(2) 酸溶法　常用的酸溶剂有盐酸、硫酸、硝酸、磷酸、高氯酸、氢氟酸、混合酸（如王水、逆王水等）等。

① 盐酸　盐酸是分解试样的重要强酸之一，主要是利用盐酸中的 $H^+$ 和 $Cl^-$ 的还原性以及 $Cl^-$ 与某些金属离子的配位作用，用于弱酸盐、一些氧化物、一些硫化物以及电极电势位于氢电极以前的金属或合金的溶解。弱酸盐，如碳酸盐和磷酸盐等；氧化物，如氧化铁、二氧化锰等；硫化物，如硫化铁和硫化铅等。另外，盐酸也可以溶解灼烧过的氧化铝和某些硅酸盐。盐酸加过氧化氢或溴水等氧化剂，可以用来分解铜合金和硫化物矿等，而且可以破坏试样中的有机物，过量的过氧化氢或溴可以通过加热除去。

② 硫酸　硫酸的特点是沸点高（338℃），热的浓硫酸具有强的脱水能力和氧化能力，而且分解试样速度快，因此硫酸也是分解试样的一种重要的溶剂。除了 Ca、Sr、Ba、Pb 外，其他金属的硫酸盐一般都能溶于水。用硫酸分解试样后，可以通过加热除去对测定有干

扰的其他酸如 HCl、$HNO_3$、HF 以及水分，也可以破坏试样中的有机物。例如，饲料中总蛋白质含量的测定，就是在 $CuSO_4$ 和 $ZnSO_4$ 的存在下，硫酸能够分解饲料中有机物，使蛋白质和其他含氮化合物转化为硫酸铵，然后再以凯式定氮法测定氮的含量，从而确定总蛋白质的含量。

③ 硝酸　几乎所有的硝酸盐都易溶于水，且硝酸具有强氧化性，除铂、金和某些稀有元素外，浓硝酸能分解几乎所有的金属试样。铁、铝、铬等元素用硝酸溶解时由于生成氧化膜而钝化，锑、锡、钨会分别生成偏锑酸、偏锡酸和钨酸等不溶性的酸，所以这些金属不宜用硝酸溶解。几乎所有的硫化物及其矿石皆可溶于硝酸，但是应在低温下进行，否则将析出硫黄。可加入混合溶剂（$KClO_4$ 或 $Br_2$ 等）使硫氧化成硫酸根离子以除去。

④ 高氯酸　除钾离子、铵离子等极少数离子的高氯酸盐外，一般的高氯酸盐都易溶于水。浓热的高氯酸具有强的脱水和氧化能力，72%的浓高氯酸沸点为 203℃，所以用高氯酸分解试样时，当加热到冒出高氯酸白烟时，可以除去低沸点的酸和破坏有机物，所得残渣加水很容易溶解。用高氯酸分解土壤样品可有助于胶状硅的脱水，而且能与 $Fe^{3+}$ 形成配位化合物，在磷的光度法测定时，可消除硅和铁的干扰。使用高氯酸分解试样时要特别注意安全，因为当有脱水剂、有机物、某些还原剂等在一起加热时，就会发生剧烈的爆炸。对于含有有机物或还原性物质的试样分解时，应先用硝酸加热破坏试样后，再加入高氯酸分解。一般来说，使用高氯酸必须有硝酸的存在，这样才比较安全。

⑤ 氢氟酸　氢氟酸虽是弱酸，但氟离子具有强的配位能力，分解无机试样也经常用到。氢氟酸常与氧化性（$HNO_3$）或强酸性（$H_2SO_4$）的酸一起使用，用于分解硅铁、硅酸盐以及含钨、铌、钛等的试样，例如硅能和氢氟酸形成 $SiF_4$ 而除去。特别说明的是，氢氟酸分解试样，器皿应使用铂皿或聚四氟乙烯容器，温度不能超过 250℃，否则将产生有毒气体全氟异丁烯。还应该注意防止氢氟酸碰到皮肤，以免烧伤。

⑥ 混合酸　如王水、逆王水等。所谓王水是指浓硝酸与浓硫酸 1+3(体积比) 混合的混合酸，逆王水则是 3+1 混合。可用来氧化硫和分解各种难以分解的合金。

(3) 碱溶法　常用的碱溶剂有氢氧化钠和氢氧化钾或再加入少量的过氧化钠（$Na_2O_2$）和过氧化钾（$K_2O_2$）。常用来溶解两性金属，如铝、锌及其合金，也能溶解它们的氧化物、氢氧化物，对于酸性氧化物 $WO_3$、$MoO_3$ 的溶解也经常使用碱溶法。

**2. 熔融分解法**

熔融分解法是将试样与固体熔剂混合，在高温下加热，利用试样与熔剂发生的复分解反应，使试样的全部组分转化成易溶于水或酸的物质（钠盐、钾盐、氯化物等）。根据所用熔剂的化学性质不同可分为酸性熔融法和碱性熔融法。常用的酸性熔剂有焦硫酸钾（$K_2S_2O_7$）、硫酸氢钾和铵盐混合物等；碱性熔剂有碳酸钠、碳酸钾、氢氧化钠、氢氧化钾、过氧化钠和它们的混合物等，多用于分解酸性试样。

(1) 酸熔法　常用焦硫酸钾（$K_2S_2O_7$）或硫酸氢钾（$KHSO_4$）做熔剂。这类熔剂在 300℃以上可以分解一些难溶于酸的碱性或中性氧化物，如 $Fe_2O_3$、$Al_2O_3$、$TiO_2$ 等，生成可溶性的硫酸盐。酸熔法常在瓷坩埚中进行，温度不宜过高，时间也不宜过长，否则硫酸盐又会分解成难以溶解的氧化物。分解后得到的熔块要等到冷却后用稀硫酸浸取，再定容至一定的体积。

(2) 碱熔法　常用的碱性熔剂有碳酸钠、碳酸钾、氢氧化钠、过氧化钠以及它们的混合物等。碱性溶剂除具有碱性外，在高温下可起到氧化作用，可以把一些元素氧化成高价，从而增加了试样的分解作用。碱熔法常用于酸性试样的分解，使样品转化为易溶于酸的氧化物或碳酸盐。

碳酸钠或碳酸钾可分解一些硅酸盐、酸性炉渣等。例如，用来分解钠长石和重晶，经高温熔融后均转化为能溶于水和酸的化合物。为了降低熔融时的温度，通常用碳酸钠与碳酸钾的1+1(质量比）混合物，熔点大约700℃。

为增加氧化性，可在$Na_2CO_3$中可加入少量$KNO_3$或$KClO_3$，可用于分解含S、As、Cr等的试样，使它们分解并氧化成$SO_4^{2-}$、$AsO_4^{2-}$、$CrO_4^{2-}$。$Na_2CO_3$加S是一种硫熔剂，常用来分解含砷、锑、锡等的氧化物，使其转化为相应的可溶性硫酸盐。

过氧化钠（$Na_2O_2$）属于强氧化性、强腐蚀性碱性熔剂。常用于分解许多难溶性物质，如硅铁、铬铁、锡石等。$Na_2O_2$在460℃熔融并分解，因此分解试样时常控制温度在600℃左右。由于分解样品时对坩埚腐蚀严重，建议使用廉价的铁坩埚熔解样品。应注意的是，用过氧化钠熔解样品时，若试样中存在有机物，则会发生爆炸。为安全起见过氧化钠常与碳酸钠混合使用。

NaOH和KOH的熔点分别为321℃和404℃，属于低熔点强碱性熔剂，常用于分解铝土矿、硅酸盐等试样。熔解试样时具有熔融速度快、熔块易溶解、熔点低等特点。对于测定土壤样品中的硅和铁的成分是十分有利的。

**3. 烧结法**

烧结法是指将试样与熔剂混合后加热至熔结状态，经过一定时间使试样分解完全。由于是在尚未熔融的温度下烧结，即半熔物收缩成整块而不是全熔，所以又称为半熔法。与熔融法相比，烧结法温度低于熔点、不全熔、只是半熔收缩结块，不易损坏坩埚，但加热时间较长，通常使用瓷坩埚。例如，常用碳酸钠和氧化镁的混合物（1+2）作熔剂，利用烧结法分解煤或矿石中的硫。其中碳酸钠作熔剂，氧化镁起疏松和通气作用，使空气中氧将硫氧化成硫酸盐，用水浸提即可分析。有时为了能使硫氧化完全，可加入少量的氧化剂，如高锰酸钾等。

处理无机试样的三种分解方法各有其特点，其中溶解法简便快捷，引入杂质较少；熔融法或烧结法步骤繁多且易引入试样及坩埚杂质。在实际工作中，一般情况下，应先考虑溶解法，尽量不使用熔融法和烧结法。

## 二、有机试样的分解处理

有机试样指的是有机化合物、动植物组织、食品、饲料以及药物等样品。对于有机试样的分解处理，可采用溶解法和分解法，分解法又包括干式灰化法和湿式消化法。

**1. 溶解法**

对于低级醇、多元酸、糖类、氨基酸、有机酸等小分子有机碱金属盐类的有机试样，可采用水溶解法处理试样；对于不溶于水的样品，根据相似相溶的原理，也可以选择合适的有机溶剂处理试样。例如，极性有机化合物易溶于甲醇、乙醇等极性溶剂，非极性有机化合物易溶于苯、氯仿、四氯化碳等非极性溶剂中。也可以根据拉平效应，选择适当的溶剂，例如有机酸和酚类易溶于乙二胺、丁胺等碱性有机溶剂，生物碱等有机碱易溶于甲酸、乙酸等酸性有机溶剂。

**2. 干式灰化法**

典型的干式灰化法有定温灰化法和氧瓶燃烧法两种。

定温灰化法通常是将试样置于马弗炉中加热（400～1200℃），以大气中的氧作为氧化剂使之分解，然后加入少量盐酸或硝酸浸取燃烧后的无机残余物，以供分析。主要测定有机试样和生物试样中的无机元素。定温灰化法所用的温度和时间，取决于分析对象和测定项目。一般建议采用的温度在500℃左右，时间为2～8h。例如，测定植物中的矿物质元素Ca、Mg，可采用干式灰化法分解处理试样：称取烘干、磨细的样品，置于坩埚，碳化后放入马弗炉，在520℃下灰化大约1h，冷却后，用盐酸溶解残渣得分析试样。应注意的是马弗炉升温不可太快，否则试样可能迅速着火或溅出坩埚，造成试样损失。

氧瓶燃烧法是在充满氧气的密闭瓶内，用电火花引燃有机试样，瓶内可盛适当的能够吸收燃烧产物的吸收剂，然后用适当的方法测定。氧瓶燃烧法常用于有机物中非金属元素的分析，包括卤素、硫、磷以及硼等元素；也可以用于有机试样中部分金属元素的测定，如Hg、Zn、Mg、Co、Ni 等的测定。

典型干式灰化法的特点是基本不加入（或少加入）试剂，可避免引入杂质；有机物彻底分解，方法简便；有机物灰分体积很小，可处理较多样品，富集被测组分，降低检测限。但是干式灰化法所需时间长，因高温容易造成少数元素的挥发或器壁上黏附金属会造成一定的损失。

除上述两种干式灰化法外，近年来出现了一种低温灰化技术，该方法是将样品放在低温灰化炉中，先抽空气，再输入氧气，用射频电波产生活性氧游离基，低温（$<100℃$）氧化有机物，从而分解试样。适合于易挥发成分的测定，如 As、Se、Hg 等元素，但仪器价格昂贵。

**3. 湿式消化法**

湿式消化法简称消化法，是常用的有机样品分解处理方法。其一般过程是向样品中加入强氧化剂，加热消煮，使样品中的有机物完全氧化分解，呈气态逸出，而被测成分转化为无机状态存在于消化液中，供测试用。

湿式消化法常用硝酸、硫酸及其混合物与试样一起置于克氏烧瓶内，在一定温度下进行煮解，其中硝酸能破坏大部分有机物。在煮解的过程中，硝酸逐渐挥发，最后剩余硫酸。继续加热使产生浓厚的 $SO_3$ 白烟，并在烧瓶内回流，直到溶液变得透明为止。

湿式消化法的特点是有机物分解速度快，所需时间短，一般 0.5～1h 即可；由于温度较干式灰化法低，可以减少因挥发逸散而损失样品，容器吸留也少。但加入试剂会引入杂质，使测定空白值偏高，再者在消化过程产生大量有害气体，还有在消化初期，易产生泡沫外溢，需操作人员随时调温控制。

湿式消化法主要用于测定有机物或生物样品中的无机元素，主要包括金属离子、硫、卤素等，例如，植物全磷的测定，利用 $H_2SO_4$ 和 $H_2O_2$ 消化分解试样；动植物全氮量的测定，利用 $H_2SO_4$ 和催化剂 $CuSO_4$ 和 $ZnSO_4$ 消化试样中的有机物和有机含氮化合物，使其转变为无机铵盐，以供测定。具体使用时，还应根据测定的对象、测定的方法和项目的不同，选择酸或者混合酸的种类和比例。

近年来，湿式消化法也出现了一些新型方法。例如高压密闭罐消化法，即在聚四氟乙烯容器中加入样品和氧化剂，置于密闭罐内在 120～150℃的烘箱中加热一段时间后，自然冷却到室温，即可测定。再如微波消化技术，利用盛装在密闭罐中的样品和氧化剂吸收微波能产生的热量加热样品，促使样品迅速溶解，达到分解处理的目的。

## 三、试样分解处理方法的选择

以上介绍的各种分解处理方法各有其特点和缺陷。干式灰化法方法简单，很少或没有加入试剂，但元素的挥发和器皿上的吸留会造成样品损失；湿式消化法具有速度快、温度低的特点，但分解反应所需试剂会带入杂质而引起误差。因此，根据试样和分析的要求选择合适的分解处理方法，也是分析过程中的一个重要环节。

选择分解处理方法时，不仅要根据试样的化学组成、结构及有关性质，而且还应考虑到待测组分的性质和测量目的。在试样分解过程中常引入某些阴离子或金属离子，应考虑这些离子对后续分析的影响。能用简单的方法就不用复杂的方法。例如，分析生物试样中的无机元素，尽量选择湿法处理。在湿法中选择溶剂的原则是：能溶于水先用水溶解，不溶于水的酸性物质用碱性熔剂，碱性物质用酸性溶剂，还原性物质用氧化性溶剂，氧化性物质用还原性溶剂。

在实际工作中，为了保证试样分解完全，各种分解方法常常配合使用。例如分析高硅试样中的微量元素，首先选择 HF 做溶剂，加热除去大量的硅，再选择其他方法完成分解。另外，选择分解处理方法还应考虑到对环境是否造成污染，操作是否安全等因素。

总之，分解试样时要根据试样的性质、分解项目的要求和以上原则，选择一种合适的分解方法。

**四、干扰组分的处理**

在实际分析过程中，常会遇到含有多种组分的复杂试样，当这些共存组分对测定彼此干扰，而且不能简单地通过选择适当的测定方法或加入适当的掩蔽剂消除干扰时，就必须在测定前先将干扰物分离除去再进行被测组分的测定。常用的分离方法有沉淀分离法、萃取分离法、离子交换分离法和色谱分离法等。此外，随着计算机技术和化学计量学的发展，很多干扰问题可在仪器测试中或通过计算机处理来解决，也可以通过计算分析将干扰组分同时测定来达到消除干扰的目的。

## 第三节　测定方法的选择

对同一样品同一组分的测定往往会有多种分析方法。各种方法都有各自的特点和缺陷，如表 15-2 比较了化学分析与仪器分析的特点。实际分析时，究竟选择何种测定方法应视具体情况而定，一般主要根据测定任务的具体要求、被测组分的性质、被测组分的含量、共存组分的影响以及实验室的具体条件等因素来选择合适的分析方法进行测定。

**表 15-2　化学分析与仪器分析方法比较**

| 项　　目 | 化学分析法(经典分析法) | 仪器分析法(现代分析法) |
|---|---|---|
| 物质性质 | 化学性质 | 物理、物理化学性质 |
| 测量参数 | 体积、重量 | 吸光度、电位、发射强度等等 |
| 误差 | 0.1％～0.2％ | 1%～2% 或更高 |
| 组分含量 | 1％～100% | <1%～单分子、单原子 |
| 理论基础 | 化学、物理化学(溶液四大平衡) | 化学、物理、数学、电子学、生物学等 |
| 解决问题 | 定性、定量 | 定性、定量、结构、形态、能态、动力学 |

**一、测定的具体要求**

分析工作的分析对象繁杂多样，涉及面广，明确测定目的和具体要求非常重要，因此，分析方法的选择首先应该明确测定的目的和要求，其中包括需要测定的组分、准确度的要求以及测定速度等方面。通常对于常量组分、标准试样和基准物质含量的测定，对准确度要求较高；微量（痕量）组分的测定对灵敏度的要求较高；生成过程中的控制分析则要求测定速度快而且简便。例如，对土壤试样的全量分析中，$SiO_2$ 是主要测定项目，因为 $SiO_2$ 是常量组分，对准确度要求较高，故多采用重量分析法，因为重量分析法具有准确度高、干扰少而且滤液还可以进一步做其他组分的分析等优点。但重量分析法烦琐费时，若是监控土壤流失的分析任务则不可选择，可选择测定速度较快的氟硅酸钡滴定法进行测定。

**二、被测组分的性质**

分析方法一般是基于被测组分的化学或物理性质而建立起来的，反过来，分析之前若掌握被测组分的性质，则对分析方法的选择是十分有益的。例如，分析生物或土壤试样中的金属离子，由于许多金属离子均与 EDTA 形成稳定的配合物，因此可选择配位滴定法。而对于碱金属，特别是 $K^+$、$Na^+$ 离子等，由于它们与 EDTA 形成的配位化合物很不稳定，又不具有氧化还原性质，但能发射或吸收一定波长的特征谱线，因此，若改用火焰光度法或原子吸收分光光度法，则是较好的分析方法。

**三、被测组分的含量**

组分的含量范围对准确度和灵敏度的要求各不相同，因此在选择分析方法时，必须考虑被测组分的含量范围。一般来讲，常量组分测定多采用滴定分析法和重量分析法，因为滴定分析方法简便、快速，准确度高，相对误差一般不超过 0.1%。在两种方法均可应用时，则常常选择滴定分析法。微量组分测定多采用灵敏度较高的仪器分析法，如各种光谱分析法、电化学分析法以及色谱法等，这些方法的相对误差一般是百分之几。若采用仪器分析法测定常量组分，则其分析结果的准确度不如滴定法和重量法，但是对于微量组分来讲，其准确度已能满足要求了。

**四、共存组分的影响**

一般试样的组分比较复杂，在测定分析时，其他组分常有干扰，因此，选择分析方法时，必须考虑试样共存组分对测定的影响。在实际工作中，要尽量选择共存组分不干扰或通过改变测定条件、加掩蔽剂（配位、氧化还原、沉淀等）来避免干扰，若上述方法都不奏效则应使用分离法除去干扰组分。

**五、实验室条件**

选择分析方法时，除了要考虑上述因素以外，还要考虑实验室所具备的条件，如实验室的温度、湿度、防尘、所用试剂和实验用水的纯度、现有仪器的性能以及操作人员的业务能力等实际情况。一般应按现有条件尽可能选择比较先进的分析方法和技术，以提高工作效率。如测定地表水的总硬度，如果能用精密电导仪或分光光度法分析，效果当然好，但条件不具备时，只好改用配位滴定法了。

总之，最为理想的分析方法应该是准确度高、灵敏度好、测定迅速、操作简便、选择性好、低成本、自动化程度高，但是在实际工作中往往很难实现，不可同时满足，顾此失彼。因此，选择分析方法时，需要综合考虑以上各个方面，抓住主要问题，根据上述原则制定切实可行的实验方案，通过实验修改完善，例如用标准样或合成样评价方法的准确度和灵敏度，确认能够满足分析的要求后，再进行试样的测定。

## 第四节　分析结果的计算和数据评价

整个分析过程的最后一个环节是计算被测组分的含量，同时对分析结果进行评价，判断分析结果的准确度、灵敏度、精密度等是否达到要求。

**一、分析结果的计算及表示方法**

首先对测定所得数据，利用统计学方法进行合理取舍和归纳，然后根据试样的用量、测定所得数据和分析过程中有关反应的计量关系等计算出分析结果。

**1. 待测组分含量的表示方法**

① 对于固体试样，通常以物质的质量分数 $w$ 表示被测组分的含量。质量分数的计算通式为：

$$w(\mathrm{B})=\frac{m(\mathrm{B})}{m(\mathrm{s})} \tag{15-4}$$

式中，$w(\mathrm{B})$ 表示被测物质 B 的质量分数，通常也用百分数表示，当待测组分含量很低时，有时也用 $\mu\mathrm{g}\cdot\mathrm{g}^{-1}(10^{-6})$、$\mathrm{ng}\cdot\mathrm{g}^{-1}(10^{-9})$、$\mathrm{pg}\cdot\mathrm{g}^{-1}(10^{-12})$ 等表示；$m(\mathrm{B})$ 为被测组分 B 物质的质量；$m(\mathrm{s})$ 为试样的质量。

② 对于液体试样，试样中待测组分的含量可用物质的量浓度 $c$、质量摩尔浓度、质量分数、体积分数、摩尔分数或质量浓度 $\rho$ 等表示，其中常见的是质量浓度和物质的量浓度。

物质的量浓度：单位为 $\mathrm{mol\cdot L^{-1}}$。

质量摩尔浓度：单位为 $\mathrm{mol\cdot kg^{-1}}$。

质量分数：待测组分的质量除以试液的质量，量纲为 1。

体积分数：待测组分的体积除以试液的体积，量纲为 1。

摩尔分数：待测组分的物质的量除以试液的物质的量，量纲为 1。

质量浓度：单位为 $\mathrm{mg\cdot L^{-1}}$，$\mu\mathrm{g\cdot L^{-1}}$、$\mu\mathrm{g\cdot mL^{-1}}$、$\mathrm{ng\cdot mL^{-1}}$、$\mathrm{pg\cdot mL^{-1}}$等。

③ 对于气体试样，试样中的常量或微量待测组分的含量通常以体积分数表示。

**2. 待测组分的化学表示形式**

通常分析结果应以待测组分实际存在形式的含量表示。如果某待测组分实际存在形式不清楚或有多种形式存在时，则分析结果最好以元素形式或氧化物形式的含量表示。

① 以待测组分实际存在形式表示。例如，含氮量测量，以实际存在形式 $NH_3$、$NO_3^-$、$NO_2^-$、$N_2O_5$ 或 $N_2O_3$ 等形式的含量表示分析结果。

② 以氧化物或元素形式表示。当待测组分的实际存在形式不清楚时，分析结果最好以氧化物或元素形式的含量表示。例如，铁矿分析中以 $Fe_2O_3$ 的含量表示分析结果。有机物分析中以 C、H、O、P、N 的含量表示分析结果。

③ 以离子的形式表示。电解质溶液的分析结果，常以所存在离子的含量表示，如以 $K^+$、$Na^+$、$Ca^{2+}$、$Mg^{2+}$、$SO_4^{2-}$、$Cl^-$ 等离子的含量表示。

### 二、分析结果的报告与评价

定量分析的目的是准确测定试样中各组分的含量，因此，必须使分析结果具有一定的准确度。只有准确、可靠的分析结果在生产和科研上才能起应有的作用，不准确的分析结果可能导致生产上的损失、资源浪费以及科学研究上的错误结论等。因此，在定量分析中如何报告分析结果以及评价分析结果的准确度和可靠性，也是十分必要掌握的。

在科学研究和非例行分析中，对分析结果的报告要求比较严格，对于分析结果及误差分布情况，应用统计学方法进行评价。分析结果一般报告三项值，即测定次数（$n$）；被测组分含量平均值或中位数（$M$）；平均偏差或标准偏差（$s$）。另一种分析结果的评价方法是报告在指定置信度（一般是95%或99%）时平均值的置信区间，这种分析报告形式不仅指明了测定的准确度、精密度以及获得此准确度和精密度的平行测定次数，还指明了测定结果的可靠程度，是一种报告分析结果的较好方式。

在一般分析工作中，如果选择了良好的分析方法，而且在消除了系统误差的情况下，分析结果已具备获得高准确度的条件，数据之间的差异主要是随机误差造成的，因此，只用精密度就可以评价分析结果的优劣了。

## 本章小结

本章介绍了对样品分析测定的一般过程：试样的采集和制备、试样的分析与处理、分析方法的选择以及对分析结果的计算与评价。

各种状态（气体、液体、固体）样品的取样方法是不同的，应根据具体样品按一定的规则合理取样，并且一定要保证所取样品的代表性。

对无机物样品、有机物样品、生物样品的分解方法和使用的溶剂进行系统化介绍。

根据测定任务的具体要求、被测组分的性质、被测组分的含量、共存组分的影响以及实验室的具体条件等因素来选择合适的分析方法进行测定。

## 思考题与习题

1. 为什么试样的采集必须均匀并具有代表性呢？四分法的目的是什么？如何进行？
2. 采集样品一般分几步？采样的一般方法是什么？
3. 什么是样品的制备？其目的是什么？试列举样品制备的方法及其应用范围。
4. 样品预处理的原则是什么？列表整理样品分解处理的方法，并比较它们的特点和应用范围。
5. 通常根据哪些因素选择分析测定方法？

# 附　　录

## 附录一　相对原子质量表（2001 年国际原子量）

| 元素 | 符号 | 相对原子质量 | 元素 | 符号 | 相对原子质量 | 元素 | 符号 | 相对原子质量 |
|---|---|---|---|---|---|---|---|---|
| 锕 | Ac | 227.0278 | 铁 | Fe | 55.845 | 锘 | No | [259] |
| 银 | Ag | 107.8682 | 镄 | Fm | [257] | 镎 | Np | 237.0482 |
| 铝 | Al | 26.98154 | 钫 | Fr | [223] | 氧 | O | 15.9994 |
| 镅 | Am | [243][①] | 镓 | Ga | 69.723 | 锇 | Os | 190.23 |
| 氩 | Ar | 39.948 | 钆 | Gd | 157.25 | 磷 | P | 30.97376 |
| 砷 | As | 74.9216 | 锗 | Ge | 72.61 | 镤 | Pa | 231.03588 |
| 砹 | At | [210] | 氢 | H | 1.00794 | 铅 | Pb | 207.2 |
| 金 | Au | 196.9665 | 氦 | He | 4.0026 | 钯 | Pd | 106.42 |
| 硼 | B | 10.811 | 铪 | Hf | 178.49 | 钷 | Pm | [145] |
| 钡 | Ba | 137.327 | 汞 | Hg | 200.59 | 钋 | Po | [约 210] |
| 铍 | Be | 9.01218 | 钬 | Ho | 164.93032 | 镨 | Pr | 140.9077 |
| 铋 | Bi | 208.9804 | 碘 | I | 126.9045 | 铂 | Pt | 195.08 |
| 锫 | Bk | [247] | 铟 | In | 114.82 | 钚 | Pu | [244] |
| 溴 | Br | 79.904 | 铱 | Ir | 192.22 | 镭 | Ra | 226.0254 |
| 碳 | C | 12.011 | 钾 | K | 39.098 | 铷 | Rb | 85.468 |
| 钙 | Ca | 40.078 | 氪 | Kr | 83.80 | 铼 | Re | 186.207 |
| 镉 | Cd | 112.411 | 镧 | La | 138.9055 | 铑 | Rh | 102.9055 |
| 铈 | Ce | 140.116 | 锂 | Li | 6.941 | 氡 | Rn | [222] |
| 锎 | Cf | [251] | 铹 | Lr | [260] | 钌 | Ru | 101.07 |
| 氯 | Cl | 35.453 | 镥 | Lu | 174.967 | 硫 | S | 32.066 |
| 锔 | Cm | [247] | 钔 | Md | [258] | 锑 | Sb | 121.76 |
| 钴 | Co | 58.9332 | 镁 | Mg | 24.305 | 钪 | Sc | 44.9559 |
| 铬 | Cr | 51.996 | 锰 | Mn | 54.938 | 硒 | Se | 78.96 |
| 铯 | Cs | 132.9054 | 钼 | Mo | 95.94 | 硅 | Si | 28.0855 |
| 铜 | Cu | 63.546 | 氮 | N | 14.0067 | 钐 | Sm | 150.36 |
| 镝 | Dy | 162.50 | 钠 | Na | 22.98977 | 锡 | Sn | 118.71 |
| 铒 | Er | 167.26 | 铌 | Nb | 92.9064 | 锶 | Sr | 87.62 |
| 锿 | Es | [252] | 钕 | Nd | 144.24 | 钽 | Ta | 180.9479 |
| 铕 | Eu | 151.96 | 氖 | Ne | 20.1797 | 铽 | Tb | 158.92534 |
| 氟 | F | 18.9984 | 镍 | Ni | 58.693 | 锝 | Tc | 97.9062 |
| 钍 | Th | 232.0381 | 碲 | Te | 127.60 | 钇 | Y | 88.9059 |
| 钛 | Tl | 47.867 | 钒 | V | 50.9415 | 镱 | Yb | 173.04 |
| 铊 | Ti | 204.383 | 钨 | W | 183.84 | 锌 | Zn | 65.39 |
| 铥 | Tm | 168.9342 | 氙 | Xe | 131.29 | 锆 | Zr | 91.224 |
| 铀 | U | 238.0289 | | | | | | |

① 方括号内为某些放射性元素，其准确相对原子质量因与来源有关而无法提供，表中数值为该元素已知半衰期最长的同位素的相对原子质量。

# 附录二 化合物的相对分子质量表

| 化合物 | 相对分子质量 | 化合物 | 相对分子质量 | 化合物 | 相对分子质量 |
|---|---|---|---|---|---|
| $Ag_3AsO_4$ | 462.52 | $CoS$ | 90.99 | $H_2S$ | 34.08 |
| $AgBr$ | 187.77 | $CrCl_3$ | 158.36 | $H_2SO_3$ | 82.07 |
| $AgCN$ | 133.89 | $CrCl_3 \cdot 6H_2O$ | 266.45 | $HgCl_2$ | 98.07 |
| $AgCl$ | 143.32 | $Cr_2O_3$ | 151.99 | $H_2SO_4$ | 271.50 |
| $Ag_2ArO_4$ | 331.73 | $CuSCN$ | 121.62 | $Hg_2Cl_2$ | 472.09 |
| $AgI$ | 234.77 | $CuI$ | 190.45 | $HgI_2$ | 454.40 |
| $AgNO_3$ | 169.87 | $Cu(CO_3)_2$ | 187.56 | $HgS$ | 232.65 |
| $AgSCN$ | 165.95 | $Cu(NO_3)_2 \cdot 3H_2O$ | 241.60 | $HgSO_4$ | 296.65 |
| $AlCl_3$ | 133.34 | $Cu(NO_3)_2 \cdot 6H_2O$ | 295.65 | $Hg_2SO_4$ | 497.24 |
| $AlCl_3 \cdot 6H_2O$ | 241.43 | $CuO$ | 79.545 | $Hg_2(NO_3)_2$ | 525.19 |
| $Al(C_9H_6ON)_3$(8-羟基喹啉铝) | 459.44 | $Cu_2O$ | 143.09 | $Hg_2(NO_3)_2 \cdot 2H_2O$ | 561.22 |
| | | $CuS$ | 95.61 | $Hg(NO_3)_2$ | 324.60 |
| $Al(NO_3)_3$ | 213.00 | $CuSO_4$ | 159.60 | $HgO$ | 216.59 |
| $Al(NO_3)_3 \cdot 9H_2O$ | 375.13 | $CuSO_4 \cdot 5H_2O$ | 249.68 | $KAl(SO_4)_2 \cdot 12H_2O$ | 474.38 |
| $Al_2O_3$ | 101.96 | $FeCl_3$ | 162.21 | $KBr$ | 119.00 |
| $Al(OH)_3$ | 78.00 | $FeCl_3 \cdot 6H_2O$ | 270.30 | $KBrO_3$ | 167.00 |
| $Al_2(SO_4)_3$ | 342.14 | $Fe(NH_4)(SO_4)_2 \cdot 12H_2O$ | 482.18 | $KCl$ | 74.551 |
| $Al_2(SO_4)_3 \cdot 18H_2O$ | 666.41 | $Fe(NH_4)_2(SO_4)_2 \cdot 6H_2O$ | 392.13 | $KClO_3$ | 122.55 |
| $As_2O_3$ | 197.84 | $Fe(NO_3)_3$ | 241.86 | $KClO_4$ | 138.55 |
| $As_2O_5$ | 229.84 | $Fe(NO_3)_3 \cdot 6H_2O$ | 349.95 | $KCN$ | 65.116 |
| $As_2S_3$ | 246.02 | $FeO$ | 71.846 | $K_2CO_3$ | 138.21 |
| $BaCO_3$ | 197.34 | $Fe_2O_3$ | 159.69 | $KHC_2O_4 \cdot H_2O$ | 146.14 |
| $BaC_2O_4$ | 225.35 | $Fe_3O_4$ | 231.54 | $KHC_2O_4 \cdot H_2C_2O_4 \cdot 2H_2O$ | 254.19 |
| $BaCl_2$ | 208.24 | $Fe(OH)_3$ | 106.87 | $KHC_4H_4O_6$(酒石酸盐) | 188.18 |
| $BaCl_2 \cdot 2H_2O$ | 244.24 | $FeS$ | 87.91 | $KHC_8H_4O_4$(苯二甲酸盐) | 204.22 |
| $BaCrO_4$ | 253.32 | $FeSO_4$ | 151.90 | $KHSO_4$ | 136.16 |
| $BaO$ | 153.33 | $FeSO_4 \cdot 7H_2O$ | 278.01 | $K_2SO_4$ | 174.25 |
| $Ba(OH)_2$ | 171.34 | $H_3AsO_3$ | 125.94 | $KI$ | 166.00 |
| $BaSO_4$ | 233.39 | $H_3AsO_4$ | 141.94 | $KIO_2$ | 214.00 |
| $Bi(NO_3)_3$ | 395.00 | $H_3BO_3$ | 61.83 | $KIO_3 \cdot HIO_3$ | 389.91 |
| $Bi(NO_3)_3 \cdot 5H_2O$ | 485.07 | $HBr$ | 80.912 | $KMnO_4$ | 158.03 |
| $CO$ | 28.01 | $HCN$ | 27.026 | $KNaC_4H_4O_6 \cdot 4H_2O$(酒石酸盐) | 282.22 |
| $CO_2$ | 44.01 | $HCOOH$ | 46.026 | | |
| $CO(NH_2)_2$ | 60.06 | $CH_3COOH$ | 60.052 | $KNO_2$ | 85.104 |
| $CaCO_3$ | 100.09 | $HC_7H_5O_2$(苯甲酸) | 122.12 | $KNO_3$ | 101.10 |
| $CaC_2O_4$ | 128.10 | $H_2CO_3$ | 62.025 | $K_2O$ | 94.196 |
| $CaCl_2$ | 110.99 | $H_2C_2O_4$ | 90.035 | $KOH$ | 56.106 |
| $CaCl_2 \cdot 6H_2O$ | 219.08 | $H_2C_2O_4 \cdot 2H_2O$ | 126.07 | $KSCN$ | 97.18 |
| $CaO$ | 56.08 | $HCl$ | 36.461 | $KFe(SO_4)_2 \cdot 12H_2O$ | 503.24 |
| $Ca(OH)_2$ | 74.09 | $HF$ | 20.006 | $K_2CrO_4$ | 194.19 |
| $Ca_3(PO_4)_2$ | 310.18 | $HI$ | 127.91 | $K_2Cr_2O_7$ | 294.18 |
| $CaSO_4$ | 136.14 | $HNO_2$ | 47.013 | $K_3Fe(CN)_6$ | 329.25 |
| $Ce(NH_4)_2(NO_3)_6 \cdot 2H_2O$ | 584.26 | $HNO_3$ | 63.013 | $K_4Fe(CN)_6$ | 368.35 |
| $Ce(NH_4)_4(SO_4)_4 \cdot 2H_2O$ | 632.53 | $H_2O$ | 18.015 | $MgCO_3$ | 84.31 |
| $Co(NO_3)_2$ | 182.94 | $H_2O_2$ | 34.015 | $MgCl_2$ | 95.211 |
| $Co(NO_3)_2 \cdot 6H_2O$ | 291.03 | $H_3PO_4$ | 98.00 | $MgCl_2 \cdot 6H_2O$ | 203.30 |

续表

| 化合物 | 相对分子质量 | 化合物 | 相对分子质量 | 化合物 | 相对分子质量 |
|---|---|---|---|---|---|
| $MgNH_4PO_4$ | 137.31 | $NaC_2H_3O_2 \cdot 3H_2O$ | 136.08 | $Pb(C_2H_3O_2)_2$(乙酸盐) | 325.30 |
| $MgNH_4PO_4 \cdot 6H_2O$ | 245.41 | NaCN | 49.007 | $Pb(C_2H_3O_2)_2 \cdot 3H_2O$ | 379.30 |
| MgO | 40.304 | $Na_2CO_3$ | 105.99 | $PbCrO_4$ | 323.20 |
| $Mg(OH)_2$ | 58.32 | $Na_2CO_3 \cdot 10H_2O$ | 286.14 | $PbMoO_4$ | 367.1 |
| $Mg_2P_2O_7$ | 222.55 | $Na_2C_2O_4$ | 134.00 | $Pb(NO_3)_2$ | 331.2 |
| $MgSO_4 \cdot 7H_2O$ | 246.47 | NaCl | 58.443 | PbO | 223.2 |
| $MnCO_3$ | 114.95 | $NaHCO_3$ | 84.007 | $PbO_2$ | 239.2 |
| $MnCl_2 \cdot 4H_2O$ | 197.91 | $NaH_2PO_4$ | 119.98 | PbS | 239.3 |
| $Mn(NO_2)_2 \cdot 6H_2O$ | 287.04 | $Na_2HPO_4$ | 141.96 | $PbSO_4$ | 303.3 |
| MnO | 70.937 | $Na_2HPO_4 \cdot 2H_2O$ | 177.99 | $SO_2$ | 64.06 |
| $MnO_2$ | 86.937 | $Na_2HPO_4 \cdot 12H_2O$ | 358.14 | $SO_3$ | 80.06 |
| MnS | 87.00 | $Na_2H_2Y \cdot 2H_2O$ | 372.24 | $Sb_2O_3$ | 291.50 |
| $MnSO_4$ | 151.00 | $NaNO_2$ | 68.995 | $SiO_2$ | 60.084 |
| $MnSO_4 \cdot 7H_2O$ | 277.10 | $NaNO_3$ | 84.995 | $SnCl_2 \cdot 2H_2O$ | 225.63 |
| $NH_3$ | 17.03 | $Na_2O$ | 61.979 | $SnO_2$ | 150.712 |
| $NH_4C_2H_3O_2$(乙酸盐) | 77.08 | $Na_2O_2$ | 77.978 | SnS | 150.75 |
| $(NH_4)_2C_2O_4 \cdot H_2O$ | 142.11 | NaOH | 40.00 | $Sr(NO_3)_2$ | 211.63 |
| $NH_4Cl$ | 53.491 | $Na_3PO_4$ | 163.94 | $Sr(NO_3)_2 \cdot 4H_2O$ | 283.69 |
| $NH_4F$ | 37.04 | $Na_2S$ | 78.04 | $TiCl_3$ | 154.24 |
| $(NH_4)_2HPO_4$ | 132.06 | NaSCN | 81.07 | $TiO_2$ | 79.88 |
| $(NH_4)_6Mo_7O_{24} \cdot 4H_2O$ | 1235.86 | $Na_2SO_3$ | 126.04 | $V_2O_5$ | 181.88 |
| $NH_4NO_3$ | 80.043 | $Na_2SO_4$ | 142.04 | $WO_3$ | 231.85 |
| $NH_4SCN$ | 76.12 | $Na_2S_2O_3$ | 158.10 | $Zn(NO_3)_2$ | 189.39 |
| $(NH_4)_2SO_4$ | 132.13 | $Na_2S_2O_3 \cdot 5H_2O$ | 248.17 | $Zn(NO_3)_2 \cdot 6H_2O$ | 297.48 |
| $NH_4VO_3$ | 116.98 | $NiCl_2 \cdot 6H_2O$ | 237.69 | ZnO | 81.38 |
| NO | 30.006 | NiO | 74.69 | $Zn(OH)_2$ | 99.39 |
| $NO_2$ | 46.006 | $Ni(NO_3)_2 \cdot 6H_2O$ | 290.79 | ZnS | 97.44 |
| $Na_2B_4O_7 \cdot 10H_2O$ | 381.37 | NiS | 90.75 | $ZnSO_4$ | 161.44 |
| $NaBiO_3$ | 279.97 | $NiSO_4 \cdot 7H_2O$ | 280.85 | $ZnSO_4 \cdot 7H_2O$ | 287.54 |
| $NaC_2H_3O_2$(乙酸盐) | 82.034 | $P_2O_5$ | 141.94 | | |

# 附录三 弱酸在水中的离解常数（25℃）

| 化合物 | 分子式 | | $K_a$ | $pK_a$ |
|---|---|---|---|---|
| 亚砷酸 | $H_3AsO_3$ | | $6.0\times10^{-10}$ | 9.22 |
| 砷酸 | $H_3AsO_4$ | $K_{a_1}$ | $6.3\times10^{-3}$ | 2.20 |
| | | $K_{a_2}$ | $1.0\times10^{-7}$ | 7.00 |
| | | $K_{a_3}$ | $3.2\times10^{-12}$ | 11.50 |
| 硼酸 | $H_3BO_3$ | | $5.8\times10^{-10}$ | 9.24 |
| 四硼酸 | $H_2B_4O_7$ | $K_{a_1}$ | $1.0\times10^{-4}$ | 4 |
| | | $K_{a_2}$ | $1.0\times10^{-9}$ | 9 |
| 碳酸 | $H_2CO_3$ | $K_{a_1}$ | $4.2\times10^{-7}$ | 6.38 |
| | | $K_{a_2}$ | $5.6\times10^{-11}$ | 10.25 |
| 氢氰酸 | HCN | | $6.2\times10^{-10}$ | 9.21 |
| 氰酸 | HCNO | | $2.2\times10^{-4}$ | 3.66 |

续表

| 化合物 | 分子式 | $K_a$ | | $pK_a$ |
|---|---|---|---|---|
| 铬酸 | $H_2CrO_4$ | $K_{a_1}$ | 0.18 | 0.74 |
| | | $K_{a_2}$ | $3.2\times10^{-7}$ | 6.50 |
| 氢氟酸 | HF | | $6.6\times10^{-4}$ | 3.18 |
| 过氧化氢 | $H_2O_2$ | | $1.8\times10^{-12}$ | 11.75 |
| 亚硝酸 | $HNO_2$ | | $5.1\times10^{-4}$ | 3.29 |
| 亚磷酸 | $H_3PO_3$ | $K_{a_1}$ | $5.0\times10^{-2}$ | 1.30 |
| | | $K_{a_2}$ | $2.5\times10^{-7}$ | 6.60 |
| 磷酸 | $H_3PO_4$ | $K_{a_1}$ | $7.6\times10^{-3}$ | 2.12 |
| | | $K_{a_2}$ | $6.3\times10^{-8}$ | 7.20 |
| | | $K_{a_3}$ | $4.4\times10^{-13}$ | 12.36 |
| 焦磷酸 | $H_4P_2O_7$ | $K_{a_1}$ | $3.0\times10^{-2}$ | 1.52 |
| | | $K_{a_2}$ | $4.4\times10^{-3}$ | 2.36 |
| | | $K_{a_3}$ | $2.5\times10^{-7}$ | 6.60 |
| | | $K_{a_4}$ | $5.6\times10^{-12}$ | 9.25 |
| 硫化氢 | $H_2S$ | $K_{a_1}$ | $1.3\times10^{-7}$ | 6.88 |
| | | $K_{a_2}$ | $1.20\times10^{-13}$ | 12.92 |
| 硫氰酸 | HSCN | | $1.41\times10^{-1}$ | 0.85 |
| 亚硫酸 | $H_2SO_3(SO_2\cdot H_2O)$ | $K_{a_1}$ | $1.29\times10^{-2}$ | 1.89 |
| | | $K_{a_2}$ | $6.3\times10^{-8}$ | 7.20 |
| 硫酸 | $H_2SO_4$ | $K_{a_2}$ | $1.3\times10^{-2}$ | 1.90 |
| 硫代硫酸 | $H_2S_2O_3$ | $K_{a_1}$ | $2.5\times10^{-1}$ | 0.60 |
| | | $K_{a_2}$ | $1.9\times10^{-2}$ | 1.72 |
| 偏硅酸 | $H_2SiO_3$ | $K_{a_1}$ | $1.7\times10^{-10}$ | 9.77 |
| | | $K_{a_2}$ | $1.6\times10^{-12}$ | 11.80 |
| 甲酸 | HCOOH | | $1.8\times10^{-4}$ | 3.74 |
| 乙酸 | $CH_3COOH$ | | $1.8\times10^{-5}$ | 4.75 |
| 丙酸 | $C_2H_5COOH$ | | $1.35\times10^{-5}$ | 4.87 |
| 一氯乙酸 | $ClCH_2COOH$ | | $1.38\times10^{-3}$ | 2.86 |
| 二氯乙酸 | $Cl_2CHCOOH$ | | $5.0\times10^{-2}$ | 1.30 |
| 三氯乙酸 | $Cl_3CCOOH$ | | $2.3\times10^{-1}$ | 0.64 |
| 苯甲酸 | $C_6H_5COOH$ | | $6.2\times10^{-5}$ | 4.21 |
| 苯酚 | $C_6H_5OH$ | | $1.1\times10^{-10}$ | 9.95 |
| 草酸 | $H_2C_2O_4$ | $K_{a_1}$ | $5.9\times10^{-2}$ | 1.22 |
| | | $K_{a_2}$ | $6.4\times10^{-5}$ | 4.19 |
| 乳酸 | $CH_3CHOHCOOH$ | | $1.4\times10^{-4}$ | 3.86 |
| 邻苯二甲酸 | $C_6H_4(COOH)_2$ | $K_{a_1}$ | $1.12\times10^{-3}$ | 2.95 |
| | | $K_{a_2}$ | $3.91\times10^{-6}$ | 5.41 |
| *d*-酒石酸 | CHOHCOOH<br>\|<br>CHOHCOOH | $K_{a_1}$ | $9.1\times10^{-4}$ | 3.04 |
| | | $K_{a_2}$ | $4.3\times10^{-5}$ | 4.37 |

续表

| 化合物 | 分子式 | $K_a$ | | $pK_a$ |
|---|---|---|---|---|
| 抗坏血酸 | $C_6H_8O_6$ | $K_{a_1}$ | $6.8\times10^{-5}$ | 4.17 |
| | | $K_{a_2}$ | $2.8\times10^{-12}$ | 11.56 |
| 柠檬酸 | $CH_2COOH$ | $K_{a_1}$ | $7.4\times10^{-4}$ | 3.13 |
| | $COHCOOH$ | $K_{a_2}$ | $1.7\times10^{-5}$ | 4.76 |
| | $CH_2COOH$ | $K_{a_3}$ | $4.0\times10^{-7}$ | 6.40 |
| 乙二胺四乙酸(EDTA) | $H_6Y^{2+}$ | $K_{a_1}$ | $1.3\times10^{-1}$ | 0.9 |
| | $H_5Y^{+}$ | $K_{a_2}$ | $2.5\times10^{-2}$ | 1.6 |
| | $H_4Y$ | $K_{a_3}$ | $1.0\times10^{-2}$ | 2.0 |
| | $H_3Y^{-}$ | $K_{a_4}$ | $2.14\times10^{-3}$ | 2.67 |
| | $H_2Y^{2-}$ | $K_{a_5}$ | $6.92\times10^{-7}$ | 6.16 |
| | $HY^{3-}$ | $K_{a_6}$ | $5.50\times10^{-11}$ | 10.26 |
| 水杨酸 | $C_6H_4OHCOOH$ | $K_{a_1}$ | $1.0\times10^{-3}$ | 3.00 |
| | | $K_{a_2}$ | $4.2\times10^{-13}$ | 12.38 |
| 磺基水杨酸 | $C_6H_3SO_3HOHCOOH$ | $K_{a_1}$ | $4.7\times10^{-3}$ | 2.33 |
| | | $K_{a_2}$ | $4.8\times10^{-12}$ | 11.32 |
| 苦味酸 | $HOC_6H_2(NO_2)_3$ | | $4.2\times10^{-1}$ | 0.38 |
| 邻二氮菲 | $C_{12}H_8N_2$ | | $1.1\times10^{-5}$ | 4.96 |
| 8-羟基喹啉 | $C_9H_6NOH$ | $K_{a_1}$ | $9.6\times10^{-6}$ | 5.02 |
| | | $K_{a_2}$ | $1.55\times10^{-10}$ | 9.81 |

# 附录四 弱碱在水中的离解常数（25℃）

| 名称 | 分子式 | $K_b$ | | $pK_b$ |
|---|---|---|---|---|
| 氨水 | $NH_3\cdot H_2O$ | | $1.8\times10^{-5}$ | 4.74 |
| 羟氨 | $NH_2OH$ | | $9.1\times10^{-9}$ | 8.04 |
| 联氨 | $H_2NNH_2$ | $K_{b_1}$ | $9.8\times10^{-7}$ | 6.01 |
| | | $K_{b_2}$ | $1.32\times10^{-15}$ | 14.88 |
| 苯胺 | $C_6H_5NH_2$ | | $4.2\times10^{-10}$ | 9.38 |
| 甲胺 | $CH_3NH_2$ | | $4.2\times10^{-4}$ | 3.38 |
| 乙胺 | $C_2H_5NH_2$ | | $4.3\times10^{-4}$ | 3.37 |
| 二甲胺 | $(CH_3)_2NH$ | | $5.9\times10^{-4}$ | 3.23 |
| 二乙胺 | $(C_2H_5)_2NH$ | | $8.5\times10^{-4}$ | 3.07 |
| 乙醇胺 | $HOC_2H_4NH_2$ | | $3\times10^{-5}$ | 4.5 |
| 三乙醇胺 | $N(C_2H_4OH)_3$ | | $5.8\times10^{-7}$ | 6.24 |
| 六亚甲基四胺 | $(CH_2)_6N_4$ | | $1.35\times10^{-9}$ | 8.87 |
| 乙二胺 | $H_2NCH_2CH_2NH_2$ | $K_{b_1}$ | $8.5\times10^{-5}$ | 4.07 |
| | | $K_{b_2}$ | $7.1\times10^{-8}$ | 7.15 |
| 吡啶 | $C_5H_5N$ | | $1.8\times10^{-9}$ | 8.74 |
| 尿素 | $(NH_2)_2CO$ | | $1.3\times10^{-14}$(21℃) | 1.39 |

# 附录五 常用浓酸浓碱的密度和浓度

| 试剂名称 | 密度 $\rho$/g·mL$^{-1}$ | 含量/% | $c$/mol·L$^{-1}$ |
|---|---|---|---|
| 盐酸 | 1.18～1.19 | 36～38 | 11.6～12.4 |
| 硝酸 | 1.39～1.40 | 65.0～68.0 | 14.4～15.2 |
| 硫酸 | 1.83～1.84 | 95～98 | 17.8～18.4 |
| 磷酸 | 1.69 | 85 | 14.6 |
| 高氯酸 | 1.68 | 70.0～72.0 | 11.7～12.0 |
| 冰醋酸 | 1.05 | 99.8(G.R.)99.0(A.R.、C.R.) | 17.4 |
| 氢氟酸 | 1.13 | 40 | 22.5 |
| 氢溴酸 | 1.49 | 47.0 | 8.6 |
| 氯水 | 0.88～0.90 | 25.0～28.0 | 13.3～14.8 |
| 氨水 | 0.88～0.98 | 35.0～4.8 | 18.0～2.8 |
| 氢氧化钠 | 1.05～1.35 | 4.5～41.8 | 1.25～10.7 |
| 氢氧化钾 | 1.05～1.35 | 5.5～35.5 | 1.0～8.5 |

# 附录六 几种常用缓冲溶液的配制

| 缓冲溶液组成 | p$K_a$ | 缓冲溶液 pH | 缓冲溶液配制方法 |
|---|---|---|---|
| 氨基乙酸-HCl | 2.35 (p$K_{a_1}$) | 2.3 | 取氨基乙酸 150g 溶于 500mL 水中后，加浓 HCl 80mL，水稀释至 1L |
| $H_3PO_4$-柠檬酸 | | 2.5 | 取 $Na_2HPO_4 \cdot 12H_2O$ 113g 溶于 200mL 水后，加柠檬酸 387g，溶解、过滤后，稀释至 1L |
| 一氯乙酸-NaOH | 2.86 | 2.8 | 取 200g 一氯乙酸溶于 200mL 水中，加 NaOH 40g，溶解后，稀释至 1L |
| 邻苯二甲酸氢钾-HCl | 2.95 (p$K_{a_1}$) | 2.9 | 取 500g 邻苯二甲酸氢钾溶于 500mL 水中，加浓 HCl 80mL，稀释至 1L |
| 甲酸-NaOH | 3.76 | 3.7 | 取 95g 甲酸和 NaOH 40g 于 500mL 水中，溶解，稀释至 1L |
| NaAc-HAc | 4.74 | 4.7 | 取无水 NaAc 83g 溶于水中，加 HAc 60mL，稀释至 1L |
| 六亚甲基四胺-HCl | 5.15 | 5.4 | 取六亚甲基四胺 40g 溶于 200mL 水中，加浓 HCl 10mL，稀释至 1L |
| Tris(三羟甲基氨基甲烷)-HCl | 8.21 | 8.2 | 取 25g Tris 试剂溶于水中，加浓 HCl 8mL，稀释至 1L |
| $NH_3$-$NH_4Cl$ | 9.26 | 9.2 | 取 $NH_4Cl$ 54g 溶于水中，加浓氨水 63mL，稀释至 1L |

# 附录七 常用标准缓冲溶液不同温度下的 pH 值

| 温度/℃ | 0.05mol·L$^{-1}$ 草酸三氢钾 | 0.05mol·L$^{-1}$ 邻苯二甲酸氢钾 | 25℃饱和酒石酸氢钾 | 0.025mol·L$^{-1}$ 磷酸二氢钾＋0.025mol·L$^{-1}$ 磷酸氢二钠 | 0.01mol·L$^{-1}$ 硼砂 | 25℃饱和氢氧化钙 |
|---|---|---|---|---|---|---|
| 0 | 1.668 | 4.003 | — | 6.984 | 9.464 | 13.423 |
| 5 | 1.668 | 3.999 | — | 6.951 | 9.395 | 13.207 |
| 10 | 1.670 | 3.998 | — | 6.923 | 9.332 | 13.003 |

续表

| 温度/℃ | 0.05mol·L$^{-1}$ 草酸三氢钾 | 0.05mol·L$^{-1}$ 邻苯二甲酸氢钾 | 25℃饱和酒石酸氢钾 | 0.025mol·L$^{-1}$ 磷酸二氢钾＋0.025mol·L$^{-1}$ 磷酸氢二钠 | 0.01mol·L$^{-1}$ 硼砂 | 25℃饱和氢氧化钙 |
|---|---|---|---|---|---|---|
| 15 | 1.672 | 3.999 | — | 6.900 | 9.276 | 12.810 |
| 20 | 1.675 | 4.002 | — | 6.881 | 9.225 | 12.627 |
| 25 | 1.679 | 4.008 | 3.557 | 6.865 | 9.180 | 12.454 |
| 30 | 1.683 | 4.015 | 3.552 | 6.853 | 9.139 | 12.289 |
| 35 | 1.688 | 4.024 | 3.549 | 6.844 | 9.102 | 12.133 |
| 40 | 1.694 | 4.035 | 3.547 | 6.838 | 9.068 | 11.984 |
| 45 | 1.700 | 4.047 | 3.547 | 6.834 | 9.038 | 11.841 |
| 50 | 1.707 | 4.060 | 3.549 | 6.833 | 9.011 | 11.705 |
| 55 | 1.715 | 4.075 | 3.554 | 6.834 | 8.985 | 11.574 |
| 60 | 1.723 | 4.091 | 3.560 | 6.836 | 8.962 | 11.449 |
| 70 | 1.743 | 4.126 | 3.580 | 6.845 | 8.921 | — |
| 80 | 1.766 | 4.164 | 3.609 | 6.859 | 8.885 | — |
| 90 | 1.792 | 4.205 | 3.650 | 6.877 | 8.850 | — |
| 95 | 1.806 | 4.227 | 3.674 | 6.886 | 8.833 | — |

# 附录八　金属离子与 EDTA 配合物的 $\lg K_f$（25℃）

| 金属离子 | $\lg K_f$ | 金属离子 | $\lg K_f$ | 金属离子 | $\lg K_f$ |
|---|---|---|---|---|---|
| $Ag^{+}$ | 7.32 | $Hg^{2+}$ | 21.7 | $Sm^{3+}$ | 17.1 |
| $Al^{3+}$ | 16.3 | $Ho^{3+}$ | 18.7 | $Sn^{2+}$ | 22.11 |
| $Ba^{2+}$ | 7.86 | $In^{3+}$ | 25.0 | $Sn^{4+}$ | 34.5 |
| $Be^{2+}$ | 9.2 | $La^{3+}$ | 15.4 | $Sr^{2+}$ | 8.73 |
| $Bi^{3+}$ | 27.94 | $Li^{+}$ | 2.79 | $Tb^{3+}$ | 17.9 |
| $Ca^{2+}$ | 10.69 | $Lu^{3+}$ | 19.8 | $Th^{4+}$ | 23.2 |
| $Cd^{2+}$ | 16.46 | $Mg^{2+}$ | 8.7 | $Ti^{3+}$ | 21.3 |
| $Ce^{3+}$ | 16.0 | $Mn^{2+}$ | 13.87 | $TiO^{2+}$ | 17.3 |
| $Co^{2+}$ | 16.31 | $MoO^{2+}$ | 28 | $Tl^{3+}$ | 37.8 |
| $Co^{3+}$ | 36 | $Na^{+}$ | 1.66 | $Tm^{3+}$ | 19.3 |
| $Cr^{3+}$ | 23.4 | $Nd^{3+}$ | 16.6 | $U^{4+}$ | 25.8 |
| $Cu^{2+}$ | 18.80 | $Ni^{2+}$ | 18.62 | $UO_2^{2+}$ | 10 |
| $Dy^{3+}$ | 18.3 | $Os^{3+}$ | 17.9 | $V^{2+}$ | 12.7 |
| $Er^{3+}$ | 18.8 | $Pb^{2+}$ | 18.04 | $V^{3+}$ | 25.9 |
| $Eu^{2+}$ | 7.7 | $Pd^{2+}$ | 18.5 | $VO^{2+}$ | 18.8 |
| $Eu^{3+}$ | 17.4 | $Pm^{3+}$ | 16.8 | $VO_2^{+}$ | 18.1 |
| $Fe^{2+}$ | 14.32 | $Pr^{3+}$ | 16.4 | $Y^{3+}$ | 18.09 |
| $Fe^{3+}$ | 25.10 | $Pt^{3+}$ | 16.4 | $Yb^{3+}$ | 19.5 |
| $Ga^{+}$ | 20.3 | $Ra^{2+}$ | 7.4 | $Zn^{2+}$ | 16.50 |
| $Gd^{+}$ | 17.4 | $Ru^{2+}$ | 7.4 | $ZrO^{2+}$ | 29.50 |
| $HfO^{2+}$ | 19.1 | $Sc^{3+}$ | 23.1 | | |

# 附录九　标准电极电势表（25℃）

| 半反应 | $\varphi^{\ominus}/V$ | 半反应 | $\varphi^{\ominus}/V$ |
|---|---|---|---|
| $F_2+2e^- \rightleftharpoons 2F^-$ | 2.87 | $MnO_4^- +e^- \rightleftharpoons MnO_4^{2-}$ | 0.56 |
| $O_3+2H^+ +2e^- \rightleftharpoons O_2+H_2O$ | 2.07 | $H_3AsO_4+2H^+ +2e^- \rightleftharpoons HAsO_2+2H_2O$ | 0.56 |
| $S_2O_8^{2-} +2e^- \rightleftharpoons 2SO_4^{2-}$ | 2.0 | $I_3^- +2e^- \rightleftharpoons 3I^-$ | 0.54 |
| $Ag^{2+} +e^- \rightleftharpoons Ag^+$ | 1.98 | $I_2$(固)$+2e^- \rightleftharpoons 2I^-$ | 0.535 |
| $H_2O_2+2H^+ +2e^- \rightleftharpoons 2H_2O$ | 1.77 | $MnO_4^{2-} +2H_2O+2e^- \rightleftharpoons MnO_2+4OH^-$ | 0.5 |
| $PbO_2+SO_4^{2-} +4H^+ +2e^- \rightleftharpoons PbSO_4+2H_2O$ | 1.69 | $MnO_4^- +2H_2O+3e^- \rightleftharpoons MnO_2\downarrow +4OH^-$ | 0.60 |
| $Au^+ +e^- \rightleftharpoons Au$ | 1.68 | $Cu^+ +e^- \rightleftharpoons Cu$ | 0.52 |
| $MnO_4^- +2H^+ +3e^- \rightleftharpoons MnO_2+2H_2O$ | 1.68 | $H_2SO_3+4H^+ +4e^- \rightleftharpoons S+3H_2O$ | 0.45 |
| $2HClO+2H^+ +2e^- \rightleftharpoons Cl_2+2H_2O$ | 1.63 | $O_2+2H_2O+4e^- \rightleftharpoons 4OH^-$ | 0.401 |
| $Ce^{4+} + e^- \rightleftharpoons Ce^3$ | 1.61 | $2H_2SO_3+2H^+ +4e^- \rightleftharpoons S_2O_3^{2-} +3H_2O$ | 0.40 |
| $H_5IO_6+H^+ +2e^- \rightleftharpoons IO_3^- +3H_2O$ | 1.6 | $VO^{2+} +2H^+ +e^- \rightleftharpoons V^{3+} +H_2O$ | 0.34 |
| $2HBrO+2H^+ + 2e^- \rightleftharpoons Br_2+2H_2O$ | 1.6 | $UO_2^{2+} +4H^+ +2e^- \rightleftharpoons U^{4+} +2H_2O$ | 0.33 |
| $Bi_2O_4+4H^+ +2e^- \rightleftharpoons 2BiO^+ +2H_2O$ | 1.59 | $BiO^+ +2H^+ +3e^- \rightleftharpoons Bi+H_2O$ | 0.32 |
| $2BrO_3^- +12H^+ +10e^- \rightleftharpoons Br_2+6H_2O$ | 1.5 | $Hg_2Cl_2+2e^- \rightleftharpoons 2Hg+2Cl^-$ | 0.268 |
| $MnO_4^- +8H^+ +5e^- \rightleftharpoons Mn^{2+} +4H_2O$ | 1.51 | $AgCl+e^- \rightleftharpoons Ag+Cl^-$ | 0.2223 |
| $Mn^{3+} + e^- \rightleftharpoons Mn^{2+}$ | 1.51 | $SO_4^{2-} +4H^+ +2e^- \rightleftharpoons H_2SO_3+H_2O$ | 0.17 |
| $HClO+H^+ +2e^- \rightleftharpoons Cl^- +H_2O$ | 1.49 | $Cu^{2+} +e^- \rightleftharpoons Cu^+$ | 0.17 |
| $PbO_2+4H^+ +2e^- \rightleftharpoons Pb^{2+} +2H_2O$ | 1.455 | $Sn^{4+} +2e^- \rightleftharpoons Sn^{2+}$ | 0.14 |
| $ClO_3^- +6H^+ +6e^- \rightleftharpoons Cl^- +3H_2O$ | 1.45 | $S+2H^+ +2e^- \rightleftharpoons H_2S$ | 0.14 |
| $2HIO+2H^+ +2e^- \rightleftharpoons I_2+2H_2O$ | 1.45 | $Hg_2Br_2+2e^- \rightleftharpoons 2Hg+2Br^-$ | 0.1392 |
| $BrO_3^- +6H^+ +6e^- \rightleftharpoons Br^- +3H_2O$ | 1.44 | $TiO^{2+} +2H^+ +e^- \rightleftharpoons Ti^{3+} + H_2O$ | 0.10 |
| $Cl_2+2e^- \rightleftharpoons 2Cl^-$ | 1.358 | $S_4O_6^{2-} +2e^- \rightleftharpoons 2S_2O_3^{2-}$ | 0.09 |
| $Cr_2O_7^{2-} +14H^+ +6e^- \rightleftharpoons 2Cr^{3+} +7H_2O$ | 1.33 | $AgBr+e^- \rightleftharpoons Ag+Br^-$ | 0.071 |
| $MnO_2+4H^+ +2e^- \rightleftharpoons Mn^{2+} +2H_2O$ | 1.23 | $2H^+ +2e^- \rightleftharpoons H_2$ | 0.0000 |
| $O_2+4H^+ +4e^- \rightleftharpoons 2H_2O$ | 1.229 | $Pb^{2+} + 2e^- \rightleftharpoons Pb$ | −0.126 |
| $ClO_4^- +2H^+ +2e^- \rightleftharpoons ClO_3^- +H_2O$ | 1.19 | $Sn^{2+} +2e^- \rightleftharpoons Sn$ | −0.14 |
| $ClO_4^- +8H^+ + 8e^- \rightleftharpoons Cl^- + 4H_2O$ | 1.37 | $O_2+2H_2O+2e^- \rightleftharpoons H_2O_2+2OH^-$ | −0.146 |
| $2IO_3^- +12H^+ +10e^- \rightleftharpoons I_2+6H_2O$ | 1.19 | $AgI +e^- \rightleftharpoons Ag+I^-$ | −0.152 |
| $Br_2$(水)$+2e^- \rightleftharpoons 2Br^-$ | 1.08 | $V^{3+} +e^- \rightleftharpoons V^{2+}$ | −0.255 |
| $2ICl_2^- +2e^- \rightleftharpoons I_2+4Cl^-$ | 1.06 | $Cd^{2+} +2e^- \rightleftharpoons Cd$ | −0.403 |
| $N_2O_4+2H^+ +2e^- \rightleftharpoons 2HNO_2$ | 1.07 | $Cr^{3+} +e^- \rightleftharpoons Cr^{2+}$ | −0.38 |
| $HNO_2+H^+ +e^- \rightleftharpoons NO+H_2O$ | 0.98 | $Fe^{2+} +2e^- \rightleftharpoons Fe$ | −0.44 |
| $VO_2^+ +2H^+ +e^- \rightleftharpoons VO^{2+} +H_2O$ | 0.999 | $2CO_2+2H^+ +2e^- \rightleftharpoons H_2C_2O_2$ | −0.49 |
| $NO_3^- +3H^+ +2e^- \rightleftharpoons HNO_2+H_2O$ | 0.94 | $S+2e^- \rightleftharpoons S^{2-}$ | −0.48 |
| $2Hg^{2+} +2e^- \rightleftharpoons Hg_2^{2+}$ | 0.907 | $As+3H^+ +3e^- \rightleftharpoons AsH_3$ | −0.61 |
| $ClO^- +H_2O+2e^- \rightleftharpoons Cl^- +2OH^-$ | 0.89 | $U^{4+} +e^- \rightleftharpoons U^{3+}$ | −0.63 |
| $H_2O_2+2e^- \rightleftharpoons 2OH^-$ | 0.88 | $AsO_4^{3-} +3H_2O+2e^- \rightleftharpoons H_2AsO_3^- +4OH^-$ | −0.67 |
| $Cu^{2+} +I^- +e^- \rightleftharpoons CuI$ | 0.86 | $Ag_2S+2e^- \rightleftharpoons 2Ag+S^{2-}$ | −0.69 |
| $Ag^+ +e^- \rightleftharpoons Ag$ | 0.80 | $Zn^{2+} +2e^- \rightleftharpoons Zn$ | −0.76 |
| $Hg_2^{2+} +2e^- \rightleftharpoons 2Hg$ | 0.792 | $Sn(OH)_6^{2-} +2e^- \rightleftharpoons HSnO_2^- +H_2O+3OH^-$ | −0.90 |
| $Fe^{3+} +e^- \rightleftharpoons Fe^{2+}$ | 0.77 | $Al^{3+} +3e^- \rightleftharpoons Al$ | −1.66 |
| $BrO^- +H_2O+2e^- \rightleftharpoons Br^- +2OH^-$ | 0.76 | $H_2AlO_3^- +H_2O+3e^- \rightleftharpoons Al+4OH^-$ | −2.35 |
| $O_2+2H^+ +2e^- \rightleftharpoons H_2O_2$ | 0.69 | $Na^+ +e^- \rightleftharpoons Na$ | −2.713 |
| $2HgCl_2+2e^- \rightleftharpoons Hg_2Cl_2+2Cl^-$ | 0.63 | $K^+ +e^- \rightleftharpoons K$ | −2.925 |
| $I_2$(液)$+2e^- \rightleftharpoons 2I^-$ | 0.621 | | |

# 附录十 部分氧化还原电对的条件电极电势（25℃）

| 半 反 应 | $\varphi^{\ominus}$ | 介 质 |
|---|---|---|
| $Ag^{2+}+e^- \rightleftharpoons Ag^+$ | 1.93 | $4mol \cdot L^{-1} HNO_3$ |
| | 2.00 | $4mol \cdot L^{-1} HClO_4$ |
| $Ag^+ + e^- \rightleftharpoons Ag$ | 0.792 | $1mol \cdot L^{-1} HClO_4$ |
| | 0.228 | $1mol \cdot L^{-1} HCl$ |
| | 0.59 | $1mol \cdot L^{-1} NaOH$ |
| $Bi^{3+}+3e^- \rightleftharpoons Bi$ | −0.05 | $5mol \cdot L^{-1} HCl$ |
| | 0.0 | $1mol \cdot L^{-1} HCl$ |
| $Ce^{4+}+e^- \rightleftharpoons Ce^{3+}$ | 1.70 | $1mol \cdot L^{-1} HClO_4$ |
| | 1.82 | $6mol \cdot L^{-1} HClO_4$ |
| | 1.61 | $1mol \cdot L^{-1} HNO_3$ |
| | 1.44 | $1mol \cdot L^{-1} H_2SO_4$ |
| | 1.28 | $1mol \cdot L^{-1} HCl$ |
| $Co^{3+}+e^- \rightleftharpoons Co^{2+}$ | 1.84 | $3mol \cdot L^{-1} HNO_3$ |
| | 1.95 | $4mol \cdot L^{-1} HClO_4$ |
| | 1.80 | $1mol \cdot L^{-1} H_2SO_4$ |
| $Cr^{3+}+e^- \rightleftharpoons Cr^{2+}$ | −0.40 | $5mol \cdot L^{-1} HCl$ |
| $CrO_4^{2-}+2H_2O+3e^- \rightleftharpoons CrO_2^- +4OH^-$ | −0.12 | $1mol \cdot L^{-1} NaOH$ |
| $Cr_2O_7^{2-}+14H^+ +6e^- \rightleftharpoons 2Cr^{3+}+7H_2O$ | 1.02 | $1mol \cdot L^{-1} HClO_4$ |
| | 1.275 | $1mol \cdot L^{-1} HNO_3$ |
| | 1.34 | $8mol \cdot L^{-1} H_2SO_4$ |
| | 1.10 | $2mol \cdot L^{-1} H_2SO_4$ |
| | 1.08 | $1mol \cdot L^{-1} H_2SO_4$ |
| | 0.92 | $0.1mol \cdot L^{-1} H_2SO_4$ |
| | 0.93 | $0.1mol \cdot L^{-1} HCl$ |
| | 1.00 | $1mol \cdot L^{-1} HCl$ |
| | 1.15 | $4mol \cdot L^{-1} HCl$ |
| $Cu^{2+}+e^- \rightleftharpoons Cu^+$ | −0.09 | pH=14 |
| $Cu(EDTA)^{2-}+2e^- \rightleftharpoons Cu+EDTA^{4-}$ | 0.13 | $0.1mol \cdot L^{-1}$ EDTA，pH=4～5 |
| $Fe^{3+}+e^- \rightleftharpoons Fe^{2+}$ | 0.74 | $1mol \cdot L^{-1} HClO_4$ |
| | 0.70 | $1mol \cdot L^{-1} HCl$ |
| | 0.64 | $5mol \cdot L^{-1} HCl$ |
| | 0.53 | $10mol \cdot L^{-1} HCl$ |
| | 0.68 | $1mol \cdot L^{-1} H_2SO_4$ |
| | 0.46 | $2mol \cdot L^{-1} H_3PO_4$ |
| | 0.51 | $1mol \cdot L^{-1} HCl + 0.25mol \cdot L^{-1} H_3PO_4$ |
| $Fe(CN)_6^{3-} + e^- \rightleftharpoons Fe(CN)_6^{4-}$ | 0.72 | $1mol \cdot L^{-1} HClO_4$ |
| | 0.56 | $0.1mol \cdot L^{-1} HCl$ |
| | 0.70 | $1mol \cdot L^{-1} HCl$ |
| | 0.72 | $1mol \cdot L^{-1} H_2SO_4$ |
| | 0.46 | $0.01mol \cdot L^{-1} NaOH$ |
| | 0.52 | $5mol \cdot L^{-1} NaOH$ |
| $Fe(EDTA)^- + e^- \rightleftharpoons Fe(EDTA)^{2-}$ | 0.12 | $0.1mol \cdot L^{-1}$ EDTA，pH=4～6 |
| $H_3AsO_4+2H^+ +2e^- \rightleftharpoons H_3AsO_3+H_2O$ | 0.557 | $1 mol \cdot L^{-1} HClO_4$ |
| | 0.557 | $1mol \cdot L^{-1} HCl$ |
| $Hg_2Cl_2+2e^- \rightleftharpoons 2Hg+2Cl^-$ | 0.3337 | $0.1mol \cdot L^{-1} KCl$ |
| | 0.2807 | $1mol \cdot L^{-1} KCl$ |
| | 0.2415 | 饱和 KCl |
| $I_2$(水)$+2e^- \rightleftharpoons 2I^-$ | 0.6276 | $0.5mol \cdot L^{-1} H_2SO_4$ |

续表

| 半反应 | $\varphi^{\ominus}$ | 介质 |
|---|---|---|
| $I_3^- + 2e^- \rightleftharpoons 3I^-$ | 0.545 | $0.5mol \cdot L^{-1} H_2SO_4$ |
| $MnO_4^- + 8H^+ + 5e^- \rightleftharpoons Mn^{2+} + 4H_2O$ | 1.45 | $1mol \cdot L^{-1} HClO_4$ |
| | 1.27 | $8mol \cdot L^{-1} H_3PO_3$ |
| $Mn(VII) + 4e^- \rightleftharpoons Mn(III)$ | 1.42 | $0.7mol \cdot L^{-1} H_2SO_4$ |
| $Mn^{3+} + e^- \rightleftharpoons Mn^{2+}$ | 1.488 | $7.5mol \cdot L^{-1} H_2SO_4$ |
| $Mn(H_2P_2O_7)_3^{3-} + 2H^+ + e^- \rightleftharpoons Mn(H_2P_2O_7)_2^{2-} + H_4P_2O_7$ | 1.15 | $0.4mol \cdot L^{-1} Na_2H_2P_2O_7$ |
| $MnO_4^{2-} + 2H_2O + 2e^- \rightleftharpoons MnO_2 + 4OH^-$ | 0.5 | $8mol \cdot L^{-1} KOH$ |
| | 0.75 | $3.5mol \cdot L^{-1} HCl$ |
| $Sb(V) + 2e^- \rightleftharpoons Sb(III)$ | 0.82 | $6mol \cdot L^{-1} HCl$ |
| | −0.43 | $3mol \cdot L^{-1} KOH$ |
| | −0.59 | $10mol \cdot L^{-1} KOH$ |
| $SnCl_6^{2-} + 2e^- \rightleftharpoons SnCl_4^{2-} + 2Cl^-$ | 0.14 | $1mol \cdot L^{-1} HCl$ |
| | 0.40 | $4.5mol \cdot L^{-1} H_2SO_4$ |
| $Ti(IV) + e^- \rightleftharpoons Ti(III)$ | −0.04 | $1mol \cdot L^{-1} HCl$ |
| | 0.09 | $3mol \cdot L^{-1} HCl$ |
| | 0.125 | $4mol \cdot L^{-1} HCl$ |
| | 0.169 | $6mol \cdot L^{-1} HCl$ |
| | 0.221 | $8mol \cdot L^{-1} HCl$ |
| | −0.01 | $0.2mol \cdot L^{-1} H_2SO_4$ |

# 附录十一　难溶化合物的溶度积常数（25℃）

| 化合物 | $K_{sp}^{\ominus}$ | $pK_{sp}^{\ominus}$ | 化合物 | $K_{sp}^{\ominus}$ | $pK_{sp}^{\ominus}$ |
|---|---|---|---|---|---|
| $Ag_3AsO_4$ | $1\times10^{-22}$ | 22.0 | CdS | $8\times10^{-27}$ | 26.1 |
| AgBr | $5.0\times10^{-13}$ | 12.30 | $Co(OH)_2$ | $1.6\times10^{-15}$ | 14.8 |
| $Ag_2CO_3$ | $8.1\times10^{-12}$ | 11.09 | $Co(OH)_3$ | $2\times10^{-44}$ | 43.7 |
| $Ag_2C_2O_4$ | $3.5\times10^{-11}$ | 10.46 | α-CoS | $4\times10^{-21}$ | 20.4 |
| AgCl | $1.8\times10^{-10}$ | 9.75 | β-CoS | $2\times10^{-25}$ | 24.7 |
| $Ag_2CrO_4$ | $2.0\times10^{-12}$ | 11.71 | $Cr(OH)_3$ | $6\times10^{-31}$ | 30.2 |
| AgOH | $2.0\times10^{-8}$ | 7.71 | CuBr | $5.2\times10^{-9}$ | 8.28 |
| AgI | $9.3\times10^{-17}$ | 16.03 | CuCl | $1.2\times10^{-6}$ | 5.92 |
| $Ag_3PO_4$ | $1.4\times10^{-16}$ | 15.84 | CuI | $1.1\times10^{-12}$ | 11.96 |
| $Ag_2S$ | $2\times10^{-49}$ | 48.7 | CuOH | $1\times10^{-14}$ | 14.0 |
| AgSCN | $1.0\times10^{-12}$ | 12.00 | $Cu_2S$ | $2\times10^{-48}$ | 47.7 |
| $Ag_2SO_4$ | $1.58\times10^{-5}$ | 4.80 | CuSCN | $4.8\times10^{-15}$ | 14.32 |
| $Al(OH)_3$ | $4.6\times10^{-33}$ | 32.34 | $CuCO_3$ | $1.4\times10^{-10}$ | 9.86 |
| $BaCO_3$ | $5.1\times10^{-9}$ | 8.29 | $Cu(OH)_2$ | $2.2\times10^{-20}$ | 19.66 |
| $BaC_2O_4$ | $1.6\times10^{-7}$ | 6.79 | CuS | $6\times10^{-36}$ | 35.2 |
| $BaCrO_4$ | $1.2\times10^{-10}$ | 9.93 | $Fe(OH)_2$ | $8\times10^{-16}$ | 15.1 |
| $BaMnO_4$ | $3\times10^{-10}$ | 9.6 | FeS | $6\times10^{-18}$ | 17.2 |
| $BaSO_4$ | $1.1\times10^{-10}$ | 9.96 | $Fe(OH)_3$ | $4\times10^{-38}$ | 37.4 |
| $Bi(OH)_3$ | $4\times10^{-31}$ | 30.4 | $FePO_4$ | $1.3\times10^{-22}$ | 21.89 |
| $CaCO_3$ | $2.9\times10^{-9}$ | 8.54 | $Hg_2Br_2$ | $5.8\times10^{-23}$ | 22.24 |
| $CaC_2O_4$ | $2.3\times10^{-9}$ | 8.64 | $Hg_2Cl_2$ | $1.32\times10^{-18}$ | 17.88 |
| $CaF_2$ | $2.7\times10^{-11}$ | 10.57 | $Hg_2(OH)_2$ | $2\times10^{-24}$ | 23.7 |
| $Ca_3(PO_4)_2$ | $2.0\times10^{-29}$ | 28.70 | $Hg_2I_2$ | $4.5\times10^{-29}$ | 28.35 |
| $CaSO_4$ | $9.1\times10^{-6}$ | 5.04 | $Hg(OH)_2$ | $3.0\times10^{-25}$ | 25.52 |
| $CaWO_4$ | $8.7\times10^{-9}$ | 8.06 | HgS 红 | $4\times10^{-53}$ | 52.4 |
| $CdCO_3$ | $5.2\times10^{-12}$ | 11.28 | HgS 黑 | $1.6\times10^{-52}$ | 51.8 |
| $CdC_2O_4$ | $1.51\times10^{-8}$ | 7.82 | $MgNH_4PO_4$ | $2\times10^{-13}$ | 12.7 |
| $Cd(OH)_2$ | $2.5\times10^{-14}$ | 13.60 | $MgCO_3$ | $1\times10^{-5}$ | 5.0 |

续表

| 化合物 | $K_{sp}^{\ominus}$ | $pK_{sp}^{\ominus}$ | 化合物 | $K_{sp}^{\ominus}$ | $pK_{sp}^{\ominus}$ |
|---|---|---|---|---|---|
| $MgC_2O_4$ | $8.5\times10^{-5}$ | 4.07 | $PbMoO_4$ | $1\times10^{-13}$ | 13.0 |
| $MgF_2$ | $6.4\times10^{-9}$ | 8.19 | $Pb(OH)_2$ | $1.2\times10^{-15}$ | 14.93 |
| $Mg(OH)_2$ | $1.8\times10^{-11}$ | 10.74 | $PbSO_4$ | $1.6\times10^{-8}$ | 7.79 |
| $MnCO_3$ | $5.0\times10^{-10}$ | 9.30 | PbS | $8\times10^{-28}$ | 27.9 |
| $Mn(OH)_2$ | $1.9\times10^{-13}$ | 12.72 | $Sn(OH)_2$ | $8\times10^{-29}$ | 28.1 |
| MnS 粉红 | $3\times10^{-10}$ | 9.6 | SnS | $1\times10^{-25}$ | 25.0 |
| MnS 绿 | $3\times10^{-13}$ | 12.6 | $Sn(OH)_4$ | $1\times10^{-56}$ | 56.0 |
| $Ni(OH)_2$ | $2\times10^{-15}$ | 14.7 | $SrCO_3$ | $1.1\times10^{-10}$ | 9.96 |
| α-NiS | $3\times10^{-19}$ | 18.5 | $SrC_2O_4$ | $5.6\times10^{-8}$ | 7.25 |
| β-NiS | $1\times10^{-24}$ | 24.0 | $SrCrO_4$ | $2.2\times10^{-5}$ | 4.65 |
| γ-NiS | $2\times10^{-26}$ | 25.7 | $SrF_2$ | $2.4\times10^{-9}$ | 8.61 |
| $PbCO_3$ | $7.4\times10^{-14}$ | 13.13 | $SrSO_4$ | $3.2\times10^{-7}$ | 6.49 |
| $PbC_2O_4$ | $3\times10^{-11}$ | 10.5 | $TiO(OH)_2$ | $1\times10^{-29}$ | 29.0 |
| $PbCl_2$ | $1.6\times10^{-5}$ | 4.79 | $ZnCO_3$ | $1.4\times10^{-11}$ | 10.84 |
| $PbCrO_4$ | $2.8\times10^{-13}$ | 12.55 | $Zn(OH)_2$ | $1.2\times10^{-17}$ | 16.92 |
| $PbF_2$ | $2.7\times10^{-8}$ | 7.57 | ZnS | $1.61\times0^{-24}$ | 23.8 |
| $PbI_2$ | $7.1\times10^{-9}$ | 8.15 | | | |

# 参考文献


[1] 武汉大学，等. 分析化学（上、下册）. 5版. 北京：高等教育出版社，2006.

[2] 武汉大学，等. 分析化学. 4版. 北京：高等教育出版社，2000.

[3] 武汉大学化学系. 仪器化学. 北京：高等教育出版社，2001.

[4] 华中师范大学，等. 分析化学. 3版. 北京：高等教育出版社，2001.

[5] 华东理工大学，等. 分析化学. 5版. 北京：高等教育出版社，2003.

[6] 孙毓庆，等. 分析化学. 北京：科学出版社，2003.

[7] 武汉大学化学系分析化学教研室. 分析化学例题与习题. 北京：高等教育出版社，1999.

[8] 高歧. 分析化学. 北京：高等教育出版社，2006.

[9] 李克安. 分析化学教程. 北京：北京大学出版社，2005.

[10] 朱灵峰. 分析化学. 北京：中国农业出版社，2003.

[11] 王芬. 分析化学. 2版. 北京：中国农业出版社，2009.

[12] 赵国虎，等. 分析化学. 北京：中国农业出版社，2008.

[13] 彭崇慧，等. 配位滴定原理. 北京：北京大学出版社，1997 .

[14] 彭崇慧，等. 定量化学分析简明教程. 北京：北京大学出版社，1997.

[15] 陶增宁，等. 定量分析. 上海：复旦大学出版社，1985.

[16] 顾明华. 无机物定量分析基础. 北京：化学工业出版社，2002.

[17] 薛华，等. 分析化学. 2版. 北京：清华大学出版社，1997.

[18] 华东理工大学，成都科技大学编. 分析化学. 4版. 北京：高等教育出版社，1995.

[19] 王令今，等. 分析化学计算基础. 北京：化学工业出版社，2002.

[20] 张锡瑜，等. 化学分析原理. 北京：化学工业出版社，1991.

[21] [美] 迪安 J A. 分析化学手册. 常文保译. 北京：科学出版社，2003.

[22] 汪尔康. 二十一世纪的分析化学. 北京：科学出版社，1999.

[23] 李生泉. 分析化学. 北京：中国农业大学出版社，2008.

[24] 胡广林，许辉. 分析化学. 北京：中国农业大学出版社，2010.